J. C. POGGENDORFF

BIOGRAPHISCH-LITERARISCHES HANDWÖRTERBUCH DER EXAKTEN NATURWISSENSCHAFTEN

Unter Mitwirkung der Akademien der Wissenschaften zu Berlin, Göttingen, Heidelberg, München und Wien

herausgegeben von der

Sächsischen Akademie der Wissenschaften zu Leipzig

Band VIIa · Supplement

5. Lieferung

Bearbeitet von

Prof. Dr. Dr. h. c. RUDOLPH ZAUNICK †

AKADEMIE-VERLAG · BERLIN

1971

Dieser Lieferung liegen Titelblatt und Vorwort bei

Erschienen im Akademie-Verlag GmbH, 108 Berlin, Leipziger Str. 3–4

Lizenznummer: 202 · 100/567/71
Gesamtherstellung: VEB Druckerei „Thomas Müntzer", 582 Bad Langensalza
Bestellnummer: 761 471 2 (3013/S/5) · ES 18 A
Printed in German Democratic Republic
25,—

J. C. POGGENDORFF

Biographisch-literarisches Handwörterbuch
der exakten Naturwissenschaften

J. C. POGGENDORFF

BIOGRAPHISCH-LITERARISCHES HANDWÖRTERBUCH DER EXAKTEN NATURWISSENSCHAFTEN

Unter Mitwirkung der Akademien der Wissenschaften zu Berlin, Göttingen, Heidelberg, München und Wien

herausgegeben von der

Sächsischen Akademie der Wissenschaften zu Leipzig

Band VIIa · Supplement

Bearbeitet von

Prof. Dr. Dr. h. c. RUDOLPH ZAUNICK†

AKADEMIE-VERLAG · BERLIN

1971

Erschienen im Akademie-Verlag GmbH, 108 Berlin, Leipziger Straße 3 – 4

Lizenznummer: 202 · 100/567/71
Gesamtherstellung: VEB Druckerei „Thomas Müntzer“, 582 Bad Langensalza
Bestellnummer: 3013/S/1–5 · ES 18 A
Printed in German Democratic Republic

Vorwort

Worte des Gedenkens für RUDOLPH ZAUNICK, der am 13. Nov. 1967 im 75. Lebensjahre in Pirna verstorben ist, sollen dem Bande voranstehen.

Fast zwei Jahrzehnte war R. ZAUNICK neben seiner umfangreichen wissenschaftlichen Tätigkeit[1]) als Historiker der Naturwissenschaften und Medizin mit dem großen Poggendorff-Unternehmen verbunden. Seiner erfolgreichen Arbeit als Redaktionsleiter und Mitarbeiter gebührt hohe Anerkennung. Ihm ist es im wesentlichen zu danken, daß dem „Poggendorff" der internationale Ruf, den er seit mehr als hundert Jahren hat, erhalten blieb. Sein Verdienst um die Anwendung der modernen Regeln der Bibliographierung in unserem Werke soll besonders hervorgehoben werden.

Die Bearbeitung der Poggendorff-Bände VIIa wurde uns 1949 gemeinsam übertragen. Über ihre Entstehung und Durchführung gibt das Vorwort im 1. Teilband (A—E) (Berlin 1956) V—X und das Schlußwort im 4. Teilband (S—Z) (Berlin 1962) 161*—162* Auskunft.

Der vorliegende Supplementband nimmt innerhalb VIIa eine selbständige Stellung ein. Er kann von allen, die sich in der Geschichte der Naturwissenschaften für Personengeschichte interessieren, unabhängig von den anderen Bänden VIIa verwendet werden. R. ZAUNICK, der ihn allein plante und bis zu seinem Tode in eigener Redaktion bearbeitete, wählte 800 meist markante deutsche Vertreter der exakten Naturwissenschaften, Medizin und Technik aus älterer Zeit aus (von denen etwa 700 bereits in den Poggendorff-Bänden I—VI vertreten sind) und sammelte besonders neue Literatur über deren Leben und Werk. Es gelang ihm oft, vollständige Literatur-Zusammenstellungen zu geben, wobei er sich bei jedem Titel um Angabe von mindestens einem Bibliotheksstandort bemühte. Seine enge Verbindung und Zusammenarbeit mit der deutschen Akademie der Naturforscher „Leopoldina" zu Halle als Direktor Ephemeridum und Leiter des „Archivs für Geschichte der Naturforschung und Medizin" kam seiner Arbeit an diesem Supplementband sehr zugute.

Die Bearbeitung bereitete insofern Schwierigkeiten, als Dokumentalistik früher nicht bekannt war und daher in der Literatur umlaufende bibliographische Angaben oft unvollständig und ungenau sind. Das Prinzip der *autoptischen* Bibliographierung, die heute für die Bearbeitung des Poggendorff generell gilt, war hier von besonderer Bedeutung. Daher wurde jeder auftauchende Titel zunächst in der Universitätsbibliothek Halle bzw. in der Leopoldina-Bibliothek am Original gesucht und, wenn nachweisbar, aufgenommen. Anderenfalls wurden zur Feststellung der Originalien die Universitätsbibliothek Leipzig, die Deutsche Bücherei in Leipzig und die Landesbibliothek Dresden benutzt. Die

---

[1]) RUDOLPH ZAUNICK war von 1952 bis zu seiner Emeritierung 1960 Professor mit Lehrstuhl für Geschichte und Dokumentation der Naturwissenschaften an der Universität Halle (vgl. Pogg. VIIa, Teil4, S. 1108-1112). Eine vollständige Bibliographie seiner Veröffentlichungen liegt in zwei von Frau HILDE ZAUNICK geb. Rössner verfaßten Privatdrucken vor: Halle 1958, 31 S. (mit einem Bildnis) und Halle 1968, 32 S. (mit einer Photographie der Totenmaske), wo auch alle bisher erschienenen Würdigungen und Nekrologe verzeichnet sind.

Leitungen anderer deutscher Bibliotheken, sowie einiger ausländischer, unterstützten die Arbeit dadurch, daß sie fragliche Titel durch ihre Fachkräfte in ihren Beständen genau bibliographieren ließen.

Nach dem Tode von R. ZAUNICK hat die Sächsische Akademie ihre Poggendorff-Redaktion in Leipzig unter meiner Leitung mit der Herausgabe des Supplementbandes beauftragt. Ende 1967 lag in Halle die vollständige Kartei aller aufzunehmenden Titel bereit. Manuskripte waren erst wenige geschrieben worden. Das Schema des Aufbaus der Bibliographien, wie es auf S. 2 angegeben ist, stammt von R. Zaunick und ist im Bande durchgehend verwendet worden. Natürlich kann es *kein* Schema geben, das jeden Titel eindeutig einordnet. Man muß dies bei Benutzung jeder Bibliographie beachten. Beispielsweise könnte ein biographischer Artikel unter *Biogr.* oder unter *Zum 100. Geburtstag* oder unter *Weitere Lit.* zu suchen sein. Im Abschnitt *Weitere Lit.* werden meistens Stellen in Büchern, auch Lehrbücher, nachgewiesen, die oft nur kurze Notizen über den betreffenden Gelehrten enthalten.

Es lag mir am Herzen, die Herausgabe des Bandes rasch durchzuführen, schon um zu verhindern, daß der Inhalt veraltet. Die Arbeit der Redaktion bestand darin, aus der vorhandenen Kartei ein maschinenschriftliches Manuskript unter Verwendung des oben erwähnten Schemas herzustellen und für jede Bibliographie Lebensdaten und kurze Angaben aus dem Leben voranzustellen. Diese lagen *nicht* vor. Sie wurden, soweit möglich, den Poggendorff-Bänden I bis VI entnommen und oft ergänzt, andernfalls aus der Literatur zusammengestellt.

Die Manuskripte der Buchstaben A—P entstanden in Halle. Dort war seit 1956 Fräulein DOROTHEA JOHOW als bibliothekarische Kraft wertvolle Mitarbeiterin bereits von R. ZAUNICK. Weiter wurde im Frühjahr 1968 der wissenschaftliche Bibliothekar der Universitäts- und Landesbibliothek Sachsen-Anhalt in Halle, Herr Dr. rer. nat. OTTO RÜBESAME, zur Mitarbeit gewonnen. Schließlich war Frau JULIANE BECKER als Schreibkraft tätig.

Die Manuskripte der Buchstaben Q—Z wurden in Leipzig hergestellt. Hier setzten sich Fräulein GERTRUD LINDEMANN und Frau GUDRUN SCHEIBE tatkräftig ein. In Leipzig wurde auch die Schlußredaktion des gesamten Bandes durchgeführt. Eine inhaltliche Überarbeitung und Überprüfung des Manuskriptes fand jedoch *nicht* statt.

Es ist mir eine angenehme Pflicht, allen zu danken, die halfen, das von RUDOLPH ZAUNICK in jahrzehntelanger Arbeit gesammelte bedeutende Material zur Personengeschichte der exakten Naturwissenschaften sowohl der Fachwelt als auch naturwissenschaftlich interessierten Laien zugänglich zu machen.

Zuerst sage ich Dank allen meinen oben genannten Mitarbeitern für ihre fleißige und gewissenhafte Arbeit. Ferner gebührt Dank allen Helfern in den Bibliotheken des In- und Auslandes, die bereitwillig Auskünfte erteilten. Weiter übermittle ich Dank und Anerkennung dem Akademie-Verlag Berlin, der in guter Zusammenarbeit mit der Redaktion auch diesen Band des Poggendorff-Unternehmens betreute, sowie dem VEB Druckerei „Thomas Müntzer“, Bad Langensalza, für seine mühevolle und sorgfältige Arbeit.

Leipzig, den 15. Juli 1970

(em.) Prof. Dr. HANS SALIÉ

Leiter der Poggendorff-Redaktion
der Sächsischen Akademie der Wissenschaften
zu Leipzig

SIEMENS, Carl Heinrich **von** (seit 1895). Großindustr. — 1853–1867 in Rußland zum Bau u. zur Unterhaltung von Kabellinien, 1867 in Tiflis; 1868 wieder in Deutschland; 1869–1880 in London; dann Direktor des russ. Hauses Siemens; seit 1894 Leiter der Berliner Fa, die 1897 AG wurde; bis 1905 Vorsitz des Aufsichtsrats.

*1829, März 3, Menzendorf bei Lübeck; †1906, März 21, Mentone.

Nekr. Illustr. Ztg., Leipzig **126** (1906) 477 m. Bildn. [3]. — Welt der Techn. **68** (1906) 179–180 [11].

Biogr. Karl Burhenne: ADB **55** (1910) 224–228 [3]. — Conrad Matschoß: Männer der Techn. (Berlin 1925) 249 [101]. — Fritz Kaufmann: Erfolgreiche deutsche Wirtschaftsführer (Berlin 1931) 161–192 m. 2 Bildn. — Conrad Matschoß: Große Ingenieure. Lebensbeschreibungen aus der Gesch. der Techn. (München, Berlin [1937]) 243, 247 [101]. — Sigfrid von Weyher: Carl von Siemens 1829–1906. Ein deutscher Unternehmer in Rußland u. England: Tradition **1** (1956/57) 13–25 m. Bildn., 4 Abb., 2 Karten, Lit.Verz. [101].

Zum 100. Geburtstag Illustr. Ztg., Leipzig **173** (1929) Nr. 4416, S. 595 m. Bildn. [3]. — Siemens-Jahrb. **2** (1929) 1–3 m. Titelbildn. [101]. — VDI-Nachr. **9** (1929) Nr. 10, S. 4 m. Bildn. [101].

SIEMENS, Carl Friedrich **von.** — Stud. Univ. Straßburg u. TH München u. Berlin–Charlottenburg; dann mehrere Jahre in Amerika, London, Paris; 1899 Eintritt in Fa Siemens u. Halske; 1900 zu Siemens Brothers London; 1909 zurück nach Berlin; 1912 Vorsitz im Direktorium der Siemens-Schuckertwerke; 1919 Vorsitz der Aufsichtsräte von Siemens u. Halske u. Siemens-Schuckertwerke.

*1872, Sept. 5, Berlin–Charlottenburg; †1941, Juli 9.

Sohn von Werner von Siemens.

Bibliogr. Cat. gén. Bibl. nat. **172** (1948) Sp. 601 (1 Nr.) [3].

Briefe Aus einem reichen Leben. Werner von Siemens in Briefen an seine Familie u. an Freunde. Ausgew. u. hrsg. von Friedrich Heintzenberg (Stuttgart 1954) siehe Reg. S. 352 [3].

Nekr. R. Bingel: Z. VDI **85** (1941) 791–792 m. Bildn. [101]. — Carl Theodor Buff: Schiffbau, Schiffahrt u. Hafenbau **42** (1941) H. 16, S. 265 m. Bildn. [Ingenieurschule Hamburg]. — W. Jaekel: Z. physik. u. chem. Unterr. **54** (1941) 187–190 [101]. — Carl Köttgen: Siemens-Z. **21** (1941) 141–148 m. Bildn. u. Faks. — W. Philippi: Elektrizität im Bergbau **16** (1941) 49 [101]. — H. Rukop: Z. techn. Physik **22** (1941) 303–304 m. Bildn. u. Faks. [15]. — Hermann von Siemens: Wiss. Veröff. Siemens-Werke **20** (1942) Hr. 2, S. 1–12 m. Bildn. u. Faks. [Ha 2]. — Stieler: Arch. Eisenbahnwesen **64** (1941) 529–536 [3]. — A. Vögler: Werk [Düsseldorf] **21** (1941) 154 m. Bildn. [61]. — Jonathan von Zenneck: Wiss. Vortr. akad. Jahresfeier Bund Freunde TH München 1941 (München 1942) 11–13 [91]. — Aluminium **23** (1941) 336 m. Bildn. [101]. — Bank **34** (1941) 586–587 [3]. — Dtsch. Techn. **9** (1941) 343 m. Bildn. [101]. — Dtsch. Volkswirtsch. **10** (1941) 778–779 [101]. — Dtsch. Wirtschafts-Ztg. **38** (1941) 524 [101]. — Elektr. Nachr.-Techn. **18** (1941) 193 m. Bildn. [101]. — Elektrotechn. Anz. **58** (1941) 387–388 [101]. — Elektrotechn. Z. **62** (1941) 705 [101]. — Europa-Kabel **1** (1941) Nr. 7, S. 9 [101]. — Europäischer Fernsprechdienst **58** (1941) 1–2 m. Bildn. [101]. — Glasers Ann. **65** (1941) 224 m. Bildn. [88]. — Industriebl. [Stuttgart] **46** (1941) 1100 m. Bildn. [210]. — Maschinenmarkt **46** (1941) H. 57, S. 11 m. Bildn. [101]. — Metallwirtsch., Metallwiss., Metalltechn. [Berlin] **20** (1941) 736 [89]. — Polytechn. Weekblad (Amsterdam) **35** (1941) 279 [B 22]. — Reichsbahn **17** (1941) 286–287 m. Bildn. [101]. — Ruhr u. Rhein **22** (1941) 475, 805 [38]. — Siemens-Mitt. **1941**, Nr. 218 [Oberpostdir. Münster]. — Soziale Praxis **50** (1941) 612–613 [101]. — Wirtschafter [Wien] **64** (1941) 513 [101]. — Wirtschaftsbl. Industrie- u. Handelskammer (Berlin) **39** (1941) 558, 600 [101]. — Ztg. Ver. mitteleurop. Eisenbahnverwaltgn **81** (1941) 413–414 m. Bildn. [3].

Biogr. Current-History **20** (1924) 994–998 m. Bildn. [14]. — Reichshandbuch der Deutschen Gesellschaft **2** (Berlin 1931) 1780 m. Bildn. [3]. — Allg. Dtsch. Lehrerztg. **61** (1932) 793–796 [101]. — Georg Siemens: Carl Friedrich von Siemens. Ein großer Unternehmer (Freiburg–München 1960) 331 S. [101].

Bildn. Chronik des Dtsch. Museums 1903–1925 (München 1927) 67 [14]. — Industrieblatt **37** (1932) H. 26, S. XXXII. — Franz Maria Feldhaus: Männer deutscher Tat (München 1934) 262 [101]. — Westermanns Mh. Jg 79, 1 Bd **157** (1934/35) 95 Abb. einer Büste [3]. — Jonathan Zenneck: 50 Jahre Deutsches Museum (München 1953) 116 [14]. — Georg Siemens: Der Weg der Elektrotechn. Gesch. des Hauses Siemens. 2. Aufl. **2** (Freiburg/Br., München 1961) Titelbildn. [14].

V, VI **SIEMENS,** Georg Wilhelm **von.** — 1875–1880 stud. außer Physik auch Chem. u. Math.; 1878 Eintritt in die Fa.

Siemens u. Halske, 1884 Teilhaber, 1889 Leitung der Firma; Förderer der Starkstromtechn.; 1903 Aufsichtsratsvorsitzender der Siemens-Schuckert AG, 1918 auch der Fa Siemens u. Halske AG.

*1855, Juli 30, Berlin;

†1919, Okt. 14, Arosa.

Sohn von Werner von Siemens.

Bibliogr. Cat. scient. Papers **18** (1923) 744 (2 Nr.) [3]. — Brit. Mus. Gen. Cat. **222** (1964) Sp. 113 (3 Nr.) [3].

Nekr. F. A. Buchholtz: Wilhelm von Siemens u. der Schnelltelegraph: Prometheus **31** (1920) 113–116 m. 3 Abb. [3]. — Budde: Elektrotechn. Z. **40** (1919) 609–610 m. Bildn. u. Faks. [101]. — Georg Erlwein: Z. Elektrochem. **26** (1920) 84–87 [15]. — Richard Fellinger: Nord u. Süd **172** (1920) 131–138; Titelbildn. m. Faks. 545 [3; 14]. — H. Gerdien: Z. techn. Physik **1** (1920) 29–36 m. Bildn. [15]. — Carl Dietrich Harries: Wiss. Veröff. Siemens-Konzern **1** (1920–1922) 1–18 m. Titelbildn. u. Faks., Abb. der Büste von A. von Hildebrand [101]. — Friedrich Heintzenberg: Wirtschaftl. Techn. **1920**, Febr.-Heft [201]. — Otto Krell: Z. Binnenschiffahrt **26** (1919) 410 [15]. — M.: Zbl. Bauverwaltung **39** (1919) 524 [101]. — Ferdinand Neureiter: Elektrotechn. Maschinenbau (Wien) **37** (1919) 545–547 [101]. — A. von Rieppel: Z. VDI **63** (1919) 1301–1302 m. Bildn. [3]. — August Rotth: Dinglers Polytechn. J. **334** (1919) 257–260 m. Bildn. [3]. — Dtsch. opt. Wschr. **1919**, 319 [101]. — Gewerbl. Rechtsschutz u. Urheberrecht **24** (1919) 217–218 [101]. — Jahrb. schiffbautechn. Ges. **21** (1920) 117–118 [101]. — Licht u. Lampe **8** (1919) 388 m. Bildn. [101]. — Zbl. Hütten- u. Walzwerke **23** (1919) 976 [101]. — Z. VDI **63** (1919) 1075 [3].

Biogr. Wedding: Verh. Ver. Beförderung Gewerbefleiß in Preußen **63** (1884) 1–37 [11]. — Hermann Meyer: 50 Jahre bei Siemens. Erinnerungsblätter aus der Jugendzeit der Elektrotechn. (Berlin 1920) 213 S. [101]. — August Rotth: Wilhelm von Siemens. Ein Lebensbild. Gedenkblätter zum 75jähr. Bestehen des Hauses Siemens u. Halske (Berlin, Leipzig 1922) 224 S., Titelbildn. m. Faks., 4 Bildn. [3]. — C. Matschoß: Männer der Techn. (Berlin 1925) 252–253 [14]. — August Rotth: Dtsch. Biogr. Jahrb. Überleitgsbd. **2**, 1917–1920 (Berlin, Leipzig 1928) 467–475 m. Lit.Verz. [3]. — Friedrich Heintzenberg: Wilhelm von Siemens als Förderer der Starkstromtechn.: Siemens-Z. **29** (1955) 305–306 [101]. — Wiss. vor 100 Jahren: Bild der Wiss. **2** (1965) 710 m. Faks. [Konstruktionszeichn. des für P. u. A. Martin bestimmten Regenerativofens m. der Unterschr. von W. Siemens [Ha 2].

Zum 60. Geburtstag Recht u. Wirtschaft **4** (1915) 186–187 [3]. — Umschau **19** (1915) 619 m. Bildn. [15].

Zum 100. Geburtstag Kurt Busse: Siemens-Mitt. **30** (1955) H. 16, S. 16–17 m. Bildn. [101].

Bildn. Siemens-Z. **2** (1922) 453–458 m. Bildn. von Werner u. Wilhelm von Siemens [14]. — Heinrich Voigt: Nachdenkliches u. Heiteres aus den ersten Jahrzehnten der Elektrotechnik (Leipzig 1925) Taf. 8 nach S. 40 [14]. — Chronik des Dtsch. Museums 1903–1925 (München 1927) 12 [14]. — Siemens-Jahrbuch **1928**, Titelbildn. [14]. — Georg Siemens: Der Weg der Elektrotechnik. Gesch. des Hauses Siemens. 2. Aufl. **1** (Freiburg, München 1961) 224 [14].

II **SILBERSCHLAG,** Johann Esaias. Theol., Naturwiss. — 1745 Lehrer an der Schule zu Kloster Bergen; 1753 Prediger zu Wolmirsleben, 1756 an der Heil. Geistkirche zu Magdeburg; 1769 Oberkonsistorialrat u. Prediger an der Dreifaltigkeitskirche in Berlin; zugleich bis 1784 Direktor der Realschule in Berlin; seit 1770 auch Oberbaurat mit dem Referat über Maschinenwesen u. Wasserbau; 1760 ao., 1786 o. Mitgl. Preuß. Akad. Wiss.

*1721, Nov. 16, Aschersleben;

†1791, Nov. 22, Berlin.

Genealog. Deutsches Geschlechterbuch **39** (1923) 588–589, 633–637 m. 2 Bildn. [3].

Bibliogr. Cat. gén. Bibl. nat. **172** (1948) Sp. 841–842 (4 Nr.) [3]. — Brit. Mus. Gen. Cat. **222** (1964) Sp. 294–295 (12 Nr.) [3].

Briefe Herrn Silberschlags, Kgl. Preuß. Ober-Konsistorial- u. Oberbauraths zu Berlin, Schreiben an den Verfasser der Nachricht von dem zu Königshain am 23. Aug. 1782 erfolgten Wetterschlage: Provinzialbl. **5** (Görlitz, Leipzig u. Dessau 1783) 178–183 [3]. — Auszug aus einem Schreiben des Herrn Garnisonpredigers Chemnitz zu Coppenhagen an den Herrn O. C. R. Silberschlag, Copenhagen, den . . . Julius 1783 (betr. naturwiss. Sammlungen): Schr. Berlinische Ges. naturforsch. Freunde **5** (Berlin 1784) 463–469 m. 7 Abb. auf Taf. 5 [3]. — Ein Brief [vom 21. März 1775 an Vizepräsidenten des Oberkonsistoriums in Dresden, Freiherrn von Hohenthal] des Berliner Konsistorialrates J. E. Silberschlag, mitget. von Paul Schumann: Jahrb. Brandenburg. Kirchengesch. **9/10** (1913) 401–402 [3].

Nekr. Andreas Jakob Hecker: Johann Esaius Silberschlags Charakter als theoretischer u. prakt. Schulmann (Berlin 1792) 36 S. (Progr. Pädagogium Kgl. Realsch. Berlin 1792) [14]. — H. D. Hermes: Gedächtnißpredigt der Gemeine des sel. Herrn Oberconsistorial-Rath am 3. Advent 1791 in der Dreyfaltigkeitskirche (Berlin [1791]) 35 S. [3]. – Friedrich Schlichtegroll: Nekrolog 1791, 2 (Gotha 1793) 192–218 [3].

Autobiogr. Johann Esaias Silberschlag: Leben, von ihm selbst beschrieben (Berlin 1792) 62 S. m. Titelbildn., Schr.Verz. [3].

Biogr. Carl Joseph Bouginé: Handbuch der allg. Litterargesch. 4 (Zürich 1791) 728 [3]. – Joh. Georg Meusel: Das gelehrte Teutschland im 19. Jahrhundert (Lemgo 1825) 456–457 m. Schr.Verz. [3]. – Biographie universelle, ancienne et moderne **42** (1825) 346–347 [3]. – P. Tschackert: ADB **34** (1892) 314–316 [3].

Weitere Lit. Max Güntz: Handbuch der landwirtschaftl. Literatur bis zur Gegenwart 2 (1897) 211–212 m. Bildn. [Ha 4]. – Franz Kreuter: Die wiss. Bestrebungen auf dem Gebiete des Wasserbaus u. ihre Erfolge: Ber. Studienjahr 1907/1908 TH München (München 1909) Anhang: 21 S. [91]. – Walter Sbrzesny: Lehrer u. Gestalter im Deutschen Wasserbau. In: Technikgesch. Beitr. zur Gesch. Techn. u. Industr. **26** (Berlin 1937) 62–70 m. 4 Abb. u. Lit.Verz. [3]. – Kurt Hucke: Aus den Kindheitstagen der Diluvialgeol.: Z. Geschiebeforsch. Flachlandsgeol. **16** (1940) H. 1, S. 30–50 m. 3 Abb. [15].

Bildn. J. G. Krünitz: Oekonom. Encyklopädie **7** (1776) Titelbildn. [14]. – J. Fr. von Knüppeln, C. Chr. Nencke u. Chr. C. Paalzow: Büsten berlinischer Gelehrten u. Künstler m. Devisen **1** (Leipzig 1787) 310–321 [3].

II **SIMON,** Johann Franz. Chem. – Zuerst in Düsseldorf u. Deutz als Pharmazeut tätig; 1832 Apothekerexamen in Berlin; 1835 stud. Chem., 1838 Dr. phil.; 1842 PDoz. pathol. Chem. Univ. Berlin; zugl. als Chemiker an der Charité.

*1807, Aug. 25, Frankfurt/O.;
†1843, Okt. 23, Wien.

Bibliogr. Cat. scient. Papers **5** (1871) 702 (24 Nr.); 8 (1879) 958 (6 Nr.); **12** (1902) 683 (5 Nr.) [3]. – Cat. gén. Bibl. nat. **173** (1948) Sp. 195–196 (4 Nr.) [3]. – Brit. Mus. Gen. Cat. **222** (1964) Sp. 639–640 (7 Nr.) [3].

Nekr. J. M[inding]: Beitr. physiol. u. pathol. Chem. u. Mikrosk. **1** (1844) 547–552 [3].

Biogr. Adolph Carl Peter Callisen: Medicin. Schriftsteller-Lexicon **18** (1834) 118–119 m. Schr.Verz.; **32** (1844) 322–323 m. Schr.Verz. [3]. – Pagel: ADB **34** (1892) 377 [3]. – Biogr. Lexikon der hervorragenden Ärzte aller Zeiten u. Völker. 2. Aufl. **5** (Berlin–Wien 1934) 277 [3]. – A. Vowak: Franz-Simon-Gedächtnis-Kolloquium zur 150-Jahr-Feier der Humboldt-Univ.: Wiss. u. Fortschr. **11** (1961) 60–61 m. Bildn. [3].

III–V **SKRAUP,** Zdenko Hans. Chem. – 1866–1871 stud. Polytechn. Prag; 1873 Ass., 1881 Prof. Handelsakad. Wien; 1875 Dr. phil. Univ. Gießen; 1886 Prof. TH, 1887 Univ. Graz; seit 1906 o. Prof. Chem. Univ. Wien.

*1850, März 3, Prag;
†1910, Sept. 10, Wien.

Bibliogr. Cat. scient. Papers **11** (1896) 427–428 (31 Nr.); **18** (1923) 781–782 (42 Nr.) [3]. – Brit. Mus. Gen. Cat. **223** (1964) Sp. 500 (1 Nr.) [3].

Nekr. Hans Arzberger: Pharmaz. Post **1910**, Nr. 90, 881–884 m. 1 Bildn. [Da 1]. – Berger: Schweizer Wschr. Chem. u. Pharmaz. **48** (1910) 779–780 [UB Basel]. – Viktor von Lang: Alm. Akad. Wiss. Wien **61** (1911) 360–364 m. Bildn. u. Faks. [3]. – J. Pollak: Österr. Chemiker-Ztg. **13** (1910) 245–252 [Le 1]. – Anonym: ebda 228–229 [Le 1]. – Hugo Schrötter: Ber. Dtsch. chem. Ges. **43**, 3 1910 (1911) 3683–3702 m. Bildn. [15]. – Rudolf Wegscheider: Chemiker-Ztg. **34** (1910) 1013–1014 m. Bildn. [3]. – H. Will: Ber. Dtsch. chem. Ges. **43**, 3 1910 (1911) 2782–2783 [15]. – Biogr. Jahrb. u. Dtsch. Nekrolog **15** (1913) 146–147, Totenliste 1910, Sp. 80–81 [3].

Biogr. Emil Fischer: Aus meinem Leben (Berlin 1922) 59, 60 (Emil Fischer, Gesammelte Werke, 1) [3]. – Moritz Kohn: A chapter of the history of chemistry in Vienna: J. chem. Educat. **20** (1943) 471–473 [Le 1]. – Ernst Philippi in: Österr. Naturforscher, Ärzte u. Techniker (Wien 1957) 49–51 m. Bildn. [3].

Zum 100. Geburtstag Ernest H. Huntress: Proc. Amer. Acad. Arts Sci. **78** (1949/50) 13–14 [Ha 2]. – F. Wessely: Österr. Chemiker-Ztg. **51** (1950) 41–42 [TH Wien].

Bildn. J. chem. Educat. **31** (1954) 327 [7].

IV, V **SLABY,** Adolf Carl Heinrich. Elektrotechn. – Stud. Gewerbeakad. Berlin; 1873 Dr. phil. Univ. Jena; 1873 Lehrer Gewerbeschule Potsdam; 1876 PDoz. Gewerbeakademie Berlin; 1882–1912 o. Prof. TH Berlin-Charlottenburg.

*1849, Apr. 18, Berlin;
†1913, Apr. 6, Berlin.

Werke Adolf Slaby u. O. Nairz: Entdeckungsfahrten in den elektr. Ozean. Der Rundfunk. Neu bearb. 7. Aufl. (Berlin 1926) 315 S., darin: 313–315 biogr. Anh. m. Bildn. [14].

Bibliogr. Cat. scient. Papers **11** (1896) 428 (1 Nr.) [3]. — Cat. gén. Bibl. nat. **173** (1948) Sp. 1102 (1 Nr.) [3]. — Brit. Mus. Gen. Cat. **223** (1964) Sp. 531 (4 Nr.) [3].

Nekr. G. Eichhorn: Jahrb. drahtlos. Telegr. u. Telephon. **7** (1913) 1–3 [101]. — Max Krause: Erinnerungen an Adolf Slaby (Berlin 1913) 23 S. m. Titelbildn. [14]. — Wilhelm Kübler: Illustr. Ztg., Leipzig **140** (1913) 966 m. Bildn. [15]. — Ernst Neuberg: Oel- u. Gasmaschine **13** (1913) 17–18 m. Bildn. [101]. — Albert Neuburger: Universum-Jahrbuch **1913**, 157–160 m. Bildn. [101]. — Richard Wachsmuth: Techn. Mh. **4** (1913) 185–186 [89]. — Wedding: Elektrotechn. Z. **34** (1913) 429–430 m. Bildn. u. Faks. [101]. — Arch. Post u. Telegr. **41** (1913) 319–320 [3]. — Daheim **49** (1913) Nr. 29, S. 4 m. Bildn. [14]. — Naturwiss. Wschr. **28** (1913) 269–271 [3]. — Z. VDI **57** (1913) 764–766 m. Bildn. [3]. — Z. Verb. Dtsch. Dipl.-Ing. **4** (1913) 173–174 [3].

Biogr. Franz Bendt: Wahl zum Herrenhausmitgl.: Illustr. Ztg., Leipzig **111** (1898) 57–58 m. Bildn. [14]. — O. N.: Z. Schwachstromtechn. **1907**, 184–185 m. Bildn. [12]. — Albert Neuburger: Von Morse bis Marconi (Berlin 1920) 145–162, Bildn. S. 81 [14]. — Sendung **2** (1925) Nr. 6, S. 3–4 [101]. — Conrad Matschoß: Männer der Techn. (Berlin 1925) 254 [101]. — O. Nairz: Adolf Slaby u. seine grundlegenden funkentelegr. Versuche vor 30 Jahren: Sendung **4** (1927) 438–440 [3]. — Erich Kessler: Slaby als Dichter: Radio-Umschau **4** (1927) 116–117 m. Bildn. [101]. — Die Entwicklung der drahtlosen Telegr. u. Telephonie: Jahrb. Lautwesen **1931**, 130–133 m. Bildn. [101]. — Wie der Verein deutscher Ingenieure entstand: Z. VDI **75** (1931) 609–610 m. 1 Abb. [101]. — Georg Siemens: Gesch. des Hauses Siemens **1** (1947) 172, 191, 288–290; **2** (1949) 17–18 [101]. — Funk-Techn. **2** (1947) Nr. 7, S. 24 m. Bildn. [101]. — Ein Leben im Dienste der Technik. Adolf Slaby, Deutschlands 1. Funkpionier: Luftreise **3** (1959) Nr. 18, S. 4 m. Bildn. [292]. — Gustav Goldbeck: Gebändigte Kraft. Die Gesch. der Erfindung des Otto-Motors (München 1965) [101].

Zum 25. Todestag Telegraphen-Fernsprech-Funk- u. Fernsehtechn. **27** (1938) 154–155 [93].

Zum 100. Geburtstag A. Matthias: Zum Gedenktag der TU Berlin: Elektrotechn. **3** (1949) 71–72 [101]. — Gedächtnisfeier für A. Slaby: Elektrizitätswirtschaft **48** (1949) 120 [101].

Bildn. Elektrotechn. Nachr., Ausg. B **13** (1917) 203 [14]. — Chronik des Dtsch. Museums von Meisterwerken der Naturwiss. u. Technik 1903–1925 (München 1927) 39 [14]. — Festschr. 50jähr. Jubil. Telefunken-Ges. für drahtlose Telegr. mbH. (Berlin-Wilmersdorf 1953) 158 (Taf.) [14].

II **SÖMMERRING,** Samuel Thomas **von.** Anatom., Physiol. — 1774 stud., 1778 Dr. med. Univ. Göttingen; 1779–1784 Prof. Chirurgie u. Anatom. Carolinum Kassel; 1784–1795 o. Prof. Med. Univ. Mainz; 1795–1804 prakt. Arzt in Frankfurt/M.; 1805–1820 Prof. u. Mitgl. Bayer. Akad. Wiss. München; 1805 zum Geh.Rat ernannt, 1808 geadelt; konstruierte 1809 einen elektrochem. Telegraphen; seit 1820 prakt. Arzt in Frankfurt/M.

*1755, Jan. 28, Thorn;
†1830, März 2, Frankfurt/M.

Genealog. Arthur Richel: Stadtbibliothek Frankfurt/M. Katalog der Abt. Frankfurt Bd 2: Lit. zur Familien- u. Personengesch. (Frankfurt 1929) 557–558 [3]. — Heinz F. Friederichs: Samuel Thomas von Sömmerings Vorfahren u. Nachkommen: Hess. Familienkunde **3** (1954–1956) Sp. 391–394 [3].

Bibliogr. Cat. scient. Papers **5** (1871) 748–749 (21 Nr.) [3]. — Cat. gén. Bibl. nat. **174** (1948) Sp. 695–699 (25 Nr.) [3]. — Brit. Mus. Gen. Cat. **225** (1964) Sp. 509–513 (56 Nr.) [3].

Briefwechsel Briefe an Johann Heinrich Merck von Goethe, Herder, Wieland u. andern bedeutenden Zeitgenossen. Mit Mercks biogr. Skizze von Karl Wagner (Darmstadt 1835) 352–356 (8. Okt. 1782); 364 (22. Okt. 1782); 392–394 (1. Juli 1783); 423–426 (25. Apr. 1784); 438–439 (27. Jan. 1785); 447–448 (11. Mai 1785); 474 (11. Nov. 1785); 474–476 (7. Dez. 1785); 476–477 (9. Dez. 1785); 480 (16. Febr. 1786); 482 (8. Apr. 1786); 491–492 (21. Okt. 1786); 492–494 (29. Nov. 1786) [3]. — Briefe an u. von Johann Heinrich Merck. Aus den Handschr. hrsg. von Karl Wagner (Darmstadt 1838) 235, 238–239, 253, 271, 274 [3]. — Georg Forster: Briefwechsel m. S. Th. Sömmering. Hrsg. von Hermann Hettner (Braunschweig 1877) 676 S. [3; 14]. — Goethes Briefe. Hrsg. von Fr. Strehlke **2** (Berlin 1884) 226–230 [3]. — Kants Briefe. Ausgew. u. hrsg. von F[ritz] Ohmann (Leipzig 1911) 285–286, 326–327 [15]. — M. Neuburger: Anhang zu den Briefen Galls: Arch. Gesch. Med. **11** (1919) 93–100 (Brief von Joh. Reinhold Forster an Sömmerring o. O., o. J.) [3]. — Ein Brief Goethes an den Anatomen Sömmerring über das Leib-Seeleprobl.: Med. Welt **5** (1931) 107 [3]. — Alfred Krarup: Katalog over Universitetsbibliothets haandskrifter **2** (Kopenhagen 1935) 220 (1 Brev 19. 2. 1821) [28]. — Ilse Schunke: Der Nachlaß von Gottfried Reinhold Treviranus (1776–1837) in der Staatsbibliothek Bremen: Sudhoffs Arch. Gesch. Med. **30** (1937) 115–132 m. 1 Abb. (Brief von T. an S. Bremen 3. Mai 1804; Brief von S. an T. München 5. Okt. 1815) [3]. – Leo Just: Briefe Sömmerings an Johannes von Müller: Jahrb. Verein Freunde Univ. Mainz **1957**, 64–73 [77].

Nekr. [Johann Joseph Ignaz] von Doellinger: Gedächtnisrede auf Samuel Thomas Sömmerring . . . am 25. Aug. 1830 (München 1830) 26 S. [12; 14].

Biogr. Johann Georg Meusel: Das gelehrte Teutschland **7** (Lemgo 1798) 531–534 m. Schr.-Verz.; **10** (1803) 679; **11** (1805) 704; **15** (1811) 492–493; **20** (1825) 506–508 m. Schr.Verz. [3]. – Friedrich Wilhelm Strieder: Grundlage zu einer Hess. Gelehrten- u. Schriftsteller-Gesch. **15** (Cassel 1806) 89–107 m. Schr.Verz. [3]. – Nachricht von dem 50jähr. Doktorjubil. des Sam. Thom. von Soemmering, gefeiert in Frankfurt/M. am 7. Apr. 1828 (Frankfurt/M. 1828) 38 S. [14; Ha 2]. – J. van der Hoeven: Eenige Berigten angaande Samuel Thomas von Soemmerring: Bijdragen natuurk. Wetensch. **6** (1831) 73–83 [3]. – A. W. Otto: Samuel Thomas von Sömmerring, Adjunct des Kaiserl. Leop. – Carol. Akad. der Naturforscher: Nova Acta physico-medica Acad. Caes. Leop.-Carol. nat. cur. **15**, 1 (1831) XXI–XXXVI [15]. – Dezeimeris: Dict. hist. méd. **4** (Paris 1839) 178–186 [3]. – Rudolph Wagner: Samuel Thomas von Sömmerrings Leben u. Verkehr m. seinen Zeitgenossen **1** (Leipzig 1844) XIV, 386 S., Titelbildn. [Briefe berühmter Zeitgenossen an S.]; **2** (1844) XII, 285 S. [Leben Sömmerrings nebst einem Anhang von Briefen u. Aufsätzen sowie einem Porträt Sömmerrings] [15]. – Leroy-Dupré: Biographie universelle, ancienne et moderne **82** (Paris 1849) 328–340 [3]. – Goethe u. Sömmerring: Neues Frankfurt: Museum **1** (1861) 1485–1487 [30]. – Wilhelm Stricker: Samuel Thomas von Soemmerring. Nach seinem Leben u. Wirken geschildert (Frankfurt/M. 1862) VI, 24 S. m. Titel-Bildn. [3]. – Carl Fr. Ph. von Martius: Erinnerung der Mitgl. der math.-physikal. Cl. Bayer. Akad. Wiss. Eine Rede (München 1859) 24, 38–40 [3]; Erinnerung an frequentierende Mitgl. der math.-physik. Cl. Akad. Denkreden (Leipzig 1866) 596–598 [3]. – Jännicke: ADB **34** (1892) 610–615 [3]. – Adolf Harnack: Gesch. Preuß. Akad. Wiss. **1** (Berlin 1900) 554, 615, 968 [3]. – C. Musmacher: Kurze Biogr. berühmter Physiker (Freiburg/Br. 1902) 139–140 [1]. – Hermann Vierordt: Medizin-Geschichtliches Hilfsbuch (Tübingen 1916) 267–269, 424 [3]. – Ber. Senckenberg. naturforsch. Ges. Frankfurt/M. **48**, 1917 (1918) 57–59 [Ha 2]. – Theodore H. Bast: The life and work of S. Th. Sömmerring: Ann. med. hist. **6** (1924) 369–373 [1]. – Conrad Matschoß: Männer der Techn. (Berlin 1925) 256–257 [101]. – Wilhelm Stieda: Die Berufung von Sömmerring an die Kaiserl. Akad. Wiss. Petersburg: Oberbayer. Arch. vaterländ. Gesch. **65** (1927) 64–82 [3]. – W. Stricker: Biogr. Lexikon der hervorragenden Ärzte aller Zeiten u. Völker **5** (Berlin, Wien 1934) 329–331 m. Bildn. auf Taf. 5 nach S. 352 u. Schr.- u. Lit.Verz. [3]. – Edmund Görge: S. Th. von Sömmerring. Leben u. Wirken eines großen deutschen Arztes (Düsseldorf 1938) 63 S. (Diss. Med. Akad. Düsseldorf) [3]. – Fossilium Catalogus I: Animalia. Pars 72: K. Lambrecht †, W. et A. Quenstedt, Palaeontology, Catalogus biobibliographicus ('s-Gravenhage 1938) 406–407 [3; Ha 2]. – Hg.: S. Th. von Sömmerring: Funk **15** (1938) 188 m. 1 Bildn. u. 1 Abb. [101]. – Th. von Sömmerring: Dtsch. Techn. **7** (1939) 84 m. Bildn. [101]. – Funk-Techn. **3** (1948) 72 [101]. – J. Karcher: Einiges über Samuel Thomas Sömmerring u. seine Zeitgenossen: Gesnerus **10** (1953) 26–36 [Ha 2]. – Geist u. Gestalt. Biogr. Beitr. Gesch. Bayer. Akad. Wiss. **2** (München 1959) 77–78, 227; **3** (1959) Abb. 55 (Bildn. von C. Thelott) [3]. – Phoebe Peck: Samuel Thomas von Soemmerring: New England J. Med. **263** (1960) H. 1, S. 32–33 [1].

Zum 100. Todestag Erich Ebstein: Münchener med. Wschr. **77** (1930) 406–407 [3]. – J. Hauer: Ein großer Anatom, ein genialer Erfinder: Heimgarten **8** (1930) Nr. 10, S. 70–72 [101]. – K. F. Hoffmann: Wiener med. Wschr. **80** (1930) 353–354 [3].

100 Jahre elektr. Telegraph R. Wachsmuth: Prometheus **21** (1909) 161–164 m. 4 Abb. [3]; Jber. physik. Verein Frankfurt/M. **1908–1909** (1910) 94–101 m. 6 Abb. [Ha 2].

125 Jahre elektr. Telegraph Illustr. Ztg., Leipzig **183** (1934) 255 m. Bildn. u. Abb. [15]. – Umschau **38** (1934) 395 [15].

Sömmerring u. der elektr. Telegraph Wilhelm Sömmerring: Histor. Notizen über S. Th. von Sömmerrings Erfindung des 1. galvanisch-elektr. Telegraphen: Jber. physik. Verein Frankfurt/M. **1857/1858**, S. 23–35 [Ha 2]. – J. Hamel: Die Entstehung der galvan. u. elektro-magn. Telegraphie: Bull. Acad. Imp. Sci. St. Petersbourg **2** (1860) Sp. 97–100, 136, 298–303 [3]. – Wilhelm Sömmerring: Der elektr. Telegraph als deutsche Erfindung Samuel Thomas von Soemmerrings aus dessen Tagebüchern nachgewiesen (Frankfurt/M. 1863) 23 S. – W. Beetz: Der Antheil der Bayer. Akad. Wiss. an der Entwicklung der Elektrizitätslehre (München 1873) 31 S. (Festschr. u. Gedächtnisreden Bayer. Akad. Wiss., 270) [3]. – Georg Biedenkapp: Bahnbrecher des Weltverkehrs (Berlin 1904) 90–103 [14]. – Th. Karrass: Gesch. der Telegraphie **1** (Braunschweig 1909) 56, 110–112 [7]. – Albert Neuburger: Von Morse bis Marconi (Berlin 1920) 28–45, Taf. nach S. 16 [14]; Wunder der Fernmeldetechn. (Leipzig 1924) 10–12 m. Bildn. S. 9 [14]. — Ernst Feyerabend: Der Telegraph von Gauß u. Weber im Werden der elektr. Telegraphie (Berlin 1933) 11–13 m. Bildn. u. 1 Abb. [3]. — G. Schaefer u. W. Naumann: Magnetismus u. Elektrizität als Forschungsgebiet von Ärzten: Ciba-Z. 6 (1938) 2218 m. Bildn. [101]; Les investigations de médecins dans le domaine du magnétisme et de l'ectricité: Rev. Ciba 30 (1943) 1022–1023 m. Bildn. u. 1 Abb. [UB Basel]. — Hermann Schmidt: Erfindung u. Erfinder: Jahrb. Nassauischer Verein Naturkunde 85 (1938) 34–58 [Ha 2].

Weitere Lit. M. J. Weber: Specimen malae conformationis encephali capitis et pelvis viri ... quo edito ... Samueli Thomae de Soemmerring ... (Bonnae ad Rhenum d. 7. Apr. 1828) 21 S., 5 Taf. [14]. — August Friedrich Wilhelm Crome: Selbstbiogr. Ein Beitr. zu den gelehrten u. polit. Memoiren des vor. u. gegenwärt. Jahrhunderts (Stuttgart 1833) 165 [3]. — Carl Erenbert von Moll: Mitt. aus seinem Briefwechsel 4 (Augsburg 1835) 1255–1402 [3]. — Mappes: Festreden, geh. im naturgeschichtl. Museum in Frankfurt (Frankfurt 1842) 114–129 [F 1]. — Karl Friedr. Sal. Liskovius: Physiol. der menschl. Stimme für Ärzte u. Nichtärzte (Leipzig 1846) 84 [15]. — Ernst Wilhelm Martius: Erinnerungen aus meinem 90jähr. Leben (Leipzig 1847) 93, 246 [3]. — Wilhelm Stricker: Die Gesch. der Heilkunde u. der verwandten Wiss. in der Stadt Frankfurt/M. (Frankfurt 1847) 331–334 [15]. — Karl Friedr. Burdach: Rückblick auf mein Leben. Selbstbiogr. (Leipzig 1848) 356, 381 [3]. — Fr. von Thiersch: Über die praktische Seite wiss. Tätigkeit (München 1849) Sp. 8–9 [15]. — K. C. von Leonhard: Aus unserer Zeit in meinem Leben 1 (Stuttgart 1854) 503, 524, 525 [3]. — Hippolyte Kluyskens: Des hommes célèbres ... 2 (Gand 1859) 459–461 m. Medaille [14]. — Heinrich Haeser: Lehrbuch der Gesch. der Med. u. der epidem. Krankheiten 3. Aufl. 2 (Jena 1881) 559–560 m. Schr.Verz. [3]. — Robert Springer: Essays zur Kritik u. Philos. u. zur Goethe-Literatur (Minden 1885) 182–198 [3]. — Hermann Kopp: Die Alchemie in älterer u. neuerer Zeit 2 (Heidelberg 1886) 45–94, 101–105, 112, 115, 117–118, 123–124, 136, 141–142, 207, 224, 258–259, 262, 267–268, 270–271 [3]. — Jacob Moleschott: Für meine Freunde. Lebens-Erinnerungen (Gießen 1894) 262 [Ha 2]. — Alfred Dove: Ausgewählte Schriftchen vornehml. histor. Inhalts (Leipzig 1898) 478–486 [3]. — Karl Goedeke: Grundriß zur Gesch. der dtsch. Dichtung 2. Aufl. 6 (Leipzig, Dresden, Berlin 1898) 251–254 [3]. — Ludwig Stieda: Gesch. der Entwicklg. der Lehre von den Nervenzellen u. Nervenfasern während des 19. Jahrhunderts 1 (Jena 1899) Von Sömmerring bis Deiters S. 79–196 [3]. — Ludwig Jester: Zum Gedächtnis des 25. Dez. 1849: Bayerland 11 (1900) 150–152, 161–163 m. Bildn. [12]. — Lichtenbergs Briefe. Hrsg. von Albert Leitzmann u. Carl Schüddekopf 1 (Leipzig 1901), 2 (1902), 3 (1904) siehe Reg. [3]. — The history of the collections contained in the Natural History Departments of the British Museum 1 (London 1904) 327 [14]. — Adolp Kohut: Immanuel Kant als Arzt u. Apotheker: Janus 9 (1904) 352 [15]. — Adam Politzer: Gesch. der Ohrenkunde 1 (Stuttgart 1907) 356–358 m. Bildn. [3]. — Max Geitel: Entlegene Spuren Goethes (München, Berlin 1911) 12, 157, 158 [3]. — Julius Hirschberg: Gesch. der Augenheilkunde 3. Buch, 2. Teil in: Alfred Graefe, Theodor Samisch, Handbuch der gesamten Augenheilkunde 2. Aufl. 14 (1911) 477–480 [3]. — Hermann Schelenz: Sömmerring u. Goethe in der Casseler Anatomie: Berliner klin. Wschr. 48 (1911) 649–651 m. 2 Abb. [3]. — J. H. F. Kohlbrugge: Histor.-krit. Studien über Goethe als Naturforscher: Zool. Ann. 5 (1913) 93, 95, 100 [15]. — Hermann Schelenz: Wohlfahrtsbestrebungen in Hessen vom 16. bis 18. Jahrhundert: Dtsch. Geschichtsbl. 14 (1913) 242 [101]. — Georg Forsters Briefe an Christian Friedrich Voß. Hrsg. von Paul Zincke (Dortmund 1915) 19, 27, 31, 51, 58, 71, 74, 82, 90, 93, 128, 163 [3]. — Briefwechsel des Herzogs-Großherzogs Carl August m. Goethe. Hrsg. von Hans Wahl 1 (Berlin 1915) 45, 371, 395, 425; 2 (1916) 133, 135, 380, 382; 3 (1918) 255, 256, 262, 274, 296, 416, 424–425, 442 [3]. — Gg. B. Gruber: Pathologie in Mainz: Virchows Arch. Pathol. Anat. u. Physiol. 247 (1923) 187–188 [3]. — G. Tornier: Rückblick auf die Paläontol.: S.-Ber. Ges. naturforsch. Freunde Berlin 1924 (1926) 61 [Ha 2]. — Hugo Döbling: Die Chem. in Jena zur Goethezeit (Jena 1928) 24, 35 (Z. Ver. Thür. Gesch. N.F., Beih. 13) [3]. — F. Sorge: Der Anatom Soemmerring u. seine Beziehungen zu Kassel: Kasseler Post 46 (1928) Nr. 8, Bl. 4 m. Bildn.; Nr. 15, Bl. 4 m. 1 Abb. [4]. — Aus der Vergangenheit der Univ. Würzburg. Festschr. zum 350 jähr. Bestehen der Univ. Hrsg. von Max Buchner (Berlin 1932) 553, 721 [3]. — Ewald Reinhard: Amalie Fürstin von Gallitzin u. ihre Mainzer Freunde, 2: S. Th. von Sömmerring: Auf roter Erde 8 (1932/33) 94–95 [101]. — Robert Mertens: Eduard Rüppell. Leben u. Werk eines Forschungsreisenden (Frankfurt/M. 1949) 156, 179, 194, 220, 272, 285, 339, 346, 348 [F 1]. — Helmut Prang: Johann Heinrich Merck. Ein Leben für Andere (Wiesbaden 1949) 219, 225, 248–249, 253–254, 258–259, 263–264, 266, 271, 279, 281, 285, 293 [101]. — Paul Diepgen: Die alte Mainzer med. Fakultät u. die Wiss. ihrer Zeit (Mainz 1951) 11–19 (Mainzer Universitätsreden, 18) [3]. — Eugène Susini: Lettres inédites de Franz von Baader 2 (Vienne 1951) 94, 95, 130, 131, 133, 136, 138, 140 [3]. — Käthe Heinemann: Aus der Blütezeit der Med. am

Collegium illustre Carolinum zu Kassel: Z. Ver. Hess. Gesch. Landeskde **71** (1960) 85–96 [14]. — Wolfgang Promies: Georg Christoph Lichtenberg in Selbstzeugnissen u. Bilddokumenten (Reinbek bei Hamburg 1964) 22, 96, 98, 100, 115, 116, 134, 135, 140 m. Bildn. S. 99 [101].

Bildn. Neu allg. dtsch. Bibliothek **64** (1801) Titelbildn. [14]. — Eduard Rüppell: Arch. Frankfurts Gesch. u. Kunst H. **7** (1855) 63–64 Taf. 4, Fig. 7 [3; 14]. — Leopold Laquer: Samuel Thomas von Sömmerring u. sein Denkmal (Frankfurt/M. 1891) 12 S. [30]; Das Denkmal S. Th. von Sömmerrings in Frankfurt/M.: Illustr. Ztg., Leipzig **109** (1897) 447 m. Abb. [14]. — Library of Harvard University. Bibliographical contributions (Cambridge 1898) Nr. 53 S. 27 [3]. — Wilhelm Bölsche in: Das 19. Jahrhundert in Bildn. **2** (Berlin 1899) 269–270 m. Bildn. Nr. 198 [3]. — Ludwig Geiger: Goethe in Frankfurt/M. 1797 (Frankfurt 1899) Taf. vor S. 129 [14]. — Dtsch. med. Wschr. **34**, 1 (1908) Kunstbeil. Nr. 30 [15]. — Bernard Müller: Bilderatlas zur Gesch. der Stadt Frankfurt/M. (Frankfurt 1916) 16 [101]. — Wilhelm Bode: Goethes Leben **8** (Berlin 1926) Lithogr. vor S. 281 [14]. — W. Kallmorgen: Das Gesicht des Arztes. Die Ärzte-Portraitsammlung der Senckenberg.Stiftung ... in Frankfurt/M.: Dtsch. Ärztebl. **66** (1936) 58–63 [101]. — Richard N. Wegner: Das Anatomenbildnis. Seine Entwicklg. im Zusammenhang mit der anatom. Abb. (Basel 1939) Bildn. Nr. 90, Stich von F. W. Bollinger nach einem Gemälde von Bender S. 132 [3]. — G. H. Klövekorn: Das Porträt des Arztes (Leverkusen 1956) 90 [14]. — Glauco de Bertolis: Sull' iconografia nelle opere di von Sömmerring: Rassegna clinica Terapia Sci. affini **57** (1958) 110–120 [Ha 2]. — Jahrb. Bayer. Akad. Wiss. **1959**, S. 64 [14]. — Adolf Wißner in: Schätze im Deutschen Museum. Hrsg. von Hermann Auer u. Friedrich Klemm (Düsseldorf 1968) 54–55 m. 1 Bildn. u. 1 Abb. [3].

II **SOHNCKE,** Ludwig Adolph. Math.-Dr. phil.; 1833–1835 PDoz. Univ. Königsberg; 1835 ao. Prof., 1839 o. Prof. Math. Univ. Halle.

*1807, Juni 20, Königsberg;

†1853, Jan. 16, Halle/Saale.

Bibliogr. Cat. scient. Papers **5** (1871) 743 (7 Nr.) [3]. — Cat. gén. Bibl. nat. **174** (1948) Sp. 743 (1 Nr.) [3]. — Brit. Mus. Gen. Cat. **225** (1964) Sp. 557 (4 Nr.) [3].

Biogr. M. Cantor: ADB **54** (1892) 546 [3].

Weitere Lit. Hallesche Bücher-Auction. Verzeichniß der von den Herren ... Ludwig Adolf Sohncke ... nachgelassenen Bibliotheken, welche ... 18. 6. 1873 ... versteigert werden sollen (Halle 1853) 176 S. [14].

III, IV **SOHNCKE,** Leonhard. Physik. — 1862 stud. Univ. Halle u. Königsberg; 1866 Dr. phil. Univ. Halle; dann Lehrer am Friedrichs-Gymn. Halle; 1869 Doz. Univ. Königsberg; 1871–1883 Prof. Physik Polytechnikum Karlsruhe u. Vorstand meteorol. Observatorium; 1883 Prof. Univ. Jena; seit 1886 Prof. Physik Polytechnikum München.

*1842, Febr. 22, Halle/Saale;

†1897, Nov. 2, München.

Sohn von Ludwig Adolph Sohncke (1807–1853).

Bibliogr. Cat. scient. Papers **8** (1879) 979 (7 Nr.); **11** (1896) 446–447 (16 Nr.); **12** (1902) 691 (4 Nr.); **18** (1923) 834 (28 Nr.) [3]. — Alm. Bayer. Akad. Wiss. **1890**, 129–135; **1897**, 189–190 [3]. — Richard Kukula: Bibliogr. Jahrb. der Deutschen Hochschulen (Innsbruck 1892) 877; (1893) 234 [3]. — Cat. gén. Bibl. nat. **174** (1948) Sp. 743–744 (4 Nr.) [3]. — Brit. Mus. Gen. Cat. **225** (1964) Sp. 557 (4 Nr.) [3].

Nekr. Assmann: Z. Luftschiffahrt u. Physik Atmosphäre **16** (1897) 249–251 [11]. — A. von Braunmühl: Biogr. Jahrb. u. Dtsch. Nekrolog **2** (Berlin 1898) 167–170 m. Lit.-Nachw. [3]. — Engler: Verh. naturwiss. Verein Karlsruhe **13**, 1895–1900 (1900) S.-Ber. 112–113 [Ha 2]. — F. Erk: Meteorol. Z. **15** (1898) 81–84 [3]. — S. Finsterwalder: Münchener Neueste Nachr. **1897**, Nr. 519, S. 6 [12]. — S. Finsterwalder u. Ebert: Ber. TH München **1897/98**, Beil. 2 (München 1898) 21 S. [14]. — S. Günther: Beil. Allg. Ztg. **1897**, Nr. 275, S. 1–5 [3]. — Oscar Troje: Naturwiss. Rdsch. **12** (1897) 670–671 [3]. — C. Voit: S.-Ber. Bayer. Akad. Wiss., math.-physik. Cl. **28**, 1898 (1899) 440–449 [3]. — Dtsch. Rdsch. Geogr. u. Statistik **20** (1898) 472–473 m. Bildn. [3]. — Leopoldina **33** (1897) 162 [Ha 2]. — Természettudományi Közlöny **30** (1898) 655 [F 1].

Biogr. S.: Badische Biogr. **5** (1906) 732–733 [3]. — Geist u. Gestalt. Biogr. Beitr. Gesch. Bayer. Akad. Wiss. **2** (München 1959) 130, 277, 278; **3** (1959) 158, Bildn. [3]. — S. Günther: ADB **54** (1908) 377–79 [3].

Weitere Lit. Otto Lehmann: Gesch. des physik. Inst. TH Karlsruhe. In: Festgabe Jubil. 40jähr. Regierung Großherzog Friedrich von Baden (Karlsruhe 1892) 259–261 [3]. — Otto Lehmann: Gesch. des physik. Inst. TH Karlsruhe. Festgabe der Fridericiana zur 83. Verslg. Deutscher Naturforscher u. Ärzte (Karlsruhe 1911) 64–67 [3]. — Werner Nowacki: Cinquante ans de théorie générale de la structure des cristaux: Ann. Guébhard-Séverine **12** (1936) 120–139 [82]. — Heinrich Konen: Physikal. Plaudereien. Gegenwartsprobleme u. ihre techn. Bedeutung (Bonn 1937) 164–166, 370 [3].

II, III **SONNENSCHEIN,** Franz Leopold. Chem. — Zuerst Apotheker; 1851 Dr. phil., 1852 PDoz., seit 1869 ao. Prof. gerichtl. Chem. Univ. Berlin; Besitzer eines Privatlabor.

*1819, Juli 13, Köln;

†1879, Febr. 26, Berlin.

Bibliogr. Cat. scient. Papers **5** (1871) 750–751 (13 Nr.); **8** (1879) 982 (5 Nr); **11** (1896) 452 (2 Nr.) [3]. — Cat. gén. Bibl. nat. **175** (1949) 85–86 (2 Nr.) [3]. — Brit. Mus. Gen.Cat. **226** (1964) Sp. 19 (4 Nr.) [3].

Lit. Otto Braus: Akad. Erinnerungen eines alten Arztes an Berlins klin. Größen (Leipzig 1901) 115, 118–121 [15]. — Adolph Kohut: Berlins klin. Originale. Ernstes u. Heiteres von berühmten Ärzten, Apothekern u. Naturforschern (Berlin 1903) 55–56 [11]. — Richard Meyer: Victor Meyer (Leipzig 1917) 6, 8, 9 (m. Bildn.), 457 [3]. — A. Adlung u. G. Urdang: Grundriß der deutschen Pharmazie (Berlin 1935) 109, 311, 478–479 [3].

III, IV, VI **SOXHLET,** Franz Ritter von. Agrikulturchem. — 1872 Dr. phil., 1872 Ass. Landwirtsch. Inst. Univ. Leipzig; 1873 an der Landwirtsch.-chem. Station Wien; 1879–1913 o. Prof. Agrikulturchem. TH München u. Vorst. Landwirtsch. Zentralversuchsstat. Bayern; 1894 Dr. med. h. c. Univ. Halle.

*1848, Jan. 12, Brünn;

†1926, Mai 6, München.

Bibliogr. Cat. scient. Papers **8** (1879) 987 (1 Nr.); **11** (1896) 458 (8 Nr.); **18** (1923) 866 (4 Nr.) [3]. — Brit. Mus. Gen. Cat. **226** (1964) Sp. 643 (1 Nr.) [3].

Nekr. Ch.: Prakt. Blätter Pflanzenbau u. Pflanzenschutz N.F. **4** (26) (1927) 47–48 [Ha 4]. — Theodor Henkel: Münchener Neueste Nachr. **79** (1926) Nr. 129 S. 3 [12]; Süddtsch. Molkerei-Ztg. **46** (1926) 493–494 m. Bildn. [12]. — Alexander Herzfeld: Die dtsch. Zuckerindustrie **51** (1926) 501–502 [Ha 4]. — Otto Rommel: Münchener med. Wschr. **73** (1926) 994–995 [3].

Zum 100. Geburtstag Fehr: Süddtsch. Molkerei-Ztg. **69** (1948) 18–19 m. Bildn. [12].

Weitere Lit. Sigmund Gara: Über die Verwendung von Soxhlets Nährzucker u. Nährzucker-Kakao: Österr. Ärzte-Ztg. **2** (1905) Nr. 24 [14]. — Paul Wagner: Der Fall Soxhlet: Z. öffentl. Chem. **17** (1911) 246–247 [3]. — Agrarpol. Wschr. (Berlin) **1911,** 1 S. 49–53 (Angriffe von Soxhlet wegen des Kali-Vertr.) [1]. — Eilhard Alfred Mitscherlich: Der Fall Soxhlet. Die Rechtfertigungsschr. Paul Wagners: Fühlings landwirtsch. Ztg. **61** (1912) 153–166 [15]. — A. Juckenack: Soxhlets Nährzucker, ein Nährpräparat oder ein diätetisches Heilmittel: Z. Säuglings- u. Kleinkinderschutz **14** (1922) 231–233 [15]. — Münchener med. Wschr. **69** (1922) 1171 (50jähr. Doktorjubil.) [3]. — Jean-R. Maréchal: Franz Soxhlet et son ascendance belge: J. Pharmac. Belgique **19** (1937) 423–424 m. Bildn. [1]. — Johannes Hohlfeld: Das Geschlecht Lieberknecht (Leipzig 1937) 85, 87, 88, 95, 121–122, 128–134, 154–155, 179 m. Bildn. Taf. 9, Nr. 14 (Beitr. dtsch. Familiengesch., 16) [101]. — E. H. Waters: A modified Soxhlet apparatus: Chemistry and Industry-Rev. London **1952,** 778–779 [Le 1]. — Zum Bilde Franz von Soxhlets: Dtsch. Molkerei-Ztg. **73** (1952) 557 m. Titelbildn. [101].

II **SPERLING,** Johann. Zool. — Stud. zuerst Theol., später Med. in Wittenberg; 1625 dort Dr. med. u. seit 1634 Prof. Physik.

*1603, Juli 12, Zeuchfeld bei Laucha;

†1658, Aug. 12, Wittenberg.

Bibliogr. Cat. gén. Bibl. nat. **176** (1949) Sp. 527–531 (30 Nr.) [3]. — Brit. Mus. Gen. Cat. **227** (1964) Sp. 472–473 (38 Nr.) [3].

Biogr. Abraham Calovius: I. N. I. Dialogus . . . de coeli incolis . . . [Leichenpredigt auf Elisabeth, Tochter Johann Sperlings in Wittenberg, gest. 3. Juli 1657] (Wittenberg 1657) [14]. — Dictionnaire des sciences médicals, Biographie médicale **7** (Paris 1825) 242–243 [3]. — Zitzlaff: Begräbnißstätten Wittenbergs (Wittenberg 1876) 11 (Sp. am 15. Aug. 1658 in der Schloßkirche begraben) [3]. — Pagel: Biogr. Lexikon der hervorragenden Ärzte aller Zeiten u. Völker 2. Aufl. **5** (Berlin, Wien 1934) 362 [3]. — W. Heß: ADB **35** (1893) 136 [3].

II, VI **SPIELMANN,** Jacob Reinbold. Med., Naturwiss. — 1735–1740 Ausbildung in der väterl. Apotheke in Straßburg; 1740–1742 Reisen in Deutschland; 1740 in Berlin, 1742 in Freiberg u. Paris; 1743 Apothekerprüfung in Straßburg; anschließend dort Apotheker, 1748 Dr. med., 1755 ao. Prof. Med., 1756 Prof. Dichtkunst, seit 1759 o. Prof. Med. mit der Verpflichtung auch über Chem., Pharmakognosie u. Botanik zu lesen.

*1722, März 31, Straßburg;

†1783, Sept. 9, Straßburg.

Bibliogr. Cat. gén. Bibl. nat. **176** (1949) Sp. 603–604 (15 Nr.) [3]. — Brit. Mus. Gen. Cat. **227** (1964) Sp. 545 (6 Nr.) [3].

Nekr. Sigismund Friedrich Lorenz: Memoriam virt ... Jac. Reinbold Spielmann ... (Argentorati 1783) 10 Bl. [13]. — Éloge de M. Spielmann lu le 26 octobre 1784: Hist. et mém. Soc. R. méd. Paris **1782–1783** (1784) 116–126 [13].

Biogr. E. G. Baldinger: Biogr. jetzt lebender Ärzte u. Naturforscher in u. außer Deutschland **1**, 1 (Jena 1768) 75–86 m. Schr.-Verz.; **1**, **3** (Jena 1771) Zusatz vor S. 1 [3]. — Straßburg. gel. Nachr. **1783**, Stück 82, S. 971–975 vom 11. Okt. „Strasburg" [13]. — Kurzer Auszug aus der Lebensgesch. des Herrn Prof. Spielmann zu Straßburg: Schr. Berlinisch. naturforsch. Freunde **5** (Berlin 1784) 497–506 m. Schr.Verz. [3]. — Philipp Ludwig Wittwer: Lebensgesch. des Jac. Reinbold Spielmanns, der Arzneygelahrtheit Prof. in Straßburg: Chem. Ann. (Crell) **1** (1784) 545–580 m. Schr.-Verz. [3]. — Christian Gottfried Gruner: Almanach für Ärzte u. Nichtärzte auf das Jahr 1785 (Jena 1785) 14 [3]. — Joh. Friedrich Blumenbach: Introductio in historiam medicinae litterariam (Göttingen 1786) 413 [3]. — Johann Georg Meusel: Lexikon der vom Jahre 1750 bis 1800 verstorbenen Teutschen Schriftsteller **13** (Leipzig 1813) 226–228 [3]. — Biographie universelle, ancienne et moderne **43** (Paris 1825) 296–297 [3]. — Dezeimeris: Dict. hist. méd. **4** (Paris 1839) 194–196 [3]. — Oberlin: Jacques-Reinbold Spielmann: Gaz. méd. Strasbourg **5** (1845) 20. Aug., Sp. 225–235 [3]. — Paul-Antoine Cap: J. R. Spielmann: Études biographiques pour servir à l'histoire des sciences **1** (Paris 1857) 264–271; vorher in: J. Pharmazie et Chim. [Paris] (3) **14** (1848) 35–41 [BPU Genf]. — F. A. Flückiger: ADB **35** (1893) 171–173 [3]. — Paul Diergart: Auf unbeachteten Pfaden Goethes in Straßburg. Der Chemiker u. Arzt Jakob Reinbold Spielmann: Chemiker-Ztg. **51** (1927) 281–283 [3]. — Walter Dörr: Goethe u. Apotheker Spielmann: Süddtsch. Apotheker-Ztg. **72** (1932) 377–378 [101]. — [Pagel]: Biogr. Lexikon der hervorragenden Ärzte aller Zeiten u. Völker **5** (Berlin, Wien 1934) 364–365 m. Lit.Verz. [3]. — Otto Zekert: Deutsche Apotheker (Berlin–Wien 1942) 52–61 m. Bildn. (Medaillon) S. 53 [14]. — Wilhelm Brachmann: Unklarheiten um das Straßburger Apothekergeschlecht Spielmann: Apotheker-Ztg. **3** (1951) 27–28 [6].

Weitere Lit. Vicq d'Azyr: Suite des Éloges **1780–1798**, 5me cahier, S. 92–102 [13]; Éloges historiques **2** (Paris 1805) 48–60 [3]. — A. Phillippe u. Hermann Ludwig: Gesch. der Apotheker bei den wichtigsten Völkern der Erde seit den ältesten Zeiten bis auf unsere Tage ... (Jena 1855) 332–333, 637–638 [15]. — Frédéric Kirschleger: Flore d'Alsace et des contrées limitrophes **2** (Strasbourg 1857) XXXVII–XXXVIII [13]. — Eug. et Ém. Haag: La France protestante ou vie des protestants français qui se font fait un nom dans l'histoire **9** (Paris 1859) 307–309 m. Schr.-Verz. [3]. — Dechambre: (Les) Spielmann. Famille de pharmaciens et médecins français, parmi lesquels: Spielmann (Jacques Reinbold). In: Dict. encyclop. Sci. méd. (Paris) (3) **11** (1883) 215–216 [1]. — Friedrich Wieger: Gesch. der Med. u. ihrer Lehranstalten in Straßburg (Straßburg 1885) 64, 66, 94, 114, 167 [3]. — Adolph Seyboth: Das alte Straßburg vom 13. Jahrhundert bis zum Jahre 1870 (Straßburg 1890) 150 [3]. — Fritz Chemnitzius: Die Chem. in Jena von Rollfinck bis Knorr (1629–1921) (Jena 1929) 21, 22, 56 [101]. — Paul Walden: Goethe als Chemiker u. Techniker (Berlin 1932) 18–19 [3]. — Handbuch der Pharmakognosie. 2. Aufl. **1** (Leipzig 1933) 1795–1796 m. Schattenriß [14]. — Robert Wizinger: Das Elsaß u. die Chem.: Elsaß-Lothringen, Heimatstimmen **13** (1935) 81–82 [101]. — R. J. Forbes: Das Bitumen in den 15 Jahrhunderten vor Drake (300–1860): Bitumen **7** (1937) 63 [101]. — George Urdang: Goethe and Pharmacy (Madison Wisc. 1949) 10, **11**, **13**, 67 m. 1 Bildn., 1 Abb. [38]. — Ernest Wickersheimer: La faculté de Straßbourg en quête d'un anatomiste (1783–1785): Méd. France **1956**, Nr. 71 m. Bildn. [Bibl. nat. Paris].

Bildn. Gustav Adolf Müller: Goethe in Straßburg. Eine Nachlese zur Goethe- u. Friederikenforschg. aus der Straßburger Zeit (Leipzig 1896) 61; Schattenbild S. 65 [14]. — Edmund O. von Lippmann: Ein Bildn. J. R. Spielmanns: Chemiker-Ztg. **51** (1927) 363 m. 1 Silhouette [3].

II, III **SPLEISS,** Thomas. Physik, Astron. — 1725 stud.; 1728 Dr. phil. Basel; dort Hauslehrer der Söhne Johann Bernoullis; 1729 Prof. Philos., 1743 auch der Math. Gymn. zu Schaffhausen; mit Leonhard Euler befreundet.

*1705, Dez. 27, Schaffhausen;
†1775, Dez. 16, Schaffhausen.

Lit. Jean Bernoulli: Supplément au Recueil pour les astronomes **1** (Berlin 1776) Necrol. S. 62 [3]. — S. Günther: ADB **35** (1893) 233 [3]. — Sévérin Bays: Discours d'ouverture de président annuel: Thomas Spleiss de Schaffhouse: Verh. Schweiz. naturforsch. Ges. **107**, 2 (1926) 20 [Ha 2]. — Ernst Zinner: Astron. Instrumente des 11. bis 18. Jahrhunderts (München 1956) 175, 538 [Ha 2]. — Brit. Mus. Gen. Cat. **227** (1964) Sp. 726 (1 Nr.) [3].

III, V **SPRENGEL,** Hermann Johann Philipp. Chem. — 1855–1858 stud. Univ. Göttingen u. Heidelberg; 1858 Dr. phil. Heidelberg; 1859 Ass. Univ. Labor. Oxford; 1863 Chemiker Labor. Guy's Hospital u. des Bartholomew's Hospital; 1865 Teilhaber an einer chem. Fabrik in London; 1870 Privatmann in London; 1878 Mitgl. Roy. Soc. London.

*1834, Aug. 29, Schillerslage bei Hannover;

†1906, Jan. 14, London.

Neffe des Botanikers Konrad Sprengel (1750–1816).

Bibliogr. Cat. scient. Papers **5** (1871) 784 (2 Nr.); **8** (1879) 992 (7 Nr.); **11** (1896) 467 (1 Nr.); **18** (1923) 887 (1 Nr.) [3]. — Brit. Mus. Gen. Cat. **227** (1964) Sp. 847 (6 Nr.) [3].

Nekr. Chemiker-Ztg. **30** (1906) 68–69 [15]. — Rudolph Messel: J. chem. Soc. (London) **91** (1907) 661–663 [15].

Lit. Günther Bugge: Schieß- u. Sprengstoffe u. die Männer, die sie schufen (Stuttgart 1942) 55, 58, 61 m. Bildn. [101].

II **STABIUS,** Johann. Math. — Prof. Math. Ingolstadt, 1497 Univ. Wien; dann Domdechant der St. Stefanskirche Wien.

*Steyer, Oberösterr;

†1522, Jan. 1, Graz.

Bibliogr. Cat. gén. Bibl. nat. **176** (1949) Sp. 1096–1097 (2 Nr.) [3]. — Brit. Mus. Gen. Cat. **228** (1964) Sp. 122 (7 Nr.) [3].

Biogr. Heinrich Pantaleon: Teutscher Nation Heldenbuch **3** (Basel 1570) 36–37 m. Bildn. [3]. — Johann Friedrich Weidler: Historia astronomiae **1** (Vitembergae 1741) 334 [3]. — Franz Constantin Florian von Khautz: Versuch einer Gesch. der Österreich. Gelehrten (Frankfurt, Leipzig 1755) Vorrede u. S. 54, 86, 118, 124, 159 [3]. — Abraham Gotthelf Kästner: Geschichte der Math. **2** (Göttingen 1797) 531 (Gesch. der Künste u. Wiss., 7) [3]. — Joseph Chmel: Die Handschriften der k. k. Hofbibl. in Wien **1** (Wien 1840) 312, 314, 317, 486–487 [3]. — C. Ritter: Über Stabius' Weltkarte vom Jahre 1515, enthalten in der Sammlung verschiedener alter Holzschnitte, größenteils nach Albrecht Dürers Zeichnungen: Mber. Verh. Ges. Erdkunde Berlin N.F. **5**, 1847–1848 (1848) 230–231; Sotzmann: Über J. Stabius u. dessen (vorgelegte) Weltkarte vom Jahre 1515: ebda 232–256 [Ha 2]. — Heinrich Glax: Über die 4 Ausgaben der geschichtl. Vorstellungen der „Ehrenpforte des Kaiser Maximilian I" von Albrecht Dürer: Quellen u. Forsch. vaterländ. Gesch., Lit. u. Kunst **1849**, 259–282 [3]. — Joseph Ritter von Aschbach: Die Wiener Univ. u. ihre Humanisten im Zeitalter Maximilians I (Wien 1877) 56, 68, 70, 75–76, 88, 289, 342–343, 364–372, 426 (Gesch. Wiener Univ. 2) [15]. — Franz X. von Wegele: Gesch. der Deutschen Historiogr. seit dem Auftreten des Humanismus (München, Leipzig 1885) 89, 97, 107, 138, 140 (Gesch. Wiss. in Deutschland, Neuere Zeit, 20) [3]. — L. Gallois: Les géographes allemands de la renaissance (Paris 1890) 127, 128 (Bibliothèque de la Faculté des Lettres de Lyon, 13) [3]. — Krones: ADB **35** (1893) 337 (3). — Eugen Oberhummer: Leonardo da Vinci and the art of renaissance in its relations to geography: Geogr. J. **33** (1909) 564–566 [3]. — Gustav von Bezold: Der Meister des Stabius: Mitt. German. Nationalmuseum **1910**, 125–126 m. Abb. der Medaille [12; Ha 2]. — Ernst Zinner: Die fränk. Sternkunde im 11. bis 16. Jahrhundert: Ber. u. Festber. 100jähr. Bestehen naturforsch. Ges. Bamberg **27** (1934) 22–24, 26, 27, 46, 47, 53, 103—104 m. 1 Abb. [Ha]; Gesch. u. Bibliogr. der astron. Lit. in Deutschland zur Zeit der Renaissance (Leipzig 1941) 21, 46, 48, 66, 105, 130, 132, 134, 135, 137, 145, 148, 149, 174, 410 [3]; Astron. Instrumente des 11. bis 18. Jahrhunderts (München 1956) 66, 67, 70, 72, 80, 114–118, 135, 151, 171, 248–249, 299, 360, 421, 538–540, 603, 614, 624 [Ha 2]. — Arnold C. Klebs: Incunabilis scientifica et medica: Osiris **4** (1938) 310 [3]. — Erwin Panofsky: The life and art of Albrecht Dürer. 4. ed. (Princeton 1955) 175–178 [15]. — Werner Schultheiß: Martin Behaim u. die Nürnberger Kosmographen. Ausstellg. anl. des 450. Todestages von Martin Behaim im German. Museum Nürnberg 1957 (Nürnberg 1957) 20 [Ha 117]. — Kaiser Maximilian I u. die Reichsstadt Nürnberg. Ausstellung des German. Nationalmuseums in Verbindung m. dem Staatsarchiv Nürnberg zum 550. Geburtstag Maximilians (Nürnberg 1959) 24 [Ha 2]. — Albrecht Dürer: Schriften, Tagebücher, Briefe. Auswahl u. Einleitung von Max Steck (Stuttgart [1961]) 2, 9, 18, 146, 164, 165, 223 [101]. — Hans Kreßel: Hans Werner. Der gelehrte Pfarrer von St. Johannis. Der Freund u. wiss. Lehrmeister Albrecht Dürers: Mitt. Ver. Gesch. Stadt Nürnberg **52** (1963/64) 298, 299, 300 [3].

II **STAHL,** Georg Ernst. Arzt, Chemiker, Metallurg. — Stud., 1683 Dr. med. Univ. Jena; dann prakt. Arzt u. 1687 Hofmedicus des Herzogs Johann Ernst von Sachsen-Weimar; 1694–1716 o. Prof. Med. Univ. Halle; seit 1716 in Berlin als Leibarzt des Königs von Preußen; Be-

gründer der Phlogistontheorie, Schöpfer der Lehre vom Animismus.
*1660, Okt. 21, Ansbach;
†1734, Mai 14, Berlin.

Werke Georg Ernst Stahl d. Ä.: Über den mannigfaltigen Einfluß von Gemütsbewegungen auf den menschl. Körper [Halle 1695]; Über die Bedeutung des synergischen Prinzips für die Heilkunde [Halle 1695]; Über den Unterschied zwischen Organismus u. Mechanismus [1714]; Überlegungen zum ärztl. Hausbesuch [Halle 1703]. Eingeleitet, ins Deutsche übertr. u. erl. von Bernward Josef Gottlieb, [dann] Rudolph Zaunick (Leipzig 1961) 88 S. m. 2 Bildn., 1 Brieffaks., 4 Abb.; darin 76–88 R. Zaunick: Von den Vor- u. Nachfahren G. E. Stahls. Ein geneal. Versuch [14].

Bibliogr. Johann Christoph Goetz: Georg Ern. Stahlii ... scripta ... (Norimbergae 1726) 184, [34] S. [14]; Ed. 2 (Norimbergae 1729) 184, [64] S. [3; 14]. – Index-catalogue of the library of the Surgeon-generals-office (1) **13** (1892) 546–550; (2) **16** (1911) 468–469; (3) **9** (1931) 889 [3]. – Cat. gén. Bibl. nat. **177** (1950) Sp. 16–26 (56 Nr.) [3]. – Brit. Mus. Gen. Cat. **228** (1964) Sp. 275–282 (120 Nr.) [3].

Biogr. Stephan Blancard: Lexicon medicum ... cum praefatione Georg. Ernest. Stahlii (Halae Magdeburgicae 1718) I–XII [3]. – Johann Samuel Strebel: Commentatio de viri quondam illustris Georgii Ernesti Stahl sui et omnis aevi principis medici. P. 1 (Onoldi 1758) 84–100; De vita et elogio viri quondam illustris Georgii Ernesti Stahl potentissimi regis Prussiae a consiliis aulicis et archiatri primarii commentatio. P. 2 (1758) 104–124; P. 3 (1759) 127–144 [29]. – N. F. Eloy: Dictionnaire historique de la médecine ancienne et moderne **4** (Mons 1778) 313–316 [3]. – [C. G. Salzmann]: Denkwürdigkeiten aus dem Leben ausgezeichneter Teutschen des 18. Jahrhunderts (Schnepfenthal 1802) 220–223 [3]. – Renauldin: Biographie universelle, ancienne et moderne **43** (Paris 1825) 414–418 [3]. – R. Desgenettes in: Dictionnaire des sciences médicales. Biographie médicale **71** (Paris 1825) 251–260 m. Schr.Verz. [3; 14; 15]. – Dezeimeris: Dict. hist. méd. **4** (Paris 1839) 204–213 [3]. – Hippolyte Kluyskens des hommes célèbres dans les sciences et les arts et des médailles qui consacrent leur souvenir **2** (Gand 1859) 470–472 [14]. – B. Lepsius: ADB **35** (1893) 780–786 [3]. – Bestallung Stahls zum Leibmedicus u. Direktor beim Collegium Medicum. Berlin, 19. Sept. 1715. Acta Borussica. Die Behördenorganisation u. die allg. Staatsverwaltung Preußens im 18. Jahrhundert **2** (Berlin 1898) 278–280, 297 [3]. – Charles M. van Deventer: Grepen uit de Historie der Chemie (Haarlem 1924) 278–298, 54, 55, 206, 233, 266, 273, 274, 312, 327, 402, 414, 471, 473, 475, 478, 479, 486, 499 [1a]. – Ludwig Darmstaedter: Naturforscher u. Erfinder. Biogr. Miniaturen (Bielefeld u. Leipzig 1926) 71–74 [101]. – Pagel in: Biogr. Lexikon der hervorragenden Ärzte aller Zeiten u. Völker. 2. Aufl. (Berlin, Wien 1934) 384–385; Erg.-Bd S. 420 [3]. – Hellmuth Rößler u. Günther Franz: Biogr. Wörterbuch zur dtsch. Gesch. (München 1935) 801 [3]. – Fossilium Catalogus I: Animalia. Pars 72: K. Lambrecht †, W. et A. Quenstedt, Palaeontologi, Catalogus bio-bibliographicus ('s-Gravenhage 1938) 409 [3]. – Jean Margarot: Die berühmten Ärzte (Genf 1947) 106–107 m. Bildn. – G. Wolff: Ärztl. Praxis **6** (1954) Nr. 23, S. 20 [101]. – Richard Koch in: Günther Bugge, Das Buch der großen Chemiker **1** (Weinheim 1955) 192–203 m. Bildn. [3]. – R. Bochalli: Georg Ernst Stahl u. Friedrich Hoffmann: Med. Mschr. **11** (1957) 682–685 [3]. – L[ester] S. King: Stahl and Hoffmann: A study in 18th century animism: J. Hist. Med. **19** (1964) 118–130 [1]. – Emil Schultheiß: Orvosi Hetilap **105** (1964) 942–943 [27]. – Jean Margarot, in: Die berühmten Ärzte. Hrsg. von René Dumesnil u. Hans Schadewaldt. 2. Aufl. (Köln 1966) 122–123 m. 1 Bildn., 1 Abb. [101]. – M. Stürzbecher: Friedrich Hoffmann u. Georg Ernst Stahl als Leibärzte in Berlin: Forsch. Praxis Fortbildg. **17** (1966) 535–537 m. Bildn. [101].

Zum 200. Todestag I. Fischer: Wiener med. Wschr. **84** (1934) 560–561 m. Bildn. [3]. – Richard Koch: Phlogistontheorie u. Animismus: Forsch. u. Fortschr. **10** (1934) 181–184 m. Bildn. [Ha 2]. – Werner Leibbrand: Biolog. Praxis **2** (1934) Nr. 20, S. 1–4 m. 1 Bildn., 1 Abb. [101]. – [Robert] Maurer: Gunzenhauser Heimat-Bote **4** (1934) 125–126. – Herbert Normann: Eesti Arst [Tartu] **13** (1934) 728–732 m. Bildn. [101]. – Edgar C. Smith: Scientific Centenaries in 1934: Nature [London] **133** (1934) 13–15 [3].

Zum 300. Geburtstag Curt W. Beck: J. chem. Educat. **37** (1960) 506–510 [7]. – Paul Behrens: Dubium sapientiae initium: Pharmaz. Ztg. **105** (1960) 1220–1221m. Bildn. [101]. – B. J. Gottlieb: G. E. Stahl u. der psychol. Gedanke in der Med. des 18. Jahrhunderts: Ann. Univ. Saraviensis **7** (1959) 167–176 m. Bildn. [Ha 2]. – Richard Grüneberg: Chemie in der Schule **7** (1960) 106–107 m. Bildn. [3]. – E. Harms: Amer. J. Psychiatr. **117** (1960) 366–367 [1a; 38]. – G. Wolff: Ther. Monat **9** (1959) 302–303 [1]. – Pharmac. J. (4) **131** (1960) 380 [1].

Zur Phlogistontheorie Stahls Paul Walden: Zur Entwicklungsgesch. der Phlogistontheorie Stahls: Rozniki Chemii **18** (1938) 870–881 (deutsch) [1]. – M. Ussanowitsch: Chem. u. Ind. [russ.] **20** (1942) 221–222. – Rhoda Rappaport: Rouelle and Stahl- the phlogistic revolution in France: Chymia [Philadelphia] 7 (1961) 73–102 [B 4]. – Irene Strube: Die Phlogistonlehre Georg Ernst Stahls (1659–1734) in ihrer histor. Bedeutung: Z. Gesch. Naturwiss. Techn. Med. 1 (1960/61) Nr. 2, S. 27–51 [3]; Die Bedeutung der Arbeiten Georg Ernst Stahls: Chemie in der Schule 8 (1961) 362–371 m. 3 Abb. [3]. – Wilhelm Strube: Die Ausbreitung der Naturanschauung G. E. Stahls unter den deutschen Chemikern des 18. Jahrhunderts: Z. Gesch. Naturwiss. Techn. Med. 1 (1960/61) Nr. 2, S. 52–61 [3]. – Irene Strube: Die chem. Lehre Georg Ernst Stahls als Grundlage der Arbeiten Lomonossows. In: Lomonossow, Schlözer, Pallas. Deutsch-russ. Wissenschaftsbeziehungen im 18. Jahrhundert. Hrsg. von E. Winter (Berlin 1962) 36–41 [3].

Weitere Lit. Nicolas Lenglet du Fresnoy: Histoire de la Philosophie hermetique 1 (La Haye 1742) 415–416, 484–485 [15]. – Johann Christoph von Dreyhaupt: Pagus nelectici et nudzici ... des ... Saal-Creyses ... Halle ... 2 (Halle 1750) 724–725 m. Schr.-Verz. [3]. – Alberto von Haller: Bibliotheca medicinae practicae 3 (Basel u. Bern 1779) 575–650 [3]. – Christian Gottfried Gruner: Almanach für Ärzte u. Nichtärzte auf das Jahr 1785 (Jena 1785) 15–16 [3]. – Johann Friedrich Blumenbach: Introductio in historiam medicinae litterariam (Göttingen 1786) 342 [3]. – Carl Joseph Bouginé: Handbuch der allg. Litterargesch. 3 (Zürich 1790) 411–412 [3]. – J. D. Metzger: Skizze einer pragmatischen Literärgesch. der Med. (Königsberg 1792) 370–372, 376–377 [3]. – Kurt Sprengel: Versuch einer pragmat. Gesch. der Arzneikunde 1. Aufl. 5 (Halle 1803) 9–47, 487 [3]. – Johann Christoph Hoffbauer: Gesch. der Univ. zu Halle bis 1805 (Halle 1805) 29, 110 [3]. – Karl Wilhelm Ideler: Georg Ernst Stahls Theorie der Heilkunde 1 (Berlin 1831) Physiol. LXXI, 269 S.; 2 (1831) Pathol. IV, 300 S.; 3 (1832) Nosol. LX, 300 S. [3]; Grundriß der Seelenkunde 1 (Berlin 1835) 70–94 [3]. – G[ustav] A[dolf] Spieß: J. B. van Helmonts Syst. der Med. ... (Frankfurt/M. 1840) 311–330 [3]. – Hermann Friedlaender: Zur Gesch. der med. Fakultät in Halle: Arch. ges. Med. 3 (Jena 1842) 4–5 [3]. – Ferdinand Hoefer: Histoire de la Chimie 1. Aufl. 2 (Paris 1843) 402–408 [12]. – Hermann Kopp: Gesch. der Chem. 1–4 (Braunschweig 1843–1847) siehe Reg. 4, 431 [3]. – E. C. Lasègne: De Stahl et sa doctrine médicale. Thèse (Paris 1846). – Jacques Auguste Bordes-Pagès: Étude sur Stahl: L'Union méd., J. intérèts sci. et pract. (Paris) 3 (1849) 1–2, 109–111 [1a]. – Albert Lemoine: Mémoire sur Stahl et l'animisme: C.R. Acad. Sci. Paris 42 (1857) 461–480; 44 (1858) 281–311, 433–454; 45 (1858) 197–263 [12]. – A. Philippe: Gesch. der Apotheker bei den wichtigsten Völkern der Erde. Aus dem Französ. übers. von Herm. Ludwig. 2. Aufl. (Jena 1858) siehe Reg. 1117 [39]. – C. A. Wunderlich: Gesch. der Med. (Stuttgart 1859) 160–166 [3]. – Le vitalisme et l'animisme de Stahl (Paris 1864) VII, 206 S. [12]. – Charles Lasègue: L'école de Halle, Fréd. Hoffmann et Stahl: Conférences historiques faites à la Faculté de médecine de 1865, 2-me conf. (Paris 1865) 33 [1]. – Ferdinand Hoefer: Histoire de la Chimie 2 (1869) 394–401 [1a]. – Hermann Kopp: Ansichten über die Aufgabe der Chem. u. über die Grundbestandteile der Körper. Die Entdeckung der Zusammensetzung des Wassers (Braunschweig 1875) 211–234 (Beitr. Gesch. Chem., 3). – Joh. Herm. Baas: Grundriß der Gesch. der Med. u. des heilenden Standes (Stuttgart 1876) 477–482. – Julius Petersen: Hauptmomente in der geschichtl. Entwicklg. der med. Therapie (Kopenhagen 1877) 77–80 [11]. – Heinrich Haeser: Lehrb. der Gesch. der Med. 3. Bearb. 1 (Jena 1881) 426, 483, 519–520, 712, 737, 1028. – August Heller: Gesch. der Physik 2 (Stuttgart 1884) 362, 363–364, 365, 516, 520, 521 [3]. – Franz X[aver] von Wegele: Gesch. der dtsch. Historiographie seit dem Auftreten des Humanismus (München, Leipzig 1885) 83, 97, 107, 138–139, 140 (Gesch. der Wiss. in Dtsch., Neuere Zeit, 20) [3]. – Hermann Kopp: Die Alchemie in älterer u. neuerer Zeit 1 (Heidelberg 1886) 69–70, 78–79, 99, 208, 231; 2 (1886) 164, 181 [3]. – Gregor Kraus: Der Botan. Garten der Univ. Halle H. 1 (Leipzig 1888) 5–9, 45–46 [Ha 2]. – C. W. Scheele: Nachgelassene Schriften u. Aufzeichnungen (Stockholm 1892) 67–68 [3]. – F. Falk: Die spez. Pathol. u. Therapie der Systematiker des 18. Jahrhunderts. 3. Artikel G. E. Stahl: Z. klin. Med. 20 (1892) 501–505 [3]. – Jules Petersen: Die Stahlsche Doktrin u. ihre Bedeutung für die klin. Med.: Wiener med. Wschr. 42 (1892) 1113–1116, 1156–1158, 1196–1198 [3]. – August Hirsch: Gesch. der med. Wiss. in Deutschland (München–Leipzig 1893) 166, 174, 242–256, 301, 302, 344, 626. – Otto Taschenberg: Gesch. der Zool. u. der zool. Sammlungen der Univ. Halle 1694–1894: Abh. nat. Ges. Halle 20 (1894) 4, 5 [Ha 2]. – J. Hermann Baas: Die geschichtl. Entwicklung des ärztl. Standes u. der med. Wiss. (Berlin 1896) 376–378 [3]. – G. L. Mamlock: Friedrichs des Großen Beziehungen zur Med. (Berlin 1902) 23 [11]. – Johannes Müller: Die Lebenskraft u. ihre Gesch.: Westermanns Mh. 91 (1902) 761 [3]. – Max Neuburger: Handb. der Gesch. der Med. 2 (Jena 1903) 77–81 [3]. – Hefe, Gärung u. Fäulnis. Eine Sammlung der grundlegenden Arbeiten von Schwann, Cagniard-Latour u. Kützing (Berlin 1904) 79, 86, 127 m. Bildn. S. 128 [3]. – S. Kornfeld: Gesch. der Psychiatrie. In: Handb. der Gesch. der Med. 3 (Jena 1905) 611–612. – H. Boruttau: John Mayow, seine Vor- u. Nachläufer: Mitt. Gesch. Med. u. Naturwiss. 8 (1909) 551–553 [3]. — Hans Krauß: Eine Chirurgenordnung aus dem Jahre 1743: Mitt. Gesch. Med. Naturwiss. 11 (1912) 250. — Thor Ekecrantz: Gesch. der Chem. Kurzgefaßte Darst. (Leipzig 1913) 46, 58, 63–64, 69, 75, 91 [3]. — Ernst von Meyer: Gesch. der Chem. 4. Aufl. (Leipzig 1914) 3, 57, 93, 104–106, 123, 125, 169, 521 [3]. — Walther May: Große Biologen. Bilder aus der Gesch. der Biol. (Leipzig, Berlin 1914) 73 [3]. — W[alter] Herz: Grundzüge der Gesch. der Chem. (Stuttgart 1916) 39–41 [3]. — Edv. Hjelt: Gesch. der org. Chem. von ältester Zeit bis zur Gegenwart (Braunschweig 1916) 7, 8, 11, 12, 63 [101]. — Béla Révész: Gesch. des Seelenbegriffes u. der Seelenlokalisation (Stuttgart 1917) 199–205 [3]. — Alice Oelsner: Zur Gesch. der Theorien über alkoholische Gärung: Prometheus 28 (1917) 615–619 [3]. — Kurt Hassert: Johann Joachim Becher, ein Vorkämpfer dtscher Kolonialpolitik im 17. Jahrhundert: Koloniale Rdsch. 1918, H. 5/6 S. 148–160; H. 7/8 S. 250–264 [14]. — August Wilhelm Hofmann: Chem. Erinnerungen aus der Berliner Vergangenheit (Berlin 1918) 132–139 [3]. — Friedrich Dannemann: Die Naturwiss. in ihrer Entwicklung u. in ihrem Zusammenhange 2. Aufl. 2 (Leipzig 1921) 35, 80; 3 (1922) 61 [101]. — Eduard Färber: Die geschichtl. Entwicklung der Chem. (Berlin 1921) 55–56, 59, 90 [15]. — Theodor Kirchhoff: Deutsche Irrenärzte. Einzelbilder ihres Lebens u. Wirkens 1 (Berlin 1921) 10–13 m. Lit.Verz. [101]. — Karl Sudhoff: Kurzes Handb. der Gesch. der Med. 3. u. 4. Aufl. (Berlin 1922) 297–298, 301, 304, 305, 309, 330, 332, 359 [3]. — Arthur Tröndle: Gesch. der Atmungs- u. Ernährungsprobl. bei den Pflanzen (Zürich, Leipzig 1925) 31–32 [101]. — Georg Honigmann: Geschichtl. Entwicklung der Med. in ihren Hauptperioden dargest. (München 1925) 48, 50, 52, 53, 54 [101]. — Richard Koch: War Georg Ernst Stahl ein selbständiger Denker?: Sudhoffs Arch. Gesch. Med. 18 (1926) 20–50 [3]. — Max Neuburger: Die Lehre von der Heilkraft der Natur im Wandel der Zeiten (Stuttgart 1926) siehe Reg. [101]. — Hélène Metzger: La philosophie de la matière chez Stahl et ses diciples: Isis 8 (1926) 427–464 [Ha 2]. — La théorie de la composition des sels et la théorie de la combustion d'après Stahl et ses disciples: Isis 9 (1927) 294–325 m. 3 Abb. [3]. — Friedrich Vogtherr: Gesch. der Stadt Ansbach (Ansbach 1927) 81 [101]. — Hélène Metzger: Newton, Stahl, Boerhaave et la doctrine chimique (Paris 1930) 93–188 u. öfter [14; 15]. — Fritz Ferchl: Von Libau bis Liebig. Chemikerköpfe u. -Laboratorien (Mittenwald [1930]) S. [38] [15]. — Eric John Holmyard: Makers of chemistry (Oxford 1931) 143–150 u. öfter [15]. — Walter Pagel: Helmont. Leibniz. Stahl: Sudhoffs Arch. Gesch. Med. 24 (1931) 19–59 [3]. — Franz Schnabel: Deutsche Gesch. im 19. Jahrhundert 3 (Freiburg 1934) 178–179, 230 [3]. — Paul Diepgen u. Edith Heischkel: Die Med. an der Berliner Charité bis zur Gründung der Univ. (Berlin 1935) 5, 54–56, 61, 75, 77, 83, 98, 103–104, 107–108, 160 [3]. — Mary Elvira Weeks: The discovery of the elements (Easton, Pa. 1935) 21, 29 m. Bildn., 117, 128, 163 [14]. — Fritz Ferchl u. A. Süssenguth: Kurzgesch. der Chem. (Mittenwald 1936) 110, 111, 115, 116, 126 m. Bildn. [3]. — Rembert Ramsauer: Johann Joachim Becher: Z. ges. Naturwiss. 2 (1936/37) 145–149 [3]. — Julius Ruska: Über die Anfänge der wiss. Chem.: Forsch. u. Fortschr. 13 (1937) 380–381 [Ha 2]. — Thomas Stettner: Von Blumen, Bäumen, Botanikern (Ansbach 1937) 18 [101]. — G. Testi: Von Stahl bis Avogadro: Chim. Ind., Agr., Biol., Realizzaz. corp. 15 (1939) 452–454. — Werner Leibbrand: Der göttl. Stab des Äskulap (Salzburg, Leipzig 1939) 39, 127, 267, 272–277, 302 [101]. — Paul Walden: Überwindung der Antike in der Chem.: Angew. Chem. 53 (1940) 151–152 [101]. — Robert Höltje: Clemens Winkler u. das periodische System der Elemente (Berlin 1940) 22 S. (Dtsch. Museum, Abh. u. Ber. 12, 1) [101]. — Ernst Cohen: Chemisch-historische aanteekeningen XVI: Chem. Weekbl. [Amsterdam] 37 (1940) 91–94 m. Abb. [Le 1]. — Bernward Josef Gottlieb: Vitalistisches Denken in Deutschland im Anschluß an Georg Ernst Stahl: Klin. Wschr. 21 (1942) 445–448 m. Lit.Verz. [3]; Das Problem des Lebendigen im ärztl. Weltbild. G. E. Stahl, Hahnemann u. Virchow (Leipzig 1943) 10–22 m. Bildn. [3]. — Peter G. Hesse: Der Lebensbegriff bei den Klassikern der Naturforschung. Seine Entwicklung bei 60 Denkern u. Forschern bis zur Goethezeit (Jena 1943) 45 [101]. — Paul Walden: Drei Jahrtausende Chem. (Berlin [1944]) 103–107, 110–111, 113–114 m. Bildn. 100/101 [101]. — A. J. J. van de Velde: Georg Ernst Stahl (1660–1734, Phlogiston and vitalism: Verh. Kon. Vlaam. Acad. Wetenschap. Belg. Klasse Wetenschap. 9 (1947) Nr. 22, 26 S. [1]. — Michael Nowikoff: Grundzüge der Gesch. der biol. Theorien. Werdegang der abendländ. Lebensbegriffe (München 1949) 61–62 m. Bildn. [14]. — M. V. Lomonosov: Polnoe sobranie sočinenij [Gesammelte Werke] 1 (Moskva–Leningrad 1950) 398–403 u. öfter; 2 (1951) 258–261 u. öfter; 3 (1952) 250, 251, 547, 548 [3]. — Georg Lockemann: Gesch. der Chem. in kurzgef. Darst. 1 (Berlin 1950) 144 m. Bildn. [14]. — Edward Kremers and George Urdang: History of Pharmacy 2 (Philadelphia, London, Montreal 1951) 56, 462, 577 [1]. — Henry M. Leicester and Herbert S. Klickstein: A source book in Chemistry 1400–1900 (New York–Toronto–London 1952) 58–63 [3]. — Henry E. Sigerist: Große Ärzte. Eine Gesch. der Heilkunde in Lebensbildern. 3. Aufl. (München 1954) 160, 161, 163 m. Bildn. u. Faks. [101]. — Bruno von Freyberg: Johann Gottlob Lehmann (1719–1767). Ein Arzt, Chemiker, Metallurg, Bergmann, Mineraloge u. grundlegender Geologe (Erlangen 1955) 59, 84, 85 [101]. — J. Karcher: Der Animismus Georg Stahls im Aspekt der pietist. Bewegung des 18. Jahrhunderts: Verh. Schweiz. naturforsch. Ges. **137** (1957) 119–120 [Ha 2]; Gesnerus **15** (1958) 1–16 [Ha 2]. — B. J. Gottlieb: Georg Ernst Stahls De synergeia naturae in medendo (1695): Sudhoffs Arch. Gesch. Med. u. Naturwiss. **43** (1959) 172–182 [3]; La significación de Georg Ernst Stahl en le pensamiento medico del siglo XVIII: Fol. clin. int. (Barcelona) **3** (1959) 321–325 [1]. — L. J. Rather: G. E. Stahl's psychological physiology: Bull. Hist. Med. **35** (1961) H. 1, S. 37–49 [1]. — Walter Ruske: Berliner Chemiker aus 4 Jahrhunderten: Z. Chem. **1** (1961) 73–84 m. Bildn. u. Abb. [3]. — Walther Hermann: Bergrat Henckel. Ein Wegbereiter der Bergakad. (Berlin 1962) siehe Reg. 215 (Freiberger Forschungsh. D 37) [101]. — Wolfgang Kloppe: Medizinhistor. Miniaturen. Realismus u. Idealismus in Med. u. Naturphilos., dargest. an typ. Persönlichkeiten u. Ideologien (Berlin 1966) 95, 100, 113, 114 [101].

Bildn. Neue Bibliothec oder Nachricht u. Urtheile **44** (Frankfurt u. Leipzig 1715) 278/279 [3]. — Kurzer Sinnspruch m. Faks. Unterschr. u. Bildn. in: Das Goldene Buch des Deutschen Volkes an der Jahrhundertwende (Leipzig 1899) 93 Wiss. [15]. — Georg Poensgen: Kunstwerke im Besitz des Reichsarbeitsministeriums (Berlin 1928) Taf. 1 S. 28 [3]. — Ciba-Rdsch. **2** (1937/38) 790 [Ha 2]. — Walter Artelt: Ärzte um Friedrich den Großen: Ciba-Z. **72** (1955) 2385 [Ha 2]. — Robert Schwarz: Entwicklungsstufen der Chem.: Chemie Labor u. Betrieb **12** (1961) 67 [Ha 2].

II **STAINER,** Sebastian. Astron. — Jesuit, Dr. phil., Lehrer an den Ordenskollegien Laibach, dann Graz, Linz, Klagenfurt, Tirnau u. Kaschau.

*1680, Juli 2, Deutsch, Österreich;

†1748, Juni 12, Graz.

Lit. Scriptores provinciae Austriacae Societatis Jesu (Wien 1855) 335 (Collectionis Scriptorum ejusdem Societatis Universae, 1) [12]. — Augustin et Alois de Backer: Bibliothèque des ecrivains de la compagnie de Jesus **4** (Liège 1858) 681 [3]. — Ernst Zinner: Astron. Instrumente des 11. bis 18. Jahrhunderts (München 1956) 540 [Ha 2].

II–IV **STAMPFER,** Simon. Math., Geodät. — 1811–1814 Stud. in Salzburg; 1816 Lehrer am Gymn. u. 1819 Prof. Elementarmath. u. Physik Lyceum Salzburg; 1826–1848 Prof. prakt. Geom. Polytechnikum Wien; dann emer.; Mitgl. Akad. Wiss. Wien.

*1792, Sept. 28, Windisch-Mattrei, Tirol;

†1864, Nov. 10, Wien.

Bibliogr. Cat. scient. Papers **5** (1871) 795–796 (36 Nr.); 8 (1879) 998 (3 Nr.) [3]. — Brit. Mus. Gen. Cat. **228** (1964) Sp. 411 (3 Nr.) [3].

Nekr. Franz Unferdinger: Österr. Wschr. Wiss. Kunst u. öffentl. Leben **4** (1864) 1672–1678 (Beil. Wiener Ztg.) [UB Wien]. — J. Herr: Alm. Akad. Wiss. Wien **15** (1865) 189–216 m. Schr.Verz. [Ha 2]. — Arch. Math. u. Physik **45** (1866) Lit.Ber. CLXXIX, S. 2–12 m. Schr.Verz. [3].

Biogr. Alm. Akad. Wiss. Wien **1851**, 262–264 m. Schr.Verz. [Ha 2]. — Constant von Wurzbach: Biogr. Lexikon des Kaiserthums Oesterreich **37** (Wien 1878) 118–125 [3]. — M. Cantor: ADB **35** (1893) 435 [3]. — P. J. Möbius: Über die Anlage zur Math. (Leipzig 1900) 64 [15]. — J. M. Eder: Gesch. der Photogr. 3. Aufl. (Halle 1905) 305–306 [15]. — Karl Lego: Simon Stampfer — ein Pionier der Kinematogr.: Österr. Z. Vermessungswes. **42** (1954) Nr. 5, S. 156–157 [TH Wien].

Weitere Lit. Franz Strunz: Alexander Bauer: Mitt. Gesch. Med. Naturwiss. **9** (1910) 1 [3]. — Paul Liesegang: Aus der Entwicklungsgesch. der Kinematogr. (Vortrag): Ges. Gesch. Naturwiss., Med. u. Techn. am Niederrhein 8. Juni 1912 [3]. — Rudolf Oertel: Filmspiegel (Wien 1941) Bildn. S. 13 [101].

STANNARIUS, (Kangießer) Gregorius. Theol. — 1631 ref. Prediger u. Rektor des Seminars in Fulda; 1634 Prof. Philos. Collegium Mauritianum Cassel; 1635 Prof. Physik Univ. Cassel; 1653 Dr. phil., 1653–1660 Prof. Logik, Metaphysik u. Physik, seit 1660 o. Prof. Theol. Univ. Marburg.

*1610, Jan. 6, Marburg;

†1670, Jan. 13, Marburg.

Bibliogr. Cat. gén. Bibl. nat. **177** (1950) Sp. 245–246 (4 Nr.) [3]. — Brit. Mus. Gen. Cat. **228** (1964) Sp. 609 (1 Nr.) [3].

Biogr. Joh. Tilemann: Vitae professorum theologiae . . . (Marburg 1727) 237–238 [3]. — Johann Heinrich Zedler: Großes vollständiges Universal-Lexicon **39** (Leipzig, Halle 1744) 1188 [3]. — Christian Gottlieb Jöcher: Allg. Gelehrten-Lexicon **4** (Leipzig 1751) Sp. 775 [3]. — Friedrich Wilhelm Strieder:

Grundlage zu einer Hess. Gelehrten- u. Schriftsteller-Gesch. **15** (Cassel 1806) 215–224 m. Schr.Verz.; **16** (1812) 554 [3]. — Franz Gundlach: Catalogus Professorum Academiae Marburgensis. Die akad. Lehrer der Philipps-Univ. in Marburg von 1527 bis 1910 (Marburg 1927) 283 m. Lit. [3].

II–IV **STEFAN,** Josef. Physik. — 1853 stud., Dr. phil., 1858 PDoz. math. Physik Univ. Wien, zugl. 1857 Lehrer für Math. u. Physik öffentl. Oberrealsch. Wien; 1863 o. Prof. Physik Univ. Wien u. Mitdirektor, seit 1866 Direktor physik. Inst.; 1860 korresp., 1865 o. Mitgl. u. 1875 Sekr. Akad. Wiss. Wien.

*1835, März 24, St. Peter bei Klagenfurt;

†1893, Jan. 7, Wien.

Bibliogr. Cat. scient. Papers **5** (1871) 806 (15 Nr.); 8 (1879) 1003–1004 (29 Nr.); **11** (1896) 480–481 (17 Nr.); **18** (1923) 921 (13 Nr., Biogr.) [3]. — Richard Kukula: Bibliogr. Jahrb. der Deutschen Hochschulen **1** (Innsbruck 1892) 889–890 m. Schr.Verz. [3]. — Brit. Mus. Gen. Cat. **229** (1964) Sp. 161 (1 Nr.) [3].

Nekr. Ludwig Eisenberg in: Das geistige Wien **2** (Wien 1893) 456–458 m. Schr.Verz. (Auswahl) [14]. — Lecher: Ber. naturwiss.-med. Verein Innsbruck **21**, 1892/93 (1894) X–XIV [Ha 2]. — Eduard Suess: Alm. Akad. Wiss. Wien **43** (1893) 252–257 m. Bildn. u. Faks. [Ha 2]. — Elektrotechn. Z. **14** (1893) 31 [15]. — Jahrb. Univ. Wien **1892/93** (1893) 63–66 m. Schr.Verz. [3]. — Leopoldina **29** (1893) 53–54 [Ha 2].

Biogr. Constant von Wurzbach: Biogr. Lexikon des Kaiserthums Oesterreich **37** (Wien 1878) 284–286 m. Schr.Verz. [3]. — G. Jäger: ADB **54** (1908) 448–451 [3]. — Heinrich Mache: Österreichs große Physiker u. ihre Spitzenleistungen: Schr. des Pädag. Inst. Stadt Wien **13** (1936) o. S. m. Bildn. [StB München]. — Hans Falkenhagen: Die Naturwissenschaft in Lebensbildern großer Forscher (Stuttgart 1948) 116–117 [3]. — Gustav Ortner in: Österreich. Naturforscher u. Techniker (Wien 1950) 47–48 m. Bildn. [3].

Zum 100. Geburtstag Franz Bartl: Österreich. pädag. Warte **30** (1935) 142 [UB Wien]. — Hans Thirring: Forsch. u. Fortschr. **11** (1935) 119–120 [Ha 2]. — Naturwiss. **23** (1935) 185–189 [3].

Weitere Lit. Ludwig Boltzmann: Populäre Schriften (Leipzig 1905) 92–103 [3]. — F. Herneck: Wiener Physik vor 100 Jahren: Physik. Bl. **17** (1961) 455–461 [3]. — G. Boncelj: Josef Stefans wiss. Tärigkeit: Österr. Chemiker-Ztg. **63** (1962) 217–221 m. Abb. u. Lit.Verz. [Le 1].

Bildn. Richard Meister: Gesch. der Akad. Wiss. Wien 1847–1947 (Wien 1947) Taf. 29 [14].

II **STEFFENS,** Heinrich. Mineral., Philos., Schriftsteller. — 1790 stud. Univ. Kopenhagen; 1797 Dr. phil., 1798 PDoz. Univ. Kiel; bis 1799 in Jena, 1799 in Freiberg; 1802–1804 PDoz. Univ. Kopenhagen; 1804–1811 o. Prof. Naturphilos., Physiol., Mineral. Univ. Halle; 1811–1832 o. Prof. Univ. Breslau (1813–1814 Kriegsdienst als Freiwilliger); seit 1832 o. Prof. Univ. Berlin; 1835 o. Mitgl. Preuß. Akad. Wiss.

*1773, Mai 2, Stavanger (Norwegen);

†1845, Febr. 13, Berlin.

Werke Heinrich Steffens: Wie ich Lutheraner wurde u. was mir das Lutherthum ist. Eine Confession (Breslau 1831) 181 S. [3]. — Heinrich Steffens: Was ich erlebte. Aus der Erinnerung niedergeschrieben. Bd. 1–10 (Breslau 1840–1844) [3]; dasselbe: Hrsg. u. m. Nachwort versehen von Willi A. Koch (München 1956) 440 S. [101]. — Henrich Steffens: Nachgelassene Schriften mit Vorwort von [Frdr. Wilh. Jos.] Schelling (Berlin 1846) LXIII, 215 S. [14]. — Henrik Steffens: Lebenserinnerungen aus dem Kreis der Romantik. In Auswahl hrsg. von Friedrich Gundelfinger (Jena 1908) XXXII, 424 S. [3].

Bibliogr. Cat. scient. Papers **5** (1871) 807 (7 Nr.) [3]. — Cat. gén. Bibl. nat. **177** (1950) Sp. 684–685 (4 Nr.) [3]. — Brit. Mus. Gen. Cat. **229** (1964) Sp. 194–197 (56 Nr.) [3].

Briefe Briefe an Ludwig Tieck. Ausgew. u. hrsg. von Karl von Holtei 4 (Breslau 1864) 55–86 [3]. — Zur Erinnerung an Henrich Steffens. Aus Briefen an seinen Verleger. Hrsg. von Max Tietzen (Leipzig 1871) 80 S. m. Titelbildn.; 3 S. Schrift.Verz. [3; 14]. — Katalog der Autographensammlung Ludwig Graf Paar (Berlin 1893) Nr. 1402 H. Steffens an Braniss (eigenh. Brief m. eigenh. Unterschr.) [14]. — Ungedruckte Briefe an Georg Andreas Reimer. Mitget. von Georg Hirzel: Dtsch. Rev. **18**, 4 (1893) 238–253 (Halle, 8. Aug. [1809] 239–240; Halle 28. Jan. 1811 240; Breslau, 1. Merz [18] 12) [3]. — Goethes Werke [Weimarer Ausgabe] IV. Abt. Goethes Briefe **15** (Weimar 1894) 234–235 (an Steffens, 29. Mai 1801); **16** (1894) 321–322 (an Steffens, 7. Okt. 1803) [3]. — Hans-Joachim Schreckenbach: Goethes Autographen-Sammlung. Katalog (Weimar 1961) 223, Nr. 1618 (an Joh. Wolfg. Goethe, Halle 3. Sept. 1806) [3].

Nekr. Zur Erinnerung an Henrich Steffens. Vier Gedächtnisreden, geh. . . . am 18. Febr. 1845. Hrsg. Heinrich Gelzer (Breslau 1845) 32 S. [14]. – Neuer Nekrolog der Deutschen **23** (Weimar 1847) 128–142 [3].

Biogr. Johann Georg Meusel: Das gelehrte Teutschland **10** (Lemgo 1803) 705; **12** (1806) 384; **15** (1811) 526 [3]. – W.: Henrich Steffens. In: Zeitgenossen-Biogr. u. Charakteristiken **4, 3** (Leipzig 1818) 115–144 [3]. – D. H. Lübke u. H. Schröder: Lexikon der Schleswig-Holstein-Lauenburgischen . . . Schriftsteller von 1796 bis 1828 (Altona 1838) 578–581 [3]. – Fr. Hammerich: Henrik Steffens i Förhold til den nordiske Udvikling: For Literatur og Kritik **3** (1845) 144–178 [UB I Kopenhagen]. – Steffens u. Görres. Mit Biographien (Hildburghausen, New York [1853]) 5–62 (Meyers Groschen-Bibl., 263) [11]. – Ein Gedenkblatt für Henrik Steffens: Weimarer Sonntags-Blatt **3** (1857) Nr. 32 vom 9. Aug., S. 315–320 [11]. – Rudolf Küster: Heinrich Steffens. Ein Lebens- u. Charakterbild: Allg. conservat. Mschr. **1882**, 2 S. 436–444 [15]. – Richard Petersen: Henrik Steffens. Ein Lebensbild. Aus dem Dänischen von Al. Michelsen (Gotha 1884) 419 S. m. Titelbildn. [3]. – O. Liebmann: ADB **35** (1893) 555–558 [3]. – Reinhard Bruck: H. Steffens. Ein Beitr. zur Philosophie der Romantik (Borna–Leipzig 1906) 50 S. (Phil. Diss. Univ. Erlangen 1906) [14]. – G. Froböß: Heinrich Steffens: Der Alte Glaube **14** (1913) Sp. 466–471, 539–544, 607–611 [15]. – Wilhelm Rudloff: Henrik Steffens' pädagogische Anschauungen. Ein Beitr. zur Gesch. der Pädagogik (Langensalze 1914) 33 S. (Phil. Diss. Univ. Jena 1913) [3]. – Eugen Rosenstock: H. Steffens. In: Schlesische Lebensbilder **4** (1931) 264–280 m. Bildn. (Gemälde von Chr. August Lorentzen 1804) [14]. – Paul Burg (d. i. Paul Schaumburg): Volk in Flammen. Die Geschichte des Patrioten Henrik Steffens (Leipzig 1932) 335 S. [101]. – Aus dem Leben der Univ. Breslau (Breslau 1936) siehe Reg. S. 362; Bildn. nach S. 364, Abb. 7 [3]. – W. Serlo: Männer des Bergbaus (Berlin 1937) 137–138 [3]. – Hermann Stodte: Henrich Steffens: Der Wagen. Ein Lübeckisches Jahrb. **1937**, 153–158 [48]. – Viktor Waschnitius: Henrich Steffens u. Schleswig-Holstein: Der Schleswig-Holsteiner **20** (1939) 93–97 [101]; Heinrich Steffens. Ein Beitr. zur nordischen u. deutschen Geistesgesch. **1** (Neumünster 1939) 273 S. [3]. – Freiberg u. seine Bergakademie um 1800. Aus den Lebenserinnerungen von Heinrich Steffens. Mitget. von Carl Beck: Bergakademie [Freiberg] **6** (1954) 76–80. [3]. – Ingetraut Ludolphy: H. Steffens. Sein Verhältn. zu den Lutheranern u. sein Anteil an Entstehung u. Schicksal der altluth. Gemeinde in Breslau (Berlin 1962) 187 S. [14]. – Ingeborg Möller: Henrik Steffens, Übers. von Hans Erich Lampl (Stuttgart 1962) 219 S. m. Titelbildn., 7 Bl. Abb. – Michael Landmann: De homine. Der Mensch im Spiegel seines Gedankens (Freiburg, München 1962) 412–419, 428, 441 [101].

Weitere Lit. David Schulz: Urkundl. Darlegung meiner Streitsache mit H. Steffens. Eine letzte Notwehr (Breslau 1823) VIII, 22 S. [14]. – J[oel] Jacoby: Bilder u. Zustände in Berlin **1** (Altenburg 1833) 271–272 [11]. – K. A. Varnhagen von Ense: Denkwürdigkeiten u. vermischte Schriften **2** (Mannheim 1837) 93, 96, 97, 106, 130, 131, 139 [3]. – Johann Friedrich Herbart: Über die gute Sache. Gegen Herrn Prof. Steffens. In: J. F. Herbarts kleinere philos. Schriften u. Abh. **2** (Leipzig 1842) 263–296 [15]. – Adolph Helfferich: Henrich Steffens u. die Wiss. der Gegenwart. Einleitung zu den Vorlesungen über das Universitätsstudium (Berlin 1845) 33 S. [11]. – W[ilhelm] Koner: Gelehrtes Berlin im Jahre 1845. Verzeichn. im Jahre 1845 in Berlin lebender Schriftsteller u. ihrer Werke (Berlin 1846) 336–337 [15]. – Alexander Jung: Charaktere, Charakteristiken u. verm. Schriften **2** (Königsberg 1848) 33–64 [14]. – Thomas Hansen Erslew: Almindeligt Forfatter-Lexicon for . . . Danmark fra 1814 till 1840 **3** (1853) 228–232 [14]. – K. C. von Leonhard: Aus unserer Zeit in meinem Leben **1** (Stuttgart 1854) 569 [3]. – R[udolf] Haym: Die romantische Schule. Ein Beitr. zur Gesch. des deutschen Geistes (Berlin 1870) 620–630, 700, 734, 735 [3]. – C. H. Freiherr vom Hagen: Die Franzosen in Halle 1806–1808 (Halle 1871) 19–20 [3]. – H. G. Wachtmeister: Bidrag till Carl Gustav von Brinkmans Biografi och Karakteristik (Lund 1871) XLVII, 42 S. (Diss. Lund 1871) [15]. – Kuno Fischer: Gesch. der neueren Philosophie **6**, 1 Schellings Leben u. Schriften (Heidelberg 1872) 351–360 [15]. – Heinrich Steffens [Zum 100. Geburtstag]: Allg. ev.-luth. Kirchenztg. **6** (1873) Sp. 313–315 [3]. – Erinnerungen u. Leben der Malerin Louise Seidler (1786–1866). Aus handschriftl. Nachlaß . . . zus. gest. u. bearb. von Hermann Uhde (Berlin 1874) 168, 174–175 [3]. – Emil Du Bois-Reymond: Reden **2** (Leipzig 1887) 364 [3]. – Woldemar Frhr. von Biedermann: Goethes Gespräche **1** (Leipzig 1889) 201–202; **2** (1889) 235–237 [15]. – Walther Vulpius: Das Stammbuch von August von Goethe: Dtsch. Rdsch. **68** (1891) 248–249 [Halle, 30. Juli 1805] [3]. – Ludwig Müller: Aus sturmvoller Zeit. Ein Beitr. zur Gesch. der westfäl. Herrschaft (Marburg 1891) 256 [14]. – Otto Taschenberg: Gesch. der Zool. u. der zool. Sammlungen der Univ. Halle 1694–1894: Abh. nat. Ges. Halle **20** (1894) 37, 38, 44–45, 69 [Ha 2]. – Karl Goedeke: Grundriß zur Gesch. der dtsch. Dichtung **6** (1898) 172–176 m. Schr.- u. Lit. Verz. [3]. – Max Ring: Erinnerungen 1 (Berlin 1898) 75; 2 (1898) 94–115 [3]. — J[oseph] Partsch: Die Geogr. an der Univ. Breslau. In: Festschr. des Geogr. Seminars der Univ. Breslau (Breslau 1901) 5–10 [11]. — J. Berzelius u. F. Wöhler, Briefwechsel 1 (Leipzig 1901) 38, 42, 91, 105, 242, 395; 2 (1901) 183 [3]. — U. Carolina Woerner: Der König hat gesprochen: Dtsch. Rdsch. 136 (1908) 335, 337, 348, 349, 350, 352, 354, 356, 358, 359, 360, 361 [3]. — Festschr. zur Feier des 100jähr. Bestehens der Univ. Breslau 2 (Breslau 1911) 348–353, 440–442 [3]. — Georg Froböß: Drei Lutheraner an der Univ. Breslau, die Prof. Scheibel, Steffens, Huschke in ihrer religiösen Entwicklung bis zu ihrem Eintritt in die Kämpfe der luth. Kirche im Jahre 1830 (Breslau 1911) 35–68 [14]; Henrich Steffens: Fest-Nr. der Schles. Ztg. zum 100jähr. Gedenktage des Aufrufs „An mein Volk" 20. März 1913, S. 7–8 m. Bildn. [14]. — Luzian Pfleger: Weltpolitische Zukunftsahnungen eines Romantikers: Hochland 13, 1 (1915/16) 407–418 [3]. — Henrik Steffens' Promemoria til Kronprins Frederik af 15 Maj 1804. Meddelt af Louis Bobé: Edda, Nordisk tidskr. literaturforskning 5 (1916) 198–202 [11]. — Heinrich Schmidt: Gesch. der Entwicklungslehre (Leipzig 1918) 70–71, 333 [3]. — Illustreret Dansk Litteraturhistorie III, ved. Carl S. Petersen og Vilhilm Andersen (København 1924), darin: Vilhelm Andersen: Det nittende Aarhundredes første Halvdel: 7–20 m. 3 Bildn., 1 Faks. Brief [UB II Kopenhagen]. — Erna Arnhold: Goethes Berliner Beziehungen (Gotha 1925) 285 [3]. — Adolf Ammerschlaeger: Henrik Steffens: Goetheanum 5 (1926) 391–392, 397–399 [UB Basel]. — Gustav Spiegel: Henrik Steffens' „Anthropologie": Christengemeinsch. 4 (1927/28) 251–252 [101]. — Die Briefe Berthold Georg Niebuhrs, hrsg. von Dietrich Gerhard u. William Norvin 2 (Berlin 1929) 284 (Brief Niebuhrs an Dore Hensler, Berlin 30. Juni 1812) [3]. — Else Huesmann: Henrich Steffens in seinen Beziehungen zur deutschen Frühromantik unter besonderer Berücksichtigung seiner Naturphilos. (Heide 1929) 75 S. (Phil. Diss. Univ. Kiel 1930) [3]. — Edmund Neuendorff: Gesch. der neueren dtsch. Leibesübung vom Beginn des 18. Jahrhunderts bis zur Gegenwart 2 (Berlin 1931) 69, 283, 284, 329, 334, 336, 338, 381, 437, 438, 469, 486–499; 3 (1931) 410, 416, 425, 433, 456, 457, 529 [3]. — Arvid Brodersen: Henrik Steffens u. der deutsche Freiheitskampf: Dtsch. Rdsch. 235 (1933) 85–89 [3]. — Wilhelm Frels: Deutsche Dichterhandschriften von 1400–1900 (Leipzig 1934) 283–284 [3]. — Gotthard Münch: Heinrich Steffens als Landsturm-Organisator im schles. Gebirge: Wanderer im Riesengebirge 56 (1936) 60–63 m. 1 Bildn., 1 Abb. [101]. — R. Guignard: H. Steffens et la littérature allemande: Rev. germanique [Paris] 27 (1936) 337–352 [12]. — Martin Meißner: Henrik Steffens als Religionsphilosoph (Breslau 1936) VIII, 76 S. (Phil. Diss. Breslau 1936) [101]. — Elisabeth Achterberg geb. von Pusch: Henrich Steffens u. die Idee des Volkes (Würzburg 1938) VIII, 110 S. (Phil. Diss. Berlin 1938) [15]. — Zeugnisse deutscher Frömmigkeit von der Frühzeit bis heute. Hrsg. von Otto Eberhard (Leipzig 1938) 42–43 [101]. — Hermann Kügler: Henrik Steffens: Z. Ver. Gesch. Berlin 56 (1939) 85 [3]. — Vilktor Waschnitius: Henrich Steffens u. Kiel: Mitt. Ges. Kieler Stadtgesch. 44 (1940) 109–147 m. 9 Bildn., 6 Abb. [8; 101]. — Per Daniel Amadeus Atterbom: Menschen u. Städte. Begegnungen u. Beobachtungen eines schwed. Dichters in Deutschland, Italien u. Österreich 1817–1819. Neu hrsg. von Christel Matthias Schröder (Hamburg 1947) viele Textstellen; Bildn. S. 86 [14]. — Der Briefwechsel zwischen Paul Vital Troxler u. Karl August Varnhagen von Ense 1815–1858. Veröffentl. u. eingel. durch Iduna Belke (Aarau 1953) siehe Reg. S. 488 [1]. — V[asilij] P[avlovič] Zubov: Istoriografija estestvennych nauk v Rossii (Moskva 1956) 347, 435, 469, 471, 475, 486 [1]. — Kurt-R. Biermann: Johann Peter Gustav Lejeune Dirichlet. Dokumente für sein Leben u. Wirken: Abh. Dtsch. Akad. Wiss. Berlin, Kl. Math. Physik Techn. 1959, Nr. 2, S. 11, 21, 22, 23 [3]. — Helmut Hölder: Geol. u. Paläontol. in Texten u. ihrer Gesch. (Freiburg–München 1960) 432, 433, 465 [101]. — D. Rudloff: „Norwegens verwehtes Lorbeerblatt". Der romantische Naturphilosoph Henrik Steffens: Die Kommenden 17 (1963) Nr. 12 S. 24–25 m. Bildn. [292].

Bildn. J. G. Krünitz: Ökon.-technol. Encyklopädie 154 (1831) Titelbildn. [14]. — Illustr. Ztg., Leipzig 6 (1846) 102–104 m. Bildn. [14]. — Gustav Könnecke: Bilderatlas . . . (Marburg 1887) 269; 2. Aufl. (Marburg 1895) 363 m. Faks. [14]. — Günther H. Wahnes: Freundliches Begegnen. Goethe, Minchen Herzlieb u. das Frommannsche Haus (Stuttgart 1927) 193 m. Faks. [14]. — Theodor Flathe: Gesch. der neuesten Zeit 2 (Berlin 1888) 12 [14]. — Nordland-Fibel (Berlin 1938) 64, Text S. 238 [101]. — Willi Koch: Briefe deutscher Romantiker (Leipzig 1938) 129 [14]. — Wolfgang Baumgart: Schlesische Dichtung. Ausstellung (Breslau 1942) 55 (Relief von Thorwaldsen) [101].

II **STEGMANN,** Johann Gottlieb. Physik. — 1736–1740 Besuch des Gymn. Lübeck, bis 1743 der Waisenhausschule Halle; stud. Univ. Halle u. Jena; 1750 Mag. Phil., 1751 ao. Prof., 1752 o. Prof. Philos. Univ. Rinteln; 1754–1786 Lehrer

Philos., Physik u. Math. Carolinum Kassel; seit 1786 Prof. Logik, Metaphysik, Math. u. Physik Univ. Marburg.

*1725, Juni 16, Hartum, Fürstentum Minden;

†1785, Mai 4, Marburg.

Autobiogr. Johann Gottlieb Stegmann: Selbstbiogr. in seiner Antrittsvorlesung „De translatione academiarum commentariolum" (Marburg 1786) 11–14 [4].

Bibliogr. Cat. gén. Bibl. nat. **177** (1950) Sp. 713 (2 Nr.) [3].

Nekr. Mich. Conr. Curtius: Memoria Joannis Gottlieb Stegmanni (Marburg 1795) 18 S. m. Schr.Verz. [3].

Biogr. Friedrich Wilhelm Strieder: Grundlage zu einer Hess. Gelehrten- u. Schriftsteller-Gesch. **15** (Kassel 1806) 267–278 m. Schr.Verz. [3]. — Johann Georg Meusel: Lexicon der vom Jahr 1750 bis 1800 verstorbenen teutschen Schriftsteller **13** (Leipzig 1813) 317–319 m. Schr.Verz. [3]. — Georg Winter: ADB **35** (1893) 562–563 [3]. — Catalogus Professorum Academia Marburgensis. Die akadem. Lehrer der Philipps-Univ. in Marburg von **1527** bis **1910**. Bearb. von Franz Gundlach (Marburg 1927) 372–373 m. Lit.-Ang. [3].

Weitere Lit. Wilhelm Münscher: Lebensbeschreibung u. nachgelassene Schriften. Hrsg. von Ludwig Wachler (Frankfurt/M. 1817) 74, 79 [3]. — Wilhelm Stieda: Die Nationalökonomie als Universitätswissenschaft: Sächs. Ges. Wiss. Leipzig, Abh. philol.-histor. Kl. **54**, 2 (1906) 217, 229, 345, 348, 350, 352 [3]. — Hermann Schelenz: Optik vor einem Jahrhundert: Mitt. Gesch. Med. u. Naturwiss. **18** (1919) 168–169 [3]. — Ernst Zinner: Astron. Instrumente des 11. bis 18. Jahrhunderts (München 1956) 128, 130, 194, 225, 264, 541, 589 [Ha 2].

II–IV, VI **STEINER,** Jacob. Math. — 1814–1817 in Pestalozzis Erziehungsinstitut Yverdon; 1818–1821 stud. Univ. Heidelberg; seit 1821 in Berlin, erteilte zunächst Privat-Unterr., seit 1825 Hilfslehrer, 1829–1835 Oberlehrer für Math. an der Städt. Gewerbeschule Berlin, 1826 Staatsexamen für Math. u. Naturwiss. für alle Klassen; seit 1834 ao. Prof. Math. Univ. Berlin; 1832 Dr. phil. h. c. Univ. Königsberg; 1833 Prof.-Titel, 1834 o. Mitgl. Preuß. Akad. Wiss.

*1796, März 18, Utzenstorf, Kanton Bern;

†1863, Apr. 1, Bern.

Werke Jacob Steiner: Gesammelte Werke. Hrsg. auf Veranlassung der Preuß. Akad. Wiss. von Karl Weierstraß **1** (Berlin 1881) VIII, 527 S. m. Titelbildn. u. Faks., 44 Taf.; **2** (1882) X, 743 S. m. 23 Taf. [15]. — Jacob Steiner: Allg. Theorie über das Berühren u. Schneiden der Kreise u. der Kugeln ... Im Auftr. der Schweizer naturforsch. Ges. hrsg. von Rudolf Fueter (Zürich **1931**) XX, 345 S. m. 60 Fig.; Biogr. von R. Fueter u. F. Gonseth XI–XVIII [101]. — Arnold Emch: Unpublished Steiner manuscripts: Amer. math. monthly **36** (1929) 273–275. — Louis Kollros: Sur les manuscrits de Steiner: Verh. Schweiz. naturforsch. Ges. **245** (1936). — Jacob Steiner's geometrical constructions with a ruler, given a fixed circle with its center. Translat. by Marion E. Stark, ed. by Raymond C. Archibald in: Scripta math. **14** (1948) 187–264.

Bibliogr. Cat. scient. Papers **5** (1871) 812–813 (51 Nr.); **8** (1879) 1008 (2 Nr., Biogr.); **11** (1896) 487 (Biogr.) [3]. — Cat. gén. Bibl. nat. **177** (1950) Sp. 899–900 (5 Nr.) [3]. — Brit. Mus. Gen. Cat. **229** (1964) Sp. 318–319 (17 Nr.) [3].

Briefe Briefwechsel zwischen Jakob Steiner u. Ludwig Schläfli. Festgabe der Bernischen naturforsch. Ges. an die Zürcher naturforsch. Ges. anläßlich der Feier des 150jähr. Bestehens der Letzteren (Bern 1896) 208 S. m. Fig. [LB Bern]. — Auszüge aus drei Briefen Steiners an Jacobi. Mitget. von E. Jahnke: Arch. Gesch. Math. u. Physik **4** (1903) 268–277 [3]. — Schreiben Jacobis an den Staatsminister von Eichhorn betr. Jakob Steiner. Mitget. von E. Jahnke: ebda 277–280 [3].

Nekr. Otto Hesse: J. reine u. angew. Math. **62** (1863) 199–200 [3].

Biogr. C. F. Geiser: Zur Erinnerung an Jakob Steiner: Verh. Schweiz. naturforsch. Ges. Schaffhausen **56**, 1872–1873 (1874) 215–251 [Ha 2]; In memoria di Jacopo Steiner: Ann. mat. pura ed appl. (2) **7** (1875/76) 65–88 (trad. di Felice Casorati) [3]. — M. Cantor: ADB **35** (1892) 700–703 [3]. — J. H. Graf: Der Mathematiker Jakob Steiner aus Utzendorf (Bern 1897) 54 S. m. Bildn. [15]. — Julius Lange: Jacob Steiners Lebensjahre in Berlin 1821–1863. Nach seinen Personalakten dargest. (Berlin 1899) 70 S. m. Bildn. (Progr. Friedrich Werdersche Oberrealsch. Berlin) [3; 11; 14]. — J. H. Graf: Beitr. zur Biogr. Jakob Steiners: Mitt. naturforsch. Ges. Bern **1905** (1906) 59–69 m. Bildn. [14; Ha 2]. — W. Ahrens: Jacobi u. Steiner: Math.-naturwiss. Bl. **3** (1906) 191–194, 209–213 [3]. — Histor.-biogr. Lexikon der Schweiz **6** (Neuenburg 1931) 533 m. Bildn. [3]. — Wilhelm Lorey: Vom Bauernknecht u. Schafhändler zum Mitgl. der Berliner Akad. u. Prof. der Math.: AVZ, Math.-naturwiss. Bl. **27** (1933) 30–32 [101]. — Johannes Mahrenholz: Anekdoten aus dem Leben deutscher Mathematiker (Leipzig, Berlin 1936) 32–36 (Math.-Physik. Bibl., R. 1, 18) [101]. — Rudolf Fueter: Jakob Steiner. In: Große Schweizer (Zürich [1938]) 503–506 m. Bildn. S. 496 u. Lit.Verz. [3; 101]; Große Schweizer Forscher (Zürich 1939) 202–203 m. Bildn. [3]. — Louis Kollros: Kurze Mathematiker-Biogr.: Jakob Steiner (Basel 1947) m. 2. Bildn. m. Faks. (Elemente der Math., Beihefte Nr. 2) [101]. — Kurt-R. Biermann: Jakob Steiner. Eine biogr. Skizze: Nova Acta Leopoldina N. F. **27** (1963) 31–45 m. 2 Bildn. u. 1 Faks. Abb. [Ha 2]. — Hans Reichardt: Forsch. u. Fortschr. **39** (1965) 156–158 [3]. — J[ean]-P[ierre] Sydler: Aperçus sur la vie et sur l'œuvre de Jakob Steiner: Enseignement math. (2) **11** (1965) 240–257 [89].

Zum 100. Geburtstag F[riedrich] Bützberger: Z. math. u. naturwiss. Unterr. **27** (1896) 161–171 [3]. — J. H. Graf: Der Mathematiker Jakob Steiner aus Utzendorf (Bern 1897) 54 S. m. Titelbildn., Brief-Faks. vom 17. Mai 1856, Berlin [15]. — J. H. Graf: Die Exhumierung Jakob Steiners u. die Einweihung des Grabdenkmals Ludwig Schläflis anläßl. der Feier des 100. Geburtstages am 18. März 1896: Mitt. naturforsch. Ges. Bern **1897** (1898) 8–24 m. Bildn. u. 2 Abb. [14]. — Ludwig Schläfli (1814–1895). Zum Andenken an die Errichtung des Grabmonumentes Schläflis u. der Beisetzung der sterbl. Reste Jakob Steiners an der 100jähr. Feier des Geburtstages des Letzteren am 18. März 1896: ebda **1895** (1896) 120–203 m. Bildn., Faks. u. Schr.-Verz. [Ha 2].

Zum 100. Todestag Kurt-R. Biermann: Jacob Steiner, der Geometer: Forsch. u. Fortschr. **37** (1963) 125–126 [101]. — Jakob Steiner, 1796–1863. Gedenkschr. (Utzendorf 1963) 8 S.

Weitere Lit. Heidelberger Professoren aus dem 19. Jahrhundert. Festschr. der Univ. zur Zentenarfeier ihrer Erneuerung **2** (Heidelberg 1903) 228, 230, 231, 239 [3]. — Rudolf Sturm: Zusammenstellung von Arbeiten, welche sich mit Steinerschen Aufgaben beschäftigen: Biblioth. math. (3) **4** (1903) 160–184 [15]. — Leo Koenigsberger: C. G. J. Jacobi. Festschr. zur Feier der 100. Wiederkehr seines Geburtstages (Leipzig 1904) 337–341 u. öfter [3]. — P. van Geer: Een krijgsgevangene uit den Napoleonischen tijd. Jean Victor Poncelet 1788–1867: Vragen van den Dag **30** (1915) 431–443 [UB Amsterdam]. — Felix Eberty: Jugenderinnerungen eines alten Berliners. Geleitwort von Georg Hermann (Berlin 1925) 240–242 [101]. — Sévérin Bays: Discours d'ouverture du président annuel Jacob Steiner: Verh. Schweiz. naturforsch. Ges. **107**, 2 (1926) 51–54 [Ha 2]. — Wilhelm Ahrens: Kleine Geschichten von Astronomen, Mathematikern u. Meteorologen: Weltall **26** (1927) 38 [3]. — Pestalozzi u. seine Zeit im Bilde. Zur 100. Wiederkehr seines Todestages hrsg. vom Pestalozzianum u. der Zentralbibl. in Zürich (Zürich 1928) 69 S. [14]. — Otto Schlaginhaufen: Der Schädel des Mathematikers Ludwig Schläfli: Mitt. naturforsch. Ges. Bern **1931** (1932) **44**, 65 m. Bildn. [Ha 2]. — Boyd C. Patterson: The origins of the geometric principle of inversion: Isis **19** (1933) 155, 164, 165, 166, 167, 168, 169, 170, 171, 173, 177, 178, 179 [Ha 2]. — Kurt-R. Biermann: Johann Peter Gustav Lejeune Dirichlet. Dokumente für sein Leben u. Wirken: Abh. Dtsch. Akad. Wiss. Berlin, Kl. Math. Physik Techn. **1959**, Nr. 2 S. 45, 50, 57, 69, 76, 78 [3]; Aus der Gesch. Berliner math. Preisaufgaben: Wiss. Z. Humboldt-Univ. Berlin, math.-naturwiss. Reihe **13** (1964) 186–189, 195 [3].

Bildn. Friedrich Schulze: B. G. Teubner 1811–1911 (Leipzig 1911) Taf. nach S. 288 [14].

II **STEINHÄUSER,** Johann Gottfried. — 1780–1787 Schulbesuch in Schulpforta; 1787 stud. Bergakad. Freiberg, 1788–1792 Univ. Wittenberg; 1805–1816 Prof. Math. Univ. Wittenberg; seit 1816 Prof. Bergwiss. Univ. Halle.

*1768, Sept. 20, Plauen;
†1825, Nov. 16/17, Halle.

Bibliogr. Cat. scient. Papers **5** (1871) 814 (20 Nr.) [3]. — Günther Schmid: Goethe u. die Naturwiss. Eine Bibliogr. (Halle 1940) 587–588 [3].

Briefe S[alomon] Hirzel: Drei Briefe von Goethe an J. G. Steinhäuser (Weimar 29. Nov. 1799, 31. Jan. 1800, 10. März 1800): Z. Dtsch. Philol. **6** (1875) 449–454 m. 1 Abb. [3]. — Hans-Joachim Schreckenbach: Goethes Autographen-Sammlung. Katalog (Weimar 1961) 224, Nr. **1625** (Brief an Johann Gottlob Stimmel, 6. Febr. 1809 Wittenberg) [3].

Nekr. C. F. Widemann in: Neuer Nekr. der Deutschen **3**, 2 (Ilmenau 1827) 1177–1197 m. Schr.Verz. [3; 14].

Biogr. Allg. Repertorium der neuesten in- u. ausländischen Literatur für 1825 (Leipzig 1825) 2, 236 [3]. — R. Knott: ADB **35** (1892) 713–716 [3]. — Max Zschommler: Der Plauische Leibniz in: Zschommler, Interessante u. berühmte Vogtländer. Ein Ehrenbuch des Vogtlandes (Plauen 1913) 70–72 [14].

II, III, V **STEINHEIL,** Carl August von Physik. — 1821 stud. Jura in Erlangen, 1823–1825 Math. u. Astron. in Göttingen u. Königsberg (bei Bessel); 1825 Dr. phil. Univ. Königsberg; baute sich zuerst in Perlachseck u. 1830 in München eine Privatsternwarte; 1832–1849 o. Prof. Physik u. Math. Univ. München; dann bis 1852 k. k. Sektionsrath u. Chef des Telegraphendepartements im Handelsministerium in Wien; seit 1852 bayer. Ministerialrat u. Konservator der math.-physik. Sammlungen des Staates in München; 1827 ao., 1835 o. Mitgl. Bayer. Akad. Wiss. München.

*1801, Okt. 12, Rappoltsweiler im Elsaß;
†1870, Sept. 14, München.

St. entdeckt 1838 die Möglichkeit der Rückführung des elektr. Stromes durch die Erde. Er gründet 1854 eine eigene opt. Werkstätte.

Genealog. Biogr. geneal. Blätter aus u. über Schwaben (Stuttgart 1879) 970–971 [3].

Bibliogr. Alm. Bayer. Akad. Wiss. München **1867**, 259–268 [Ha 2]. – Cat. scient. Papers **5** (1871) 815–817 (55 Nr.); **8** (1879) 1008 (15 Nr. u. Biogr.) [3]. – Cat. gén. Bibl. nat. **177** (1950) Sp. 937 (1 Nr.) [3]. – Brit. Mus. Gen. Cat. **229** (1964) Sp. 371 (5 Nr.) [3].

Briefwechsel Briefwechsel zwischen Friedrich Wilhelm Bessel u. Carl August Steinheil. Hrsg. i. A. Akad. Wiss. Berlin u. München (Leipzig 1913) XVI, 249 S. [3; 14].

Nekr. Seidel: Alm. Akad. Wiss. Wien **21** (1871) 205–222 m. Schr.-Verz. [Ha 2]. – Beil. Allg. Ztg., Augsburg **1870** Nr. 356 vom 22. Dez. S. 5677–5678; Nr. 357 vom 23. Dez. S. 5694–5695 [37]. – Arch. Math. u. Physik **52** (1871) Liter. Ber. CCVII; 1–2 [3].

Biogr. Alm. Akad. Wiss. Wien **2** (1852) 78–79 [3]. – Männer der Zeit. **2** Biogr. Lexikon der Gegenwart (Leipzig 1862) Sp. 550–551 [14; 15]. – W. Beetz: Der Antheil der Bayer. Akad. Wiss. an der Entwicklung der Elektrizitätslehre (München 1873) **31** S. (Festschr. u. Gedächtnisreden Bayer. Akad. Wiss., 270) [3]. – R. Knott: ADB **35** (1892) 720–724 [3]. – J. G. Repsold: Astron. Nachr. **203** (1916/17) Sp. 165–192 [15]. – F. M. Feldhaus: Steinheils erste Erfindungspatente: Gesch.bl. Techn., Industr. u. Gewerbe **4** (1917) 171 [15]. – Münchener Neueste Nachr. **77** (1924) Nr. 159, S. 17 [12]. – Conrad Matschoß: Männer der Techn. (Berlin 1925) 258–259 m. Bildn. [101]. – Rudolf Anderl: „Ein gewisser Herr Steinheil“: Propyläen **34** (1937) 163–164 [101]. – Willy Möbus: Elektrotechniker **4** (1952) H. 2, S. 36 m. Bildn. [101]. – Geist u. Gestalt. Biogr. Beitr. Gesch. Bayer. Akad. Wiss. **2** (München 1959) 18, 48, 50, 57, 78, 82, 86; **3** (1959) Bildn. Abb. 101 [3]. – Günter D. Roth: Die Grundlagen für eine opt. Industrie in München. Ein Werk von Joseph von Utzschneider u. C. A. von Steinheil: Tradition **5** (1960) 15–38 m. beiden Bildn. [14]. – W. Loeser in: Deutsche Techniker aus 6 Jahrhunderten (Leipzig 1963) 63–67 m. Bildn. S. 33 (Taschenbuch, 28) [14]. – Arthur Seibert: Jahrb. Optik u. Feinmechanik **1964**, 9–16 [292].

Zum 100. Geburtstag Fritz Mathis: Illustr. Elsäss. Rdsch. **4** (1902) 55–64 m. 1 Bildn., 3 Abb. [3]. – Natur N.F. **27** (1901) 574–575 [3].

Weitere Lit. Buch der Erfindungen, Gewerbe u. Industrien **2** (Leipzig, Berlin 1865) 311 (Schreibtelegraph), 314 (Erde als Rückleitung) [14]. – H. Emsmann: C. A. von Steinheil, insbesondere mit Rücksicht auf seine Verdienste um die Telegr.: Gaea **7** (1871) 413–422 [3]. – Rudolf Wolf: Gesch. der Astron. (München 1877) 553, 578, 582, 585, 597, 688, 735 (Gesch. Wiss. in Deutschland, Neuere Zeit 16) [3]. – Zum 25jähr. Jubil. der opt. u. astron. Werkstatt von C. A. Steinheil u. Söhne in München: Zentr. Ztg. Opt. u. Mech. **1** (1880) 89–91 m. Bildn. [J 59]. – Hugo Marggraf: C. A. Steinheil u. der 1. Schreibtelegraph: Gartenlaube **1887**, 605–606 m. Bildn. u. Faks. [14]. – Arch. Post u. Telegr. **16** (1888) 402–405 [3]. – Das 50jähr. Jubil. der Entdeckung der Erde als Telegraphenleitung: Zentr.-Ztg. Opt. u. Mech. **9** (1888) 146–150 [J 59]. – Hans Prutz: Die kgl. Albertus-Univ. zu Königsberg im 19. Jahrhundert (Königsberg 1894) 117 [3]. – Hugo Marggraff: Die kgl. Bayer. Staatseisenbahnen (München 1894) 85 m. Bildn. [14]. – Ludwig Jester: Zum Gedächtnis des 15. Dez. 1849: Bayerland **11** (1900) 150–152, 161–163 m. 2 Bildn. [12]. – Walther Nic. Clemm: Liebigbriefe. Züge aus Justus von Liebigs Wirken als Freund u. Gelehrter: Mitt. Gesch. Med. u. Naturwiss. **6** (1907) 28 [3]. – Th. Karrass: Gesch. der Telegraphie T. 1 (Braunschweig 1909) 140–143 [7]. – C. Stechert: Georg von Neumayer: Vjschr. astron. Ges. **45** (1910) 18 [15]. – Albert Neuburger: Die uns neue Welten zeigten. In: Pfadfinder der Kultur. Männer u. Taten der Techn. (München 1926) 83–115 [101]. – Moritz von Rohr: Joseph Fraunhofers Leben (Leipzig 1929) 60, 197, 205 [3]. – E[rnst] Feyerabend: Der Telegraph von Gauß u. Weber im Werden der elektr. Telegraphie (Berlin 1933) 58–68 m. 1 Bildn. u. 6 Abb. [3]; An der Wiege des elektr. Telegraphen (Berlin 1933) 149 (Bildn.), 161–164 (schreibender Nadeltelegraph von Steinheil) (Dtsch. Museum, Abh. u. Berichte 5,5) [14]. – Sch.: E. A. von Steinheil, der Erfinder u. Schöpfer der Kleinbild-Photogr. vor 100 Jahren: Opt. Rdsch. **30** (1939) 288–289 [101]. – Emil-Heinz Schmitz: C. A. von Steinheil entschloß sich vor 100 Jahren, eine eigene opt. Werkstätte zu errichten: Augenoptiker **9** (1954) Nr. **1**, S. 12–13 m. 2 Abb. der Steinheil-Denkmünze [101]. – Wolfgang Baier: Quellendarst. zur Gesch. der Fotogr. (Leipzig 1965) siehe Reg. S. 701 [101]. — Ed. Frison: Een eeuw Steinheil-loepen en Steinheil foto objektief „Aplanat“ 1865/66–1966: Scientiarum Historia (Antwerpen) 8 (1966) 65–76 m. 1 Bildn. [ETH Zürich].

Bildn. Illustr. Ztg. **32** (1859) 83–84 m. Bildn. [14]. — H. Theinert: Katalog des Reichspostmuseums (Berlin 1889) 357 m. Bildn. S. 368 [3]. — Franz Bendt in: Das 19. Jahrhundert in Bildnissen **2** (Berlin 1899) 288–289 m. Bildn. Nr. 212 [3]. — Photogr. Korresp. **75** (1939) 61–62 (Denkmünze, 2 Abb.), 65–68 [UB Wien]. — Jahrb. Bayer. Akad. Wiss. **1956**, 32 [Ha 2].

III, IV **STEINHEIL,** Hugo Adolph von. Opt. — Stud. Polytechn. u. Univ. München, auch Polytechn. Wien; 1852 Oberinspektor für Telegr. in der Schweiz; 1855 Dr. phil. Univ. München; 1865 Inhaber der opt.-astron. Werkstätte seines Vaters gemeinsam mit seinem Bruder Eduard (1830–1878), 1878–1890 allein, seit 1890 zusammen mit seinem Sohn Rudolf.

*1832, Apr. 12, München;
†1893, Nov, 4, München.

Sohn von Carl August von Steinheil (1801–1870).

Bibliogr. Cat. scient. Papers **5** (1871) 814–815 (14 Nr.); 8 (1879) 1008 (3 Nr.); **11** (1896) 487 (2 Nr.); **18** (1923) 934 (5 Nr. u. Biogr.) [3]. — Biogr. geneal. Blätter aus u. über Schwaben (Stuttgart 1879) 971 [3]. — Alm. Bayer. Akad. Wiss. für 1890 (München 1890/91) 135–137 (Schr.Verz.) [3].

Nekr. J. Decaisne: Ann. sci. nat. [Paris] (2) **12** (1893) 109–124 [12]. — H. Seeliger: Vjschr. Astron. Ges. **28** (1893) 248–255 [15]. — H. S.: Astron. Nachr. **134** (1894) Sp. 135–136 [3]. — C. von Voit: S.-Ber. Bayer. Akad. Wiss., math.-physik. Kl. **24,** 1894 (1895) 120–139 [Ha 2]. — Illustr. Ztg., Leipzig **101** (1893) 625–626 m. Bildn. [14]. — Leopoldina **29** (1893) 208 [Ha 2].

Weitere Lit. Josef Maria Eder: Gesch. der Photogr. 4. Aufl. **1,** 1 (Halle 1932) 565–570 m. 1 Bildn. u. 1 Abb. [3]. — Wolfgang Baier: Quellendarst. zur Gesch. der Fotogr. (Leipzig 1965) 302, 306–310, 313 [3].

III, IV **STELZNER,** Alfred Wilhelm. Geol. — Stud. Bergakad. Freiberg, 1864–1866 Volontär der Österr. geol. Reichsanst. Wien; 1866–1870 Inspektor der Bergakad. Freiberg; 1871 Prof. Mineral. Univ. Cordoba, Argentinien; 1875 Prof. Geol. Bergakad. Freiberg.

*1840, Dez. 20, Dresden;
†1895, Febr. 25, Wiesbaden.

Bibliogr. Cat. scient. Papers 8 (1879) 1009–1010 (31 Nr.); **11** (1896) 488–489 (12 Nr.); **12** (1902) 703 (1 Nr.); **18** (1923) 941 (18 Nr. u. Biogr.) [3]. — Cat. gén. Bibl. nat. **177** (1950) Sp. 1035 (2 Nr.) [3]. — Brit. Mus. Gen. Cat. **229** (1964) Sp. 447–448 (5 Nr.) [3].

Nekr. Stelzner-Feier in Freiburg (darin Rede des Amtsnachfolgers Beck): Z. prakt. Geol. **1897,** 429–432 [15]. — Alfred Bergeat: Z. prakt. Geol. **3** (1895) 221–224 m. Teil-Schr.-Verz. [3]. — H. Höfer: Österr. Z. Berg- u. Hüttenwesen **43** (1895) Beil. H. 3 S. 27–28 [Berghauptmannschaft Innsbruck]. — Rudolph: Ueber Prof. Stelzners Reisen in Argentinien [u. Nekr.]: Ber. naturwiss. Ges. Chemnitz **13,** 1892–1895 (1896) XXIV–XXVII [Ha 2]. — A. Schertel: Leopoldina **31** (1895) 139–141 m. Teil-Schr. Verz. [Ha 2]. — W. Wolkenhauer: Geogr. Jahrb. **19** (1896) 390 [3]. — S.-Ber. u. Abh. naturwiss. Ges. Isis Dresden **1895,** 1 S. 20–21 [14]. — Verh. Geol. Reichsanst. Wien **1895,** 114–115 [Ha 2].

Biogr. A. Rothpletz: ADB **54** (1908) 474–475 [3]. — Conrad Matschoß: Männer der Techn. (Berlin 1925) 259–260 [101]. — Spangenberg in: Handwörterb. der Naturwiss. 2. Aufl. **9** (1934) 551–552 [3]. — Carl Schiffner: Aus dem Leben alter Freiberger Bergstudenten **1** (Freiberg 1935) 39–41 m. Bildn. [14]. — Walter Serlo: Männer des Bergbaus (Berlin 1937) 140 [14]. — H. Klamfoth: Die techn. Gemeinschaft **3** (1955) 116 m. Bildn. [14].

Zum 100. Geburtstag R[udolf] Schreiter: Z. prakt. Geol. **49** (1941) 4–7 m. Bildn. u. Schr.Verz. [3]. — Friedrich Schumacher: Z. Dtsch. geol. Ges. **92** (1940) H. 10, S. 599–600 m. Bildn. [15]; Festrede ...: Bl. Bergakad. [Freiberg] Nr. 24 (1941) 6 m. Bildn. [3].

Bildn. Frederick Gleason Corning: A student reverie (New York 1920) 28; Taf. 17, Bild 7 u. Taf. 19 [14]. — Alfred [Wilhelm] Stelzner: Contribuciones a la geología de la República Argentina (Buenos Aires 1924) V (Bildn. u. Faks.) [14].

III **STEPHAN,** Ernst Heinrich Wilhelm **von** (geadelt 1885). — Arbeitete im Postfach: 1848 zuerst Postschreiber in Stolp; 1856 schließlich an das Generalpostamt Berlin berufen, 1858 Postrat, 1863 Oberpostrat, 1865 Geh. Postrat, 1868 Geh. Oberpostrat, 1870 Generalpostdirektor des Norddtsch. Bundes; 1880 Staatssekretär des Reichspostamtes; 1874 Begründer des Weltpostvereins.

*1831, Jan. 7, Stolp;

†1897, Apr. 7, Berlin.

Genealog. Eylert: Ahnentafel des ... Heinrich von Stephan: Familiengeschichtl. Bl. **29** (1931) 13–18 [3]. – Dtsch. Geschlechterbuch **90** (1936) 548 m. Bildn. u. Faks. [3]. – Dtsch. Wappenkalender **12** (1938) 502–504 m. Abb. S. 487 [3].

Bibliogr. Cat. scient. Papers **18** (1923) 944 (2 Nr.) [3]. – Cat. gén. Bibl. nat. **178** (1950) Sp. 18 (1 Nr.) [3]. – Brit. Mus. Gen. Cat. **229** (1964) Sp. 534 (9 Nr.) [3].

Nekr. Friedrich Bücker: Der Bär **23** (1897) 221–224 [14]. – Fr. Colberg: Über Land u. Meer Jg. **13**, Bd. 3 (1896/97) 109–112 m. Bildn. [14]. – P. D. Fischer: Cosmopolis **6** (1897) 843–861 [3]. – M. H.: Gartenlaube **1897**, 299 m. Bildn. [3]. – A. Oskar Klaußmann: Daheim **33** (1897) 527–528, 530 m. Bildn. [3]. – Alexander Meyer: Biogr. Jahrb. u. Deutscher Nekr. **2** (1898) 196–207 [3]. – Naumann: Hilfe **3** (1896/97) Nr. 16, S. 4–5 [15]. – A[nton] von Werner: Dtsch. Rev. **22**, 2 (1897) 257–266 [3]. – K. Wilke: Illustr. Ztg., Leipzig **108** (1897) 481, 484 [14]. – Arch. Post u. Telegr. **25** (1897) 237–245, 474–484 [3]. – Z. Kgl. Preuss. statist. Bureau **39** (1899) 206 –207 [3].

Biogr. Hans Blum: Daheim **7** (1871) 536–539 m. Bildn. [3]. – Über Land u. Meer **27** (1872) Nr. 26, S. 7 (m. Bildn. u. Faks. S. 1) [15]. – G. T.: Stephans Plan eines Weltpostvereins: Grenzboten **33**, Sem. 2, Bd 1 (1874) 274–279 [3]. – Adolf Kohut: Moderne Geistesheroen. 3. Aufl. (Berlin 1886) 44–52 [14]. – Th. Werner: Unser Stephan: Über Land u. Meer **74** (1895) 639–640 m. Bildn. [15]. – 25 Jahre General-Postmeister Arch. Post u. Telegr. **23** (1895) 271–282, 575–577 m. 2 Abb. der Stephan-Medaille [3]. – H. Dunger: Zum Amtsjubelfeste des Staatssekretärs von Stephan: Z. allg. Dtsch. Sprachver. **10** (1895) Sp. 137–141 [3]. – Otto Vieth: Die Aera Stephan: Neue Zeit **15**, 2 (1896/97) 171–178 [11]. – Th. Barth: Nation **14** (1896/97) 419 [3]. – E. Krickeberg: Heinrich von Stephan. Ein Lebensbild (Dresden u. Leipzig 1897) 320 S. m. 1 Bildn. (Männer der Zeit, 1) [15]. – R. Weise: Heinrich von Stephan. Ein weidmännisches Erinnerungsblatt (Neudamm 1898) 31 S. m. 3 Bildn. [11]. – Ferdinand Hennicke: Heinrich von Stephan: Westermanns Mh. **83** (1898) 25–47 m. 1 Bildn., 1 Faks., 1 Abb. [3]. – Oskar Große: Die Beseitigung des Thurn u. Taxisschen Postwesens durch Heinrich Stephan (Minden 1898) IV, 131 S. [3]. – Georg Biedenkapp: Bahnbrecher des Weltverkehrs (Berlin 1904) 187–214 [1]. – Hermann von Petersdorff: ADB **54** (1908) 477–501 [3]. – Taube: Unser Pommerland **6** (1921) 161–163 m. Bildn. [101]. – W.: Heinrich von Stephan in der Rhön: Rhön **13** (1925) 26–27 [101]. – Lincke: Erinnerungen an Heinrich von Stephan: Thüringer Mbl. **40** (1932) 169–171 m. 1 Bildn. u. Faks. [3]. – Franck: Die Berichte Stephans vom Gründungskongress des Weltpostvereins in Bern (1874): Arch. Post u. Telegr. **62** (1934) 154–181 [101]. – Oskar Große in: Pommersche Lebensbilder 1 (Stettin 1934) 252–260 m. Bildn. [101]. – Seebaß: Generalpostmeister von Stephan. Sein Lebensweg u. Lebenswerk: Dtsch. Verwaltung **12** (1935) 167–171 [101]. – Heinrich Brunner in: Die Bayerische Postordnung **13** (1937) 50, 52, 57, 66 [12]. – Martin Bartholdy: Der Generalpostmeister Heinrich von Stephan (Berlin 1937) 256 S. m. 5 Bildn. u. 3 Faks. [11]. – E. Körner: Heinrich von Stephan als Historiker u. Staatsmann. In: Deutsche Postgesch. **1** (1937/38) 66–72 m. Bildn. [3]. – W. Hühn: Kultur u. Persönlichkeit. Heinrich von Stephan u. sein Werk in der Entwicklung des 19. Jahrhunderts: ebda 136–144 [3]. – Otto Eberhard: Zeugnisse deutscher Frömmigkeit von der Frühzeit bis heute (Leipzig [1938]) 367 [101]. – Martin Bartholdy: Stephan in der Karikatur u. Satire seiner Zeit. In: Deutsche Postgesch. **2** (1939/40) 3–21 m. 9 Abb. [3]; Ein Leben für die Post: Sammler-Schau **21** (1940) 180–181 m. Bildn., 2 Abb., 1 Faks. [101]; Eine Heinrich-von-Stephan-Gedenkstätte: ebda **22** (1941) 285 [101]. – O. Große: Von Stephan u. der Postassistentenverband. In: Deutsche Postgesch. **3** (1941/42) 261–301 [3]; Die Großen Deutschen. Neu dtsch. Biogr. Hrsg. von Willy Andreas u. Wilhelm von Scholz **5** (Berlin 1943) 418–427 m. Bildn. S. 417 [101]. – Ein Schneidermeisterssohn gründet den Weltpostverein: Dtsch. Handwerks-Bl. **2** (1950) 33 [101]. – Theodor Heuß: Deutsche Gestalten. Studien zum 19. Jahrhundert (Stuttgart, Tübingen 1951) 359–367 [101]; Heinrich Stephan. Heimat im Herzen (Salzburg, München 1951) 150–155 [101]. – C. Pabst: Aus dem Leben des Generalpostmeisters Heinrich von Stephan: Postpraxis **3** (1952) 110–112, 126–127, 142–144 [1]. – Alfons Rehkopp: Kommunaldienst **8** (1954) 21–23 m. Bildn. [101]. – Heinrich Stephan: Grafschafter **78** (1959) 579–580 [101].

Zum 25. Todestag Gieseke: Arch. Post u. Telegr. **50** (1922) 105–111 [3]; Beitr. Gesch. Techn. Ind. **12** (1922) 51–60 m. Bildn. [3].

Zum 100. Geburtstag Hans Adam: Schatzgräber **10** (1930) 19–22 [101]. – Albrecht Balmer: Postztg. 4 (1931) 14–18 m. Bildn., 59–64, 102–106, 134–138, 172–178 m. 1 Abb., 234–239 [101]. – Martin Bartholdy [Großneffe von Stephan]: Onkel Stephan u. wir.

Erinnerungen an den Generalpostmeister: Daheim **67** (1931) Nr. 15, S. 4 m. Bildn. [15]. – Arthur Dix: Der Schöpfer der Weltpost: Propyläen **28** (1930) 115 [101]. – Feyerabend: VDI-Nachr. **11** (1931) H. 1, S. 1 m. Bildn. u. Faks. [101]. – Wolfgang Götz: Woche **33** (1931) 31–34 m. 1 Bildn., 7 Abb. [101]. – O. Große: Stephan. Vom Postschreiber zum Minister (Berlin 1931) V, 313 S. m. 4 Taf. [101]; Forsch. u. Fortschr. **7** (1931) 30 [Ha 2]. – A. Lang: Telegraphen- u. Fernsprech-Techn. **20** (1931) 1–3 m. Bildn. [101]. – von Laer: Dtsch. Adelsbl. **49** (1931) 38–39 [101]. – P. Martell: Ztg. Ver. Dtsch. Eisenbahnverwaltungen **71** (1931) 48–49 [3]. – E. Müller: Dtsch. Sammler **5** (1941) 3–4 m. Bildn. u. 1 Abb. [1]. – Hermann Petrich: Heimatkalender Pommern **1931**, 78–82 m. Bildn. [101]. – K. Sautter: Arch. Post u. Telegr. **59** (1931) 1–4 m. Bildn.; ebda 25–28 (Gedenkfeier) [101]. – Erich Winguth: Pommerland **16** (1931) 8–10 m. Jugendbildn. [101]. – Chile **5** (1931) Nr. 23, S. 15–19 m. 1 Bildn., 5 Abb. [101]. – Sammler (Unterh. Beil. München-Augsburger Abendztg) **100** (1931) Nr. 2, S. 2–3 [37]. – Aus dem Nachlaß Heinrich von Stephans: Wild u. Hund **37** (1931) 5–7 m. Bildn. [101].

Zum 40. Todestag Franck: Arch. Post u. Telegr. **65** (1937) 85–94 [101]. – L'union postale (Bern) **62** (1937) 165–166 [LB Bern].

Zum 110. Geburtstag Josef Kamp: Mecklenburg. Mh. **17** (1941) 28–29 m. Bildn. [101].

Zum 50. Todestag Gerhard Richard: Neue Post **1** (1947) Nr. 4, S. 2 [101].

Zum 125. Geburtstag [Friedrich Diestelhorst]: Heinrich von Stephan u. Schleswig-Holstein: Mitt. Bezirksgr. Kiel Ges. Dtsch. Postgesch. **4** (1956) Nr. 1–2, S. 1–3 m. 1 Abb. (Büste in Westerland) [8]. – H. Gumtau: Dtsch. Post (Frankfurt/M. 1955) 15–16 m. 1 Abb. [292]. – Gerhardt Sabottka: Vom Postschreiber zum Generalpostmeister: Dtsch. Berufs- u. Fachschule **52** (1956) 122–125 [101]. – Sautter: Erinnerungsfeier . . .: Z. Post- u. Fernmeldewesen **8** (1956) 81–87 m. 3 Abb. [101]. – Der Höflichkeitserlaß des Generalpostmeisters vom 2. Dez. 1875: Bull. Presse- u. Informationsdienst Bundesreg. **1956**, Nr. 5, S. 38–39 [101].

Zum 60. Todestag Heinrich Brandt: Mitt. Bezirksgr. Kiel Ges. Dtsch. Postgesch. **5** (1957) Nr. 3, S. 17–19 m. 1 Abb. [8]. – Ernst Schauerte: Z. Post- u. Fernmeldewesen **9** (1957) 340–342 m. 2 Abb. [101].

Weitere Lit. E. Hoffmann: Ein Stück nationaler Arbeit im dtsch. Verkehrswesen: Dtsch. Rdsch. **33** (1882) 30–56 [3]. – Graf Alexander Keyserling: Aus den Tagebuchblättern . . . hrsg. von seiner Tochter Helene von Taube (Stuttgart 1894) 283 [3]. – Heinrich von Sybel: Die Begründung des Deutschen Reiches durch Wilhelm I. **6** (München, Leipzig 1894) 32–35 [3]. – Veredarius: Das Buch von der Weltpost. 3. Aufl. (Berlin 1894) 344–355 m. Bildn. u. Faks., 1 Abb. [3]. – Hugo Weithase: Gesch. des Weltpostvereins. 2. Aufl. (Straßburg 1895) passim [15]. – Heinrich von Poschinger: Fürst Bismarck u. der Bundesrat **1** (Stuttgart, Leipzig 1895) 56, 278, 283–286, 330; **2** (1897) 21, 104, 108, 110, 157; **3** (1898) 374, 402; **4** (1898) 89, 135, 168, 169; **5** (1901) 169, 344 [3]. – Ferdinand Hennicke: Unter dem Zeichen des Verkehrs (Berlin 1895) 142–228 [14]. – Rudolf Bamberger: Eine Erinnerung an das Jahr 1866: Nation **15**, 1897/98 (1898) 491 [3]. – Karl Hilliger: 1848/49, histor.-polit. Zeitbilder, insbesondere aus der Provinz Pommern u. dem Kreise Stolp (Stolp 1898) passim [9]. – Moritz Busch: Tagebuchblätter **1** (Leipzig 1899) 179, 234; **2** (1899) 301, 580, 585, 586 [3]. – Ludwig Pastor: August Reichensperger 1808–1895. Sein Leben u. sein Wirken **2** (Freiburg 1899) 25, 100, 165, 236, 335 [3]. – Gustav von Diest: Aus dem Leben eines Glücklichen. Erinnerungen eines alten Beamten (Berlin 1904) 307–308, 400 [3]. – Joseph Hansen: Gustav von Mevissen. Ein rhein. Lebensbild 1815–1899 **1** (Berlin 1906) 787, 811, 823, 858 [3]. – Schwellenbach: Heinrich von Stephans Auffassung der Ideen in der Gesch.: Histor.-polit. Bl. kathol. Deutschld. **151** (1913) 354–363 [3]. – Eismann: Beamtenjahrb. [Berlin] **19** (1922) 578–579 [11]. – Ernst Wolf: Stephan in der „Gesch. der Preuß. Post" über das Finanzprinzip in der Postverwaltung: Postal. Rdsch. **22** (1924) 100–102 [101]. – Johannes Poeschel: Reichspostmeister Stephan, ein Vorkämpfer für den Luftverkehr: Jahrb. Luftverkehr **1924**, 25–30 [3]. – E. Feyerabend: 50 Jahre Fernsprecher in Deutschland 1877–1927 (Berlin 1927) 24–27 m. 1 Bildn., 1 Abb. [3]. – Werner Ahrens: Werner Siemens u. der elektrotechn. Verein: Siemens-Jahrb. **1929**, 17–34 m. 2 Abb., 1 jap. Faks. [101]. – Georg Schätzel: Stephan u. der Weltpostverein: Woche **33** (1931) 30 m. Bildn. u. Faks. [101]. – Bernhard Lepsius: Das Haus Lepsius (Berlin 1933) 312, 317, 335 [101]. – Generalpostmeister von Stephan über Luftschiffahrt: Dtsch. Luftwacht Ausg. Luftwelt **2** (1935) 15 m. Bildn. [101]. – August Zöllner: H. von Stephan als Naturfreund, Botaniker u. Jäger: Unser Pommerland **22** (1937) 145–147 m. Bildn. [101]. – Li: Bismarck u. Stephan, die Gründer der Reichsdruckerei: Dtsch. Post **62** (1938) 978–984 m. 5 Faks. [101]. – Rr.: Heinrich von Stephan u. die Deutsche Reichspost: Dtsch. Post **62** (1938) 202–203 m. 1 Bildn. [101]. – Karl Straub: Heinrich von Stephans Hymne auf die Rhön: Mainfranken **25** (1939) H. 4/6, S. 14–16 [101]. – Hauenschild: Bismarck u. Stephan: Dtsch. Post **64** (1940) 193–196

m. Faks. Brief Stephan vom 9. Nov. 1877 [101]. — Aubert: Wie Berlin zum Fernsprecher kam: Z. Post- u. Fernmeldewesen 1 (1949) 146 [101]. — Oskar Große: ebda 176–178 [101]. — Bergs: Stephans „Hirtenbrief“: Arch. Post- u. Fernmeldewesen 2 (1950) 297–306 [101]; Stephan am Bosporus 1891: Z. Post- u. Fernmeldewesen 2 (1950) 562–565, 600–604, 638–642 [101]; Stephan am Bosporus: ebda 3 (1951) 4–5 [101]; Stephans Promemeoria von 1870: ebda 3 (1951) 44–47 [101]. — Konrad Schwarz: Zur Charakteristik Stephans: ebda 5 (1953) 326–329 [101]. — Helmuth Rößler u. Günther Franz: Biogr. Wörterbuch zur dtsch. Gesch. (München 1953) 812 [3]. — Georg Schulz: Heinrich von Stephan in Schleswig-Holstein u. andere Erinnerungen: Mitt. Bezirksgr. Kiel Ges. Dtsch. Postgesch. 5 (1957) Nr. 1–2, S. 8–10 [8]. — Ernst Becker: Postgeschichtl. Streifzüge durch Heinrich von Stephans Werk: Gesch. der Preuß. Post. Berlin 1859: Sammler-Lupe 13 (1958) 102–104, 197–199 [StB München]. — Fritz Thole: Stephan u. seine Gesch. der Preuß. Post; Postgeschichtl. Bl. Weser–Ems-Gebiet **1958**, 172–173 m. Bildn. [101]; Von wem erbte Stephan seine Begabung? Postgeschichtl. Bl. (Bremen) 1 (1959) 190–191 m. Teil-Ahnentaf. [101]. — Rolf Müller: Eine Reichstagsrede Heinrich von Stephans: Sammler-Lupe 15 (1960) 315–317 [StB München]. — J. Willms: Berühmte Diabetiker: Diabetiker (Mainz) 6 (1966) Nr. 6, S. 206 [1].

Bildn. Der Bär 21 (1895) 225–226 m. Bildn. [14]. — Imael Gentz: Portrait-Sammlung von 25 bekannten Persönlichkeiten. Mit Sinnsprüchen u. Biogr. der Dargestellten (Berlin 1895) 9, Taf. 22 m. Faks. [Fürstl. Hofbibl. Donaueschingen]. — Die Enthüllung des Stephans-Denkmals in Emden: Arch. Post u. Telegr. 24 (1896) 283–286 [3]. — W. R.: Das Stephan-Denkmal in Schwerin: Über Land u. Meer 81 (1898–1899) 256 m. 1 Abb. [15]. — Das Stephan-Denkmal u. das Postmuseum: Arch. Post u. Telegr. 27 (1899) 467–482 m. 3 Abb., 1 Pl. [3]. — Fd.: Das Stephan-Denkmal im Lichthofe des Reichs-Postmuseums zu Berlin: Illustr. Ztg., Leipzig 112 (1899) 561–562 m. 1 Abb. [15]. — Die Großen Deutschen im Bild. Hrsg. von Alfred Hentzen u. Niels von Holst (Berlin 1936) 397 (Marmorrelief von E. Pfeiffer 1880) [3]. — H. Colonius: Bildn. u. Bildwerke Heinrich von Stephans im Besitz der dtsch. Reichspost. In: Deutsche Postgesch. 1 (1937/38) 215–234 m. 19 Bildn., 13 Abb., 2 Faks. [3].

II **STERNBERG,** Kaspar Maria Graf von. Botanik. — 1779 zur Ausbildung im Collegium germanicum in Rom, das er 1782 als theologus absolutus verließ; 1785 Hof- u. Kammerrat beim Bischof von Regensburg, mit dem er 1791 nach Freising übersiedelte; 1803–1807 unter Fürst-Primas K. von Dalberg Vizepräsident der Landesdirektion in Regensburg; seit 1807 ohne amtl. Stellung, zuerst in Regensburg, dann teils auf Schloß Brezina, teils in Prag wohnend; beteiligt bei der Gründung des böhm. Nationalmuseums 1818 in Prag; Mitbegründer der Versammlung deutscher Naturforscher u. Ärzte.

*1761, Jan. 6, Prag;
†1838, Dez. 20, Brzesina.

Werke Caspar Graf von Sternberg: Reise in die Rhetischen Alpen vorzüglich in botan. Hinsicht im Sommer 1804 (Nürnberg 1806) 64 S. [15]. — Caspar Graf von Sternberg: Botan. Wanderung in den Böhmer-Wald m. beigefügten 4 Tab. (Nürnberg 1806) 14 S. [15]. — Ausgewählte Werke. Von Graf Kaspar von Sternberg. 1. Band: Briefwechsel zwischen J. W. Goethe u. Kaspar Graf von Sternberg (1820–1832) Hrsg. von August Sauer. Mit 3 Bildn. Sternbergs (Prag 1902) XLI, 434 S.; 2. Band: Materialien zu meiner Biogr. Hrsg. von Wladimir Helekal (Prag 1909) XXX, 312 S. (Bibl. Deutscher Schriftsteller aus Böhmen, 13 u. 27).

Genealog. Taschenbuch für vaterländ. Gesch. Hrsg. durch die Freyherren von Hormayr u. von Mednyansky **1825**. Kap. 8: Ahnentafeln Nr. 20: Fr. Polacky, Die Sternberge S. 282–320 m. Bildn. [14].

Bibliogr. Cat. scient. Papers 5 (1871) 824–826 (42 Nr.); 8 (1879) 1013 (4 Nr.) [3]. — Cat. gén. Bibl. nat. 178 (1950) Sp. 200–201 (5 Nr.) [3]. — Brit. Mus. Gen. Cat. 229 (1964) Sp. 772–773 (13 Nr.) [3].

Briefwechsel Briefwechsel zwischen Goethe u. Kaspar Graf von Sternberg (1820–1832). Hrsg. von F. Th. Bratranek (Wien 1866) VIII, 309 S. [3].

Autobiogr. Leben von ihm selbst beschrieben, nebst einem akad. Vortrag über der Grafen Kaspar u. Franz Sternberg Leben u. Wirken für Wiss. u. Kunst in Böhmen. Hrsg. von Franz Palacky (Prag 1868) IV, 242 S. m. Titelbildn. [3]; Rezension: Mitt. Ver. Gesch. Deutsche Böhmen, Liter. Beil. 7 (1868) 1–3 [3]. — [Nach der Autobiogr. in:] Politik (Prag) 7 (1868) Nr. 165 vom 17. Juni S. 1–2 u. Nr. 166 vom 18. Juni S. 1 [300]; Prager Ztg. **1868** Nr. 150–167 vom 26. Juni bis 16. Juli [300].

Nekr. L. H. Fitzinger: Wiener Z. Kunst, Lit., Theater, Mode **1839**, 41–44, 49–51 [15]. — Franke: ebda 57–60 [15]. — William Whewell: Proc. Geol. Soc. London 3 (1840) 72–74 [Ha 2]. — Beil. Allg. Ztg. **1839**, Nr. 7, S. 50–

51; Nr. 8, S. 57–58 [3]. — Neuer Nekr. der Deutschen **16**, 2 (1838) 1000–1007 [3].

Biogr. Österr. National-Encyklopädie ... **5** (Wien 1836) 165–167 m. Schr.Verz.; **6** (1837) 604 [15]. — Wilhelm Rudolph Weitenweber: Biogr. Skizzen böhm. Naturforscher, 6: Lotos [Prag] **2** (1852) 187–191 [Ha 2]. — C. Fr. Ph. von Martius: Akad. Denkreden (Leipzig 1866) 83–93 [3]. — Constant von Wurzbach: Biogr. Lexikon des Kaiserthums Oesterreich **38** (1879) 252–266 anschl. Genealogie m. 2 Stammtaf., Schr.- u. Lit.Verz. [3]. — Slavín (Pantheon) Sbirka podobizen, autographů a životupisu přednich mużů československých **1** (Prag 1884) 211–215 m. Bildn. u. Faks., Abb. des Wappens [15]. — von Gümbel: ADB **36** (1893) 118–119 [3]. — Fossilium Catalogus I: Animalia. Pars 72: K. Lambrecht †, W. et A. Quenstedt, Palaeontologi, Catalogus Bio-Bibliographicus ('s-Gravenhage 1938) 414 [3; Ha 2]. — Josef Gicklhorn in: Österreich. Naturforscher u. Techniker (Wien 1950) 9–10 m. Bildn. [3]. — Radim Keltner: Kašpar Maria Sternberk: Ćas. Mineral.-Geol. (Prag) **6** (1961) 115–120 m. 2 Bildn. u. 1 Bildnistaf. nach S. 140 [3]; Vesmír **40** (1961) 22–24 m. Bildn. [Ha 2].

Zum 100. Todestag Franz Krause: Ackermann aus Böhmen **6** (1938) 509–514, 559–564 [101]. — Sudetendtsch. Mh. **1938**, 667–668 [1a].

Weitere Lit. E. G. Gersdorf: Repertorium der gesammten deutschen Literatur **19** (Leipzig 1839) Misc. S. 1 [3]. — Welwitsch: Der Adler (Wien) **1839**, Nr. 16 u. 17 [300]. — Franz Palacky: Die Grafen Kaspar u. Franz Sterberg u. ihr Wirken für Wiss. u. Kunst in Böhmen: Abh. Böhm. Ges. Wiss. Prag 5. F. **2**, 1841–1842 (1843) Nekr. 2, S. 17–54 [Ha 2]. — K. C. von Leonhard: Aus unserer Zeit in meinem Leben **2** (Stuttgart 1856) 126, 184–185, 175 [3]. — Goethes Beziehungen zu dem Grafen Caspar Sternberg: Literaturbl. der Presse **1866**, Nr. 14 vom 29. März [300]. — Goethe u. Graf Kaspar Sternberg: Beil. Allg. Ztg. **1866**, Nr. 284, S. 4657–4658 vom 11. Okt. [37]. — Tagesbote aus Böhmen **1868**, Nr. 165–167 [300]. — Fr. Strehlke: Goethes Briefe **2** (Berlin 1884) 300–302 [3]. — Robert Springer: Essays zur Kritik u. Philosophie u. zur Goethe-Litteratur (Minden 1885) 295–306 [3]. — Die österr.-ungar. Monarchie. Böhmen **2** (Wien 1896) 147–148 m. Bildn. S. 145 [14]. — Gustav C. Laube: Goethes Beziehungen zu Deutsch-Böhmen: Ber. Lese- u. Redehalle dtsch. Studenten Prag **1899** (1900) 15–23 [Ha 2]. — August Sauer: Graf Kaspar Sternberg u. sein Einfluß auf das geistige Leben in Böhmen: Mitt. Ver. Gesch. Deutsche Böhmen **39** (1901) 427–452 [3]; Goethes Freund Graf Kaspar Sternberg u. sein Einfluß auf das geistige Leben in Böhmen. In: Gesammelte Reden u. Aufsätze zur Gesch. der Literatur in Österreich u. Deutschland (Wien, Leipzig 1903) 51–80 [15]. — Goethes Gespräche mit J. P. Eckermann. 2. Aufl. **1** (Leipzig 1908) 253, 344, 387–398, 400 [3]. — E. Bachmann: Goethe u. Berzelius auf dem Kammerbühl: Universum **26** (1910) 1221–1223 m. 2 Abb. [14]. — Goethes sämtl. Werke. Jubil. Ausg. **3** (Stuttgart, Berlin 1912) 152, 161; **25** (1912) 275; **30** (1912) 370; **38** (1912) 191, 193–194; **40** (1912) XIX [3]. — Michael Urban: Graf Kaspar Sternberg u. Marienbad: Prager med. Wschr. **37** (1912) 596–599 [3]. — Robert Totzauer: Goethes geol. Sammlungen aus Böhmen im Stifte Tepl: Lotos [Prag] **61** (1913) 174, 215, 216, 217, 221, 233, 236, 241 [Ha 2]. — Goethes-Handbuch hrg. von Julius Zeitler **3** (Stuttgart 1918) 366–368 [3]. — Friedel Pick: Graf K. Sternberg u. die Naturforscherversammlung: Janus **27** (1923) 37–41 [15]. — Damals in Weimar: Erinnerungen u. Briefe von u. an Johanna Schopenhauer. Hrsg. von H. H. Houben (Leipzig 1924) 281 [3]. — B. von Freyberg: Die geol. Erforschung Thüringens in älterer Zeit (Berlin 1932) **145** [3]. — Michael Urban: Graf Kaspar von Sternberg u. Goethe in Marienbad: Erzgebirgs-Ztg. **53** (1932) 37–41 [15]. — Amalie Köhler: Die Reise des Grafen Caspar Sternberg durch Tirol: Tiroler Heimatbl. **14** (1936) 197–200 [101]. — F. Kolbeck: Aus dem Fremdenbuch des Werner-Museums Freiberg: Bl. Bergakad. Freiberg **22** (1940) 14 [3]. — Národní museum 1818–1948 (Praha 1949) 213–230 m. Bildn. Taf. 2 [14]. — Herbert Schindler: Zwiebelturm **4** (1949) 138–139 m. 2 Abb. [101]. — Claus Nissen: Die botan. Buchillustration **1** (Stuttgart 1951) **193**, 203, 251; **2** (1951) 175–176 [3]. — Hellmuth Rößler u. Günther Franz: Biogr. Wörterbuch zur dtsch. Gesch. (München 1953) 812–813 [3]. — Ferdinand Prantl: Kašpar Šternberk a národní muzeum: Časopis národního muzea, oddíl přírodovědný **130** (1961) Nr. 1, S. 2–6 m. Bildn. [Ha 2]. — Walther Koerting: Die Tagung der Ges. Deutscher Naturforscher u. Ärzte in Prag 1837: Stifter-Jahrb. **7** (1962) 165–175 m. Abb. der Sternberg-Medaille 1828 [14]. — Zdenék Ćernohorský: K 150 výročí založení Národního můzea: Vesmír **47** (1968) 79–81 m. Bildn. u. Gedenkmünze, sowie 3 Abb. [Ha 2].

Bildn. Portrait-Gallerie berühmter Ärzte u. Naturforscher des österreich. Kaiserthums (Wien 1837–1838) 9 [300]. — W[ilhelm] Pleyer: 4 Silhouetten aus der Goethezeit [Teplitz-Schönau 1932] 3 [UB Prag].

II **STIBORIUS** (Stöberl), Andreas. Astron. — Stud. Univ. Ingolstadt u. Padua; seit 1497 in Wien; 1502–1503 Prof.

Math. Univ. Wien; 1507 Domherr am St. Stephan.

*um 1470, Vilshofen (?);

†1515, Sept. 5, Wien.

Bibliogr. Brit. Mus. Gen. Cat. **230** (1964) Sp. 292 (3 Nr.) [3].

Biogr. Anton Maria Kobolt: Baierisches Gelehrten-Lexikon (Landshut 1795) 669–670; (Landshut 1824) 279 [3]. — Abraham Gotthelf Kästner: Gesch. der Math. **2** (Göttingen 1797) 531 (Gesch. der Künste u. Wiss., 7) [3]. — C. J. Gerhardt: Gesch. der Math. in Deutschland (München 1877) 48, 49, 51 (Gesch. der Wiss. in Deutschland, 17) [3]. — S. Günther: ADB **36** (1893) 162–163 [3].

Weitere Lit. Johann Nicolaus Frobesius: Historica et dogmatica ad methesin Introductio (Helmstädt 1750) 67 [14]. — Franz Constantin Florian von Khautz: Versuch einer Gesch. der Österreich. Gelehrten (Frankfurt, Leipzig 1755) Vorrede u. S. 45, 145 [3]. — Ferdinand Kalkenbrunner: Die Vorgesch. der Gregorianischen Kalenderreform (Wien 1876) 386–387 [3]. — Joseph Ritter von Aschbach: Die Wiener Univ. u. ihre Humanisten im Zeitalter Maximilians I (Wien 1877) 56, 75, 107, 289, 373–375, 425 (Gesch. der Wiener Univ., 2) [3; 15]. — Ernst Zinner: Astron. Instrumente des 11. bis 18. Jahrhunderts (München 1956) 66, 132, 148, 186, 325, 421, 479, 542 [Ha 2].

I **STIFEL,** Michael. Math. — Trat bei den Augustiner-Eremiten ein; 1511 Priesterweihe; 1523 zum Protestantismus übergetreten; sympathisiert m. Luther, ging nach Wittenberg; 1525 in Tirol; 1528–1533 Prediger in Lochau bei Wittenberg (heute Annaberg); prophezeit für den 18. Okt. 1533 den Weltuntergang; 1534–1547 in Holzdorf; 1549 in Memel, 1550 in Eichholz (Preuß.-Eylau), 1551 in Haffstrom bei Königsberg/Pr.; hielt theol. u. math. Vorlesungen Univ. Königsberg; 1554 Pfarrer in Brück bei Treuen-Brietzen; seit 1559 in Jena, wo er an der Univ. arithmetische Vorlesungen hielt.

*um 1487, Eßlingen, Württ.;

†1567, Apr. 19, Jena.

Bibliogr. Cat. gén. Bibl. nat. **178** (1950) Sp. 546–547 (2 Nr.) [3]. — Brit. Mus. Gen. Cat. **230** (1964) Sp. 356–357 (13 Nr.) [3].

Briefe W. Friedensburg: Zwei Briefe Michael Stifels an Flacius (1554–1555): Arch. Reformationsgesch. **16** (1919) 247–251 [3].

Biogr. Johann Heinrich Zedler: Großes vollständiges Universal-Lexicon **40** (1744) Sp. 22–23 [3]. — Christian Gottlieb Jöcher: Allg. Gelehrten-Lexicon (Leipzig 1751) 842 [3]. — Abraham Gotthelf Kaestner: Gesch. der Math. **1** (Göttingen 1796) 112–128, 163–174 (Gesch. der Künste u. Wiss., 7) [3]. — Michael Stifel, Zeitgenosse u. Freund Martin Luthers: Biograph **6** (Halle 1807) 458–488 [3]. — Blondeau: Biographie universelle, ancienne et moderne. Suppl. **83** (Paris 1855) 55–56 [3]. — M. Cantor: Petrus Ramus, Michael Stifel, Hieronymus Cardanus, drei math. Charakterbilder aus dem 16. Jahrhundert: Z. Math. u. Physik **2** (1857) 353–376 [3]. — C. J. Gerhardt: Gesch. der Math. in Deutschland (München 1877) 60–74 (Gesch. Wiss. Deutschland, Neuere Zeit, 17) [3]. — Theodor Müller: Der Eßlinger Mathematiker Michael Stifel (Eßlingen 1897) 39 S. (Realanst. Eßlingen, Progr. 619) [14]. — Otto Knopf: Die Astron. an der Univ. Jena von der Gründung der Univ. im Jahre 1558 bis zur Entpflichtung des Verf. im Jahre 1927 (Jena 1937) 9–12 (Z. Ver. Thür. Gesch. u. Altertumskunde N.F. Beih. 19) [3]. — Gerhard Kowalewski: Große Mathematiker (München–Berlin 1938) 55 [3]. — Victor Kommerell: Schwäbische Lebensbilder **3** (Stuttgart 1942) 509–524 [101]. — Wilhelm Lorey: Michael Stifel: Unterr.Bl. Math. Naturwiss. **48** (1942) 87–89, 151 [101]. — Martin Bartholdy: Bruder Michael. Die Gesch. eines Gottsuchers (Berlin 1949) 117 S. [14]. — Joseph E. Hofmann: Michael Stifel 1487?–1567. Leben, Wirken u. Bedeutung für die Math. seiner Zeit (Wiesbaden 1968) 42 S. m. 20 Abb. im Text u. 8 Taf. (Sudhoffs Arch., Beih. 9) [101].

Weitere Lit. Jacob Christoff Iselin: Historisch- u. geogr. allg. Lexicon **4** (Basel 1728) 501 [3]. — Chasles: Histoire de l'algèbre. Note sur la nature des opérations algébriques: C. R. Acad. Sci. Paris **12** (1841) 746, 752, 753 [3]. — Rudolf Wolf: Gesch. der Astron. (München 1877) 329, 340–341, 349 (Gesch. Wiss. Deutschland, Neuere Zeit, 16) [3]. — O[tto] E[duard] Schmidt: Kursächsische Streifzüge **1** (Leipzig 1902) 61–63 [3]. — H. Bosmans: Le commentaire de Gemma Frisius sur l'arithmetica integra de Stifel: Ann. Soc. sci. Bruxelles **30** (1905/06) 165–168 [BN Paris]. — N. L. W. A. Gravelaar: Over den vorsprong van ons maalteeken: Wiskundig Tijdschrift (Haarlem) **6** (1910) 1–25 [UB Leiden]. — Ein math. Jubiläum: Coblenzer Ztg. **1914**, Nr. 169 vom 14. Apr., Bl. 4 [69]. — E. W. Hobson: John Napier and the invention of logarithmus, 1614 (Cambridge 1914) 48 S. [Brit. Mus.]. — Johannes Bolte: Abergläubischer Gebrauch der magischen Zahlenquadrate: Z. Ver. Volkskunde **26** (1916) 311 [3]. — Aus vier Jahrhunderten. Autographen aus den Sammlungen der Preuß. Staatsbibliothek

... hrsg. von Herm. Degering u. a. In: Aus der Handschriften-Abt. der Preuß. Staatsbibl. (Berlin 1922) 123–124 m. Titelbildn., Faks. [3]. — David Eugene Smith: History of mathematics **2** (Boston 1925) 384, 403, 502, 519, 520 [3]. — H. Keefer: Das Rechenbuch des Ulmer Rechenmeisters Gallus Spenlin: Württ. Schulwarte **2** (1926) 28–34, 70–77, 138–150, 217–223 [24]. — Heinrich Wieleitner: Über die Fortschritte, die Simon Stevin in der Lösung der quadrat. Gleichung erzielte: S.-Ber. physik.-med. Soz. Erlangen **58/59** (1928) 178, 179 [Ha 2]. — Johannes Mahrenholz: Anekdoten aus dem Leben deutscher Mathematiker (Leipzig, Berlin 1936) 6–8 (Math.-physikal. Bibl., R. 1, 18) [101]. — Hanns Weltzel: „Wer Verstand hat, überlege die Zahl": Goldene Reiter **2** (1939) 258–259 m. 2 Abb. [101]. — Wer war der Entdecker des Rechnens mit Logarithmen?: Mittelschule **56** (1942) 63–64 [101].

II–IV **STÖCKHARDT,** Julius Adolph. Agrikulturchem. — Zuerst Apotheker; 1832 stud. Univ. Berlin; dann Lehrtätigkeit am Blochmannschen Pädagogium in Dresden; 1838 Dr. phil. Univ. Leipzig; 1838–1847 Prof. techn. Chem. Gewerbeschule Chemnitz; 1847–1883 Prof. Agrikulturchem. Forstakad. Tharandt.

*1809, Jan. 4, Röhrsdorf bei Meißen;
†1886, Juni 1, Tharandt.

Bibliogr. Cat. scient. Papers **5** (1871) 835 (5 Nr.); **8** (1879) 1020 (9 Nr.); **18** (1923) 972 (Biogr.) [3]. — Franz Mammen: Julius Adolph Stöckhardts Werke: Tharandter forstl. Jahrb. **53** (1903) Beih., 1–52 [15]. — Brit. Mus. Gen. Cat. **230** (1964) 721–722 (15 Nr.) [3].

Nekr. F. Nobbe: Landwirtsch. Versuchsstat. **33** (1887) 424–433 m. Titelbildn. u. Faks. [3]; Tharandter forstl. Jahrb. **37** (1887) 76–85 m. Titelbildn. u. Faks. [14; 15]. — Max Wilsdorf: 10. Jahresber. Landwirtsch. Schule Chemnitz **1886/87**, 3–15 m. Bildn. [59]. — Chemiker-Ztg. **10** (1886) 701 [3]. — Dtsch. landwirtsch. Presse **13** (1886) 378 m. Bildn. [Ha 4]. — Leopoldina **22** (1886) 114–115 [Ha 2]. — S.-Ber. naturwiss. Ges. Isis Dresden **1886** (1887) 31–32 [Ha 2]. — Természettudományi Közlöny **19** (1887) 511 [F 1]. — Tidskr. Physik og Chem. **26** (1889) 64 [UB Kopenhagen].

Zum 150. Geburtstag Engel: Z. landwirtsch. Versuchs- u. Untersuchungswesen **5** (1959) H. 1, S. 3–4 m. Bildn. [14].

Biogr. B. Lepsius: ADB **36** (1893) 288–290 [3]. — M. Wilsdorf: Landwirtsch. histor. Bl. **4** (1905) 42–44 m. Bildn., Schr.- u. Lit.-Verz. [Ha 4]. — [Günther] F[ranz] in: Mitteldeutsche Köpfe. Lebensbilder (Frankfurt 1959) 208–209 [14].

Weitere Lit. Max Güntz: Handbuch der landwirtsch. Literatur bis zur Gegenwart **2** (Leipzig 1897) 279 m. Bildn. S. I [Ha 4]. — Walther Nic. Clemm: Liebigbriefe: Mitt. Gesch. Med. u. Naturwiss. **6** (1907) 22–23 [3]. — A. Goldberg: 80 Jahre Adolf Stöckhardts Schule der Chem.: Ber. naturwiss. Ges. Chemnitz **22**, 1925–1927 (1928) 33–45 m. Bildn. [Ha 2]. — Kunz-Krause: Festschr. zum 350jähr. Jubil. Stadtapotheke zum Löwen Pirna (Dresden 1928) 128–129 m. Bildn. [14]. — K. Sudhoff: Sudhoffs Arch. Gesch. Med. **21** (1929) 337 [3]. — K. A. Hofmann: Entwicklung des chem. Unterr. von Stöckhardts „Schule der Chem." (1855) bis zur „Anorg. Chem." von K. A. Hofmann u. Ulrich Hofmann (1938) (Berlin 1940) 12 S. (Abh. Preuss. Akad. Wiss. math. nat. Kl. **1940**, Nr. 8) [14]. — 125 Jahre TH Dresden. Festschr. (Berlin 1953) 167–168 m. Bildn. [14]. — Festschr. anläßl. 100-jähr. Bestehen Landwirtsch. Versuchsstat. Leipzig-Möckern II (Berlin 1954) 10 m. Bildn. (Dtsch. Akad. Landwirtsch.-wiss. Berlin, Wiss. Abh. 5, 2) [14].

Bildn. Illustr. Ztg., Leipzig **15** (1850) 261 [14].

II **STÖFFLER,** Johannes. Astron. — 1472 stud. Univ. Ingolstadt; dann Pfarrer in Justingen; beschäftigt sich auch mit der Anfertigung von Uhren (1496 für Konstanz, 1499 für Ulm); 1511–1530 Prof. Math. Univ. Tübingen; lebte dann in Blaubeuren.

*1452, Dez. 10, Justingen;
†1531, Febr. 16, Blaubeuren, □ Tübingen.

Bibliogr. Cat. gén. Bibl. nat. **178** (1950) Sp. 833–837 (19 Nr.) [3]. — Brit. Mus. Gen. Cat. **230** (1964) Sp. 727–728 (22 Nr.) [3].

Biogr. Heinrich Pantaleon: Teutscher Nation Heldenbuch **3** (Basel 1570) 84 m. Bildn. [3]. — Paul Freher: Theatrum virorum eruditione clarorum (Nürnberg 1688) 1442 [3]. — August Friedrich Bök: Gesch. der herzogl. Württemberg. Eberhard Carls Univ. Tübingen im Grundriß (Tübingen 1774) 45–46 m. Schr.Verz. [3]. — Balthasar Haug: Das gelehrte Wirtemberg (Stuttgart 1790) 299 [3]. — Abraham Gotthelf Kästner: Gesch. der Math. **1** (Göttingen 1796) 652–653; **2** (1797) 327–329; **3** (1799) 468 [3]. — Delambre: Histoire de l'astronomie du moyen-âge (Paris 1819) 373–376 [3]. — Weiß: Biographie universelle, ancienne et moderne **43** (Paris 1825) 577–578 [3]. — I. C. Albert Moll: Johannes Stöffler von Justingen. Ein Charakterbild aus dem ersten Halbjahrhundert der Univ. Tübingen. Mit 6 Holzschn. (Lindau 1877) IX, 77 S. m. Titelbildn., Faks., 1 Bildn., 4 Abb.,

Schr.-Verz. [3; 14]. — L. Gallois: Les géographes allemands de la renaissance (Paris 1890) 105–116 (Bibliothèque de la faculté de Lyon, 13) [3]. — Karl Hartfelder: ADB **36** (1893) 317–318 [3]. — J. G. F. von Bohnenberger: Württ. Jahrb. Statist. u. Landeskde **1893**, H. 1, S. 39–40 [21]. — Wilhelm Heyd: Bibliogr. der Württ. Gesch. **2** (Stuttgart 1896) 635; **4**, 2 (1915) 448 [3]. — J. G. F. von Bohnenberger: Biogr. der 8 württ. Mathematiker: Württ.Vjh. Landesgesch. N. F. **12** (1903) 240 [3; 24]. — Reinhold Scholl: Die Bildnissammlung der Univ. Tübingen 1477–1927 (Stuttgart 1927) Nr. 199 m. Bildn. [101]. — Hans Reyhing: Johannes Stöffler Justingensis. Der 1. schwäb. Kalendermann u. berühmte Astron.: Schwäb. Heimatkalender **68** (1957) 63–66 [24]. — Anton Lübke: Der Uhrmacher u. Astronom Johannes Stöfler. Ein Prophet des nicht eingetretenen Weltuntergangs: Uhr **16** (1962) Nr. **4**, S. 20–22 m. Bildn., 3 Abb. [101].

Weitere Lit. Johann Friedrich Weidler: Historia Astronomiae **1** (Vitembergae 1741) 340 [3]. — Andreas Christoph Zeller: Ausführl. Merkwürdigkeiten der Würtemberg. Univ. u. Stadt Tübingen (Tübingen 1743) 485–487 [3]. — David Christoph Seybold: Vaterländ. Historienbüchlein (Tübingen 1802) 250–251 [21]. — H. F. Eisenbach: Beschreibung u. Gesch. der Stadt u. Univ. Tübingen (Tübingen 1822) 220–221 [3]. — Karl Pfaff: Gesch. des Fürstenhauses u. Landes Wirtemberg **2** (Stuttgart 1839) 487 [3]. — K. Klüpfel: Gesch. u. Beschreibung der Univ. Tübingen (Tübingen 1849) 17–18, 511 [3]. — Ferd. Friedr. Faber: Die Württemberg. Familien-Stiftungen H. **18** (Stuttgart 1857) 33 [3]. — J. H. von Mädler: Gesch. der Himmelskunde von der ältesten bis zur neuesten Zeit **2** (Braunschweig 1873) 414–415 [3]. — M. Curtze: Ueber das Exemplar der Ephemeriden des Ioannes Stöfler von 1531 mit angeblichen Noten von des Copernicus Hand: Altpreuß. Mschr. **11** (1874) 278–279 [3]. — Ferdinand Kaltenbrunner: Die Vorgeschichte der Gregorianischen Kalenderreform (Wien 1876) 104–109 [3]. — Karl Steiff: Der erste Buchdruck in Tübingen (1498–1534) (Tübingen 1881) 44, 116–117, 138–139, 180–181, 186–187, 194–195, 209, 238–239, 240, 241, 242, 247 m. Titelbildn., „Facs. in Nr. 149 der Aechten Drucke vorkommenden Holzschnitts" [3]. — Matteo Fiorini: Erd- u. Himmelsgloben, ihre Gesch. u. Konstruktion. Nach dem Italien. . . . von Siegmund Günther (Leipzig 1895) 31, 76 [3]. — Franz Boll: Sphaera. Neue griech. Texte u. Untersuchungen zur Gesch. der Sternbilder (Leipzig 1903) 449 [3]. — Karl Schottenloher: Der Rebdorfer Prior Kilian Leib u. sein Wettertagebuch von 1513 bis 1531 (Gotha 1913) 83, 84, 85 [3]. — G. Hellmann: Beitr. zur Gesch. der Meteorol. (Berlin 1914) 1–102 (J. Stöfflers Prognose für das Jahr 1524) [3]. — Ernst Zinner: Gesch. u. Bibliogr. der astron. Literatur in Deutschland zur Zeit der Renaissance (Leipzig **1941**) siehe Reg. S. 447 [3]; Entstehung u. Ausbreitung der Coppernikanischen Lehre (Erlangen **1943**) siehe Reg. S. 589 [101]; Astron. Instrumente des 11. bis 18. Jahrhunderts (München 1956) passim [Ha 2]. — Erwin Hoff: Zur geistesgeschichtl. Beurteilung u. Bedeutung des Kopernikanischen Gedankens in Verhangenheit u. Gegenwart: Burg [Krakau] **4** (1943) 86–142 [101].

Bildn. Nicolaus Reusner: Icones sive imagines virorum literis illustrium (Argentorati 1590) 54–56 m. Bildn. [3]. — Jean Jac. Boissard: Icones quinquaginta virorum illustrium a eruditione praestantium ad vivum efficiae, cum eorum vitis descriptis **2** (1598) 274–277 m. Bildn. [15].

II, III **STRECKER,** Adolph Friedrich Ludwig. Chem. — 1840 stud., 1842 Dr. phil., 1849 PDoz. Univ. Gießen, dort Schüler u. Privatass. von J. von Liebig; 1851–1860 Prof. Chem. Univ. Christiania, 1860–1870 Univ. Tübingen, seit 1870 Univ. Würzburg.

*1822, Okt. 21, Darmstadt;
†1871, Nov. 7, Würzburg.

Bibliogr. Cat. scient. Papers **5** (1871) 850–853 (70 Nr.); **8** (1879) 1031–1032 (17 Nr., Biogr.); **11** (1896) 516 (2 Nr.) [3]. — Cat. gén. Bibl. nat. **179** (1951) Sp. 333 (3 Nr.) [3]. — Brit. Mus. Gen. Cat. **231** (1964) (7 Nr.) [3].

Nekr. Rudolf Wagner: Gedächtnisrede . . . : Verh. physik.-med. Ges. Würzburg N. F. **2** (1872) S.-Ber. **1871**, S. XXIV–XXIX [Ha 2]; Ber. Dtsch. chem. Ges. **5** (1872) 125–131 m. Bildn. vor S. 1 [3].

Biogr. B. Lepsius: ADB **36** (1893) 555–560 [3]. — L[udwig] Strecker: Gesch. der hessen-darmstädt. Beamtenfamilie Strecker (Darmstadt 1894) 78, 85–86, 87, 130, 132 [17]. — Wilhelm Heyd: Bibliogr. der Württemberg. Gesch. **2** (Stuttgart 1896) 639; **4** (1915) 450 [3]. — Jens Braage Halvorsen: Forfatter-Lexikon **5** (1901) 498–500 [14]. — Hermann Haupt u. Georg Lehnert: Chronik der Univ. Gießen 1607–1907 (Gießen 1907) 96 [15]. — Hans von Liebig in: Hessische Biogr. **1** (Darmstadt 1918) 153–155 m. Schr.- u. Lit.Ang. [3]. — Reinhold Scholl: Bildnissammlung Univ. Tübingen 1477–1927 (Stuttgart 1927) Nr. 202 [101].

II–IV **STROMBECK,** August von. Geol. — 1825–1828 stud. Bergakad. Freiberg; 1829 in Wien, 1830 in Paris u. Berlin; 1833–1843 Assessor der Braunschw. Berg- u. Hüttenwerke; 1843 Kammerrat, 1875 geh. Kammerrat; 1889 i. R. — Begleitete Leopold von Buch mehrfach auf Reisen, später auch Alexander von Humboldt.

*1808, Dez. 27, Groß-Sisbeck;
†1900, Juli 25, Braunschweig.

Bibliogr. Cat. scient. Papers **5** (1871) 859–861 (35 Nr.); **8** (1879) 1035 (4 Nr.); **18** (1923) 1009 (3 Nr.) [3].

Nekr. Leopoldina **36** (1900) 155–156 [Ha 2]. — Braunschweig. Mag. 8 (1902) 85–87 [3].

Biogr. W. Serlo: Männer des Bergbaus (Berlin 1937) 142–143 [3]. — Fossilium Catalogus. Pars 72: K. Lambrecht†, W. et A. Quenstedt, Palaeontologi. Catalogus bio-bibliographicus ('s-Gravenhage 1938) 418 [3].

II **STROMEYER,** Friedrich. Chem. — 1800 Dr. med., 1802–1805 PDoz., 1805 ao. Prof., 1810 o. Prof. Univ. Göttingen; 1804 Mitgl. Göttingen Soc. Wiss.; 1806 Vorstand des Chem. Inst.; Entdecker des Cadmiums.

*1776, Aug. 2, Göttingen;
†1835, Aug. 18, Göttingen.

Genealog. Kurt Heidkrüger: Beitrag zur Geschlechtstafel Stromeyer: Familienforscher **2** (1926/27) 133–141 m. Abb. des Wappens [101].

Bibliogr. Cat. scient. Papers **5** (1871) 861–863 (63 Nr.); **12** (1902) 709 (Biogr.) [3]. — Cat. gén. Bibl. nat. **179** (1951) Sp. 542 (4 Nr.) [3].

Briefe Alfred Krarup: Katalog over Universitetsbibliotekets haandskrifter **2** (Kopenhagen 1935) 219 (1 Brev. 14. Sept. 1820) [28].

Nekr. E. G. Gersdorf: Repertorium der gesammten deutschen Literatur für das Jahr 1835 **5** (1835) 49 [3].

Biogr. Johann Stephan Pütter: Versuch einer academ. Gelehrten-Gesch. von der Georg-Augustus-Univ. zu Göttingen **3** (Hannover 1820) 326–331; **4** (Göttingen 1838) 282 m. Schr.Verz. [3]. — Mary Elvira Weeks: The discovery of the elements 3. ed. (Easton, Pa. 1935) 135–139 m. Bildn. [14]. — Gustav Adolf Ganß: Gesch. der pharmaz. Chem. an der Univ. Göttingen, dargest. in ihrem Zusammenhang mit der allg. u. der med. Chem. (Marburg 1937) 34–45 m. Bildn. (Diss. Univ. Göttingen 1937) [3]. — Georg Lockemann u. Ralph E. Oesper: Friedrich Stromeyer and the history of chemical laboratory instruction: J. chem. Educat. **30** (1953) 202–204 [7]. — Wilhelm Prandtl: Deutsche Chemiker in der 1. Hälfte des 19. Jahrhunderts (Weinheim 1956) 152–154 m. Bildn. [14].

Weitere Lit. Georg Friedrich Louis Stromeyer: Erinnerungen eines deutschen Arztes **1** (Hannover 1875) 124–128 [3]. — Rudolph Zaunick: Die Entdeckung des Nachweises von Stärke, Eiweißstoffen u. Kork durch Jod im Jahre 1814. Eine Wiederzueignung dem deutschen Chemiker Friedrich Stromeyer: Sudhoffs Arch. Gesch. Med. **35** (1942) 243–254 [3].

II **STRUVE,** Christian August. Med. — 1790 Dr. med. Univ. Leipzig; dann prakt. Arzt in Görlitz.

*1767, Jan. 28, Görlitz;
†1807, Nov. 6, Görlitz.

Bibliogr. Cat. gén. Bibl. nat. **179** (1951) Sp. 664 (5 Nr.) [3]. — Brit. Mus. Gen. Cat. **231** (1964) Sp. 818 (8 Nr.) [3].

Biogr. Gottlieb Friedrich Otto: Lexikon der seit dem 15. Jahrhundert verstorbenen u. jetztlebenden Oberlausitzischen Schriftsteller u. Künstler **3** (Görlitz 1803) 345–352 [3]. — Dictionnaire des sciences médicales. Biogr. méd. **7** (Paris 1825) 277–278 [3]. — Dézeimeris: Dict. hist. méd. **4** (Paris 1839) 232–235 [3]. — H. Wehlitz: Christian August Struve. Ein Auszug [aus Struves Gesundheitslehre, Braunschweig 1799]: Dtsch. Turn-Ztg. **74** (1929) 544 [101]. — G[urlt] in: Biogr. Lexikon der hervorragenden Ärzte aller Zeiten u. Völker. 2. Aufl. **5** (1934) 463 [3]. — Rudolph Zaunick: Zwei Dresdner Apotheker- u. Ärztefamilien: Ficinus u. Struve: Mitt. Roland **25** (1940) H. 3, S. 68 [3]. — Martin Vogel: Biologisch-medizinisches Taschenjahrbuch **7** (1942) Teil B nach dem 31. Okt. 1928, 1 S. m. Bildn. [101]. — Dietrich Tutzke: Der Görlitzer Arzt Dr. Chr. Aug. Struve — ein Gesundheitserzieher an der Wende zum 19. Jahrhundert: Prophylaxe **1** (1954) 272–276 m. Bildn. u. Lit.Verz. [14]. — [Ernst Heinz] Lemper: Chr. Aug. Struve — ein bedeutender Görlitzer Arzt (Görlitz 1955) 8 [14]. — Dietrich Tutzke: Der Görlitzer Arzt Chr. Aug. Struve — ein hervorragender Gesundheitserzieher der Aufklärungszeit: Heimatkundl. Bl. Bezirk Dresden **1956**, 69–81 m. Bildn. u. faks. Handschr. [14]. — Dietrich Tutzke: Christian August Struve. Leben u. Werk eines Görlitzer Arztes im Dienste des Humanismus der Aufklärungszeit. Festschr. zur 150. Wiederkehr seines Todestages am 6. Nov. 1957 (Görlitz 1957) 116 S. m. Bildn. S. 106, faks. Schriftproben S. 107 u. 116, genealog. Übersicht Taf. 1 [14]. — Ernst-Heinz Lemper: Görlitzer Kulturspiegel **1957**, Nov. S. 11–14 m. Bildn. [14].

II **STRUVE,** Friedrich Adolph August. Med., Pharmaz. — 1799 stud., 1802 Dr. med. Univ. Halle; 1803 prakt.

Arzt in Neustadt bei Stolpen; seit 1805 Apotheker in Dresden. Gründete Anstalten für künstl. Mineralwässer 1818 in Dresden, 1820 in Leipzig, 1823 in Berlin, 1825 in Brighton (England).

*1781, Mai 9, Neustadt bei Stolpen;
†1840, Sept. 29, Berlin.

Bibliogr. Cat. scient. Papers **5** (1871) 865 (3 Nr.) [3]. — Brit. Mus. Gen. Cat. **231** (1964) Sp. 819 (5 Nr.) [3].

Nekr. Oskar Berg: Neuer Nekrolog der Deutschen **18**, 1840 (Weimar 1842) 1304–1306 [3; 14]. — Rudolph Brandes: Arch. Pharmacie **77** (1841) 1–12 [3].

Biogr. Adolph Peter Callisen: Medicinisches Schriftsteller-Lexicon **18** (Copenhagen 1834) 497–499 m. Schr.Verz.; **32** (Altona 1844) 468–469 [3]. — [Ludwig Bley]: Arch. Pharmacie **107** (1849) 89–95 [3]. — Pagel: ADB **36** (1893) 676–677 [3]. — G[urlt] in: Biogr. Lexikon der hervorragenden Ärzte aller Zeiten u. Völker. 2. Aufl. **5** (Berlin, Wien 1934) 463–464 [3]. — Benedikt Brandl: Ein Dresdner Kind als Mitschöpfer des Weltkurortes Marienbad: Unsere westböhm. Heimat **7** (1935) 26–27 (Brief von St. vom 4. Mai 1819 an Abt Reitenberger) [101]. — Fritz Ferchl: Chem.-pharmaz. Bio- u. Bibliographikon (Mittenwald 1937) 521 [14]. — Otto Zekert: Berühmte Apotheker (Stuttgart 1955) 121 m. Bildn. [14].

Zum 150. Geburtstag Dr. Struve, der Erfinder der Herstellung künstl. Mineralwässer: Dresdner Volksztg. **42** (1931) Nr. 107 m. 3 Abb. [101]. — Oscar Merker: Dresdner Anzeiger **201** (1931) Nr. 156 vom 26. Apr. 1931, S. 6 m. Bildn. [14].

Zum 100. Todestag H. N.: Der Mann, der die Natur belauschte: Dresdner Anzeiger **1940**, Nr. 228 S. 6 m. 2 Abb. [101]. — A. Schwerdtfeger: Der Schöpfer künstl. Mineralwässer: Stolpner Anz. **1940**, Nr. [116]. — Stgm.: Dresdner Neueste Nachr. **1940**, Nr. 228, S. 7 m. 3 Abb. [101]. — Leipziger Tagesztg. **1940**, Nr. 271 S. 10 [15]. — Zeit im Querschnitt **8** (1940) 319 [101].

Weitere Lit. Hilscher: Struvesche Mineralwasser-Trinkanstalt: Sammler **2** (Dresden 1837) 732–734 [14]. — Die Struveschen Mineralwasseranstalten (Leipzig 1853) 29 S., 7 Abb., Titelbildn. m. Faks. [14]. — Die Struveschen Mineralwasseranstalten: Illustr. Ztg., Leipzig **20** (1853) 267–270, 277–278 m. 1 Bildn., 7 Abb. [14]. — Georg Friedrich Louis Stromeyer: Erinnerungen eines deutschen Arztes **1** (Hannover 1875) 223–224 [3]. — Ge: Ein berühmter Dresdner u. sein Heim. Zum Abbruch der Dr. Struveschen Brunnenanstalt vor 50 Jahren: Dresdner Neue Presse **1938**, Nr. 9. — Lebenserinnerungen des Königs Johann von Sachsen. Eigene Aufzeichnungen des Königs über die Jahre 1801–1854. Hrsg. von Hellmut Kretzschmar (Göttingen 1958) 86, 104 [3].

II **STRUVE,** Gustav Adolph. Pharmaz. — Gründer Struvescher Mineralanstalten in vielen Städten.

*1812, Jan. 12, Dresden;
†1889 ?

Sohn von Friedrich Adolph August Struve (1781–1840).

Lit. August Wilhelm Hedenus: Nuptiis Gustavi Struvii cum Louisa Stuebelia d. 11. 5. 1837 (Dresdae, 9. 5. 1837) 1 Bl. (Besitzer einer Mineralwasseranstalt. Lat. Gedicht m. dtsch. Übersetzung) [14]. — Adolph Carl Peter Callisen:] Medicinisches Schriftsteller-Lexicon der jetzt lebenden Verfasser **32** (Altona 1844) 469 [3]. — H[ermann] Ploss: Dr. Struves künstl. Mineralwässer auf der 1. Balneolog. Ausstellung zu Frankfurt/M. Zur 60-jähr. Jubelfeier der Dresdner Mutteranstalt (Leipzig 1881) 34 S., 10 Taf. [14].

II, III **STUDER,** Bernhard Rudolf. Geol., Mineral. — 1815 Lehrer der Math. Gymn. Bern; ab 1816 stud. Univ. Göttingen, Bergakad. Freiberg, Univ. Berlin u. 1820 Paris; 1825 Prof. Geol. Akademie Bern, der späteren (seit 1834) Univ. Bern; 1873 em.; 1845 korresp. Mitgl. Preuß. Akad. Berlin, 1854 Mitgl. Bayer. Akad. Wiss. München.

*1794, Aug. 21, Büren, Kanton Bern;
†1887, Mai 2, Bern.

Bibliogr. Cat. scient. Papers **5** (1871) 872–874 (63 Nr.); **8** (1879) 1039–1040 (13 Nr.); **11** (1896) 524–525 (5 Nr.); **12** (1902) 710 (2 Nr.); **18** (1923) 1019 (Biogr.) [3]. — Robert Ritter von Srbik: Geol. Bibliogr. der Ostalpen von Graubünden bis Kärnten **2** (München, Berlin 1935) 1398, 1. Forts. (Innsbruck 1937) 380 [3]. — Cat. gén. Bibl. nat. **179** (1951) Sp. 822–824 (13 Nr.) [3]. — Brit. Mus. Gen. Cat. **231** (1964) Sp. 1021–1022 (16 Nr.) [3].

Briefe John Campell Shairp, Peter Guthrie Tait, A. Adams-Reilly: Life and Letters of James Forbes (London 1873) 182, 196, 198, 274, 281, 283, 285–289, 294, 328, 341–342, 422–423 (Brief von Forbes an St., Oct. 30th 1864), 426–427 (Forbes an St., Pitlochrie Oct. 1865), 431–432 (Forbes an St., Andrews Nov. 17th 1866), 494–495 (Forbes an St., Neufchâtel Aug. 26th 1843), 495–496 (St. an Forbes, Berne le 3 oct. 1860) [7].

Nekr. Hans Balmer: Neues Berner Taschenbuch **37** (1888) 289–301 m. Titelbildn. [Stadt- u. UB Bern]. — A[uguste] Daubrée:

Clup alpin français Bull. mens. **1887**, 159–161 [BPU Genf]; C. R. Acad. Sci. Paris **104** (1887) 1203–1205 [3]. — J. J. Egli: Dtsch. Rdsch. Geogr. Statistik **10** (1888) 45–47 m. Bildn. [Ha 2]. — Victor Fatio: Rapport du président de la Société de physique et d'histoire naturelle de Genève pour l'année 1887: Mém. Soc. Physique Hist. natur. Genève **30** (1890) XXIX–XXXV [BPU Genf]. — J. W. Judd: Quart. J. geol. Soc. London **44** (1888) Proc. 49–50 [Ha 2]. — Rudolf Lindt: Schweizer Alpen-Ztg. **5** (1887) Nr. 13, S. 121–125 [LB Bern]. — L. Rütimeyer: Neues Jahrb. Mineral., Geol. Paläontol. **1887**, 2 S. 1–12 [15]; Verh. Schweiz. naturforsch. Ges. Frauenfeld **70**, 1886–87 (1887) 177–204 [Ha 2]. — C. von Voit: S.-Ber. Bayer. Akad. Wiss., math.-physik. Cl. **18**, 1888 (1889) 162–166 [Ha 2]. — W. Wolkenhauer: Geogr. Jahrb. **12** (1888) 393 [3]. — Globus **51** (1887) 351 [Ha 2]. — Leopoldina **23** (1887) 112 [Ha 2]. — Nature [London] **36** (1887) 87 [Ha 2]. — Proc. Amer. Acad. Arts Sciences **23** (1888) 377–380 [Ha 2]. — Természettudományi Közlöny **20** (1888) 473 [F 1]. — S.-Ber. Abh. naturwiss. Ges. Isis Dresden **1887**, 20–21 [Ha 2].

Biogr. von Gümbel: ADB **36** (1893) 731–734 [3]. — L. Rütimeyer: Gesammelte kleine Schriften **2** (Basel 1898) 413–456 m. Schr.-Verz. [3]. — Robert Lauterborn: Der Rhein. Naturgesch. eines deutschen Stromes: Ber. naturforsch. Ges. Freiburg/Br. **33** (1934) 110–113 [Ha 2]. — Fossilium Catalogus I: Animalia. Pars 72: K. Lambrecht †, W. et A. Quenstedt, Palaeontologi, Catalogus bio-bibliographicus ('s-Gravenhage 1938) 419 [3; Ha 2]. — Ernst Winkler in: Große Schweizer Forscher. Hrsg. von Eduard Fueter (Zürich 1939) 198–199 m. Bildn. u. Lit. [3].

Weitere Lit. Édouard Désor: Agassiz u. seiner Freunde geol. Alpenreisen in der Schweiz, Savoyen u. Piemont. Unter Agassiz', Studers u. Carl Vogts Mitw. verf. Deutsch von C. Vogt (Frankfurt/M. 1844) 548 S. [3]; 2. Aufl. 1847. — K. C. von Leonhard: Aus unserer Zeit in meinem Leben **2** (Stuttgart 1856) 245 [3]. — Rudolf Wolf: Notizen zur schwiz. Kulturgesch.: Vjschr. naturforsch. Ges. Zürich **32** (1887) 90–104 [Ha 2]. — K. A. von Zittel: Gesch. der Geol. u. Palaeontol. bis Ende des 19. Jahrhunderts (München, Leipzig 1899) 221, 224, 262, 270, 298, 308, 334, 340, 345, 405, 451, 536, 699, 701, 714, 716, 761 [3]. — August Böhm von Böhmersheim: Gesch. der Moränenkunde (Wien 1901) 2, 3, 11, 12, 13, 35, 38, 90, 103, 106, 269 (Abh. Geogr. Ges. Wien **3**, 4) [3]. — Nahida Lazarus u. Alfred Leicht: Moritz Lazarus' Lebenserinnerungen (Berlin 1906) 496 [3]. — S. Günther: Die geophysik. u. kartogr. Arbeiten des Schweizers M. A. Cappeler: Mitt. Gesch. Med. u. Naturwiss. **7** (1908) 137 [3]. — Alexander Tschirch: Vorträge u. Reden (Leipzig 1915) 664–665 [14]. — Friedrich Haag: Die Sturm- u. Drangperiode der Bernischen Hochschule (Bern 1914) 596–598 [LB Bern]. — Albert Heim: Geol. in der Schweiz **1** (Leipzig 1919) 7–10 m. Bildn.; Reg. in **2** (1919) 978, 997 [3]. — Walter Staub: Der Anteil der Schweiz an der Entwicklung der Geol. In: Die Schweiz u. die Forschung **1**, 1 (1941) 44–45 [101]. — Helmut Hölder: Geol. u. Paläontol. in Texten u. ihrer Gesch. (Freiburg-München 1960) 47, 48, 64, 77, 78, 84, 106, 339 [101]. — Edgar Bonjour: Die Univ. Basel von den Anfängen bis zur Gegenwart 1460–1960 (Basel 1960) 396, 418, 729 [3].

II **STURM,** Jacob Carl Franz. Math. — Hauslehrer in Genf; 1830 Prof. Math. am Collège Rollin Paris, 1838 Repetent u. 1840 Prof. Analyse am École polytechn., 1841 dort Prof. Mechanik; 1836 Mitgl. Acad. Sciences Paris.

*1803, Sept. 29, Genf;

†1855, Dez. 18, Paris.

Bibliogr. Cat. scient. Papers **5** (1871) 879–880 (36 Nr.); **12** (1902) 710 (Biogr.) [3]. — Cat. gén. Bibl. nat. **179** (1951) Sp. 923–925 (19 Nr.) [3]. — Brit. Mus. Gen. Cat. **232** (1964) Sp. 96–97 (13 Nr.) [3].

Biogr. Rudolf Wolf: Biogr. zur Kulturgesch. der Schweiz **4** (Zürich 1862) 375–389 [3]. — E. M. Oettinger: Moniteur Dates Suppl. (Leipzig 1873) 241 [3]. — Albert de Montet: Dictionnaire biographique des Genevois et des Vaudois **2** (1878) 553–556 [BPU Genf]. — Maxime Bôcher: The published and unpublished work of Charles Sturm on algebraic and differential equations: Bull. Amer. math. Soc. **18** (1911/12) 1–18 [11]; Charles Sturm et les mathématiques modernes: Rev. du Mois (Paris) Jg. 9 Bd. **17** (1914) 88–104 [25]. — Sévérin Bays: Discours d'ouverture du Président annuell: Charles-François Sturm: Verh. Schweiz. naturforsch. Ges. **107**, 2 (1926) 34–35 [Ha 2]. — Gino Loria: Charles Sturm et son œuvre mathématique: Enseignement math. **37** (1938) 249–274 [BPU Genf]. — Henri Fehr in: Große Schweizer Forscher (Zürich 1939) 210–211 m. Bildn. [3].

II **STURM,** Johann Christoph. Philos., Math., Physik. — 1656 stud., 1658 Dr. phil. Univ. Jena; 1660 stud. Univ. Leiden; dann Doz. in Jena, darauf Hauslehrer in Nürnberg; 1664–1669 Prediger in Deiningen; seit 1669 Prof. Math. u. Physik Univ. Altdorf.

*1635, Nov. 3, Hippoltstein/Pfalz;

†1703, Dez. 25, Altdorf.

Bibliogr. Cat. gén. Bibl. nat. **179** (1951) Sp. 944–950 (36 Nr.) [3]. — Brit. Mus. Gen. Cat. **232** (1964) Sp. 97–99 (43 Nr.) [3].

Biogr. Johann Jacob Baier: Warhaffte u. gründliche Beschreibung der Nürnbergischen Universität-Stadt Altdorff samt dero fürnehmsten Denckwürdigkeiten ... (Altdorff 1714) 65, 79, 111 (Grabschrift) [3]. — Sigismund Jacob Apinus: Vitae professorum philosophiae, qui a condita academia Altorfina ad hunc usque diem claruerunt (Norimbergae et Altorffii 1728) 209–236 m. Bild. u. Schr. Verz. [3]. — Johann Gabriel Doppelmayr: Histor. Nachricht von den Nürnbergischen Mathematicis u. Künstlern (Nürnberg 1730) 114–122 [3]. — Christian Stephan Scheffel: Fasciculus epistolarum selectorum a viris clarissimis ad Günter Christoph Schelhammer (Lipsiae 1740) 57–59 [3]. — Johann Friedrich Weidler: Historia Astronomiae (Wittenberg 1741) 530 [3]. — Christian Gottlieb Jöcher: Allgemeines Gelehrten-Lexicon ... **4** (Leipzig 1751) Sp. 912–913 [3]. — Georg Andreas Will: Nürnbergisches Gelehrten-Lexicon **3** (Nürnberg, Altdorf 1757) 800–809 m. Schr.Verz. [3]. — Weiss: Biographie universelle, ancienne et moderne **44** (Paris 1825) 120–122 [3]. — August Heller: Gesch. der Physik **1** (Stuttgart 1882) 94, 95; **2** (1884) 144, 146–147, 148, 326, 343 [3]. — R. Falckenberg: ADB **37** (1894) 39–40 [3].

Weitere Lit. Georg Baku: Der Streit über den Naturbegriff am Ende des 17. Jahrhunderts: Z. Philos. u. philos. Kritik N. F. **98** (1891) 162–190 [3]. — Emil Wohlwill: Neue Beitr. zur Vorgesch. des Thermometers III: Mitt. Gesch. Med. Naturwiss. **1** (1902) 154 [3]. — Friedrich Klee: Gesch. der Physik an der Univ. Altdorf bis zum Jahre 1650 (Erlangen 1908) 46, 50 (Phil. Diss. Univ. Erlangen) [3]. — Georg Geiger: Geogr. Studien an der Univ. Altdorf (Leipzig–Borna 1908) 13–17 (Phil. Diss. Univ. Erlangen 1908) [3]. — Max Schneider: Die Themata der von Schülern des Gymn. illustre zu Gotha 1728–1765 öffentl. gehaltenen Reden: Mitt. Ges. dtsch. Erziehungs- u. Schulgesch. **19** (1909) 242 [15]. — S. Günther: Die Meteorol. in Bayern: Meteorol. Z. **29** (1912) 355 [3]. — Walter Friedensburg: Gesch. der Univ. Wittenberg (Halle 1917) 512, 517 [Ha 2]. — F. Paul Liesegang: Sturms Collegium experimentale, die erste Experimentalvorstellung vor 250 Jahren: Zentr.-Ztg. Opt. Mech. **43** (1922) 475-476 [101]; Beitr. zur Gesch. d. Magnetismus: ebda **44** (1923) 180–182 [101]. — Ernst Zinner: Entstehung u. Ausbreitung der Coppernicanischen Lehre: S.-Ber. physik.-med. Soz. Erlangen **74** (1943) 383, 530, 555–558 [101]; Astron. Instrumente des 11. bis 18. Jahrhunderts (München 1956) 214, 222, 302–303, 350, 423, 546, 583 [Ha 2]. — Wolfgang Baier: Quellendarstellungen zur Gesch. der Fotogr. (Leipzig 1965) 13, 297 [3].

III–V **SUESS,** Eduard. Geol. — Stud. in Prag u. TH Wien; Dr. phil.; 1857 ao. Prof., 1867–1901 o. Prof. Univ. Wien u. Vorstand des geol. Museums; 1867 Mitgl., 1898 Präsident Akad. Wiss. Wien.
*1831, Aug. 20, London;
†1914, Apr. 26, Wien.

Bibliogr. Cat. scient. Papers **5** (1871) 883–884 (31 Nr.); **8** (1879) 1043–1044 (30 Nr.); **11** (1896) 530 (6 Nr.); **18** (1923) 1034 (14 Nr.) [3]. — Cat. gén. Bibl. nat. **180** (1952) Sp. 316–319 (16 Nr.) [3]. — Brit. Mus. Gen. Cat. **232** (1964) Sp. 334–335 (19 Nr.) [3].

Briefe Rudolph Zaunick: Zwei Jugendbriefe von Eduard Suess an H. B. Geinitz. Zugleich ein Beitr. zur Gesch. der Graptolithenforsch. In: Geologe **31** (1922) 595–601 [15].

Nekr. Friedrich Becke: Alm. Akad. Wiss. Wien **64** (1914) 356–362 m. Bildn. u. Faks. [15]. — August von Böhm: Petermanns Mitt. **60** (1914) 339 [3]. — W. E. Brøgger: Forhandl. Videnskapsselskapet Kristiania **1** (1914) 89–91 (norweg.) [3]. — M. B.: Homme préhistor. (2) **12** (1914) 222 [15]. — Giorgio Dal Piaz in: Cataloge Generale della Libreria Italiana 2. Suppl. 1911–1920 (Milano **1925**) 377 [3]. — C. Diener: Neue Freie Presse (Wien) **1914**, Nr. 17841 vom 27. Apr. S. 1–2 [3]. — I. Friedländer: Z. Vulkanol. **1** (1914/15) 131 [15]. — J. W. Gregory: Geogr. J. **43** (1914) 701–704 [3]. — Hk: Geogr. Anz. **15** (1914) Sonderbeil. 38, S. 190 [14]. — H. H.: Dtsch. Rdsch. Geogr. u. Statistik **36** (1913/14) 474–475 m. Bildn. [15]. — William Herbert Hobbs: J. Geol. **22** (1914) 811–817 m. Bildn. [15]. — Rudolf Hundt: Geogr. Anz. **18** (1917) 169–173 m. Sueß-Gedenkmünze [Ha 2]. — A. P. Karpinskij: Bull. Acad. Imp. Sci. St. Pétersbourg (6) **8** (1914) 661–666 [Ha 2]. — Adolf Koelsch: Sozial. Mh. **20** (1914) 854–855 [3]. — Ernest von Koerber: Alm. Akad. Wiss. Wien **64** (1914) 349–350 [Ha 2]. — N. Krebs: Mitt. geogr. Ges. Wien **57** (1914) 296–311 [Ha 2]. — L. de Launay: La Géographie [Paris] **29** (1914) 393–396 [Ha 2]. — Adalbert Liebus: Lotos **62** (1914) 146–149 m. Bildn. [3]. — Lóczy: Földtani Közlöny **45** (1915) 105–121 [7]. — Fritz Machatschek: Geogr. Jber. Österreich **11** (1915) XV–XIX [101]. — De Margerie: Ann. Géogr. **23** (1915) 371–373 [15]. — R. Michael: Z. Dtsch. geol. Ges. **66** (1914) 260–264 [15]. — L'Mrazec: Bull. sect. Scient. Acad. Roumaine **2**, 1913/14 (1914) 291–294 [Ha 2]. — C. F. Parona: Atti Accad. Sci. Torino **49** (1914) 959–966 [Ha 2]. — David Randall-MacIver: Bull. Amer. Geogr. Soc. **46** (1914) 533–534 [3]. — Heinrich Rosenfeld: Neue Zürcher Ztg. **135** (1914) vom 29. Apr. [UB Basel]. — A. Rothpletz: Jahrb. Bayer. Akad. Wiss. **1915**, 103–105 [3]. — Wilhelm Salomon: Dtsch. Biogr. Jahrb. **1**, 1914–1916 (1925) 93–95, Totenliste 314 m. Lit.Verz. [3]. — Charles Schuchert: Science [New York] N. S. **39** (1914) 933–935 [27]. — F. S[eidl]: Carniola, Mitt. Museal-Verein Krain **5** (1914) 180–184 [101]. — Steinmann: Geol. Mag (6) **1** (1914) 288 [15]. — Pierre Termier: C.R. Acad. Sci. Paris **158** (1914) 1245–1246 [3]; Rev. gén. sci. pures et appl. [Paris] **25** (1914) 546–552 [25]; Ann. Rep. Smithson. Instn. **1914** (1915) 709–718 [3]; Rev.scient. **51**, 2 (1913) 595–596 [15]. — Thiessen: Germania **1914**, 29. Apr., Morgenausg. [28]. — E. Tietze: Verh. geol. Reichsanst. Wien **1914**, 177–178 [Ha 2]. — Auf Vorposten **3** (1913/16) 260–261 [101]. — Geol. Rdsch. **5** (1914/15) 239 [101]. — Mbl. Altertumsver. Wien Jg. **31**, Bd **11** (1914) Nr. 5/6, S. 33 [LB Graz]. — Mitt. Dtsch. u. Österr. Alpenverein **40** (1914) 125–126 [Ha 2; 101]. — Österr. Rdsch. **39** (1914) 328 [101]. — Pester Lloyd [Budapest] **61** (1914) Nr. 95 vom 27. Apr., S. 3–4 [300]. — Gedenkfeier für Eduard Suess: Mitt. geol. Ges. Wien **7** (1914) 1–32 m. Titelbildn. u. Faks.; darin von Wettstein: Eröffnungsrede 1–3; von Böhm-Bawerk 3–9; C. Diener: Gedächtnisrede 9–24; J. Gattnar: 25–26; C. Diener: Schr.Verz. 26–32 [Ha 2].

Zum 70. Geburtstag Ludwig Karell: Beil. Allg. Ztg. **1901** Nr. 189 S. 1–3 [3]. — von Weber: Österr. Wochenschr. öffentl. Baudienst **7** (1901) 486–488 [88]. — H. Wichmann: Geogr. Anz. **2** (1901) 114 [3]. — Erdbebenwarte [Laibach] **1901**, 45–48 [LB Graz].

Zum 80. Geburtstag August Rechansky: Österr. Rdsch. **28** (1911) 263–264 [14]. — Verh. geol. Reichsanst. Wien **1911**, 247–250 m. Brief von E. Tietze an S. u. Brief von S. an Tietze [Ha 2].

Zum 100. Geburtstag Aloys Dreyer: Dtsch. Alpenztg. **26** (1931) 261–263 m. 1 Bildn., 1 faks. Handzeichn. [101]. — W. von Seidlitz: Das Antlitz der Erde: Naturwiss. **19** (1931) 761–764 [3].

Zum 125. Geburtstag 125. Geburtstag des österr. Geologen Eduard Suess [russ.]: Izv. Akad. Nauk SSSR, Ser. geol. **1956**, Nr. 10, S. 112 [Ha 56].

Zum 50. Todestag Stanisław Krajewski: Eduard Suess i jego dzieło: Problemy **20** (1964) 530–533 m. Bildn. u. Faks., Denkmalbüste u. 2 Abb.

Biogr. Friedrich Umlauft: Dtsch. Geogr. Statistik **8** (1886) 43–45 m. Bildn. [Ha 2]. — Ludwig Eisenberg: Das geistige Wien **2** (Wien 1893) 480–482 m. Schr.Verz. in Auswahl [14]. — Eduard Suess: Erinnerungen (Leipzig 1916) IX, 451 S. m. 2 Bildn. u. 4 Abb. [14]. — Emil Tietze: Einige Seiten über Eduard Suess. Ein Beitr. zur Gesch. der Geol.: Jahrb. geol. Reichsanst. Wien **66**, 1916 (1917) 333–355 [Ha 2]. — Aus den Erinnerungen von Eduard Suess. Die Donauregulierung – Die Eröffnung des Suezkanals: Dtsch. Rev. **41**, 4 (1916) 86–103 [3]. — Aus den Erinnerungen von Eduard Suess: Allg. Ztg. Judentum **1917**, 233–236 [11]. — Emma Lampa: Dtsch. Arbeit (Prag) **17** (1917/18) 81–87, 116–119 [UB Prag]. — A. Witting: Verh. Ges. Dtsch. Naturforscher u. Ärzte **87**, 1922 (1923) 311–314 m. Bildn. [3]. — Neue Österr. Biogr. 1815–1918 Abt. **1** (Wien 1923) 70–83 (Ernst Plener: 70–77; Carl Diener: Eduard Suess. Seine Bedeutung als Naturforscher 78–83) [3]. — Fossilium Catalogus I: Animalia. Pars 72: K. Lambrecht †, W. et A. Quenstedt, Palaeontologi, Catalogus bio-bibliographicus ('s-Gravenhage 1938) 421 [3; Ha 2]. — J. V. Harrison: Nature [London] **150** (1942) 341 [15]. — V. Hiller: Mitt. naturwiss. Ver. Steiermark **5** (1943) 3–7 m. Bildn. [Ha 2]. — Raimund Klebelsberg in: Österr. Naturforscher u. Techniker (Wien 1950) 72–74 m. Bildn. [3]. — Leo Waldmann: Das Lebenswerk von Franz Eduard Suess: Jahrb. geol. Bundesanstalt Wien **96** (1953) H. 2, S. 193–216 [Ha 2]. — Otto Olschan: Der „Revolutionär" Eduard Suess: Volk u. Heimat **11** (1958) Nr. 7, S. 5 [101].

Weitere Lit. Siegmund Günther: Gesch. der anorg. Naturwiss. im 19. Jahrhundert (Berlin 1901) 836 (Das 19. Jahrhundert in Dtschlds Entwicklung, 5) [14]. — Maximilian Singer: Deutscher naturwiss.-med. Verein für Böhmen „Lotos": Deutsche Arbeit (Prag) **1** (1902) 986–989 [14]. — Karl Schneider: Zur Gesch. u. Theorie des Vulkanismus (Prag 1908) 45–46 [15]. — S. Günther: Vergleichende Mond- u. Erdkunde (Braunschweig 1911) siehe Reg. [15]. — Hippolyt Haas: Eduard Suess u. die Geol. der Gegenwart: Illustr. Universum-Jahrb. **1912**, 1–3 m. Tafelbildn. [14]. — J. W. Gregory: Suess's classification of eurasian mountains: Geogr. J. **45** (1915) 497–513 m. 1 Karte, 1 Abb. [3]. — Schiller-Marmorek: Ein österreichischer Liberaler: März **11** (1917) 887–890 [101]. — Rudolph Zaunick: Politische Volksbotanik (Adlerfarn betr.): Mitt. Gesch. Med. u. Naturwiss. **17** (1918) 168–169 [3]. — G. F. Dollfus: Rev. critique Paléozool. **23** (1919) 2–16 [25]. — Leopold Schmidt: Sie waren bei uns — Eduard Suess erzählt von Marz (Geburtsort seiner Frau in Ungarn): Volk u. Heimat (Eisenstadt) **3** (1950) Nr. 3, S. 2–3 [101]. — Carl Christoph Beringer: Gesch. der Geol. u. des geol. Weltbildes (Stuttgart 1954) 109, 114–115, 117, 119, 130, 135 [3]. — Helmut Hölder: Geol. u. Paläontol. in Texten u. ihrer Gesch. (Freiburg–München 1960) siehe Reg. S. 552 [101].

Bildn. Kurzer Sinnspruch m. Faks. Unterschr. u. Bildn. in: Das Goldene Buch des Deutschen Volkes an der Jahrhundertwende (Leipzig 1899) 84 Wiss. [15]. — Geol. Rdsch. **2** (1911) 371 [14]. — Illustr. Ztg., Leipzig **142** (1914) Nr. 3696 [14]. — Richard Meister: Gesch. Akad. Wiss. Wien 1847–1947, Taf. 31 [14].

SULZER, Johann Caspar. Med. — 1739 Dr. med. Univ. Straßburg, dann prakt. Arzt in Winterthur; seit 1748 Leibarzt der Herzöge Friedrich III. u. Ernst II. in Gotha mit dem Titel Hofrat, später Geh. Hofrat.

*1716, Juni 17, Winterthur;
†1799, Apr. 10, Gotha.

Nekr. Friedrich Schlichtegroll: Historia Numothecae Gothanae (Gotha 1799) 68–69 [3]; Nekrolog auf das Jahr 1799 **10,** 2 (Gotha 1805) 270–274 [3].

Biogr. A. Klebe: Gotha u. die umliegende Gegend (Gotha **1796**) 105 [3]. — Christoph Sachse: Onamasticon literarium ... **8** (Utrecht 1803) 414 [3]. — Ustéri: Biographie universelle, ancienne et moderne **44** (Paris 1826) 212 [3]. — Löbichau u. die Herzogin Dorothea von Kurland: Gartenlaube **1859,** 285–287, 310–312 [3]. — Moritz Geyer: Der Musenhof zu Löbichau (Altenburg 1882) 44–45 [53]. — A. Schumann: ADB **37** (1894) 147–150 [3]. — Max Morris: Der junge Goethe. Neue Ausg. in 6 Bänden ... **5** (Leipzig 1911) 272 [Zusammentreffen m. Goethe in Zürich] [15]. — F. G. Sulzer: Versuch einer Naturgesch. des Hamsters. Nach dem 1774 in Göttingen u. Gotha erschienenen Original ... neu hrsg. von Hans Petzsch (Hannover u. Berlin-Zehlendorf 1949) 133, 135–137, 140 [3].

II **SULZER,** Johann Georg. Philos., Physik. — 1740 Hofmeister in Zürich, 1741 Pfarrvikar in Maschwanden bei Knonau, 1743 Hauslehrer in Magdeburg, 1747–1763 Prof. Math. Joachimsthalsches Gymn. Berlin; seit 1765 Prof. Philos. Ritterakad. (Ecole militaire) Berlin; 1750 o. Mitgl. Akad. Wiss. Berlin, seit 1776 Dir. ihrer philos. Klasse.

*1720, Okt. 16, Winthertur/Schweiz;
†1779, Febr. 25, Berlin.

Bibliogr. Otto Köhnke: Gesammtregister über die in den Schriften der Akad. von 1700–1899 erschienenen wiss. Abh. u. Festreden (Berlin 1900) 263–264 (Gesch. Preuss. Akad. Wiss., 3) [3]. — Cat. gén. Bibl. nat. **180** (1952) Sp. 531–535 (22 Nr.) [3]. — Brit. Mus. Gen. Cat. **232** (1964) Sp. 524–526 (34 Nr.) [3].

Briefe R[udolf] Wolf: Auszüge aus Briefen an Albrecht von Haller, m. litterar.-histor. Notizen: Mitt. naturforsch. Ges. Bern **1846,** 106 (Sulzer an A. von Haller, Berlin 12. Nov. 1752), 218 (Berlin 2. Okt. 1758) 234/236 (Berlin 12. Dez. 1759) [Ha 2]. — Briefe der Schweizer Bodmer, Sulzer u. Geßner. Aus Gleims litterar. Nachlaß hrsg. von Wilhelm Körte (Zürich 1804) VIII, 456 [14].

Nekr. Beguelin: Éloge de M. Sulzer [Lu dans l'assemblée publique du 3 juin 1779] Nouveaux mémoires de l'Académie Royale des Sciences et Belles-Lettres. Histoire de l'Académie (Berlin 1779) 45–60 [15]. — Johann Heinrich Samuel Formey: Lobrede auf Herrn Sulzer ... Aus dem Französ. (Berlin 1779) 42 S. [14]. — Markus Lutz: Nekrolog denkwürdiger Schweizer aus dem 18. Jahrhundert (Aarau 1812) 517–518 [15].

Biogr. Hans Jacob Leu: Allg. Helvet.-Eydgenöß. oder Schweitzer. Lexicon ... **17** (Zürich 1762) 745–747 m. Schr.Verz. [15]. — Leonhard Meister: Helvetiens berühmte Männer in Bildn. dargest. von Heinrich Pfenninger nebst kurzen biogr. Nachrichten: **1** (Zürich u. Winterthur **1782**) 193–206 m. Bildn. [15]. — Hans Jakob Holzhalb: Supplement zu dem allg. Helvet.-Eydgenöß. Lexicon von ... H. J. Leu **5** (Zürich 1791) 691–695 m. Schr.Verz. [15]. — C. G. Salzmann: Denkwürdigkeiten aus dem Leben ausgezeichneter Teutschen des 18. Jahrhunderts (Schnepfenthal 1802) 313–315 [3]. — Johann Georg Sulzer: Lebensbeschreibung von ihm selbst aufgesetzt. Aus der Handschr. abgedruckt, mit Anm. von Johann Bernhard Merian u. Friedrich Nicolai (Berlin u. Stettin 1809) 68 S. [101]. — Ustéri: Biographie universelle, ancienne et moderne **44** (Paris 1826) 212–214 [3]. — Christian Bartholomèss: Histoire philosophique de l'académie de Prusse de Leibniz jusqu'à Schelling **2** (Paris 1851) 77–111 [15]. — Heinrich Kurz: Gesch. der deutschen Literatur (Leipzig 1856) 715–717 m. Bildn. u. Faks. [14]. — Rudolf Wolf: Biogr. zur Kulturgesch. der Schweiz **3** (Zürich 1860) 291–316 [3]. — [Heinrich Morf]: Johann Georg Sulzer. Ein Lebensbild: Neujahrsbl. Hülfsges. Winterthur **1** (1863) 63 S. [UB Basel]. — J. Keller: Zur Erinnerung an einen Pädagogen des 18. Jahrhunderts: Pädag. Bl. Lehrerbildg. **16** (1887) 568–580 [15]. — O. Liebmann: ADB **37** (1894) 144–147 [3]. — Maximilian Dähne: J. G. Sulzer als Pädagog u. sein Verhältnis zu den pädag. Hauptströmungen seiner Zeit (Königsee, Thür. 1902) IX, 200 S. (Phil. Diss. Univ. Leipzig 1902) [14]. — Georg Lobmeier: J. G. Sulzer in seinem Verhältnis zur physik. Geogr. (Borna b/Leipzig 1907) VIII, 63 S. (Phil. Diss. Univ. Erlangen 1907) [14]. — Johann Conrad Gasser: Dem Andenken J. G. Sulzers: Jahrb. literar. Vereinigg. Winterthur **6** (1922) **119**–

149 m. Bildn. nach Graff 1771 [UB Basel]. — Sévérin Bays: Discours d'ouverture du Président annuel: Jean-Georges Sulzer de Winterthur: Verh. Schweiz. naturforsch. Ges. **107, 2** (1926) 20–21 [Ha 2]. — Erwin Finohr: Dem Andenken Sulzers: Z. Seelenleben **34** (1930) 100 [101]. — Schweizer im Ausland. Von ihrem Leben u. Wirken in aller Welt (Genf 1931) 108–113 m. Bildn. S. 189 [101]. — Paul Schaffner: J. G. Sulzer. Gedächtnisrede: Jahrb. literar. Vereinigg. Winterthur **13** (1931) 28–49 m. Bildn. nach Graff 1771 [UB Basel]. — Histor.-Biogr. Lexikon der Schweiz **6** (Neuenburg 1931) 604–605 m. Bildn. nach Graff [3].

Zum 150. Todestag Robert Hering: Jahrb. Frei Dtsch. Hochstift **1928**, 265–326 [3]. — Kurt Riedel: Dtsch. Schule **33** (1929) 155–163 [101].

Weitere Lit. [Martin Künzli]: Joh. Georg Sulzers vernünftiger Versuch von der Auferziehung der Kinder einfältig widerleget vom Kinderlieb, Mag. (Zürich 1748) 72 S. [ZB Zürich]. — Johann Caspar Hirzel: Hirzel an Gleim über Sulzer den Weltweisen **1** (Zürich u. Winterthur 1779) 286 S. m. Titelbildn. von Sulzer; **2** (1779) 278 S. m. Titelbildn. von Sulzers Frau [15]. — A[ugust] M[oritz] Thümmel: Reise in die mittäglichen Provinzen von Frankreich im Jahre 1785 bis 1786 **7** (Leipzig 1800) 267–270 [3]. — Ludwig Maximilian Heym: Darst. u. Kritik der aesthet. Ansichten J. G. Sulzers ... (Leipzig 1894) 55 S. (Phil. Diss. Univ. Leipzig 1894) [14]. — Anton Pahne: J. G. Sulzers Psychologie u. die Anfänge der Dreivermögenslehre (Friedenau 1905) 62 S. (Phil. Diss. Univ. Berlin 1905) [14]. — Carl Josef Groß: Sulzers allg. Theorie der schönen Künste (Berlin 1905) 101 S. (Phil. Diss. Berlin 1905) [14]. — Johannes Leo: J. G. Sulzer u. die Entstehung seiner allg. Theorie der schönen Künste (Berlin 1907) 111 S. (85–109 Schr.Verz. Sulzers) [14]. — Fritz Rose: Johann Georg Sulzer als Ästhetiker u. sein Verhältnis zu der ästhetischen Theorie u. Kritik der Schweizer: Arch. ges. Psychol. **10** (1907) 197–263 [3]. — S. Günther: Die geophysik. u. kartogr. Arbeiten des Schweizers M. A. Cappeler: Mitt. Gesch. Med. u. Naturwiss. **7** (1908) 136 [3]. — Hubert Chaufour: Les origines du galvanisme (Paris 1913) 31–32, 75–76 [BPU Genf]. — K. Bopp: Johann Heinrich Lamberts Monatsbuch mit den zugehörigen Kommentaren: Abh. Bayer. Akad. Wiss., math.-physik. Kl. **27, 6** (1916) 84 S. [3]. — J. G. Sulzer: Pädagogische Schriften. Mit Einl. u. Anm. von Willibald Klinke (Langensalza 1922) VIII, 211 S. (Fr. Manns Bibl. pädag. Klassiker, 45) [101]. — Friedrich Springorum: Über das Sittliche in der Ästhetik Johann Georg Sulzers: Arch. ges. Psychol. **72** (1929) 1–42 [3]. — Anna Tumarkin: Der Ästhetiker Johann Georg Sulzer (Frauenfeld, Leipzig 1933) 195 S. (Die Schweiz im dtsch. Geistesleben, 79/80) [101]. — Oskar Walzel: Johann Georg Sulzer über Poesie: Z. dtsch. Philologie **62** (1937) 267–303 [15]. — Hans Richter: J. G. Sulzers „Allg. Theorie der schönen Künste" u. das Bürgertum der deutschen Aufklärungsepoche: Wiss. Z. Univ. Jena, Gesellsch. u. sprachwiss. R. **2** (1952/53) H. 5, S. 59–63 [3].

Bildn. Gustav Könnecke: Bilderatlas zur Gesch. der dtsch. National-Literatur (Marburg 1887) 323 [14]. — Peter Wallé: Der Bär **14** (1887/88) 11–12 m. Bildn. S. 9 [14]. — Westermanns Mh. **78** (1895) 683 [14]. — Julius Vogel: Anton Graff. Bildn. von Zeitgen. des Meisters in Nachbildungen der Originale (Leipzig 1898) Taf. 56 [14]. — Anton Graff von Winterthur. Bildn. des Meisters. Hrsg. ... von Otto Waser (Winterthur 1903) Taf. 11, 12 [LB Bern]. — Eugen Curt Fischer: Deutsche Kunst u. Art. Von den Künsten als Ausdruck der Zeiten (Dresden 1924) 120 [14]. — Pestalozzi u. seine Zeit im Bild. Hrsg. vom Pestalozzianum u. der ZB Zürich (Zürich 1928) Taf. 37 [14]. — Die Karschin. Friedrichs des Gr. Volksdichterin. Ein Leben in Briefen. Eingel. u. hrsg. von Elisabeth Hausmann (Frankfurt 1933) 144 [14]. — Zur Gesch. u. Kultur des Elb-Saale-Raumes. Hrsg. von Otto Korn (Burg b. M. 1939) Taf. 15 nach S. 288 [14]. — Gertrud Rudloff-Hille: Deutsche Bildnisse 1500–1800. Ausstellung der Lucas-Cranach-Kommission ... Moritzburg Halle 1961 (Halle 1961) 55, Abb. 39 [14]. — Anton Graff 1736–1813. Gemäldegalerie Dresden. Ausstellung April–Juni 1964 Schloß Pillnitz (Dresden [1964]) 47, Nr. 74; 61, Nr. 107–109 [101].

III, IV, VI, **SUPAN,** Alexander Georg. Geogr. — 1866–1870 Stud. in Graz u. Wien; 1870 Dr. phil. Univ. Wien; 1871 Realschullehrer in Laibach; 1875–1877 nochmaliges Stud. in Graz, Halle, Leipzig; 1877 Gymnasiallehrer u. PDoz. in Czernowitz, 1880 dort ao. Prof.; 1884–1909 Chef-Redakteur von Petermanns geogr. Mitt. in Gotha; 1909 o. Prof. Breslau.

*1847, März 3, Innichen, Tirol;
†1920, Juli 6, Breslau.

Bibliogr. Cat. scient. Papers **11** (1896) 531 (5 Nr.); **12** (1902) 711 (1 Nr.); 18 (1923) 1038–1039 (21 Nr.) [3]. — Cat. gén. Bibl. nat. **180** (1952) Sp. 603–606 (17 Nr.) [3]. — Brit. Mus. Gen. Cat. **232** (1964) Sp. 675 (9 Nr.) [3].

Nekr. Bruno Dietrich: Geogr. Z. **27** (1921) 193–198 [3]. — Hermann Wagner: Petermanns geogr. Mitt. **66** (1920) 139, 142–146 [Ha 2].

Biogr. F[riedrich] U[mlauft]: Dtsch. Rdsch. Geogr. u. Statistik **20** (1898) 374–376 m. Bildn. [3]. — Sven Hedin: 50 Jahre Deutschland. 3. Aufl. (Leipzig 1939) 91–102 m. Bildn. [14].

Zum 70. Geburtstag Hermann Haack: Geogr. Anz. **18** (1917) 57–58 m. Bildn. [3]. — Willi Ule: Mitt. Geogr. Ges. Rostock **7/8** (1915/16, 1916/17) 89–90 [Ha 2].

Bildn. Illustr. Ztg., Leipzig **108** (1897) 545 [14]. — Kurzer Sinnspruch m. Faks. Unterschr. u. Bildn. in: Das Goldene Buch des Deutschen Volkes an der Jahrhundertwende (Leipzig 1899) 84 Wiss. [15]. — Petermanns Mitt. **63** (1917) 58/59 Taf. 9 [Ha 2]. — Umschau **21** (1917) 179 [Ha 2]. — Allg. Geographie **1** (Potsdam 1933) 32 (Handb. geogr. Wiss. Allg. Geogr. Teil 1) [14]. — Justus Perthes 1785–1935. Hauptkatalog (Gotha 1935) 169 [14].

SUPERVILLE, Daniel de. Med. — 1718 Dr. med. Utrecht; 1726 ao. Prof. Anat. u. Chirurg. am Karolinischen Gymn. Stettin; Hofmedikus u. Landphysikus von Hinterpommern; 1739 Leibarzt, Wirkl. Geh. Rat u. Dir. der Bergwerke Bayreuth; dazu seit 1742 Dir. Academia Fridericiana Bayreuth, 1743–1748 Kanzler der Univ. Erlangen; dann Leibmedicus in Braunschweig.

*1696, Dez. 2, Rotterdam;

†1773, Nov. 16, Rotterdam.

Genealog. Nederlands Adelsboek **20** ('s-Gravenhage 1922) 435 [UB Amsterdam].

Bibliogr. Cat. gén. Bibl. nat. **180** (1952) Sp. 621–624 (18 Nr.) [3].

Biogr. (Jo.Guilielmo Gadendam): Historia Academiae Fridericianae Erlangensis (Erlangen 1744) Titelbildn. u. S. 181 [3]. Dictionnaire sciences médicales. Biogr. médicale **7** (1825) 284–285 [3]. — Blondeau: Biographie universelle, ancienne et moderne. Suppl. **83** (Paris 1855) 95 [3]. — Emil Sehling: Daniel von Superville. Das Kanzleramt an der Univ. Erlangen. Ein Beitr. zur Universitätsgesch. Festschr. ... zum 150jähr. Jubil. der Univ. Erlangen (Leipzig 1893) VIII, 188 S. m. Titelbildn. [15]. — Paul Zimmermann: Kleine Beitr. zur Braunschweig. Biogr.: Braunschweig. Mag. **12** (1906) 83–84 [3]; ADB **54** (1908) 634–637 [3]. — Bethe: Stettiner Stadtphysici: Mbl. pommersche Ges. Gesch. Altertumskde **46** (1932) Nr. 5, S. 68–76. — Georg Hübsch: Daniel von Superville. Rektor der Bayreuther Univ.: Bayreuther Land **8** (1934) 92–93 [101].

Weitere Lit. Pietro Antonio Gaetani: Museum Mazzuchellianum, seu Numismata virorum doctrina praestantium, quae apud Jo. Mariam Comitem Mazzuchellum Brixiae servantur. A Petro Antonio de Comitibus Gaetani ... edita, atque illustrata. Accedit versio italica studio equitis Cosimi Mei elaborata T. **2** (Venetius 1763) Taf. 198, 7 [14]. — K. C. von Leonhard: Aus unserer Zeit in meinem Leben **2** (Stuttgart 1856) 203 [3]. — C. Laverrenz: Die Medaillen u. Gedächtniszeichen der dtsch. Hochschulen. Thl. **2** (Berlin 1887) Taf. 51, Nr. 202 [3]. — G. L. Mamlock: Friedrichs des Großen Beziehungen zur Med. (Berlin 1902) 23, 28 [11]. — K. W. Aign: Die Friedrichs-Academie zu Bayreuth: Arch. Gesch. u. Altertumskunde Oberfranken **27** (1918) H. 1, S. 6–7 m. Bildn. [15]. — Ernst Deuerlein: Gesch. der Univ. Erlangen in zeitl. Übersicht (Erlangen 1927) 7 m. Bildn. [101]. — Albert Schleebach: Die Entwicklung der chem. Forschung u. Lehre an der Univ. Erlangen von ihrer Gründung 1743 bis zum Jahre 1820 (Nürnberg 1937) 5, 6, 10, 65 (Phil. Diss. Univ. Erlangen 1937) [3].

T

II **TABOR,** Johann Heinrich. Med. — 1776 Dr. med. Univ. Gießen; seit 1777 prakt. Arzt in Frankfurt/M.; später gleichzeitig Lehrer an der Anatomie am Senckenberg-Inst.

*1751, Frankfurt/M.;

†1795, Nov. 10, Frankfurt/M.

Bibliogr. Brit. Mus. Gen. Cat. **234** (1964) Sp. 145 (5 Nr.) [3].

Biogr. Johann Georg Meusel: Lexikon der von 1750 bis 1800 verstorbenen teutschen Schriftsteller **14** (Leipzig 1815) 3–4 [15]. — Dictionnaire des sciences médicales. Biographie médicale **7** (Paris 1825) 292–293 m. Schr.Verz. [3]. — Dezeimeris: Dict. hist. méd. **4** (Paris 1839) 245 [3]. — Wilhelm Stricker: Gesch. der Heilkunde u. der verwandten Wiss. in der Stadt Frankfurt/M. (1847) 340–341 [F 1]. — Roediger: ADB **37** (1894) 337 [3]. — W. Stricker in: Biogr.

Lexikon der hervorragenden Ärzte aller Zeiten u. Völker. 2. Aufl. **5** (1934) 503–504 [3].

II **TACHEN** (Tachenius), Otto. Pharmaz. Med. — Apothekergehilfe in Lemgo, Kiel, 1640 in Danzig, 1641 in Königsberg; 1644 stud. Med., dann Dr. med. Univ. Padua; lebte dann als Arzt in Venedig.

*Anfang des 17. Jahrh., Herford i. W.;

†um 1670, Venedig.

Bibliogr. Cat. gén. Bibl. nat. **181** (1963) Sp. 599–601 (10 Nr.) [3]. — Brit. Mus. Gen. Cat. **234** (1964) Sp. 163–164 (13 Nr.) [3].

Biogr. Christian Gottlieb Jöcher: Allg. Gelehrten-Lexicon **4** (Leipzig 1751) Sp. 980–981 [3]. — N. F. J. Eloy: Dictionnaire historique de la médecine ancienne et moderne **4** (Mons 1778) 354–355 [3]. — Dictionnaire des sciences médicales. Biographie médicale **7** (Paris 1825) 293–294 m. Schr.Verz. [3]. — Dezeimeris: Dict. hist. méd. **4** (Paris 1839) 246–247 [3]. — A. Philippe: Gesch. der Apotheker bei den wichtigsten Völkern der Erde. Aus dem Französ. übers. von Hermann Ludwig. 2. Aufl. (Jena 1858) 346, 486, 572 [39]. — Dictionnaire encyclopédique des sciences médicales publ. sous la direction de Raigé-Delonne et Amédéo Dechambre (3) **15** (Paris 1885) 512 [L 5]. — Pagel: ADB **37** (1894) 340 [3].

Weitere Lit. Arnold C. Klebs: Die Lemgoer Ratsapotheke. Histor. Reiseskizze: Arch. Gesch. Naturwiss. u. Techn. **5** (1913) 102–107 [15]. — W. Herz: Grundzüge der Chem. (Stuttgart 1916) 30 [3]. — A. Adlung u. G. Urdang: Grundriß der Gesch. der dtsch. Pharmazie (Berlin 1935) 445 [3]. — W[ilhelm] Ganzenmüller: Die Anschauungen vom Wesen des Glases vom Mittelalter bis zum Beginn des 19. Jahrhunderts: Glastechn. Ber. **16** (1938) 364–365, 394, 395 m. 1 Abb. [101].

TACK (Tacke, Tackius), Johann. Med. — Dr. med.; Prof. in Gießen; Leibarzt des Landgrafen von Hessen-Darmstadt.

*1617, Wetzlar;

†1676, Gießen.

Bibliogr. Cat. gén. Bibl. nat. **181** (1963) Sp. 760–761 (4 Nr.) [3]. — Brit. Mus. Gen. Cat. **234** (1964) Sp. 221 (8 Nr.) [3].

Bildn. Gustav Adolf Ludwig Baur: Die Bildn. in der großen Aula der Univ. Gießen. Nachdr. aus dem Universitätsprogr. Gießen 1857: Gießener Hochschulbl. **5** (1957) Nr. 2, S. [6] [Ha 2; 101].

TAMNAU, Friedrich. Mineral. — 1818–1821 stud. Forstwiss. in Tharandt u. gleichzeitig Mineral. Bergakad. Freiberg; 1821 mineral. Sammelreise nach Böhmen, Tirol, Oberitalien, Schweiz, Savoyen, 1824 nach Siebenbürgen u. Bukowina, 1828 nach Norwegen, 1835 nach Frankreich; 1836 Dr. phil. h.c. Univ. Heidelberg; Bankier in Berlin; 1848 Gründungsmitgl., 1848–1870 Schatzmeister der Dtsch. Geol. Ges. in Berlin; seine großen Mineraliensammlungen sind jetzt in der TH Darmstadt.

*1802, Dez. 8, Berlin;

†1879.

Bibliogr. Cat. scient. papers **5** (1871) 910 (8 Nr.) [15].

Biogr. H. A. Miers: The Tamnau mineralogical endowment: Nature [London] **63** (1901) 453–454 [15]. — Paul von Groth: Entwicklungsgesch. der mineralog. Wiss. (Berlin 1926) 164 [101]. — Paul von Groth: Die wiss. Bedeutung Friedrich Tamnaus: Neues Jahrb. Mineral., Mh. **1954**, 69–72 [101].

II **TANK** (Tancke), Joachim. Med. — 1589 Prof. Poesie, 1591 Lizentiat, 1595 Dr. med., Prof. Anat. u. Chirurgie Univ. Leipzig.

*1557, Dez. 9, Perleberg;

†1609, Nov. 17, Leipzig.

Bibliogr. Cat. gén. Bibl. nat. **181** (1963) Sp. 319–320 (10 Nr.) [3]. — Brit. Mus. Gen. Cat. **234** (1964) Sp. 587 (18 Nr.) [3].

Lit. Christian Gottlieb Jöcher: Allg. Gelehrten-Lexicon **4** (Leipzig 1751) Sp. 997 [3]. — Carl Rabl: Gesch. der Anat. an der Univ. Leipzig (Leipzig 1909) 30, 31, 121 [3]. — Ernst Zinner: Astron. Instrumente des 11. bis 18. Jahrhunderts (München 1956) 124–125, 478, 546 [Ha 2].

II **TASSE** (Tassius), Johann Adolph. Math. u. Naturforsch. — 1611 stud. Univ. Rostock, dann Univ. Heidelberg, 1618 Tübingen; 1629 Prof. Math. Gymn. Hamburg. Er war mit J. Jungius befreundet.

*1585, Bremervörde;

†1654, Jan. 4, Hamburg.

Bibliogr. Cat. gén. Bibl. nat. **182** (1954) Sp. 908–909 (2 Nr.) [3]. — Brit. Mus. Gen. Cat. **235** (1964) Sp. **39** (6 Nr.) [3].

Biogr. Christian Gottlieb Jöcher: Allg. Gelehrten-Lexicon **4** (1751) Sp. 1015 [3]. — J. O. Thiess: Versuch eines Hamburgischen Gelehrten-Lexicons **2** (Hamburg 1784). — Petersen: Gesch. der Hamburger Stadtbibl.

(Hamburg 1834) 24, 31. — W. Sillem: ADB **37** (1894) 411–413 [3]. — Hans Schimank: Zur Gesch. der exakten Naturwiss. in Hamburg (Hamburg 1928) 35, 38, 39–40, 50–51, 54, 55, 56, 74 [101]. — Victor Dirksen: Ein Bildn. des Johann Adolph Tassius in der Kunsthalle: Hamburg. Gesch.- u. Heimatbl. **4** (1929) 91–93 [3].

II **TEICHMEYER,** Hermann Friedrich. Med. — 1707 Dr. med., 1717 o. Prof. Experimentalphysik, 1719 ao. Prof. Med., 1727 o. Prof. Med. u. Botanik Univ. Jena; weimarischer Leibarzt.

*1685, Apr. 30, Hannöv.-Minden;
†1746, Febr. 5, Jena.

T. war Lehrer u. später Schwiegervater Albrecht von Hallers.

Bibliogr. Cat. gén. Bibl. nat. **183** (1955) Sp. 728–729 (10 Nr.) [3]. — Brit. Mus. Gen. Cat. **235** (1964) Sp. 789–791 (36 Nr.) [3].

Biogr. Gabriel Wilhelm Goetten: Das jetztlebende gelehrte Europa **2** (Braunschweig u. Hildesheim 1736) 659–664; **3** (Celle 1739) 834–835 [3]. — (M. I. C. Mylius): Das in dem Jahre 1743 blühende Jena (Jena 1743) 120–128, Zusätze (1744) 19–20 [3]. — Dictionnaire des sciences médicales. Biographie médicale **7** (Paris 1825) 303–305 m. Schr.Verz. [3]. — Weiss: Biographie universelle, ancienne et moderne **45** (Paris 1826) 97 [3]. — Dezeimeris: Dict. hist. méd. **4** (Paris 1839) 253–255 [3]. — Johannes Günther: Lebensskizzen der Prof. der Univ. Jena seit 1558 bis 1858 (Jena 1858) 191–192 m. Lit.Verz. [3]. — Pagel: ADB **37** (1894) 542–543 [3]. — Fritz Chemnitius: Die Chem. in Jena von Rolfinck bis Knorr (1629–1921) (Jena 1929) 17–18 m. Bildn. S. 81 [3]. — Pagel in: Biogr. Lexikon der hervorragenden Ärzte aller Zeiten u. Völker. 2. Aufl. **5** (Berlin–Wien 1934) 529–530 m. Lit.Ang. [3]. — Otto Knopf: Die Astron. an der Univ. Jena von der Gründung der Univ. im Jahre 1558 bis zur Entpflichtung des Verf. 1927 (Jena 1937) 96–97 (Z. Ver. Thür. Gesch. u. Altertumskde N.F., Beih. 19) [3]. — Ernst Giese u. Benno von Hagen: Gesch. der med. Fakultät der Friedr.-Schiller-Univ. Jena (Jena 1958) siehe Reg. S. 669 [3]. — Die Kunst, das menschl. Leben zu verlängern. Dokumente bekannter Ärzte. Autographenausstellg. . . . Dortmund. Zsstg. Hedwig Gunnemann (Dortmund 1965) 1–2 [60].

II **TELLKAMPF,** Johann Dietrich Adolph. Math. — 1814–1818 Offizier in der hannöv. Armee; 1818 stud. Math., 1822–1824 PDoz. Univ. Göttingen; 1824 Oberlehrer Gymn. Hamm, seit 1835 Prof. u. Dir. höh. Bürgerschule Hannover.

*1798, Mai 23, Hannover;
†1869, März 9, Hannover.

Bibliogr. Cat. scient. Papers **5** (1871) 929 (2 Nr.) [3]. — Brit. Mus Gen. Cat. **235** (1964) Sp. 899 (7 Nr.) [3].

Biogr. Männer der Zeit **2** (Leipzig 1862) Sp. 349–350 [14]. — M. Cantor: ADB **37** (1894) 558 [3]. — E. Rosendahl: Adolph Tellkampf als Dichter: Hannov. Gesch.bl. N.F. **2** (1932/33) 318–320 m. Bildn. [15]. — Herman Mayer: Adolf Tellkampf u. seine Schule: ebda **6** (1953) 365–386 m. 2 Bildn., 1 Faks., 7 Abb. [3].

II, III **TELLKAMPF,** Georg Friedrich Heinrich. — Eisenbahn-Ingenieur in Hannover.

*1831, Aug. 27, Hamm;
†.

Sohn von Adolph Tellkampf (1798–1869).

II **TEMPELHOFF,** Georg Friedrich von (geadelt 1784). Math., Astron. — Stud. Math. Frankfurt/O. u. Halle; 1756 Eintritt in das preuß. Heer, dann dort Offizier, 1782 Major, 1790 Oberst, 1791 Dir. Artillerie-Akad. Berlin, 1793 Chef der gesamten Artillerie, 1802 Generalleutnant, 1805 Generalinspektor aller militär. Erziehungsanstalten des preuß. Staates; 1786 o. Mitglied Preuß. Akad. Wiss. Berlin.

*1737, März 19, Trampe bei Neustadt-Eberswalde;
†1807, Juli 13, Berlin.

Bibliogr. Cat. gén. Bibl. nat. **183** (1955) Sp. 1012–1013 (6 Nr.) [3]. — Brit. Mus. Gen. Cat. **236** (1964) Sp. 14–15 (8 Nr.) [3].

Biogr. Der Biograph. Darst. merkwürdiger Menschen der drey letzten Jahrhunderte **7** (Halle 1808) 493–495 [3]. — Michaud jeune: Biographie universelle, ancienne et moderne **45** (Paris 1826) 115–116 [3]. — Johann Georg Meusel: Das gelehrte Teutschland **8** (Lemgo 1800) 20–22; **21** (1827) 15 [3]. — Friedrich Carl Gottlob Hirsching: Histor. litterarisches Handbuch berühmter u. denkwürdiger Personen . . . Fortges. u. hrsg. von Joh. Heinr. Martin Ernestie **14**, 1 (Leipzig 1810) 145–146 [3]. — K. Wolfgang von Schöning: Histor.-biogr. Nachr. zur Gesch. der brandenburg.-preuß. Artillerie **2** (Berlin 1844) 279–280, 282; **3** (1845) 17, 32, 45–46 [14]. — B. Poten: ADB **37** (1894) 561–562 [3].

Weitere Lit. C. Denina: La Prusse littéraire sous Frédéric II **3** (Berlin 1791) 394–398 [3]. — Georg Wilhelm Frhr. von Valentini: Erinnerungen eines alten preuß. Offiziers aus den Feldzügen 1792, 1793 u. 1794 (Leipzig **1833**) 14 [11]. — Otto Herrmann: Über die Quellen der Gesch. des 7jähr. Krieges von Tempelhoff (Berlin 1885) 78 S. (Phil. Diss. Berlin 1885) [3]. — Max Lehmann: Scharnhorst **1** (Leipzig 1886) 36, 296–297 [3]. — Max Jähns: Gesch. der Kriegswissenschaften **3** (München, Leipzig 1891) 1843, 2397 [14].

Bildn. J. Fr. Knüppeln, C. Chr. Nencke u. Chr. L. Paalzow: Büsten berlinischer Gelehrten u. Künstler m. Devisen **1** (Leipzig 1787) 348–354; Nachtr. (Halle 1792) 202–203 [3]. — Johann Georg Krünitz: Ökonomisch-technol. Encyklopädie . . . 2. Aufl. **53** (Berlin 1800) Titelbildn. (gez. von Heinecke, gest. Berlin 1790) [3]. — Bär **13** (1887) 585 [14]. — Friedrich der Gr. im Spiegel seiner Zeit. Hrsg. von Gustav Berthold Volz **2** (Berlin 1927) 96/97 [3]. — Daniel Chodowiecki, Ziethen vor seinem König sitzend. In: Kulturgeschichtl. Bilderbuch aus 3 Jahrhunderten **6** (Leipzig u. München o. J.) Nr. 3236/37, S. 2215 [15].

II **TENNER,** Johann Gottlob. Med., Chem. — Dr. med.; Amts- u. Landphysicus in den Ämtern Augustusburg u. Chemnitz.

*1748, Aug. 3, Hohenstein-Ernsttal;
†1811, Dez. 26.

Lit. Johann Georg Meusel: Das gelehrte Teutschland **8** (Lemgo 1800); **21** (1827) 22 [3]. — Johann Wilhelm Sigismund Lindner: Taschenbuch für Lit. u. Kunst im Königreich Sachsen **1** (Dresden 1825) 155 [3].

II **TENNER,** Gottwalt Wilhelm. Math. — 1811 Bacc. Med. Univ. Leipzig; 1813–1820 Bataillonschirurg erst bei der sächs., dann bei der preuss. Landwehr; 1821 Kollaborator Gymn. Nordhausen, seit 1826 Lehrer Math. u. Physik Domgymn. Merseburg.

*1788, Juli 13, Chemnitz;
†1850, Febr. 9, Merseburg.

Nekr. B. F. Voigt: Neuer Nekrolog der Deutschen **28**, 1850 (Weimar 1852) 113–116 [3].

II **TENNER,** Karl. Vermess. Wes. — 1817–1821 stud. Math. Univ. Gießen u. Heidelberg; 1821 Geometer beim Kataster in Rheinhessen; 1829 Distrikts-Steuer-Einnehmer in Rheinheim; 1832 Steuerkommissar in Beerfelden u. seit 1841 in Darmstadt.

*1798, Juni 17, Wörstadt, Rheinhessen;
†.

Lit. H. E. Scriba: Lexicon der Schriftsteller des Großherzogthums Hessen im 19. Jahrhundert **1** (Darmstadt 1831); **2** (1843).

II **TENTZEL,** Wilhelm Ernst. Polyhistor. — 1677 stud., 1683 Adjunkt philos. Fakultät Univ. Wittenberg; 1685 Lehrer Gymn. Gotha; dann Inspektor des Münzkabinetts u. der Kunstkammer Gotha; 1702 kursächs. Archivar in Dresden; 1703 entlassen.

*1659, Juli 11, Greußen/Thür.;
†1707, Nov. 24, Dresden.

Bibliogr. Cat. gén. Bibl. nat. **184** (1957) 89–94 (31 Nr.) [3]. — Brit. Mus. Gen. Cat. **236** (1964) Sp. 263–266 (36 Nr.) [3].

Biogr. Eine Gedächtnis-Müntze auf den hochberühmten Chur-Sächsischen Rath u. Geschicht-Schreiber Wilhelm Ernst Tentzeln von Anno 1700. In: Johann David Köhler: Histor. Münz-Belustigung **16** (Nürnberg 1744) 97–120 m. 2 Abb. [15]. — Christian Gottlieb Jöcher: Allg. Gelehrten-Lexicon **4** (Leipzig 1751) Sp. 1057–1058 [3]. — Weiss: Biographie universelle, ancienne et moderne **45** (Paris 1826) 142–143 [3]. — Wegele: ADB **37** (1894) 571–572 [3]. — Fossilium Catalogus I. Pars 72: K. Lambrecht †, W. et. A. Quenstedt, Palaeontologi, Catalogus bio-bibliographicus ('s-Gravenhage 1938) 426 [3; Ha 2].

Weitere Lit. P. A. Gaetani: Museum Mazzuchellianum seu numismata virorum doctrina praestantium **2** (Venedig 1763) 201 m. Bildn. [14]. — Robert Prutz: Gesch. des dtsch. Journalismus **1** (Hannover 1845) 344–347 [14]. — Franz Wegele: Gesch. der dtsch. Historiographie (München, Leipzig 1885) 466, 505, 511, 549, 608, 724 (Gesch. Wiss. Deutschland, Neuere Zeit, 20) [3; 14]. — B. von Freyberg: Die geol. Erforschung Thür. in älterer Zeit (Berlin 1932) 112 [3]. — Helmut Hölder: Geol. u. Palaeontol. in Texten u. ihrer Gesch. (Freiburg–München 1960) 360 [101].

II **TESKE,** Johann Gottfried. Physik. — 1726 Mag. Phil. Univ. Halle; 1728 ao. Prof. Logik u. Metaphysik, 1729 o. Prof. Physik Univ. Königsberg; seit 1733 auch samländ. Konsistorialrat u.

später Vizepräsident des Konsistoriums; seit 1760 Prof. hon. Akad. Wiss. St. Petersburg.

*1704, Mai 3, Königsberg/Pr.;

†1772, Mai 25.

Bibliogr. Brit. Mus. Gen. Cat. **236** (1964) Sp. 490 (2 Nr.) [3].

Lit. D. H. Arnoldt: Ausführl. u. mit Urkunden versehene Historie der Königsbergischen Univ. (Königsberg 1746). — Hamburgische Berichte von gelehrten Sachen auf das Jahr 1746 (Hamburg 1746) 361–364 [3]. — C. Denina: La Prusse Littéraire sous Frédéric II (Berlin 1791) 398–399 [3]. — Johann Georg Meusel: Lexicon der vom Jahre 1750 bis 1800 verstorbenen teutschen Schriftsteller **14** (Leipzig 1815) 28–29 m. Schr.Verz. [3].

II **TEXTOR,** Johann Christoph von. Math. — Preuß. Artilleriehauptmann, Lehrer Math. u. Militärwissensch. Artillerieschule Berlin.

*

†1812, Febr.

Bibliogr. Cat. scient. Papers **5** (1871) 942 (7 Nr.) [3].

Biogr. Johann Georg Meusel: Das gelehrte Teutschland **16** (Lemgo 1812) 10; **21** (1827) 28 [3]. — H. Düntzer: Das Geschlecht Textor, Goethes mütterlicher Stammbaum: Grenzboten **47**, 2 (1888) 217–224, 262–268 [3].

II, VI **THAER,** Albrecht Daniel. Landwirtsch. — 1774 Dr. med. Univ. Göttingen; dann prakt. Arzt in Celle, Stadtphysicus u. hannöverscher Hofmedikus; 1804 vom Minister Hardenberg nach Preußen gezogen, gründete 1806 die landwirtschaftl. Lehranstalt Rittergut Möglin, 1811 die dortige Merinoschäferei; 1807–1817 Staatsrat; 1810–1818 Prof. Landwirtsch. Univ. Berlin; 1804 o. Mitgl., 1821 Ehrenmitgl. Preuß. Akad. Wiss.

*1752, Mai 14, Celle;

†1828, Okt. 26, Möglin bei Wriezen (Oder).

Genealog. Peter von Gebhardt: Ahnentafel des Reformators der dtsch. Landwirtsch. Albrecht Daniel Thaer: Familiengeschichtl. Bl. **26** (1928) Sp. 293–296 [3]; auch in: Ahnentafeln berühmter Deutscher (Leipzig 1929–1932) 53–57 [3]. — von Bomhard: Beitr. zur Ahnentafel ... Albrecht Daniel Thaer: Familiengeschichtl. Bl. **30** (1932) Sp. 173–174 [3]. — Friedrich Barenscheer: Catharina Philippina Ernestina von Willich, die Gattin Albrecht Thaers (* 5. Nov. 1760 Celle, † 1. XII. 1835 Möglin): Heimatkalender Lüneburger Heide [Celle] **1961**, 64–68 m. Bildn. [101].

Bibliogr. Cat. scient. Papers **5** (1871) 943 (4 Nr.) [3]. — Cat. gén. Bibl. nat. **185** (1959) Sp. 113–115 (15 Nr.) [3]. — Brit. Mus. Gen. Cat. **236** (1964) Sp. 680–681 (20 Nr.) [3].

Briefe Max Güntz: Ein Brief des Herzogs Friedrich von Holstein-Beck an den Staatsrat A. D. Thaer vom Jahre 1800, Leipzig, 27. Jan.: Jahrb. Ges. Gesch. u. Lit. Landwirtschaft **16** (1917) 35–38 [101]. — Albrecht Thaer in Briefen an einen sächs. Landwirt (Detlev Carl Graf von Einsiedel auf Wolkenburg): Landwirtschaftl. Genossensch.-Kalender Sachsen **8** (1939) 116–125 m. 2 Bildn. [101]. — Willi Alfred Boelcke: Drei unbekannte Briefe von Albrecht Thaer an Karl Gottlob von Anton: Z. Agrargesch. **9** (1961) 65–71 (Zelle, 21. Sept. 1799; ebda 24. Dez. 1799; ebda 21. März 1800) [101].

Nekr. Neuer Nekr. der Deutschen **6**, 1, 1828 (Ilmenau 1830) 763–768 [3].

Biogr. Johann Georg Meusel: Das gelehrte Teutschland **8** (Lemgo 1800) 37; **21** (1827) 29–31 [3]. — Wilhelm Koerte: A. Thaer, sein Leben u. Wirken als Arzt u. Landwirth. Aus Thaers Leben u. literar. Nachlasse dargest. (Leipzig 1839) XII, 416 S., Medaille m. Faks. [14]. — F. A. Teuscher: A. D. Thaer ... allen Landwirthen gewidmet (Leipzig 1843) 16 S. m. Titelbildn. [14]. — Michaud jeune: Biographie universelle, ancienne et moderne. Suppl. **84** (Paris 1857) 2–4 [3]. — C. Leisewitz: ADB **37** (1894) 636–641 [3]. — Adolf Harnack: Gesch. Preuß. Akad. Wiss. Berlin **1** (Berlin 1900) 536–537, 540, 560, 601, 602, 620, 634, 649, 653, 663, 749, 963, 966, 969 [3]. — August Werth: Adam Müller u. Albrecht Thaer: Jahrb. Nationalökon. u. Statistik (3) **26** (1903) 99–107 [3]. — Stieger: Zur Erinnerung an A. D. Thaer: Jahrb. Dtsch. Landwirtsch. Ges. **19** (1904) 354–372 m. 10 Abb. u. 1 Karte [3]. — August Werth: Albrecht Thaer als Nationalökonom (Borna 1905) 101 S. (Phil. Diss. Bern 1904) [3]. — August Werth: Albrecht Thaer u. Johann Heinrich von Thünen: Z. ges. Staatswiss. **61** (1905) 56–70 [3]. — Richard Ehrenberg: Thünen u. Thaer: Thünen-Arch. **1** (1906) H. 4, S. 167–198 [3]. — Gottfried Freyer: Zum 100jähr. Gedächtn. der Berufung Albrecht Daniel Thaers als Prof. an die neubegründete Friedrich-Wilhelm-Univ. Berlin: Mitt. Dtsch. Landwirtschafts-Ges. **25** (1910) 591–594 [3]. — Hermann Borkenhagen: An Albrecht Daniel Thaers Grab: Landwirtschaftl. Umschau **1910**, 195–197 m. Bildn. u. Faks. [Ha 2]. — Rudolf Mewes: Lehren von Thaer u. Liebig (Zum 100jähr. Gedenken der Veröff. der Thaerschen Humustheorie in den Abh. Akad. Wiss. Berlin 1814/15): Z. Sauerstoff- u. Stickstoff-Ind. **6** (1914) 53–56 [101]. — Otto Auhagen: Albrecht Thaer in seiner Heimat: Hannoverland **1914**, 216–219, 225–227, 239 [7]. — Allg. hannoversche Biogr., hrsg. von Wilhelm Rothert **3** (Hannover 1916) 463–473 m. Bildn. u. Denkmal [14]. — W. Ch. Francke: Aus Thaers Familienleben: Weserland **10** (1918) 47–48 [101]. — G. Lony: Albrecht Taehr zum Gedächtnis: Unterrichtsbl. Math. u. Naturwiss. **27** (1921) 50–53 [101]. Walter Simons: Albrecht Thaer. Nach amtl. u. privaten Dokumenten aus einer großen Zeit. Gedenkschr. zum 100. Todestag Thaers (Berlin 1929) VII, 266 S. m. Titelbildn., 1 Bildn., 1 Faks., 6 Abb. [3]. — Franz Künzel: Albrecht Thaer: Dtsch. Mährisch-Schles. Heimat **15** (1929) H. 1/2, Beil. Der Pflug, S. 27–28 [UB Brno]. — Gottfried Fittbogen: Der junge Albrecht Thaer in Göttingen: Neues Göttinger Jahrb. **3** (1930/32) 71–75 [101]. — Ernst Edgar Reimérdes: Albrecht Thaer, ein berühmter Sohn Celles: Illustr. Ztg., Leipzig **178** (1932) 64–65 m. 1 Bildn., 7 Abb. [3]. — Martin Kühner u. Herbert Morgen: Thaer – der Vater der Landwirtschaftswiss.: Pflügende Hand — Forschender Geist. Lebensbilder denkwürdiger Bahnbrecher u. Führer des Nährstandes (Berlin 1934) VI, 211 S. m. 23 Abb. [14]. — Kurt Ritter in: Die Großen Deutschen. Hrsg. von Willy Andreas u. Wilhelm von Scholz **3** (Berlin 1936) 252–265 m. 1 Bildn., 1 Abb. [101]. — Friedrich von Tschudy: Albrecht Thaer, der Begründer der rationellen Landwirtschaft in Deutschland: Landfreund-Kalender [Bern] **4** (1939) 50–51 [LB Bern]. — Kurt Brüning u. a.: Große Männer Niedersachsens: Niedersachsen, Gestalten u. Zeiten **9/10** (Hannover 1939) 48–49 [101]. — Heinz K. Haushofer: Von Leibniz bis Thaer: Wiener landwirtschaftl. Ztg. **92** (1942) 187–189, 195–196 [Ha 4]. — A. Winkler: Goethe ehrt Albrecht Thaer: Neue Berliner Gärtnerbörse **3** (1949) 61 (m. Goethes Gedicht „Zu Thaers Jubelfest dem 14. Mai 1824") [101]. — Rosenkranz: Albrecht Thaer: Ähre **4** (1950) Nr. 1, S. 15 m. Bildn. [101]. — Leonie Flab-Lichtenberg: Albrecht Thaer: Natur u. Nahrung **4** (1950) Nr. 15/16, S. 13–14 [101]. — Theodor Heuß: Deutsche Gestalten. Studien zum 19. Jahrhundert (Stuttgart u. Tübingen 1951) 80–89 [101]. — Herbert Baier: Das einsame Grab von Möglin: Der freie Bauer vom 13. Mai 1951 S. 9 m. Bildn. [14]. — Hellmuth Rößler u. Günther Franz: Biogr. Wörterbuch zur Deutschen Gesch. (München 1953) 834 [3]. — H. J. von Senfft: Albrecht Thaer u. seine Zeit: Lebendige Erde **1954**, 262–269 [24]. — Karl Leutner: Deutsche, auf die wir stolz sind (Berlin 1955) F. 1, S. 94–98 m. Bildn. [14]; 2. Aufl. 1960 [14]. — Kurt Ritter: Das Wirken Albrecht Daniel Thaers als Ökonom: Albrecht-Thaer-Arch. **1** (1956) 5–11 m. 1 Bildn. u. Faks. [3]. — Curt Schelenz: Albrecht Thaer u. seine Beziehungen zur Pharmazie: Dtsch. Apotheker-Ztg. **96** (1956) 889–892 [101]. — Das Landw. Unterrichts-Inst. zu Möglin. In: Berliner Forschung u. Lehre in den Landwirtschaftswiss. Festschr. zur 75-Jahr-Feier der Landw.-Gärtner. Fakultät der Humboldt-Univ. u. zur Erinnerung an die Gründung der Landw. Akad. in Möglin durch Albrecht Thaer im Jahre 1806 (Berlin 1956) 17–23 m. 1 Bildn. u. 1 Abb. [101]. — B. Skibbe: Albrecht Daniel Thaer: ebda S. 53 [101]. — Volker Klemm, Günther Meyer: Albrecht Daniel Thaer, Pionier der Landwirtschaftswissenschaften in Deutschland (Halle 1968) 270 S., Abb. [15].

Zum 70. Todestag O. Karrig: Aus der Gesch. der mecklenburg. Landwirtsch.: Dtsch. Adelsbl. **16** (1898) 716–717, 733–734, 751–752 [1].

Zum 150. Geburtstag Heinrich Pudor: Hilfe **8** (1902) Nr. 19, S. 3–4 [15]. — Dtsch. landwirtsch. Presse **29** (1902) 335–336 m. 1 Bildn., 4 Abb., Relief des Thaer-Denkmals in Berlin [Ha 4].

Zum 175. Geburtstag Hübenthal-Celle: Dtsch. landwirtsch. Tierzucht **31** (1927) 391–392 [Ha 4].

Zum 100. Todestag Albrecht Thaer. Sein Leben u. seine Bedeutung in Vergangenheit u. Gegenwart. Hrsg. von der Landwirtschafts-Ges. Hannover (Hannover 1928) 112 S. m. Abb., 1 Bildn., 2 Faks. [14]; darin: Bartels: A. D. Thaers Wirken für den deutschen Ackerbau 69–94; E. Bierei: Wie soll die Landw. in Wiss. u. Praxis Albr. Thaer verstehen? 49–68; Wilhelm Bonneß: Albrecht Thaer u. die Stadt Celle 7–22 m. 1 Bildn., 1 Abb.; F. Dinkhauser: A. Thaers Bedeutung für die deutsche Tierzucht 95–112 m. Abb. von Thaers Wappen; W. Seedorf: A. Thaer u. die Kgl. Großbritannisch u. Churfürstl.-Braunschw.-Lüneburg. Landwirtschafts-Ges. 23–48 m. 1 Abb. — Ernst Bierei: Ernähr. der Pflanze **24** (1928) 377–381 m. Bildn. u. Faks., 10 Abb. [3]; Forsch. u. Fortschr. **4** (1928) 315–316 [Ha 2]. — F. Dinkhauser: Dtsch. landwirtsch. Tierzucht **32** (1928) 833–834 m. Bildn. [Ha 4]; Werner Leppin: ebda 834–836 m. Abb. des Denkmals u. der Grabstätte [Ha 4]. — Friedrich Falke: Gedächtnisrede zum 100. Todestag A. D. Thaers (Leipzig 1929) 27 S. m. 1 Bildn., 5 Abb. (Vortr. prakt. Landwirte 3.–5. Jan. 1929 Leipzig) [101]. — Johannes Hansen: Mitt. Dtsch. Landwirtschafts-Ges. **43** (1928) 969–973 m. 1 Bildn., 1 Faks., 9 Abb. [101]; Z. angew. Chem. **41** (1928) 1324 [101]; Albrecht Thaer. Festrede (Berlin 1929) 19 S. m. 1 Abb., 11 Abb. [15]. — Jumpertz: Was hat A. Thaer veranlaßt, seinen Beruf als Arzt aufzugeben u. Landwirt zu werden?: Med. Welt **2** (1928) 1589–1590 m. Abb. einer Plakette [15]. — S.: Thaer bei Reuter u. Zelter:

ebda 1590 [15]. – Klapp: Kali **22** (1928) 347–349 [101]. – Werner Leppin: Illustr. landw. Ztg. **48** (1928) 553–554 m. Bildn. [Ha 4]. – P. Martell: Techn. in der Landw. **9** (1928) 247–248 [Ha 4]. – Matschenz: Fortschr. Landwirtsch. **3** (1928) 913–914 m. Bildn. [Ha 4]. – Meitzel in: Handwörterb. der Staatswiss. 4. Aufl. **8** (Jena 1928) 217 m. Lit.Ang. [3]. – A. Neuburger: Welt u. Wissen **17, 2** (1928) 371–373 m. 1 Bildn. [101]. – H. Ostermuth: Pflanzenbau **5** (1928/29) 93–96 [Ha 4]. – W. Seedorf: Albr. Thaer u. Göttingen: J. Landwirtsch. **76** (1928) 293–308 [Ha 4]. – S. Ulmansky: Wiener landwirtsch. Ztg. **78** (1928) 375–376 m. Bildn. [Ha 4]. – K. Ulrich: Staatsrat A. Thaer u. die Rübenzuckerindustrie: Dtsch. Zuckerind. **54** (1929) 967–968, 1120, 1170–1171, 1219–1220, 1264–1265 (m. Bildn.), 1292–1294 [Ha 4]. – Ph. Walther: Dtsch. landwirtsch. Presse **55** (1928) 457–458 m. Bildn. [Ha 4]; Pflanzenbau **5** (1928/29) 96–98 [Ha 4]. – Zwanzig: Z. Schafzucht **17** (1928) 327–328 m. Bildn. [Ha 4]. – Albrecht-Thaer-Gedächtnisfeier in Bonn am 3. Nov. 1928: Bonner Ztg. **1928** Nr. 368 vom 4. Nov. [5]; Mitt. Gesch. Med. Naturwiss. **28** (1929) 255 [3]. – Brandenburgischer Landbund-Kalender **5** (1929) 52–54 m. Bildn. [11]. – Sächs. landwirtsch. Z. **76** (1928) 553 [14].

Zum 110. Todestag Albers: Tierärztl. Mitt. **19** (1938) 415–416 [101]. – Diplomlandwirt **19** (1938) 391–392 [Ha 4].

Zum 120. Todestag Wilhelm Abel: In einem Garten fing es an: Dtsch. Bauernztg. **1** (1948) Nr. 6, S. 5 [101]. – Paul Alpers: Celler Heimatkalender **1948**, 52–53 m. 1 Bildn., 1 Abb. [101].

Zum 200. Geburtstag Bartels: Hannoversche land- u. forstwirtsch. Ztg. **105** (1952) 469–470 [35]; Landwirtschaftsbl. Weser–Ems **99** (1952) 459–460 m. 1 Abb. [101]. – Karl von Bauriedel: Der Doktor mit dem Steckenpferd: Merian **7** (1954) H. 11, S. 76, 78, 80 m. 2 Abb. [101]. – G. Bratke: Hannoversche land- u. forstwirtsch. Ztg. **105** (1952) 468 [35]. – G. Franz: Agrarwirtsch. **1** (1952) 97–98 [101]. – G. Klauder: Dtsch. Bauern-Korrespondenz (Bonn) **5** (1952) Nr. 9, S. 6–7 [292]. – Matthias Kramer: Ber. Landwirtsch. Z. Agrarpolitik u. Landwirtsch. N.F. **30** (1952) 132–141 m. 1 Bildn. [18]. – F. Lobell: Orion **7** (1952) 787–789 m. 1 Bildn. [101]. – Herbert August Meyer: Hannoversche land- u. forstwirtsch. Ztg. **105** (1952) 467–468 [35]. – Niklas: Allgäuer Bauernbl. **20** (1952) 254–255 m. 1 Bildn. [101]; Landwirtsch. Wbl. **142** (1952) 582 [101]; Landwirtsch. Wbl. Westfalen u. Lippe **109** (1952) 755 [7]. – Asmus Petersen: S.-Ber. Dtsch. Akad. Landwirtschaftswiss. Berlin **1** (1952) H. 4, S. 1–25 [14; Ha 4]. – Kurt Schelenz: Heimatland [Hannover] **1952**, 165–168 m. 1 Bildn., 1 Abb. [101]. – Gertrud Schröder-Lembke: Wiss. Z. Univ. Rostock, math.-nat. Rhe **1** (1951/52) 51–56 m. Lit.Verz. [3]. – Wilhelm Seedorf in: Männer, die Nahrung schufen. Hrsg. von Otto Keune (Hannover 1952) 9–27, 550–551 m. Bildn. [101]. – Otto A. Sommer: Württemberg. Wbl. Landwirtschaft **119** (1952) 433–434 [101]. – Hans Zander: Freie Bauer **7** (1952) Nr. 20 S. 11, [101]. – Dtsch. Gärtnerpost **4** (1952) Nr. 20, S. 5 [3]. – Landwirtschaftl. Z. Nord-Rheinprovinz (Bonn) **119, 1** (1952) 534 [292]. – Mitt. Dtsch. Landwirtschafts-Ges. **67** (1952) 329, 336–337 m. Bildn. [101]. – Festl. Tage in Celle: Hannoversche land- u. forstwirtsch. Ztg. **105** (1952) 495–497 [35].

Zum 130. Todestag Gernot Rath: A. Thaer als Neuralpathologe: Sudhoffs Arch. Gesch. Med. Naturwiss. **42** (1958) 65–70 [3].

Weitere Lit. [Joh. Georg Heinzmann:] Beobachtungen u. Anmerkungen auf Reisen durch Deutschland. In Fragmenten u. Briefen (Leipzig 1788) 302 [62]. – Christian Friedrich Werner: Beleuchtung der Mögliner Landwirtschaft des Herrn Staatsrath Thaer von den Jahren 1807 bis 1815 (Leipzig 1816) 311 S. [14]. – Ritter von Riese: Beitr. zu Thaers Theorie über das Verhältn. der Ernten zur Fruchtbarkeit des Bodens (Berlin 1823) 72 S. [14]. – William Loebe: Handbuch der rationellen Landwirthschaft. 4. Aufl. **1** (Leipzig 1863) IV, 555 S. m. Titelbildn. Thaers [Ha 4]. – Emil Bannert: Thaers Lehren über Pflanzennahrung u. Ersatz u. ihr Einfluß auf die Entwicklung der Landwirtsch. (Leipzig 1870) 24 S. (Phil. Diss. Univ. Leipzig 1870) [3]. – Wilhelm Roscher: Gesch. der National-Oekonomik in Deutschland (München 1874) 696–699 [3]. – Theodor Freiherr von der Goltz: Gesch. der Dtsch. Landwirtsch. **2** (Stuttgart, Berlin 1903) 3–46 [3]. – Albert Neuburger: Die Erforschung u. Verwertung der Naturkräfte im Dienste der Völker. In: Weltall u. Menschheit **5** (Berlin 1904) 308–309 m. Bildn. [14]. – Albert Orth: Die Landwirtsch. zur Zeit Thaers u. im naturwiss. Jahrhundert. Festrede (Berlin 1906) 23 S. [Ha 4]. – Ein Jahrhundertjubil. der dtsch. Landwirtsch.: Illustr. Ztg., Leipzig **132** (1909) 452, 454 m. 1 Bildn. [3]. – Friedrich Lenz: Agrarlehre u. Agrarpolitik der dtsch. Romantik (Berlin 1912) 5–9, 46–65, 67–68 [3]. – Gustav Krüger: Albrecht Thaer u. die Erziehung des Menschengeschlechts (Tübingen 1913) 44 S. [14]. – Anton Brosch: Der Verein zur Veredlung der Wolle zu Berlin u. seine Mitglieder im Jahre 1817 (Eine Hundertjahr-Erinnerung an A. D. Thaer): Süddtsch. landwirtschaftl. Tierzucht **1918**, Nr. 2, S. 14 [12]. – A. Sartorius von Waltershausen: Dtsche Wirtschaftsgesch. 1815–1914 (Jena 1920) 115 [3]. – Illustr. Landwirtschafts-Lexikon. 6. Aufl. Hrsg. von P. Gisevius **2**

(Berlin 1923) 401–402 m. Bildn. [14]. — Arthur Tröndle: Gesch. des Atmungs- u. Ernährungsproblems bei den Pflanzen (Zürich u. Leipzig 1925) 97 [101]. — Erna Arnhold: Goethes Berliner Beziehungen (Gotha 1925) 39, 152, 357–358, 375 [3]. — Norman Balk: Die Friedrich-Wilhelms-Univ. zu Berlin (Berlin 1926) 51, 56, 60 [101]. — Hans Ostermuth: Albr. Daniel Thaer als Gründer der Akad. des Landbaues zu Möglin u. der Stammschäferei zu Panten in Schlesien. Agrarhistor. Quellenstudie ... (Leipzig 1929) 153 S. (Phil. Diss. Univ. Leipzig 1929) [14]. — Rudolf E. Grotkaß: Albrecht Daniel Thaer als Stärkezuckerfabrikant u. Gegner des Rübenzuckers: Wirtschaftsztg. Z. Ind.- u. Handelskammer Magdeburg u. Halberstadt **15** (1931) 177–180 [3]; Chemiker-Ztg. **56** (1932) 29–30 [3]. — Rudolf Schultze: Untersuchungen zur Gesch. der Intensitätslehre von Thaer-Thünen bis zur Gegenwart (Gerabronn 1931) II, 91 S. (Diss. Landw. H Berlin 1931) [3]. — Franz Schnabel: Dtsch. Gesch. im 19. Jahrhundert **3** (Freiburg 1934) 209, 214, 273, 315, 322, 326 [3]. — Deutsches Bauerntum. Hrsg. von Karl Scheda (Reutlingen 1935) 366 [101]. — Stengel: Wilhelm von Humboldt-Gedächtnis-Ausstellung im Märkischen Museum. Lebensbilder aus der Gesch. der Berliner Univ., Berlin 9. Apr. bis 15. Mai 1935 (Berlin o. J.) 48 [101]. — H. Höfer: Mitt. ökon. Ges. Sachsens (Dresden) **55** (1936) 47–62. — Carla Meyer-Rasch: Alte Häuser erzählen. Von Menschen u. Schicksalen in der Stadt Celle (Celle 1936) 102–108 m. Bildn. [101]. — Richard Krzymowski: Gesch. der dtsch. Landwirtschaft unter besonderer Berücksichtigung der techn. Entwicklung der Landwirtsch. (Stuttgart 1939) 40, 41, 141, 142, 143, 145, 147, 160–172, 184, 185, 232, 256, 258, 280, 293, 296 [3]. — Suradnja **4** (1942) Nr. 22, S. 7 [101]. — F. Dinkhauser: Albrecht Thaers Bedeutung für die deutsche Tierzucht: Dtsch. landwirtsch. Tierzucht **46** (1942) 185–186 [Ha 4]. — Sigmar Spauszus: Aus Salz wird Brot. Vom Leben u. Werk Justus von Liebigs (Berlin 1952) 6–7 m. Bildn. [14]. — G. Franz: Das Thaer-Archiv: Z. Agrargesch. **5** (1957) 156–157 [101]. — H. K.: Ein Ausspruch A. Thaers über den Humus: Lebendige Erde **1958**, 43 [101]. — Lebenserinnerungen des Königs Johann von Sachsen. Eigene Aufzeichnungen des Königs über die Jahre 1801 bis 1854. Hrsg. von Hellmut Kretzschmar (Göttingen 1958) 80 [3]. — Heimatchronik der Stadt u. des Landkreises Celle. Von Heinrich Pröve [u. a.] (Köln 1959) 94–95 m. Bildn. (Heimatchroniken der Städte u. Kreise des Bundesgebietes, 22) [14]. — Karl Kuhn: Biochem. der Pflanzen nach A. Thaer, J. Liebig u. heute: Natur u. Kultur **53** (1961) 165–167 [101]. — Hans-Joachim Schreckenbach: Goethes Autographen-Sammlung. Katalog (Weimar 1961) 231 Nr. 1678 (Vorlesungsankündigung für das Wintersemester 1813/14 Okt./Nov. 1813 Berlin) [3]. — R. Müller: Der Vater der Agrarwiss., Enkel eines Liebenwerdaer Stadtschreibers: Heimatkalender Kreis Bad Liebenwerda **1962**, 173–177 [101].

Bildn., Denkmal A. Thaer: Beschreibung der nutzbarsten neuen Ackergeräte (Hannover 1803–1806) H. 1, Titelbildn. [14]. — J. G. Krünitz: Oecon. Encyclopädie **101** (1806) Titelbildn. [14]. — Victor Jacobi: Die Nationalangelegenheit zunächst der teutschen Landwirthe: Thaer's Denkmal ... Warum soll in Leipzig es errichtet werden? Weshalb bestimmte man ihm die plastische Form? (Leipzig 1843) 50 S. [35]. — Albrecht Thaer: Sein Leben, Wirken u. sein Denkmal (von Rietschel), eingeweiht zu Leipzig am 28. Sept. 1850 (Leipzig 1850) 8 S. [14]. — Zur Feier der Enthüllung des Thaer-Denkmals in Leipzig: Illustr. Ztg., Leipzig **15** (1850) 193–195, 212–213 m. Bildn. [14]. — Illustr. Ztg., Leipzig **26** (1856) 432 (Büste); **61** (1873) 353 Thaer-Statue in Celle, 355 [14]. — Ludwig Bechstein: 200 Bildn. u. Lebensbeschreibungen berühmter deutscher Männer. 2. Aufl. (Leipzig 1857) Nr. 183 [14]. — Theodor Fontane: Denkmal A. Thaers zu Berlin. Nach dem Entwurf von Chr. Rauch (Berlin 1861) 50 S. m. 8 Abb. auf Taf., Titelbildn. des Denkmals [14]. — Buch der Erfindungen **3** (Berlin 1864) 146, Titelbildn. [14]. — E. G. R. Bornemann: Leipzig u. seine Bildungsanstalten (Leipzig 1865) 19, Denkmal [14]. — Wilhelm Hamm: Landwirthschaft in Bildern (Wien 1873) 2–5 m. Bildn. u. Abb. des Denkmals in Leipzig [14]. — Katalog der Ostermeß-Ausstellung des Börsenvereins der dtsch. Buchhändler (Leipzig 1884) 29 (Büste), 354 (Bildn.) [14]. — Georg Stamper in: Das 19. Jahrhundert in Bildn. hrsg. von Karl Werckmeister **3** (Berlin 1899) Nr. 245, S. 331–332 [3]. — Max Eschner: Leipzigs Denkmäler (Leipzig 1910) 134, 135 [14]. — Jahrb. des Schles. Museums für Kunstgewerbe u. Altertümer **9** (1928) Taf. XVI [15]. — Franz Koch: Die Kultur des Idealismus (Potsdam 1935) 277 m. Bildn. [14]. — Die Großen Deutschen im Bild. Hrsg. von Alfred Hentzen u. Niels von Holst (Berlin 1936) 202 (Gemälde von J. J. de Lose um 1800) [3]. — Clemens Thaer: Zum ältesten Thaer-Bildn.: Jahrb. Ges. Gesch. u. Literatur der Landwirtsch. **40** (1941) 49 m. Bildn. [14]. — Bildn. berühmter Mitglieder der Dtsch. Akad. Wiss. zu Berlin (Berlin 1950) 14 [14]. — Landwirtschaftsstudium in Berlin. Hrsg. anläßl. des 75jähr. Jubil. Landw.-Gärtner. Fakultät (Berlin 1956) 3 m. Bildn. [14]. — Festschr. 350jahrfeier Ludwigs-Univ. Justus-Liebig-Hochsch. 1607–1957 (Gießen 1957) 352 m. Bildn. [Ha 2]. — Die Humboldt-Univ. gestern–heute–morgen (Berlin 1960) 96 m. Bildn. [14].

THEBESIUS, Adam Christian. Med. — Stud. in Leipzig, Halle, Leiden; 1708 Dr. med.; seit 1709 prakt. Arzt in Hirschberg, 1714 Stadtphysikus; 1713 Mitgl. der Leopoldina; in einem selbst erbauten Observatorium trieb er physik.-astron. Studien.

*1686, Jan. 12, Sandenwalde, Krs. Guhrau, Schles.;

†1732, Nov. 10, Hirschberg.

Bibliogr. Cat. gén. Bibl. nat. **185** (1959) Sp. 316 (1 Nr.) [3]. — Brit. Mus. Gen. Cat. **236** (1964) Sp. 802 (3 Nr.) [3].

Lit. Caspar Theophil Lindner: Memoria ... (o. O., o. J.) 8 S. m. Titelbildn. [Ha 2]. — J. Graetzer: Lebensbilder hervorragender schlesischer Aerzte aus den letzten vier Jahrhunderten (Breslau 1889) 157–161 [Ha 2]. — Haberling in: Biogr. Lexikon der hervorragenden Ärzte aller Zeiten u. Völker, 2. Aufl. **5** (Berlin, Wien 1934) 543 [3]. — Richard N. Wegner: Das Anatomenbildn. Seine Entwicklung im Zusammenhang m. der anatom. Abbildung (Basel 1939) 124, 126 m. Bildn. nach einem Stich von Martin Thyroff Nr. 80, S. 124 [3].

II **THEBESIUS,** Adam Samuel (Sebastian). Med. — 1758 Dr. phil. Univ. Halle; prakt. Arzt in Hirschberg.

*1739, Febr. 1, Kreibau bei Liegnitz;

†1808, Febr. 1, Hirschberg.

Lit. Johann Georg Meusel: Das gelehrte Teutschland **8** (Lemgo 1800) 38; **16** (1812) 13 [3]. — Pagel in: Biogr. Lexikon der hervorragenden Ärzte aller Zeiten u. Völker. 2. Aufl. **5** (Berlin, Wien 1934) 544 [3].

THEILE, Friedrich Wilhelm. Med. — 1834 Mitbegründer der Naturwissenschaftl. Ges. Isis in Dresden; 1835 stud., 1838 Dr. med. Univ. Leipzig; prakt. Arzt in Lockwitz bei Dresden; vielfältig tätig auch als Landwirt, Zeitungsschreiber, Volksbildner u. Landtagsabgeordneter; beteiligte sich am Mai-Aufstand 1849, wurde zum Tode verurteilt, aber nach 6 Jahren Zuchthaus (in Waldheim) begnadigt.

*1814, Juli 12, Chemnitz;

†1899, Aug. 10, Lockwitz bei Dresden.

Bibliogr. Brit. Mus. Gen. Cat. **236** (1964) Sp. 814–815 (10 Nr.) [3].

Nekr. J. Deichmüller: S.-Ber. naturwiss. Ges. Isis Dresden **1899** (1900) V–VIII [Ha 2]. — O. Lehmann: Über Berg u. Thal **22** (1899) 193–196, 201–202 m. 1 Bildn., 1 Abb. [14]. — Zenker [Pfarrer in Lockwitz]: Gedächtnisrede, gespr. bei der Beerdigung am 19. Aug. 1899 (o. O., o. J.) 8 S. [14]. — Biogr. Jahrb. u. Deutscher Nekrolog **4** (Berlin 1900) 184* [3].

Biogr. Dr. Theiles Lebensbild. In: Aus alter u. neuer Zeit. Localgeschichtl. Beilage zum Localanzeiger für die Ortschaften des Lockwitzthales **1906**. Teil I (1814–1850) von ihm selbst verfaßt in Nr. 6–53, 60–82; Teil II (1850–1899) von H. F. Holfert in Nr. 91–103 [14]. — Rudolph Zaunick: Gründung u. Gründer der Naturwiss. Ges. Isis in Dresden vor 100 Jahren. Eine bildungsgeschichtl. Entwicklung m. Berichten über Leben u. Werk der 12 Isis-Stifter: S.-Ber. u. Abh. naturwiss. Ges. Isis Dresden, Festschr. Feier 100jähr. Bestehen **1934**, 46–48 [Ha 2].

II **THIENEMANN,** Friedrich August Ludwig. Med., Ornithol. — 1820 Dr. med. Univ. Leipzig; 2jähr. Reise nach Island u. Norwegen; 1822 PDoz. Univ. Leipzig; 1825–1831 zweiter Inspektor des Naturalienkabinetts in Dresden; 1839–1842 Bibliothekar in Dresden; dann als Privatmann lebend.

*1793, Dez. 25, Gleina bei Freyburg/Unstrut;

†1858, Juni 24, Trachenberg bei Dresden.

Bibliogr. Cat. scient. Papers **5** (1871) 952–953 (13 Nr.) [3]. — Cat. gén. Bibl. nat. **186** (1960) Sp. 506 (1 Nr.) [3]. — Brit. Mus. Gen. Cat. **237** (1964) Sp. 301–302 (6 Nr.) [3].

Biogr. E. G. Gersdorf: Leipziger Repertorium der dtsch. u. ausländ. Lit. **16**, 4 (Leipzig 1858) 64 [3]. — W. Heß: ADB **38** (1894) 1 [3]. — Briefwechsel des Herzogs-Großherzogs Carl August m. Goethe. Hrsg. von Hans Wahl **2** (Berlin 1916) 180, 405; **3** (1918) 96, 346 [3]. — R. Zaunick: Mitt. Gesch. Med. Naturwiss. **22** (1923) 182 [3]. — Rudolph Zaunick: F. A. L. Thienemanns Anteil am Zustandekommen der ersten Versammlungen deutscher Ornithologen. Im Anhang eine Bibliographia Thienemannia: Mitt. Ver. sächs. Ornithologen, Sonderh. zu **1** (1922–1925) 1–17 m. Bildn. u. Faks. [14].

II **THÖLDE,** Johann. — Ratskämmerer u. Pfannenmeister des Salzwerks in Frankenhausen in Thüringen. Er lebte anfangs des 17. Jahrhunderts.

*in Hessen.

Er gab unter seinem Namen 1603 eine Haliographia oder Beschreibung aller Salzmineralien, aber auch verschiedene Schriften von **Basilius Valentinus** heraus.

Bibliogr. Cat. gén. Bibl. nat. **186** (1960) Sp. 53–54 (2 Nr.) [3]. – Brit. Mus. Gen. Cat. **237** (1964) Sp. 448–449 (14 Nr.) [3].

II **BASILIUS VALENTINUS.** Chem., Med. — Lebensumstände sind unbekannt. Er soll vom Oberrhein gebürtig sein u. angeblich 1413 im Benediktiner St. Peterskloster zu Erfurt gelebt haben.

Die unter seinem Namen 1599 u. zu Beginn des 17. Jahrhunderts gedruckten Schriften sind von Paracelsus, Georg Agricola u. a. beeinflußt. Man vermutet, daß der erste Herausgeber mehrerer Texte, **Johann Thölde**, der Verfasser ist. Es ist noch nicht geklärt, was in diesen Schriften auf mittelalterliche Überlieferungen zurückgeht.

Lit. Johann Moritz Guden: Historia Erfurtensis **2** (Duderstadt 1675) 129 [3]. – Just. Christoph Motschmann: Erfordia literata oder gelehrtes Erffurth **3** (Erfurth 1730) 390–399 [3]. – Daniel Georg Morhof: Polyhistor. 3. Aufl. (Lübeck 1732) T. 1, Lib. 1, S. 84–85; T. 2. Lib. 2, S. 420, 403 [u. a.] [3]. – Christian Gottlieb Jöcher: Allgem. Gelehrten-Lexicon **4** (Leipzig 1751) Sp. 1406–1407 [3]. – Magnoaldus Ziegelbauer: Historia rei literariae ordinis S. Benedicti in 4 partes distributa **3** (Augustae Vindel. et Herbipoli 1754) 188–192 [37]. – Johann Beckmann: Beyträge zur Gesch. der Erfindungen **2** (Leipzig 1788) 225–229 [3]. – Joh. Friedr. Gmelin: Gesch. der Chem. **1** (Göttingen 1797) 136–137, 557; **2** (1798) 298, 318 (Gesch. der Künste u. Wiss., 8) [3]. – Allgem. Encyclopädie der Wiss. u. Künste. Hrsg. von I. S. Ersch u. I. G. Gruber I, 8 (Leipzig 1822) 40–41 [3]. – Dezeimeris: Dict. hist. méd. **1**, 1 (Paris 1828) 301–303 [3]. – Karl Christoph Schmieder: Gesch. der Alchemie (Halle 1832) 197–209 m. Schr.Verz. [3]. – Hermann Kopp: Gesch. der Chem. **4** (Braunschweig 1847) 418 siehe Reg. [3]. – Oppenheim: ADB **2** (1875) 125-126 [3]. – Hermann Kopp: Ansichten über die Aufgabe der Chem. u. über die Grundbestandteile der Körper. Die Entdeckung der Zusammensetzung des Wassers (Braunschweig 1875) 110–129 (Beitr. Gesch. Chem., 3)[15]. – H. Hildebrand: Der Alchimist Basilius Valentinus (Zerbst 1876) 1–18 (Schulprogr. Francisceums Zerbst 1875/1876) [3]. – C. S. Pierce: Note on the age of Basil Valentine: Science (New York) N. S. 8, 2 (1898) 169–176 [15]. – Hermann Schelenz: Gesch. der Pharmaz. (Berlin 1904) 236, 244, 256, 454, 479–480 [3]. – Richard Loth: Das Medizinalwesen, der ärztl. Stand u. die med. Fakultät bis zum Anfang des 17. Jahrhunderts in Erfurt: Jahrb. Akad. gemeinnütz. Wiss. Erfurt N. F. **30** (1904) 409 [3]; Die dem Erfurter Mönch, Alchimisten u. Arzt Basilius Valentinus zugeschriebene Handschr. in der Kirchenbibl. zu Neustadt/Aisch: Korresp. Bl. allg. ärztl. Ver. Thüringen **34** (1905) 389–391 [3]. – Julius Berendes: Das Apothekerwesen. Seine Entstehung u. geschichtl. Entwicklung bis zum 20. Jahrhundert (Stuttgart 1907) 103 [3]. – Albert Stange: Das Zeitalter der Chem. in Wort u. Bild (Leipzig 1908) 44, 100, 153, 176, 210, 407, 429, 430 [3]. – John Maxson Stillmann: Basil Valentine. A 17th century hoax: Pop. Sci. Monthly [New York] **81** (1912) 591–600 [15]. – W. Hommel: Zur Gesch. des Zinks. Ursprung des Namens Zink. Erkennung des Zinks als Metall: Chemiker-Ztg. **36** (1912) 905 [3]. – Ernst von Meyer: Gesch. der Chem. von den ältesten Zeiten bis zur Gegenwart. 4. Aufl. (Leipzig 1914) 34–35, 39, 51–52 [3]. – W. Herz: Grundzüge der Gesch. der Chem. (Stuttgart 1916) 14, 20 [3]. – Edmund O. von Lippmann: Entstehung u. Ausbreitung der Alchemie. Ein Beitr. zur Kulturgesch. **1** (Berlin 1919) 486, 640, 642; **2** (1931) 53–54, 211 [3]. – W. Hommel: Basilius Valentinus als Unverwüstlicher: Z. angew. Chem. **32** (1919) 73–76 [Ha 2]. – Charles M. van Deventer: Grepen uit de Historie der Chemie (Haarlem 1924) 174, 175, 273, 285, 394 [1a]. – F. Fritz: Basilius Valentinus: Z. angew. Chem. **38** (1925) 325–329 [3]. – Max Salomon: Biogr. Lexikon der hervorragenden Ärzte aller Zeiten u. Völker **1** (Berlin, Wien 1929) 370 [3]. – Hans Schmidt: Antimon in der Arzneimittelsynthese: Z. angew. Chem. **43** (1930) 964, 968 [101]. – Max Speter: Eine Apparatur von 1624 zur Darst. von Azetaldehyd: Chem. Apparatur **20** (1933) 83–84 [101]. – Karl Sudhoff: Die Schriften des sogenannten Basilius Valentinus. Ein Beitr. zur Bibliogr. der Alchemie: Philobiblon **6** (1933) 163–170 m. 8 Abb. [3]; Die Deutsche Literatur des Mittelalters. Verfasserlexikon **1** (Berlin, Leipzig 1933) Sp. 176–177 [3]. – Haberling: Biogr. Lexikon der hervorragenden Ärzte aller Zeiten u. Völker. 2. Aufl. Erg. Bd. (Berlin, Wien 1935) 72–73 [3]. – W. Ganzenmüller: Die Alchimie im Mittelalter (Paderborn 1938) 64 [3]. – Sten Lindroth: Till Fragan om Basilius Valentinus: Lychnos **1940**, 325–327 [UB Basel]. – Felix Fritz: Zur Basilius Valentinus-Frage: Chemiker-Ztg. **65** (1941) 353–354 [3]. – Rudolf Tischner: Wer war Basilius Valentinus?: Allg. homöopath. Ztg. **190** (1942) 89-94 [101]. – Paul Walden: Zur Gesch. der Atimonpräparate u. des Basilius Valentinus: Sci. pharmac. **13**, 2 (1942) 5–8 [UB Bern]. – H. M. Leicester u. H. S. Klickstein: Source book in chemistry (New York 1952) 27–30 [3]. – Gerhard Eis: NDB **1** (1953) 620 [3]. – Felix Fritz: Basilius Valentinus. In: Günther Bugge: Das Buch der Großen Chemiker **1** (Weinheim 1955) 125–141 m. 1 Abb.; Lit.Verz. **2** (1955) 480 [3].

II **THURMANN,** Julius. Geol. — 1837–1843 Dir. Normalschule des Jura-Department; dann Prof. Math. u. Naturwiss. Collège Pruntrut (Porrentruy), Kanton Bern.

*1804, Nov. 8, Neu-Breisach, Elsaß; †1855, Juli 25, Pruntrut.

Bibliogr. Cat. scient. Papers **5** (1871) 988 (26 Nr.); **8** (1879) 1085 (1 Nr.) [3]. — Cat. gén. Bibl. nat. **188** (1962) 917–919 (10 Nr.) [3]. — Brit. Mus. Gen. Cat. **238** (1964) Sp. 818 (3 Nr.) [3].

Autobiogr. Jules Thurmann: Autobiogr., veröff. von J. Joachim: Bull. Soc. hist. nat. Colmar N. S. **22,** 1929–1930 (1931) 19–43 m. Bildn. u. Schr.Verz. [Ha 2].

Nekr. Ch. Contejean: C. R. situation et travaux Soc. d'émulation Montbéliard **1856,** App. 1, S. 45–59 [BPU Genf]. — E. G. Gersdorff: Leipziger Repertorium der dtsch. u. ausländ. Literatur **14,** 1 (Leipzig 1856) 125 [3]. — Xaver Kohler: Actes Soc. Helvétique Sci. nat. **40** (Chaux-de-Fonds 1855) 242–253 [Ha 2].

Biogr. Auguste Jaccard: Les géologues contemporains. In: Galérie suisse. Biographies nationales publiés par Eugène Secrétan **3** (Lausanne 1880) 180–183 [BCU Lausanne]. — Jules Marcou: Les géologues et la géologie du Jura jusqu'en 1870: Jules Thurmann: Mém. Soc. émulation du Jura (Lons-le Saunier) (4) **4** (1888) 159–165 [BPU Genf]. — A. Sch. in: Histor.-biogr. Lexikon der Schweiz **6** (1931) 780 m. Bildn. [3]. — Robert Lauterborn: Der Rhein. Naturgesch. eines deutschen Stromes: Ber. naturforsch. Ges. Freiburg/Br. **33** (1934) 116–119 [Ha 2]. — Fossilium Catalogus I: Animalia. Pars 72: K. Lambrecht †, W. et Quenstedt, Palaeontologi, Catalogus bio-bibliographicus ('s-Gravenhage 1938) 429–430 [3; Ha 2]. — Walther Staub: Der Anteil der Schweiz an der Entwicklung der Geol. In: Die Schweiz u. die Forschung **1,** 1 (Bern 1943) 47 [3].

Zum 100. Todestag Recueil d'études et de travaux sci. publ. de la 135e session de la Soc. Helv., Porrentruy: Bibliogr. scient. natur. Helvetica **31,** 1955 (Bern 1956) 6, 7–11 m. Bildn. [Ha 2].

II **THURNEYSSER** (Thurnhäuser), gen. **ZUM THURN,** Leonhard. Alchem., Med. — Sohn eines Goldschmieds in Basel; erlernte das Handwerk des Vaters; war Famulus bei dem Arzt Dr. Huber in Basel; mußte wegen Betrügereien 1548 seine Heimat verlassen; streifte 10 Jahre lang als Alchimist durch viele Länder; war bis 1584 Leibarzt des Kurfürsten Johann Georg von Brandenburg u. Dirigent des alchim. Labor. der Kurfürstin Sabina. Er erwarb sich vor allem als Arzt ein großes Vermögen, das er jedoch wieder verlor. Nach einem unruhigen Wanderleben starb er in großer Armut.

*1531, Aug. 6, Basel; †1596, Juli 9, Köln.

Genealog. W. H. von Schmelzing: Grabdenkmäler von Landfremden in der Klosterkirche zu Berlin, 6: Anna Thurneyßer geb. Huetlin, † 1575: Familiengeschichtl. Bl. **35** (1937) Sp. 318–322 [3]. — Eduard His: Stammtaf. Thurneysen. Manuskr. im Staatsarch. Basel-Stadt.

Bibliogr. Cat. gén. Bibl. nat. **188** (1962) Sp. 928–931 (8 Nr.) [3]. — Brit. Mus. Gen. Cat. **238** (1964) Sp. 821–823 (27 Nr.) [3].

Briefe Rudolph Zaunick u. Kurt Wein: Ein Brief von Johannes Thal an Leonhart Thurneysser zum Thurn aus dem Jahre 1582 in rebus botanicis: Sudhoffs Arch. Gesch. Med. Naturwiss. **30** (1937/38) 401–406 [3].

Biogr. Joh. Daniel Gohl: Vita Leonhardi Thurneisseri zum Thurn . . .: Acta Medicorum Berolinensium Decas II, vol. **1** (Berlin 1723) 3–11 m. Titelbildn. [3]. — N. F. J. Eloy: Dictionnaire historique de la médecine ancienne et moderne . . . **4** (Mons 1778) 395 [3]. — I. C. W. Moehsen: Leben Leonhard Thurneissers zum Thurn. Ein Beitr. zur Gesch. der Alchymie. In: Beitr. zur Gesch. der Wiss. in der Mark Brandenburg (Berlin, Leipzig 1783) 1–198 m. Schr.Verz. [3]. — Helvetiens berühmte Männer in Bildn. dargest. von Heinrich Pfenninger, nebst kurzen biogr. Nachrichten von Leonhard Meister **2** (Zürich, Winterthur 1784) 111–132 m. Bildn. [15]. — Dictionnaire des sciences médicales. Biographie médicale **7** (Paris 1825) 336–337 [3]. — Weiss: Biographie universelle, ancienne et moderne **45** (Paris 1826) 590–593 [3]. — C. Becker: Leonhart Thurneisser zum Thurn. Mit besonderer Rücksicht auf seinen Aufenthalt in Münster u. in Berlin: Z. vaterländ. Gesch. u. Alterthumskde (Westfalen) **1** (1838) 241–264 [3]. — Rudolf Wolf: Biogr. zur Kulturgesch. der Schweiz **3** (Zürich 1860) 32–33; **4** (1862) 20, 306 [3]. — Th. Ödebrecht: Beitr. zur richtigen Würdigung Leonhard Thurneyssers: Märkische Forsch. **7** (1861) 192–209 [14]. — Ferdinand Meyer in: Berühmte Männer Berlins u. ihre Wohnstätten **1** (Berlin 1875) 41–54 [11]. — Carl Wieland: Beitr. vaterländ. Gesch. **11** (1882) 291–327 [3]. — J. Heidemann: ADB **38** (1894) 226–229 [3]. — E. Göritz: Leonhard Thurneysser, ein Heilkünstler vor 300 Jahren: Der Bär **24** (1898) 583-586 [14]. — Max Hoffmann: Ein

Berliner Alchymist: Türmer **3**, 2 (1901) 576–581 [1]. — Johannes Proeles: Ein Wunderdoktor des 16. Jahrhunderts. Thurneisser zum Thurn: Gartenlaube **1902** 356–360 [3]. — B. Reber: Zwei neue Dokumente über Leonhard Thurneysser zum Thurn. Mitt. Gesch. Med. Naturwiss. **5** (1906) 431–439 [3]. — H. Kümmel: Die Ahnherren der Zahnheilkunde. Kulturgeschichtl. Essays, 4: Leonhard Thurneysser zum Thurn: Korresp. Bl. Zahnärzte **39** (1910) 63–79 m. Bildn. u. Lit.Verz. [11; Ha 2]. — Siegfried Mauermann: Groß-Berliner Kalender **1915**, 283–285 [101]. — Friedrich von Oppeln-Bronikowski: Abenteurer am Preußischen Hoie 1700–1800 (Berlin–Leipzig 1927) 12–15 [3]. — Max Speter: Leonhard Thurneyssers Flucht: Vossische Ztg. **1930**, Unterhaltungsbl. vom 25. Jan. Sp. 2–4 [11]. — Rudolph Zaunick: Johannes Franke u. Leonhart Thurneysser zum Thurn. In: Johannes Franke „Hortus Lusatiae" Bautzen 1594 mit einer Biogr. neu hrsg., gedeutet u. erklärt von Rudolph Zaunick, Kurt Wein u. Max Militzer (Bautzen 1930) 21–39 [3]. — Adr. Stückelberg in: Histor.-biogr. Lexikon der Schweiz **6** (Neuenburg 1931) 783–784 [3]. — Max Speter: Von Leonhard Thurneyssers Glück u. Ende: Z. Bücherfreunde **39** (1935) 145–150 m. 1 Abb. u. 3 Initial-Miniaturen aus der wiedergefundenen Handschr. von 1584 [101]. — R. Winter: Mitt. histor. Ver. Heimatkde Frankfurt/Oder **34** (1935) 7–8 [101]. — Paul Kölner: Der Wundermann Leonhard Thurneysser zum Thurn: Heißt ein Haus zum Schweizerdegen. Tausend Jahre dtsch.-schweizer. Geistesleben, hrsg. von Emanuel Stickelberger **1** (Olten 1939) 296–299 [101]. — Günther Bugge: Leonhard Thurneysser in Tirol: Angew. Chem. **53** (1940) 190–192 m. Verz. der Innsbrucker Thurneysser-Archivalien [Ha 15]. — W. Koch: Das Leben eines Alchemisten: Mensch im All **13** (1940) 60–63 [3]. — W. Lohmann: Ein kurfürstl. Leibarzt als Alchimist: Dtsch. Mineralwasser-Ztg. **44** (1940) 337–338 [101]. — Herbert Fritsche: Leonhard Thurneysser zum Thurn: Säule **21** (1941) 22 [1a]. — Günther Bugge: Der Alchimist. Die Gesch. Leonhard Thurneyssers, des Goldmachers von Berlin (Berlin 1943) 303 S., 1 Bildn., 6 Abb., 3 Faks. [3]. — Bruno Hüttchen: Ergebnisse neuer Forschungen über Leonhard Thurneysser zum Thurn: Beibl. Z. Ver. Gesch. Berlin **1943** Nr. 1, S. 3–4; Nr. 3, S. 7 [101]. — E. P. H[äußler]: Leonhard Thurneißer, ein Basler Alchemist des 16. Jahrhunderts: Techn. u. Ind., Schweizer. Chemiker-Ztg. **27** (1944) Nr. 5/6 S. 60–64 [LB Bern]. — J. A. Häfliger: Leonhard Thurneysser, ein Berliner Apothekerarzt aus Basel. In: Die Vorträge der Hauptversammlung der Internat. Ges. Gesch. Pharmaz. Hamburg-Harburg 14.–17. Juni 1949 (Eutin 1950) 33–51 m. 1 Bildn., 4 Abb. [101]. — Kurt Quecke: Leonhard Thurneysser zum Thurn. Ein Scharlatan des 16. Jahrhunderts: Med. Welt **1** (1950) 428–432 [3]. — H.: Leibmedicus Leonhard Thurneysser: Ärztl. Praxis **8** (1956) Nr. 31 S. 16 [101]. — Will-Erich Peuckert: Der Alchymist u. sein Weib. Gauner- u. Ehescheidungsprozesse des Alchymisten Thurneysser (Stuttgart 1956) 186 S., 1 Bildn., 12 Abb. (Dokumente der Leidenschaft, **1**) [101]. — M. Stürzbecher: Berliner Med. **9** (1958) 42–43 m. 1 Bildn., Lit.-Verz. [101]. — Walter Ruske: Bilder aus der chem. Vergangenheit Berlins I Leonhard Thurneysser zum Thurn: Chemie Labor u. Betrieb (Frankfurt/M.) **14** (1963) 294–296 [Le 1; Ha 2]. — Bruno Harms: Leonhard Thurneysser in Berlin. Leben u. Wirken: Berliner Med. **14** (1963) 301–309 m. 1 Bildn., 4 Abb., Lit.Verz. [101]; dasselbe: Der Bär von Berlin **12** (1963) 28–49 [14].

Weitere Lit. Johann Christoph Müller u. Georg Gottfried Küster: Altes u. Neues Berlin **1** (Berlin 1737) 261, 273; **2**, 940, 969; **3**, Sp. 21, 72, 284 [11]. — [Johann Werner]: Adumbratio eruditorum Basiliensium meritis apud exteros. Appendicis loco Athenis Rauriricis add. (Basiliae 1758) 154–160 [3]. — Athenae Rauricae sive Catalogus professorum academiae Basiliensis ab A. MCCCCLX ad A. MDCCLXXVIII (Basiliae 1778). Anhang: Adumbratio eruditorum Basiliensium (1780) 154–160 [3]. — Johann Joachim Bellermann: Das graue Kloster in Berlin mit seinen alten Denkmälern, als Franziskanerkloster u. Gymn. **1** (Berlin 1824) 61–70 [14]. — Thomas Thomson: The history of chemistry **1** (London 1830) 168–170 [15]. — Karl Chr. Schmieder: Gesch. der Alchemie (Halle 1832) 284–286 [3]. — Ernst H. F. Meyer: Gesch. der Botanik. Studien **4** (Königsberg 1857) 434–438 [3]. — Karl Seifart: Zur Sittengesch. des 16. Jahrhunderts: Z. dtsch. Kulturgesch. **4** (1859) 751–773 [3]. — Karl F. W. Jessen: Botanik der Gegenwart u. Vorzeit in culturhistor. Entwicklung. Ein Beitr. zur Gesch. der abendländ. Völker (Leipzig 1864) 281 [3]. — Rudolf Franz: Thurneysser u. die Entwicklung des naturwiss. Unterrichts am Grauen Kloster. In: Zur Feier des Wohlthäterfestes im Berlin. Gymn. zum grauen Kloster . . . (Berlin 1875) 3–11 [109]. — Arch. Gesch. Dtsch. Buchhandel **2** (1879) 64, 66/67 [14; 15]. — Arch. Frankfurts Gesch. u. Kunst N. F. **7** (1881) 39, 107 [3]. — Johann Georg bei Thurneysser: Der Bär **6** (1881) 675 m. 1 Abb. S. 671 [3]. — Emil Dominik: Die ersten Berliner Bücherdrucke u. die Gesch. der Berliner Zeitschriften u. Zeitungen bis zu Anfang des 18. Jahrhunderts: Der Bär **7** (1881) 288–289 [3]. — August Wilhelm Hofmann: Berliner Alchimisten u. Chemiker. Rückblick auf die Entwicklung der chem. Wiss. in der Mark. Rede . . . (Berlin 1882) 16–17, 74–75 [3]; auch in: Chem. Erinnerungen aus der Berliner Vergangenheit (Berlin 1918) 94–104, 108, 122, 152 [3]. – Oskar Schwebel: Kulturhistor. Bilder aus der Deutschen Reichshauptstadt (Berlin 1882) 171–178 [11]. – Polack: Ein Commentator des Paracelsus: Corresp.-Bl. ärztl. Ver. Thüringen 11 (1882) 292–293 [32]. – A. W. Hofmann: Berliner Alchemisten u. Chemiker (Berlin 1882) 16–26 [15]. – Herm. Kopp: Die Alchemie in älterer u. neuerer Zeit 1 (Heidelberg 1886) 107–124 [3]. – Oskar Schwebel: Gesch. der Stadt Berlin 1 (Berlin 1888) 482-490 [3]. – Th. Unruh: Ein interessanter Abenteurer: Dtsch. Adelsbl. 8 (1890) 636–638 [14]. – Oskar Schwebel: Aus Alt-Berlin. Stille Ecken u. Winkel der Reichshauptstadt in kulturhistor. Schilderungen (Berlin 1891) 234–236, 337 m. 3 Bildn., 4 Abb. [11]. – Peter Wallé: Lynars Briefwechsel m. den Landgrafen Wilhelm von Hessen: Schr. Ver. Gesch. Berlin 29 (1892) 89, 94, 96, 97, 99 [3]. – Karl Sudhoff: Ein Beitr. zur Bibliogr. der Paracelsisten im 16. Jahrhundert: Cbl. Bibliothekswesen 10 (1893) 400–401 [3]. – Adolf Streckfuß: 500 Jahre Berliner Gesch. Vom Fischerdorf zur Weltstadt. Gesch. u. Sage. 2. Aufl. 1 (Berlin 1894/95) 115–122 [3]. – Johannes Freudenberg: Ein märkischer Adept: Westermanns Mh. 80 (1896) 800–805 [3]. – Pagel: Die Entwicklung der Med. in Berlin von den ältesten Zeiten bis auf die Gegenwart. Eine histor. Skizze (Wiesbaden 1897) 8 m. Bildn. [3]. – Johannes Hörmann: Die Hofapotheke in Berlin 1598–1898: Hohenzollern-Jahrb. 2 (1898) 209–210 m. Bildn. [3]. – Hans Leonhard: Samuel Selfisch. Ein deutscher Buchhändler im Ausgang des 16. Jahrhunderts (Leipzig 1902) 88–89 (Phil. Diss. Univ. Leipzig) [3]. – Nachrichten u. Bemerkungen: Mh. Comenius-Ges. 12 (1903) 237–238 [3]. – R. G.: Von alten Arzneimitteln: Basler Ztg. 1905, Nr. 133 vom 15. Mai [UB Basel]. – H. Roedel: Zur Gesch. der Naturforsch. in Frankfurt/Oder. In: Festschr. zur 400. Wiederkehr ihres Gründungstages (Frankfurt/Oder 1906) 89–91 [3]. – Rud. Kobert: Einiges aus dem 2. Jahrhundert des Bestehens der Med. Fakultät zu Rostock (Stuttgart 1907) 15, 16, 39, 42 [3]. – Paul Diergart: Mitt. zur Wertung des Paracelsisten Leonhard Thurneysser: Beitr. Gesch. Chem. Kahlbaum-Gedächtnis (Leipzig, Wien 1909) 306–313 [15]. – Karl Sudhoff: Thurneyssersche Kalender auf die Jahre 1591, 1594 u. 1596: Arch. Gesch. Med. 2 (1909) 129–135 m. 1 Abb. [Ha 24]. – Theobald Walter: Der Sauerbrunnen von Sulzmatt jetzt Nesselquelle im Besitze von Brun u. Cie. Geschichte. Skizze (Straßburg 1909) 24 S. [13]. – H. Marzell: Über Zauberpflanzen in alter u. neuer Zeit: Naturwiss. Wschr. N. F. 8 (1909) 166, 169 [3]. – F. M. Feldhaus: Das erste künstl. Mineralwasser: Z. ges. Kohlensäureind. 1910, 839, 840 [210]. – Alfred Martin: Jost Ammann über Thurneisser zum Thurn: Arch. Gesch. Naturwiss. u. Techn. 3, 1 (1910) 80 [3]. – Petri: Der Stein der Weisen: Unsere Welt 4 (1912) Nr. 3 Sp. 121–132 [12]. – Julius von Magyary-Kossa: Aqua Reginae Hungariae: Arch. Gesch. Naturwiss. u. Techn. 6 (1913) 256–257 [3]. – Peter Both: Die ältesten chem. Untersuchungen des Aachener Mineralwassers: Chemiker-Ztg. 38 (1914) 350–351 [3]. – Jakob Wassermann: Deutsche Charaktere u. Begebenheiten (Wien–Leipzig–München 1915) 99–113 [14]. – W. Ahrens: Eine Talisman-Medaille auf Leonhard Thurneisser zum Thurn: Z. Bücherfreunde N. F. 7 (1915) 270–274 m. 3 Abb. [3]. – Johannes Bolte: Abergläubischer Gebrauch der magischen Zahlenquadrate: Z. Ver. Volkskunde Berlin 26 (1916) 312 [3]. – Albrecht Burckhardt: Gesch. der med. Fakultät zu Basel 1460–1900 (Basel 1917) 32, 59–63, 93 [3]. – A. W. Hofmann: Chem. Erinnerungen aus der Berliner Vergangenheit. Zwei akad. Vorträge (1882). Zur Feier des 100jähr. Geburtstages A. W. von Hofmanns ... (Berlin 1918) 94–104, 152 [3]. – G. Kohlfeldt: Eine Beschwerde Leonhard Thurneyssers bei der Univ. Rostock: Z. Bücherfreunde N.F. 11, 2 (1920) Sp. 516 [3]. – Aus 4 Jahrhunderten. Autographen aus den Sammlungen der Preuß. Staatsbibl. ... hrsg. von Herm. Degering u. a. In: Aus der Handschriften-Abt. der Preuß. Staatsbibl. (Berlin 1922) 127–129 [3]. – Marzell: Faksimile Ausg. von Leonhard Thurneysser ...: Mitt. Gesch. Med. u. Naturwiss. 22 (1923) 106 [3]. – Albert Neuburger: Hochstapler der Techn. In: Pfadfinder der Kultur. Männer u. Taten der Techn. (München 1926) 271–276 [101]. – Norman Balk: Die Friedrich-Wilhelms-Univ. zu Berlin. Mit einer Darst. des Berliner Bildungswesens bis 1810 (Berlin 1926) 13–14 m. Bildn. [101]. – Eberhard Faden: Berlin im Dreißigjähr. Kriege (Berlin 1927) 14–15, 108, 124 [3]. – Rudolf Stammler: Deutsches Rechtsleben in alter u. neuer Zeit. 1. Im alten Reich. 9. Thurneyssers Eheprozesse 1548–1595 (Charlottenburg 1928) 119–131 [3]. – Ernst Crous: Die Schriftgiessereien in Berlin von Thurneysser bis Unger. Nach handschriftl. u. gedruckten Quellen dargest. (Berlin 1928) 2, 7–17, 21, 22, 131, 141 [14]. – Gerhard Händler: Fürstl. Mäzene u. Sammler in Deutschland von 1500–1620 (Straßburg 1933) 49 (Studien dtsch. Kunstgesch., 297) [3]. – A. W. Tschirch u. E. V. von Lippmann: Pharmacohistoria: Handb. der Pharmacognosie 1, 3 (Leipzig 1933) 1686, 1706–1707 [3]. – Hugo Rachel, Johannes Papritz, Paul Wallich: Berliner Großkaufleute u. Kapitalisten 1 (Berlin 1934) 311–319 (Veröff. Ver. Gesch. Mark Brandenburg, 24) [3]. – Wilhelm Frels: Deutsche Dichterhandschriften von 1400 bis 1900 (Leipzig 1934) 295 [3]. – A. Adlung u. G. Urdang: Grundriß der Gesch. der dtsch.

Pharmazie (Berlin 1935) 172, 277, 397 [3]. — R. Hooykas: Die Elementarlehre der Jatrochemiker: Janus **41** (1937) 3–4 [15]. — R. Mansfeld: Über alte Herbarien u. die Anfänge der Kräuterkunde in der Mark Brandenburg: Verh. Bot. Ver. Provinz Brandenburg **77** (1937) 164–165 [Ha 2]. — Grete de Francesco: Die Macht des Charlatans (Basel 1937) 60, 62, 64, 65, 66, 67, 68, 115, 123, 162, 244 [101]. — Werner Leibbrand: Der göttliche Stab des Aesculap (Salzburg u. Leipzig 1939) 290 [101]. — Fritz Lejeune: Betrachtungen zur Destillierkunst: Pharmaz. Ind. **8** (1941) 66–74 [Le 1]. — A. Kotowski: Ein alchimistisches Manuskript Thurneyssers: Angew. Chem. **54** (1941) 94 [101]. — Paul Walden: Drei Jahrtausende Chem. (Berlin 1944) 46, 75, 119, 135 [3]. — Gernot Rath: Die Anfänge der Mineralquellenanalyse. Eine med. Betrachtung: Med. Mschr. **3** (1949) 539–541 [3]. — Als Doktor Faustus nach Westfalen kam: Westfalenspiegel **8** (1958) H. 12, S. 22–26 [6]. — Walter Ruske: Berliner Chemiker aus 4 Jahrhunderten: Z. Chem. **1** (1961) 73–84 [3].

Bildn. I. C. W. Moehsen: Verzeichn. einer Sammlung von Bildn. größtenteils berühmter Ärzte **2** (Berlin 1771) Catalogus Iconum potissime clarissimorum medicorum S. 135 [3]. — von Biedermann: Ein Bildn. Leonhardt Thurneyssers: Dtsch. Buch- u. Steindrucker **31** (1925) 460–461 m. Bildn. [101]. — Paul Henry Boerlin u. L. Münster: Leonhard Thurneysser als Anatom auf einem Glasgemälde des 16. Jahrhunderts: Ciba-Symposium **8** (1960) 32–36 m. 2 Abb. [101].

II **TIEDEMANN,** Friedrich. Anat., Physiol. — 1798 stud. Univ. Marburg, 1802 Bamberg, dann Würzburg; 1804 Dr. med. Univ. Marburg; 1805–1816 o. Prof. Anat., Physiol. u. Zool. Univ. Landshut; 1816–1849 o. Prof. Univ. Heidelberg; lebte bis 1856 in Frankfurt/M., dann in München.

*1781, Aug. 23, Kassel;

†1861, Jan. 22, München.

Bibliogr. Cat. scient. Papers **5** (1871) 991–993 (45 Nr.) [3]. — Index-Catalogue of the Library of the Surgeon-General's Office **14** (1893) 552–553 (26 Nr. u. Biogr.) [3]. — Cat. gén. Bibl. nat. **189** (1963) Sp. 107–111 (19 Nr.) [3]. — Brit. Mus. Gen. Cat. **239** (1964) Sp. 40–42 (31 Nr.) [3].

Nekr. Theodor Ludwig Wilhelm Bischoff: Gedächtnißrede auf Friedrich Tiedemann (München 1861) 35 S. (Vortr. u. Reden an der Münchener Akad. 1855–1862 Nr. 237) [3]. — Caffe: J. connaissances méd. **28** (1861) 56 [Bibl. nat. Paris]. — Flourens: Éloge historique de Frédéric Tiedemann, l'un des huit Associés Étrangers de l'Académie: Gaz. méd. Paris (3) **16** (1861) 815–828 [3]. — Ärztl. Intelligenz-Bl. **8** (1861) 119–123 [3]. — Allg. med. Centr.-Ztg. **30** (1861) Sp. 149–152 [3]. — Arch. belges méd. mil.; J. sci méd., pharmac. et vétérin. **29** (1862) 457–464 [UB Amsterdam].

Biogr. Dictionnaire des sciences médicales· Biographie médicale **7** (Paris 1825) 338 [3]. — Adolph Carl Peter Callisen: Medicinisches Schriftsteller-Lexicon **19** (Copenhagen 1834) 240–251; **33** (Altona 1845) 33–35 [3]. — Louis Agassiz: Bibliographiae zoologiae et geologiae **4** (London 1854) 440–442 [3]. — Spengler: Die Feier des 50jähr. Doktorjubil. . . . in Frankfurt/M.: Dtsch. Klinik **6** (1854) 129–131 [3]. — Th. von Bischoff: Bad. Biogr. **2** (Heidelberg 1875) 352–358 [3]. — Karl Gegenbaur in: Ruperto-Carola. Illustr. Fest-Chronik der 5. Säcular-Feier der Univ. Heidelberg (Heidelberg 1886) 177–178 m. Bildn. [3]. — Pagel: ADB **38** (1894) 277–278 [3]. — Seitz in: Biogr. Lexikon der hervorragenden Ärzte aller Zeiten u. Völker. 2. Aufl. **5** (Berlin, Wien 1934) 586 – 587 m. Lit. Ang. [3]. — Karlheinz Idelberger: Die Verdienste Friedrich Tiedemanns um die Anatomie des Gehirns: Arch. Psychiatr. u. Nervenkrankheiten **105** (1936) 250–290 m. Schr. u. Lit.Verz. [3]. — KonradLickteig: Die Verdienste des Heidelberger Professors Friedrich Tiedemann um die Entwicklung der Heilkunde (Düsseldorf 1939) 41 S. m. Schr. u. Lit.Verz. (Düsseldorfer Arbeiten Gesch. Med., H. 9) [101]. — Nikolaus Mani: Das Werk von Friedrich Tiedemann u. Leopold Gmelin: Die Verdauung nach Versuchen, u. seine Bedeutung für die Entwicklung der Ernährungslehre in der 1. Hälfte des 19. Jahrhunderts: Gesnerus **13** (1956) 190–214 [Ha 2]. — H. Hoepke: Der Streit der Prof. Tiedemann u. Henle um den Neubau des Anatom. Inst. Heidelberg (1844–1849): Heidelberger Jahrb. **5** (1961) 114–127 m. 2 Bildn. u. 2 Faks. Briefen [16].

Weitere Lit. K. C. von Leonhard: Aus unserer Zeit in meinem Leben **1** (Stuttgart 1854) 598, 640, 651, 654, 666; **2** (1856) 181 [3]. — Eduard Rüppell: Schaumünzen, welche zum Angedenken von Bewohnern Frankfurts oder in dieser Stadt geborenen Personen gefertigt wurden: Arch. Frankfurts Gesch. u. Kunst **7** (1855) 80–82 m. Medaille Taf. V, Fig. 5 [3]. — Hyppolyte Kluyskens: Des hommes célèbres dans les sciences et les arts et des médailles qui consacrent leur souvenir **2** (Gand 1859) 502 m. Abb. [14]. — Heinrich Haeser: Lehrb. der Gesch. der Med. 3. Aufl. **2** (Jena 1881) 847, 860, 868, 913 [3]. — August Hirsch: Gesch. der med. Wiss. in Deutschland (München, Leipzig 1893) 420, 428, 483, 489, 497, 513–518, 520, 521, 523, 535, 537, 549, 620 (Gesch. Wiss. in Deutschland. Neuere Zeit, 22) [3]. — Jacob Moleschott: Für meine

Freunde. Lebens-Erinnerungen (Gießen 1894) 79, 88–91, 96, 106, 168, 202 [Ha 2]. – Adolf Kußmaul: Jugenderinnerungen eines alten Arztes. 2. Aufl. (Stuttgart 1899) 193–199 [3]. – Robert von Mohl: Lebens-Erinnerungen 1799–1875 **1** (Stuttgart, Leipzig 1902) 105, 236 [3]. – Heidelberger Professoren aus dem 19. Jahrhundert. Festschr. der Univ. zur Zentenarfeier ihrer Erneuerung **2** (Heidelberg 1903) 3, 11, 12–13, 16, 17–19, 67, 69, 77, 159 [3]. – Georg Honigmann: Geschichtl. Entwicklung der Med. in ihren Hauptperioden dargest. (München 1925) 80 [101]. – Eberhard Stübler: Gesch. der med. Fakultät der Univ. Heidelberg 1386-1925 (Heidelberg 1926) 248–256 m. Bildn. u. Faks. [3]. – Otto Cartellieri: Heidelberger Prof. des vergangenen Jahrhunderts (Heidelberg 1928) 18 m. Bildn. [101]. – Eugen Holländer: Anekdoten aus der med. Weltgesch. 2. Aufl. (Stuttgart 1931) 184 [101]. – Georg Sticker: Entwicklungsgesch. der med. Fakultät an der Alma mater Julia. In: Aus der Vergangenheit der Univ. Würzburg zum 350jähr. Bestehen der Univ. (Berlin 1932) 559, 560, 573, 615, 618 [3]. – Paul Koenig: Die Entdeckung des reinen Nikotins im Jahre 1828 an der Univ. Heidelberg durch Reimann u. Posselt ... (Bremen 1940) 24 m. Bildn. [101]. – H. Zeiss u. R. Bieling: Behring. Gestalt u. Werk. 2. Aufl. (Berlin 1941) 134 (Abb. der Tiedemann-Medaille) [3].

III, IV **TIEMANN,** Johann Carl Wilhelm Ferdinand. Chem. – 1865–1869 stud. Carolinum Braunschweig; 1870 Dr. phil. Univ. Göttingen; 1871 Ass., 1878 PDoz., 1882 ao. Prof., 1890 o. Hon. Prof. org. Chem. Univ. Berlin. Er entdeckte 1874 die künstl. Darst. des Vanillins, 1893 die des Ionons.

*1848, Juni 10, Rübeland/Harz;
†1899, Nov. 14, Meran.

Schwiegersohn von Kuno Fischer; Schwager von A. W. von Hofmann.

Bibliogr. Cat. scient. Papers **8** (1879) 1088–1089 (4 Nr.); **11** (1896) 604–606 (61 Nr.); **19** (1925) 122–124 (108 Nr. u. Biogr.) [3]. – Cat. gén. Bibl. nat. **189** (1963) Sp. 138 (2 Nr.) [3]. – Brit. Mus. Gen. Cat. **239** (1964) Sp. 54 (3 Nr.) [3].

Nekr. E. Fischer: Monit. scientifique **14** (1900) 129–134 [Le 1]. – H. Landolt: Ber. Dtsch. chem. Ges. **32** (1900) 3239–3255 [3]. – Otto N. Witt: Chem. Ind. **22** (1899) 525–527 [Le 1]. – Amer. chem. J. [Baltimore] **23** (1900) 178–179 [7]. – Biogr. Jahrb. u. Dtsch. Nekr. **4** (1900) 186* [3]. – J. chem. Soc. London **77** (1900) Transact. 600–603 [Ha 2]. – J. Soc. chem. Ind. **18** (1899) 1001 [89].

Biogr. Otto N. Witt: Ferdinand Tiemann. Ein Lebensbild: Ber. Dtsch. chem. Ges. **34** (1902) 4404–4455 m. Bildn., Faks., Schr.Verz. [3].

Zum 50. Todestag Th. Kunzmann: Naturwiss. Rdsch. **2** (1949) 564–565 [3].

Weitere Lit. H. Wichelhaus: Die erste Entwicklung der dtsch. chem. Ges.: Mitt. Gesch. Med. Naturwiss. **7** (1908) 15–17 [3]. – Emil Fischer: Aus meinem Leben. Hrsg. von M. Bergmann (Berlin 1922) 75, 98, 144, 171, 173, 174, 175, 182 (Emil Fischer, Gesammelte Werke 1) [3]. – A. Adlung u. G. Urdang: Grundriß der Gesch. der dtsch. Pharmaz. (Berlin 1935) 480 [3]. – Ferdinand Tiemann u. die Synthese des Ionon. Zur 60. Wiederkehr der ersten Iononsynthese: Seifen, Öle, Fette, Wachse **80** (1954) Nr. 2, S. 35 [101]. – Gruppenbildn. Members of the Congress at Geneve 1892: J. chem. Educat. **31** (1954) 327 [7].

II **TILESIUS VON TILENAU,** Wilhelm Gottlieb. Naturwiss. – Dr. med. Univ. Leipzig; Dr. phil.; 1796 Begleiter des Grafen von Hoffmannsegg auf dessen naturhistor. Reise in Portugal; 1801 PDoz. Univ. Leipzig; 1803–1806 Naturforscher u. Zeichner auf der 1. russ. Weltumseglung unter Krusenstern; seit 1808 lebte er in Leipzig, Göttingen, Mühlhausen, Dresden u. wieder Mühlhausen.

*1769, Juli 17, Mühlhausen, Thür.;
†1857, Mai 17, Mühlhausen, Thür.

Genealog. Otto Hübner: Die Mühlhäuser Familie Tilesius von Tilenau 1557–1886: Mühlhäuser Gesch. Bl. **6**, 1905/06 (1905) 76–79 [3]. – Adolf Thielisch: Arch. Stamm- u. Wappenkunde **5**, 1904–1905 (1905) 169–171 [3].

Bibliogr. Cat. scient. Papers **5** (1871) 994–995 (53 Nr.) [3]. – Cat. gén. Bibl. nat. **189** (1963) Sp. 318–319 (6 Nr.) [3]. – Brit. Mus. Gen. Cat. **239** (1964) Sp. 145–146 (16 Nr.) [3].

Briefe Michael Bihl: Krusenstern u. Tilesius: Mühlhäuser Geschichtsbl. **10** (1909/10) 71–72 (Brief von T. an K., Leipzig 11. Juli 1840) [3]. – [Rudolf Bemmann]: Ein Brief des W. G. Tilesius [an den Kreisphysikus Dr. Becker, Leipzig 30. Dez. 1839]: ebda **11**, 1910/11 (1910) 128–130 [3]. – Werner Baumgarten: Ein Brief des Hofrats Tilesius [an Musikverlag C. F. Peters, Leipzig. Mühlhausen, 30. Mai 1818]: ebda **32** (1933) 134–136 [3].

Biogr. Johann Georg Meusel: Das gelehrte Teutschland im 19. Jahrhundert **16** (Lemgo 1812) 30–31 [3]. – Dictionnaire des sciences médicales. Biographie médicale: **7** (1825) 338–

339 [3]. — Adolph Carl Peter Callisen: Medicinisches Schriftsteller-Lexicon **19** (Copenhagen 1834) 259–265; **33** (Altona 1845) 36–37 [3]. — E. G. Gersdorf: Leipziger Repertorium der dtsch. u. ausländ. Lit. **15**, 4 (Leipzig 1857) 63–64 [3]. — G. A. Pritzel: Thesaurus literaturae botanicae omnium gentium (Lipsiae 1872) 313 [3]. — W. Heß: ADB **38** (1894) 298–299 [3]. — Rudolf Bemmann: Zum Leben des Wilhelm Gottlieb Tilesius: Mühlhäuser Gesch.bl. **9**, 1908/09 (1908) 71–74 [3]; Tilesius u. die Erfurter Akad.: ebda **10** (1909/10) 72–74 [3]. — Michael Bihl: Cuvier u. Tilesius: ebda **10** (1909/10) 71 [3]. — Fossilium Catalogus I: Animalia. Pars 72: K. Lambrecht †, W. et A. Quenstedt, Palaeontologi, Catalogus bio-bibliographicus ('s-Gravenhage 1938) 430 [3 Ha 2].

Weitere Lit. Karl Friedrich Burdach: Rückblick auf mein Leben. Selbstbiogr. (Leipzig 1848) 49, 247 [3]. — Carl Gustav Carus: Lebenserinnerungen u. Denkwürdigkeiten **1** (Leipzig 1865) 7, 22, 52, 60; **2** (1866) 215–216 [3]. — Hans Freund: Carl Gustav Carus. Seine Beziehungen zu Mühlhausen i. Thür. u. zu Wilhelm Gottlieb Tilesius von Tilenau: Mühlhäuser Gesch. Bl. **30**, 1929/30 (1931) 245–267 [3]. — B. von Freiberg: Die geol. Erforschung Thüringens in älterer Zeit (Berlin 1932) 126 [3].

II **TITIUS,** Carl Heinrich. Mineral. — 1766 Dr. med. Univ. Wittenberg; 1768 Prof. Materia medica am med.-chirurg. Collegio Dresden; seit 1776 Inspektor des Naturalien-Kabinetts Dresden.

*1744, Roßwein/Sachsen;

†1813, Sept. 28, Dresden.

Bibliogr. Brit. Mus. Gen. Cat. **239** (1964) Sp. 485 (1 Nr.) [3].

Lit. Johann Gottlieb August Kläbe: Neuestes gelehrtes Dresden (Leipzig 1796) 167–168 [3]. — J. G. Meusel: Das gelehrte Teutschland **21** (Lemgo 1827) 87 [15]. — J. W. S. Lindner: Taschenb. für Literatur u. Kunst im Königreich Sachsen **2** (Dresden 1828) [3]. — Ferdinand Runkel: Gesch. der Freimaurerei in Deutschland **3** (Berlin 1932) 381 [3]. — Walther Fischer: Zur Würdigung Abraham Gottlob Werners. Eine Darst. der Beziehungen Werners zu Dresdner Gelehrten der Goethezeit: Abh. naturforsch. Ges. Görlitz **32**, H. 1 (1933) 41 [3]; Mineralogie in Sachsen von Agricola bis Werner (Dresden 1939) 141–157, 174–181, 279–283, 288–290, 304– 308 u. öfter [3].

II **TITIUS** (Tietz), Johann Daniel. Naturwiss. — Studium, 1752 Mag. Phil., 1752–1756 PDoz. Univ. Leipzig; seit 1756 Prof. Univ. Wittenberg (zuerst für reine Math., 1762 auch für Physik).

*1729, Jan. 2, Konitz, Westpr.;

†1796, Dez. 16, Wittenberg.

Bibliogr. Cat. gén. Bibl. nat. **190** (1964) Sp. 353–355 (12 Nr.) [3]. — Brit. Mus. Gen. Cat. **239** (1964) Sp. 487 (15 Nr.) [3].

Biogr. Johann Georg Meusel: Lexikon der vom Jahr 1750 bis 1800 verstorbenen teutschen Striftsteller **14** (Leipzig 1815) 74–81 m. Schr.Verz. [3]. — R. Knott: ADB **38** (1894) 360 [3]. — Max Güntz: Handbuch der landwirtsch. Literatur **2** (1897) 144–146 m. Bildn. u. Schr.Verz. [Ha 4]. — Ernest Lebon: Histoire abrégée de l'astronomie (Paris 1899) 85, 268 [11]. — Fossilium Catalogus I: Animalia. Pars 72: K. Lambrecht †, W. et A. Quenstedt, Palaeontologi, Catalogus bio-bibliographicus ('s-Gravenhage 1938) 431 [3; Ha 2].

Bildn. J. G. Krünitz: Ökonomische Encyklopädie. Th. 45 (Berlin 1789) Titelbildn.

II **TITIUS,** Salomo Constantin. Med. — Mag. Phil.; Dr. med.; 1792 ao. Prof., 1795 o. Prof. Univ. Wittenberg.

*1766, Aug. 2, Wittenberg;

†1801, Febr. 9, Wittenberg.

Sohn von Johann Daniel Titius (1729–1796).

Bibliogr. Brit. Mus. Gen. Cat. **239** (1964) Sp. 488 (6 Nr.) [3].

Biogr. Dictionnaire des sciences médicales. Biographie médicale **7** (Paris 1825) 343–344 [3]. — Dezeimeris: Dict. hist. méd. **4** (Paris 1839) 269–270 [3].

II **TÖPFER,** Heinrich August. Math. — 1786 stud. Philos., Math. u. Physik, 1794 Magister Univ. Leipzig; dann Privatlehrer; 1796–1828 Lehrer, später Prof. Math. u. Physik Landesschule Grimma; dann in Dresden im Ruhestand.

*1758, Febr. 17, Leißnig, Sachsen;

†1833, Okt. 26, Dresden.

Biogr. David Johannes Heinrich Goldhorn: Werk der Dankbarkeit u. Liebe . . . Heinrich August Toepfer, Prof. der Math. an der Kgl. Landesschule zu Grimma, bei seinem Austritte aus dem Kreise der Lehrer . . . dargebracht (Grimma [1801]) 2 Bl. — Neuer Nekrolog der Deutschen **11**, 1833 (Weimar 1835) 713–715 [3]. — M. Cantor: ADB **38** (1894) 445 [3]. — Walther Fischer: Des Mathematici auf der Landesschule Grimma H. A. Toepfer's Berufung an die Bergakad. Freiberg im Jahre 1801: Augustiner Blätter (Grimma) **13** (1936) 16–18, 32–41 [14].

III–V **TOEPLER,** August Joseph Ignaz. Physik. – Dr. phil.; 1859 Doz. Chem. u. Physik Landwirtsch. Akad. Poppelsdorf bei Bonn; 1865 Prof. Physik Balt. Polytechn. Riga, 1869 Univ. Graz, 1876–1900 TH Dresden; 1900 emer.; 1886 Dr. med. h.c. Univ. Heidelberg.

*1836, Sept. 7, Brühl bei Bonn;
†1912, März 6, Dresden.

Bibliogr. Richard Kukula: Bibliogr. Jahrb. der Deutschen Hochschulen (Innsbruck 1892) 930–931; 1. Erg.-H. 1893) 246 [3]. – Cat. scient. Papers **11** (1896) 615 (24 Nr.) [3]. – Cat. gén. Bibl. nat. **190** (1964) Sp. 617–618 (2 Nr.) [3]. – Brit. Mus. Gen. Cat. **239** (1964) Sp. 666 (3 Nr.) [3].

Nekr. Friedrich Becke: Alm. Akd. Wiss. Wien **62** (1912) 343–344 [Ha 2]. – Wilhelm Hallwachs: Ber. Verh. Sächs. Ges. Wiss. Leipzig, Math.-phys. Kl. **64** (1912) 479–497 [Ha 2]; Biogr. Jahrb. u. Dtsch. Nekrolog **17** (1915) 159–168; Totenliste **18** (1917) 66* [3]. – G. F. Helm: S.-Ber. Abh. naturwiss. Ges. Isis, Dresden **1912** (1913) V–VIII [Ha 2]. – P.: Z. physik. u. chem. Unterr. **26** (1913) 186–188 [3]. – [G.] S[chweder]: Korresp.bl. Naturforscher-Verein Riga **55** (1912) 1–2 [Ha 2]. – Börsenbl. Dtsch. Buchhandel **1912,** 3074 [3]. – Leopoldina **48** (1912) 48 [Ha 2].

Biogr. Dresdner Rdsch. (Dresdensia) **4** (1895) Nr. 26, S. 1–2 [14]. – Taschenbuch der TH Dresden WS. **1900/01,** 11–18 m. Bildn. u. Schr.Verz.; WS. **1906/07,** 48–52 m. Reliefbildn. auf der Gedenktaf. von P. Pöppelmann im Treppenhause der TH [14]. – Hans Falkenhagen: Die Naturwiss. in Lebensbildern großer Forscher (Stuttgart 1948) 60–63 [3].

Zum 100. Geburtstag M. Gebhardt: S.-Ber. u. Abh. naturwiss. Ges. Isis Dresden **1936/37** (1938) 19–22 [Ha 2]. – Max[imilian] Toepler: Zu August Toeplers 100. Geburtstag (Dresden 1936) 18 S., 1 Bildn. [101]. – Elektrotechn. Ztg. **58** (1937) 1086 [101].

Weitere Lit. J. Freyberg: A. Toeplers Vorlesungsapparat zur Statik u. Dynamik starrer Körper: Jber. Dtsch. Math. Ver. **3** (1894) 86 [15]. – Walter Ludwig: Die math.-naturwiss. Abt. In: Ein Jahrhundert Sächs. TH 1828–1928. Festschr. [Dresden 1928] 163 m. Bildn. S. 141 [3]. – W. K. Bangert: Adolf F. Weinhold zum 100. Geburtstag (Chemnitz 1941) 14, 17 [101]. – Wolfgang Baier: Quellendarst. zur Gesch. der Fotografie (Leipzig 1965) 422 [3].

Bildn. Wilhelm Scheffler: Sachsens TH zu Dresden 2. Ausg. (Dresden 1899) Gruppenbildn. 523 [14]. – Illustr. Universum-Jahrb. **1906,** 444 [14]. – Umschau **10** (1906) 758, Bildn. m. Faks.; **14** (1910) 500 Bildn. m. Notiz [14]. – Salonblatt **1912,** 324 [14]. – Illustr. Ztg., Leipzig **138,** 1 (1912) 674 [14]. – Sächs. Köpfe im zeitgenöss. Bild ... Bearb. von Gert Adriani, Fritz Löffler u. Franz Schubert (Dresden 1938) 135 [14].

III–VI **TOLLENS,** Bernhard Christian Gottfried. Chem. – 1862–1864 stud., 1864 Dr. phil. Univ. Göttingen; 1865 Ass. Univ. Heidelberg, 1868 Univ. Paris, 1869 Coimbra, 1870 Univ. Göttingen (bei Wöhler); 1873–1911 ao. Prof. u. Dir. Agrikulturchem. Inst. Univ. Göttingen.

*1841, Juli 30, Hamburg;
†1918, Jan 31, Göttingen.

Bibliogr. Cat. scient. Papers 8 (1879) 1095–1097 (48 Nr.); **11** (1896) 616–617 (39 Nr.); **12** (1902) 737 (13 Nr.); **19** (1925) 152–153 (103 Nr.) [3]. – Brit. Mus. Gen. Cat. **239** (1964) Sp. 773 (3 Nr.) [3].

Nekr. P. Ehrenberg: Chemiker-Ztg. **42** (1918) 109 [3]. – C. von Seelhorst: J. Landwirtsch. **66** (1918) 1–6 m. Bildn. u. Schr.-Verz. [3]. – O. Wallach: Ber. Dtsch. chem. Ges. **51,** 1918 (1919) 1539–1555 [3].

Zum 70. Geburtstag Festschr. zum 70. Geburtstage von Bernhard Tollens (Berlin 1911) IV, 155 S. m. Titelbildn. [3].

Zum 20. Todestag Krüger: Bernhard Tollens, ein Ass. Wöhlers: Jahrb. Ges. Gesch. Lit. Landwirtsch. **37** (1938) 17–18 [14].

Zum 100. Geburtstag E. Blanck: J. Landwirtsch. **88** (1940/41) 165 m. Bildn. [101]. – Charles Albert Browne: J. chem. Educat. **19** (1942) 253–259 [7]. – Paul Ehrenberg: Jahrb. Ges. Gesch. Lit. Landwirtsch. **40** (1941) 38–42 m. Bildn. [14]. – Horst Elsner: Dtsch. Apotheker-Ztg. **56** (1941) 412 m. Bildn. [Ha 24]; Wschr. Brauerei **58** (1941) 177 [101]. – Forschungsdienst **12** (1941) 123–124 [15].

Weitere Lit. A. Adlung u. G. Urdang: Grundriß der Gesch. der dtsch. Pharmaz. (Berlin 1935) 481 [3].

II **TRALLES,** Johann Georg. Math., Physik. – 1782 stud. Univ. Göttingen; 1785–1803 o. Prof. Math. u. Physik Akad. Bern; 1804 o. Mitgl. Preuß. Akad. Wiss. Berlin; seit 1810 o. Prof. Math. Univ. Berlin.

*1763, Okt. 15, Hamburg;
†1822, Nov. 19, London (auf einer Reise).

Erfinder des nach ihm benannten Alkoholometers.

Bibliogr. Cat. scient. Papers **6** (1872) 21 (28 Nr.) [3]. — Brit. Mus. Gen. Cat. **240** (1964) Sp. 842 (3 Nr.) [3].

Nekr. Encke: Gedächtnisrede ...: Abh. Akad. Wiss. Berlin **1826** (1829) XI–XVII [3; Ha 2].

Biogr. Rudolf Wolf: Biogr. zur Kulturgesch. der Schweiz **1** (Zürich 1858) 335–340, 375, 376; **2** (1859) 319–325, 327–333 [3]. — Sammlung Bernischer Biographien **1** (1884) 526–544 [LB Bern]. — J[ohann] H[einrich] Graf: Der Mathematiker Johann Georg Tralles. Eine biogr. Skizze der Naturforschenden Ges. in Bern zur Erinnerung an die am 18. Dez. 1786 erfolgte Gründung gewidmet (Bern 1886) [LB Bern]. — R. Knott: ADB **38** (1894) 494–495 [3]. — J. H. Graf: Zur Gesch. der math. Wiss. aus der ehem. Akad. u. der Hochschule Bern. Rektoratsrede: Mitt. naturforsch. Ges. Bern **1906** (1907) 69–71 [Ha 2]. — Wilhelm Lorey: Bestrebungen für eine Organisation des math. Studiums in den ersten Jahrzehnten des vor. Jahrhunderts: S.-Ber. Berlin math. Ges. **15** (1916) 97-107 [11]. — Fritz Ulmer: Johann Georg Tralles, ein Hamburger Gelehrter: Hamburg. Gesch. u. Heimatbl. **19** (1961/62) 6–16 [18]. — Hans-Joachim Schreckenbach: Goethes Autographen-Sammlung. Katalog (Weimar 1961) 234 Nr. 1701: Vorlesungsankündigung WS 1813/14 [Okt. 1813, Berlin] [3].

Weitere Lit. Joh. Franz Encke: Über die geogr. Länge u. Breite der Berliner Sternwarte: Abh. Akad. Wiss. Berlin, math. Kl. **1829**, 1832 S. 144, 146, 147, 149 [3]. — Erich Walter: Tralles' Volumenprozente u. Gay-Lussac-Grade: Alkohol-Ind. [Düsseldorf] **68** (1955) 159–161 [1]. — W. Kämpf: Volumenprozente nach Tralles u. Volumenprozente nach Gay-Lussac: Branntweinwirtsch. **81** (1959) 229–231 m. 3 Abb. [101].

Nachlaß Gelehrten- u. Schriftstellernachlässe in den Bibliotheken der DDR **1** (1959) 88 Nr. 631 (6 Pakete im Arch. Dtsch. Akad. Wiss.) [3].

TRAUBE, Ludwig. Pathol. — 1835 stud. Med. Univ. Breslau, 1837 Univ. Berlin; 1840 Dr. med. Univ. Berlin; 1841 prakt. Arzt; 1848 PDoz. Univ. Berlin; 1849 Arzt, 1857 Abteilungsarzt an der Charité; 1857 ao. Prof., 1872 o. Prof. Univ. Berlin; 1862 Lehrer an den militärärztl. Bildungsanst., 1866 Geh. Medizinalrat.

*1818, Jan. 12, Ratibor;
†1876, Apr. 11, Berlin.

Bruder von Moritz Traube (1826–1894).

Bibliogr. Index-Cat. of the Library of the Surgeon General's Office **14** (1893) 725 (7 Nr. u. Biogr.); (2) **18** (1913) 449 (2 Nr., Biogr.) (3) **10** (1932) 439 (Biogr.) [3]. — Cat. gén. Bibl. nat. **193** (1966) Sp. 430 (2 Nr.) [3]. — Brit. Mus. Gen. Cat. **240** (1964) Sp. 934 (6 Nr.) [3].

Nekr. P[aul] B[örner]: Dtsch. med. Wschr. **2** (1876) 173–174 [3]. — Wilhelm Alexander Freund: Gedächtniß-Rede ... Sitzg. med. Sektion Schles. Ges. vaterländ. Cultur u. Wiss. Breslau am 28. Apr. 1876 (Berlin 1876) 28 S. [Bibl. Univ. Wrocław]. — L. F.: Gaz. hôpitaux civ. et milit. **49** (1876) 366–367 [12]. — E. Leyden: Charité-Ann. **2** (1875) 767–800 m. Titelbildn. u. Faks.; Wiener med. Presse **17** (1876) Sp. 1679–1683, 1703–1705 [3]; Gedächtnisrede ... Aula der Univ. am 10. Dez. 1876 ... (Berlin 1876) 36 S. m. Titelbildn., Faks. [15]. — Quant: Med. Record (New York) **11** (1876) 323–324 [F 1]. — Steinthal: Berliner klin. Wschr. **13** (1876) 269 [3]. — Rudolf Virchow: ebda 209–210 [3]. — W.: ebda 220 [3]. — Medical Examiner (London) **1** (1876) 309 [Wellcome Histor. med. Library London]. — Med. Times and Gaz. **1**, **2** (1876) 511 [15].

Biogr. [Alexander] Göschen: Louis Traube (zum 25jähr. Jubil. als Arzt an der Charité): Dtsch. Klinik **26** (1874) 41–44 [3]. — Eduard Henoch: Das 25jähr. Jubil. Traubes: Berliner klin. Wschr. **11** (1874) 59–60 [3]. — Pagel: ADB **38** (1894) 504–507 [3]. — Wilhelm Levinger: Im Deutschen Reich **13** (1907) 620–621 [14]. — M[amlock]: Albrecht von Graefe u. Traube: Dtsch. med. Wschr. **37** (1911) 506–507 [Brief von G. an T., Berlin 27. Dez. 1864 ?] [3]. — Hyman Morrison: The Boston Medical and Surgical J. **196** (1927) 1097–1101 m. 1 Bildn. [15]. — Michael Fränkel: Ludwig Traube. Ein oberschlesischer Wohltäter der leidenden Menschheit: Der Oberschlesier **13** (1931) 213–218 m. Bildn. [14]. – Pagel in: Biogr. Lexikon der hervorragenden Ärzte aller Zeiten u. Völker **5** (Berlin, Wien 1934) 625–626 m. Bildn. Taf. 9 [3]. — Hildegard Stangier: Ludwig Traube, sein Leben u. Werk (Freiburg i. B. 1936) 90 S. (Med. Diss. Univ. Münster 1936) [3]. — J. Graetzer: Lebensbilder hervorragender schlesischer Ärzte aus den letzten 4 Jahrhunderten (Breslau 1889) 125–133 m. Schr.-Verz. [Ha 2]. — Thill: Dr. med. Ludwig Traube, Begründer der experimentellen Pathol.: Der Ratiborer **2** (1955) Nr. 15, S. 9 [292].

Zum 100. Geburtstag W. Haberling: Dtsch. med. Wschr. **44** (1918) 21–23 m. Bildn. [3]. — J. Kastan: Allg. Ztg. Judentum **82** (1918) 40–42 m. Bildn. [15]. — Kraus: Dtsch. med. Wschr. **44** (1918) 421 [3].

Weitere Lit. Max Ring: Erinnerungen **1** (Berlin 1898) 16–17, 21, 57, 84, 85, 91–92, 97–98, 109, 139, 141–143, 146–152; **2** (1898)

2, 47, 81 [3]. — Otto Braus: Akad. Erinnerungen eines alten Arztes an Berlins klin. Größen (Leipzig 1901) 107–111, 173 [15]. — Karl Sudhoff: Zur Gesch. der Lehre von den kritischen Tagen im Krankheitsverlaufe: Wiener med. Wschr. **52** (1952) Sp. 373 [3]. — Nahida Lazarus u. Alfred Leicht: Moritz Lazarus' Lebenserinnerungen (Berlin 1906) 203, 450, 516 [3]. — Fr. Kraus: Klinischer Betrieb u. klinischer Unterricht einst u. jetzt: Berliner klin. Wschr. **47** (1910) 919–920 [3]. — Ernst von Leyden: Lebenserinnerungen (Stuttgart u. Leipzig 1910) 63, 64, 70, 74, 77, 80, 96, 132, 133 [3]. — J. Pagel: Die Berliner med. Fakultät in ihrem 1. Jahrhundert: Dtsch. med. Wschr. **36** (1910) 1839 [3]. — Rosengart: ebda **43** (1917) 84–85 [3]. — H. Boruttau: Ludw. Traube u. die Gesch. der experimentellen Pathol. in Deutschland: Z. exper. Pathol. u. Therap. **20** (1919) 144–148 [15]. — L. Eisemann: Deutsch-jüd. Ärzte halfen der Menschheit: Schweinfurter Tagbl. **1957**, 28. 6. [Ha 2]. — Juden im Deutschen Kulturbereich. Ein Sammelwerk. Hrsg. von Siegmund Kaznelson. 3. Aufl. (Berlin 1962) 336, 356, 357, 457, 489 [3]. — Die Kunst, das menschl. Leben zu verlängern. Dokumente bekannter Ärzte. Autographenausstellung ... Dortmund. Zsstg. Hedwig Gunnemann (Dortmund 1965) 31–32 [60].

Bildn. Julius Pagel in: Das 19. Jahrhundert in Bildnissen **5** (Berlin 1901) 800–801 m. Bildn. Nr. 532 [3]. — Geist u. Gestalt. Biogr. Beitr. zur Gesch. der Bayer. Akad. Wiss. vornehmlich im 2. Jahrhundert ihres Bestehens **3** (München 1959) Bildn. Nr. 178 [3].

II–VI **TRAUBE,** Moritz. Chem. — 1843 stud. Univ. Berlin, dann Univ. Gießen bei J. Liebig; 1847 Dr. phil. Univ. Berlin; 1849 im väterl. Weingeschäft in Ratibor; 1866 Geschäft u. Wohnsitz in Breslau; 1867 Dr. med. h.c. Univ. Halle; 1886 Austritt aus dem Geschäft; 1886 korresp. Mitglied Preuß. Akad. Wiss.; 1891 Übersiedlung nach Berlin.

*1826, Febr. 12, Ratibor;
†1894, Juni 28, Berlin.

Bruder von Ludwig Traube (1818–1876).

Bibliogr. Cat. scient. Papers **6** (1872) 23 (5 Nr.); **8** (1879) 1108 (2 Nr.); **11** (1896) 633–634 (15 Nr.); **19** (1925) 189 (21 Nr. u. Biogr.) [3]. — Brit. Mus. Gen. Cat. **240** (1964) Sp. 934–935 (2 Nr.) [3].

Nekr. G. Bodländer: Ber. Dtsch. chem. Ges. **28**, 4 (1896) 1085–1108 m. Bildn., Faks., Schr.Verz. [3]. — Ferdinand Cohn: Jber. Schles. Ges. vaterländ. Cultur **72**, 1894 (1895) 16–19, 63–64 [Ha 2]. — Chemiker-Ztg. **18** (1894) 1005 [3].

Biogr. Henrich in: Handwörterbuch der Naturwiss. 2. Aufl. **10** (Jena 1935) 38 [3].

Weitere Lit. Ernst Cohen: Ein Vierteljahrhundert moderner Chem.: Umschau **14** (1910) 923–928 m. Bildn. [Ha 2]. — W. Herz: Grundzüge der Gesch. der Chem. (Stuttgart 1916) 16, 119 [3]. — Theodore L. Sourkes: Moritz Traube, his contribution to biochemistry: J. Hist. Med. **10** (1955) 379–391 m. Bildn. [7].

Bildn. E. Cohen: Jacobus Henricus van't Hoff, sein Leben u. Wirken (Leipzig 1912) 208 (Große Männer, 3) [3].

II **TRAUTMANN,** Christian. Meteorol. — 1704–1729 Senator, dann Stadtrichter u. Bürgermeister in Löbau in der Lausitz.

*1678, Jan. 24, Löbau.
†1740, Juli 10, Löbau.

Lit. G. F. Otto: Lexicon der seit dem 15. Jahrhundert verstorbenen u. jetztlebenden Oberlausitzischen Schriftsteller u. Künstler **3** (Görlitz 1821). — Bruno Liebmann: Christian Trautmann u. die erste meteorol. Station der Oberlausitz Löbau i. Sa. (Löbau 1889) 32 S. (Progr. Realsch. Löbau i. Sa. 13. Jber., Wiss. Beil.) [14].

II–IV **TRAUTSCHOLD,** Hermann. Geol., Mineral. — Pharmazeut u. Zahnarzt. Dr. phil. Univ. Gießen; Dr. min. Dorpat; 1845–1846 Ass. bei Liebig; 1868 Prof. Geol. u. Mineral. an der Petrowskischen Ackerbau- u. Forst-Akad. bei Moskau; 1872 Sekretär Ges. Naturforscher Moskau; Staatsrat; seit 1888 em. in Karlsruhe lebend.

*1817, Sept. 17, Berlin;
†1902, Okt. 24, Karlsruhe.

Bibliogr. Cat. scient. Papers **6** (1872) 24 (20 Nr.); **8** (1879) 1108–1109 (26 Nr.); **11** (1896) 634–635 (39 Nr.); **12** (1902) 739 (3 Nr.); **19** (1925) 190–191 (33 Nr.) [3]. — Brit. Mus. Gen. Cat. **240** (1964) Sp. 949 (13 Nr.) [3].

Nekr. N. Kristafovič: G. A. Trautšold', Nekrolog: Annu. géol. minéral. Russie **6** (1903/04) 71–79 [dtsch. u. russ.] [1]. — G. Marquardt: Jber. Schles. Ges. vaterländ. Cultur **1902** (1903) 16–19 m. Verz. der wichtigsten Arbeiten [Ha 2].

II **TRAUTWEIN,** Jacob Bernhard. Pharmaz Apotheker in Nürnberg.

*1793, Ma z 11, Schiltach, Baden;
†1855, Juni 10 Schiltach, Baden.

Bibliogr. Cat. scient. Papers **6** (1872) 25 (7 Nr.); 8 (1879) 1109 (1 Nr.) [3].

II **TREBRA,** Friedrich Wilhelm Heinrich **von.** Montanist. — 1766 stud. Bergakad. Freiberg; 1767 Bergmeister, 1769 Bergkommissionsrat, 1773 Vizeberghauptmann in Marienberg; 1780 hannöver. Vizeberghauptmann in Zellerfeld, 1791 Berghauptmann in Clausthal, seit 1801 sächs. Oberberghauptmann in Freiberg.

*1740, Apr. 5, Allstedt, Thür.;
†1819, Juli 16, Freiberg.

Genealog. Stammreihe derer von Trebra: Frankfurter Bl. Familiengesch. **7** (1914) 85 [101].

Bibliogr. Cat. scient. Papers **6** (1872) 26 (4 Nr.) [3]. — Cat. gén. Bibl. nat. **193** (1966) Sp. 597–598 (5 Nr.) [3]. — Brit. Mus. Gen. Cat. **241** (1964) Sp. 39–40 (7 Nr.) [3].

Briefe Hans-Joachim Schreckenbach: Goethes Autographen-Sammlung. Katalog (Weimar 1961) 235, Nr. 1703 (Brief an J. W. von Goethe, Freiberg 5. Okt. 1810); 235, Nr. 1704 (Brief an G., Freiberg 17. Dez. 1811) [3].

Nekr. Samuel Gottlob Frisch: Standrede bey der Gruft des ... F. W. H. von Trebra ... geh. am 19. Juli 1819 (Freyberg 1819) 14 S. [14].

Biogr. Johann Georg Meusel: Das gelehrte Teutschland. 5. Aufl. **8** (Lemgo 1800) 106–107 [3]. — Ludwig Geiger u. Erich Schmidt: Lebensverhältnisse m. Ober-Berghauptmann von Trebra 1813: Goethe-Jahrb. **9** (Frankfurt 1888) 11–20 [3]. — von Gümbel: ADB **38** (1894) 550–551 [3]. — A. Holzhaus: Ein Berg- u. Edelmann. Zum 5. Apr.: Wiss. Beil. Leipziger Ztg. **1895,** 157–160 [3]. — Wappler: Oberberghauptmann von Trebra u. die drei ersten sächs. Kunstmeister Mende, Baldauf u. Brendel: Mitt. Freiberger Altertumsverein **41,** 1905 (1906) 69–178 [3; 14]. — Hermann Trommsdorff: Berghauptmann von Trebra u. Georg Christoph Lichtenberg: Nachr. Graetzel-Ges. Göttingen **1** (1925) 27–54 (Göttingische Nebenstunden, 2) [7]; Friedr. Wilh. Heinr. von Trebra: Z. Harz. Ver. Gesch. u. Altertumskunde **61** (1928) 17–45 m. Lit.-Verz. u. Bildn. [15]. — Carl Schiffner: Aus dem Leben alter Freiberger Bergstudenten **1** (Freiberg 1935) 115–119 m. Bildn. [3; 14]; auch in Bl. Bergakad. Freiberg Nr. 8 (1932) 7–11 m. Bildn. [3; 14]. — W. von Seidlitz in: Handwörterb. der Naturwiss. 2. Aufl. **10** (Jena 1935) 38 [3]. — W. Serlo: Männer des Bergbaus (Berlin 1937) 145-146 [3]. — Fossilium Catalogus I: Animalia. Pars 72: K. Lambrecht †, W. et A. Quenstedt, Palaeontologi, Catalogus bio-bibliographicus ('s-Gravenhage 1938) 435 [3; Ha 2]. — Fritz Bach: Die Hungerjahre 1771 u. 1772. In: Vom silbernen Erzgebirge, Kreis Annaberg **1** (1939) 274 [14]; Oberberghauptmann von Trebra: ebda **2** (1939) 289 [14]. — Walther Herrmann: Goethe u. Trebra. Freundschaft u. Austausch zwischen Weimar u. Freiberg (Berlin 1955) 212 S. m. Titelbildn. (Trebra) (Freiberger Forsch.-Hefte D 9) [14]; Zur Würdigung Trebras: Blende (Freiberg) **3** (**1957**) 25–27, 191 [105]. — Carl Tamme: Heinrich von Trebra: Unsere Heimat (Marienberg) **1957,** Juli S. 3–5 m. Bildn. [14]. — W. Kurt Strohbach: Heinrich von Trebra – Bergmeister von Marienberg: Sächs. heimatkundl. Bl. **4** (1958) 227–237 m. 1 Bildn., 2 Abb. [3]. — Eberhard Wächtler: Bemerkungen zum Aufsatz von W. Kurt Strohbach ...: ebda 451–454 [3]. — H. Haase: F. W. H. von Trebra. Eine Erinnerung an den 22. Sept. 1783: Allg. Harz-Berg-Kalender **1959,** 46–49 m. Bildn. u. Abb. [101]. — Hans Baumgärtel: F. W. H. von Trebra: Bergakad. [Freiberg] **15** (1963) 687–688 [14]. — Walther Herrmann: Neue Untersuchungen über Goethes Verhältnis zu Trebra: Jahrb. Goethe-Ges. N.F. **27** (1965) 119–140 m. 1 Bildn., 1 Abb. [3].

Weitere Lit. Friedrich August Weiz: Das gelehrte Sachsen (Leipzig 1780) 251 [3]. — Christoph Meiners: Kleinere Länder- u. Reisebeschreibungen **2** (Berlin 1794) 3, 10, 36 [3]. — K. C. von Leonhard: Aus unserer Zeit in meinem Leben **1** (Stuttgart 1854) 101, 412 [3]. — Die Gesch. u. jetzigen Verhältn. der Bergakad. In: Festschr. 100jähr. Jubil. Sächs. Bergakad. 30. Juli 1866 (Dresden 1866) 3 [3]. — Woldemar Frhr. von Biedermann: Goethe u. das sächs. Erzgebirge (Stuttgart 1877) 5–43, 69–70, 92–93, 201–202, 208–217 u. öfter [3]. — Gesch. des Geschlechts von Trebra. Bearb. von Max Franz Gebhard von Trebra (Berlin 1891) 65, Nr. 40 u. Nachtr. S. 5–7 [14]. — K. A. von Zittel: Gesch. der Geol. u. Paläontol. bis Ende des 19. Jahrhunderts (München–Leipzig 1899) 56, 500 (Gesch. Wiss. in Deutschland, Neuere Zeit, 23) [3]. — Max Geitel: Entlegene Spuren Goethes (München, Berlin 1911) 50 [3]. — Konrad Wutke: Aus der Vergangenheit des schles. Berg- u. Hüttenlebens (Breslau 1913) 82 (Festschr. 12. Allg. Dtsch. Bergmannstag, 5) [101]. — Briefwechsel des Herzogs-Großherzogs Carl August mit Goethe. Hrsg. von Hans Wahl **1** (Berlin 1915) 19, 359; **2** (1916) 89, 98, 99, 355, 356, 361 [3]. — Friedrich Dennert: Goethe u. der Harz. 2. Aufl. (Quedlinburg 1927) 65–73 m. Titelbildn. (Harzer Heimatbücher, 2) [3]. — B. von Freyberg: Die geol. Erforschung Thüringens in älterer Zeit (Berlin 1932) 144 [3]. — Paul Walden: Goethe als Chemiker u. Techniker

(Berlin 1932) 31, 50 [3]. — F. D. Adams: The birth and the development of the geological sciences (London 1938) 304, 315 [3]. — 400 Jahre Oberbergamt Freiberg. Bearb. u. hrsg. von Friedr. Wernicke: Z. Berg-, Hütten- u. Salinenwesen **90** (1942) 124–125 m. Bildn. [3]. — Walther Fischer: 400 Jahre Sächs. Oberbergamt Freiberg: Z. Dtsch. geol. Ges. **95** (1943) 153–154 [15]. — Helmut Hölder: Geol. u. Paläontol. in Texten u. ihrer Gesch. (Freiburg–München 1960) 199, 214, 215, 469, 471 [101]. — Walther Hermann: Bergrat Henckel. Ein Wegbereiter der Bergakad. (Berlin 1962) 49–50, 131, 135, 148 (Freiberger Forschungsh. D 37) [3].

Bildn. Friedrich Karl Gottlob Hirsching: Nachrichten von sehenswürdigen Gemälde- u. Kupferstichsammlungen **2** (Erlangen 1787) 49–50 [3]. — Woldemar Frhr. von Biedermann: Goethe-Forschungen. F. 3 (Leipzig 1899) 71 (Ölgemälde von A. Graff) [14]. — Franz Neubert: Goethe u. sein Kreis (Leipzig 1919) 159 (Gemälde von A. Graff 1808) [14]. — Sächs. Kunstverein zu Dresden. Goethe-Ausstellung Juni–Juli 1932 (Dresden 1932) Abb. Bl. 5, Nr. 117 (Kreidezeichnung von A. Graff) [101]. — Sächs. Köpfe (Dresden 1939) 54 [3]. — Goethe u. Freiberg. Sonderausstellung Stadt- u. Bergbaumuseum Freiberg Juni–Aug. 1949 (Freiberg 1949) o. S. [14]. — Anton Graff 1736–1813. Gemäldegalerie Dresden. Ausstellg. Apr.–Juni 1964 Schloß Pillnitz (Dresden 1964) 61–62, Nr. 111 [101].

II **TRECHSEL,** Johann Friedrich. Physik. — 1800 Inhaber einer Privatlehranst. in Bern; 1805 bei Gründung der Akademie in Bern Prof. Math., 1812 dort auch Prof. Physik; 1834–1847 o. Prof. Univ. Bern; seit 1847 emer.

*1776, März 4, Burgsdorf, Kanton Bern;

† 1849, Nov. 26, Bern.

Bibliogr. Cat. scient. Papers 6 (1872) 26–27 (12 Nr.) [3]. — Cat. gén. Bibl. nat. **193** (1966) Sp. 621 (3 Nr.) [3].

Nekr. F. T.: Verh. Schweiz. naturforsch. Ges. **35** (Aarau 1850) 157–169 [Ha 2]. — B. F. Voigt: Neuer Nekr. der Deutschen **27** (Weimar 1851) 950–959 [15]. — Memoirs Roy. astron. Soc. [London] **20** (1851) 188–190, Schr.Verz. 190–191 [Ha 2].

Biogr. Rudolf Wolf: Biogr. zur Kulturgesch. der Schweiz **2** (Zürich 1859) 404–434 [3]. — F. Trechsel: Sammlung Bernischer Biogr. **1** (Bern 1884) 141–150 [Stadt- u. UB Bern]. — Sévérin Bays: Verh. Schweiz. naturforsch. Ges. **107**, 2 (1926) 26 [Ha 2].

II **TREMBLEY,** Abraham. Zool. — Einige Jahre Hauslehrer beim Grafen Bentink im Haag u. in London als Erzieher des Herzogs von Richmond; um 1757 wieder in Genf als Privatmann lebend, später Mitgl. des großen Rats.

*1710, Sept. 3, Genf;

†1784, Mai 12, Genf.

Bruder von Jacques André Trembley (1714–1763).

Bibliogr. Cat. gén. Bibl. nat. **193** (1966) Sp. 806–808 (13 Nr.) [3]. — Brit. Mus. Gen. Cat. **241** (1964) Sp. 122 (10 Nr.) [3].

Biogr. Weiss: Biographie universelle, ancienne et moderne **46** (Paris 1826) 406–408 [3]. — W. Harms in: Handwörterbuch der Naturwiss. 2. Aufl. **10** (Jena 1935) 39 [3]. — F. E. Lehmann: Der Anteil der Schweiz an der Entwicklung der Zoologie. In: Die Schweiz u. die Forschung **1**, 1 (Bern 1943) 35 [3]. — John R. Baker: Abraham Trembley of Geneva. Scientist and Philosopher 1710–1784 (London 1952) XIX, 259 S. [BPU Genf]. — Hans-R. Haefelfinger: Abraham Trembley u. die Hydra: Neptun [Stuttgart] **3** (1963) 76–77 m. 4 Abb. [24].

Bildn. Dictionnaire des sciences naturelles avec planches (Strasbourg, Paris [um 1840]) Portrait Nr. 20 [14].

II **TREMBLEY,** Jacques André. — 1752 Prof. Math. u. Philos. Genf; sowie Pfarrer in Genf.

*1714, Genf;

†1763, Genf.

Bruder von Abraham Trembley (1710–1784).

Biogr. Eug. et Em. Haag: La France protestante ou vie des protestants français **9** (1855).

II **TREMBLEY,** Jean. Math. — Zuerst zum Advokaten ausgebildet, dann durch Mallet u. Bonnet für die Math. u. Naturwiss. gewonnen; 1794 o. Mitgl. Preuß. Akad. Wiss. in Berlin; 1807 wieder in Genf.

*1749, Apr. 13, Genf;

†1811, Sept. 18, Mas d'Agenois (Lot-et-Garonne).

Neffe der beiden vorigen.

Bibliogr. Cat. scient. Papers 6 (1872) 30–31 (20 Nr.) [3]. — Cat. gén. Bibl. nat. **193** (1966) Sp. 808 (5 Nr.) [3]. — Brit. Mus. Gen. Cat. **241** (1964) Sp. 122–123 (5 Nr.) [3].

Biogr. Adolf Harnack: Gesch. Preuß. Akad. Wiss. Berlin **1** (Berlin 1900) 453, 520, 525, 551, 569, 635, 648, 650, 652 [3]. — Sévérin Bays: Verh. Schweiz. naturforsch. Ges. **107**, 2 (1926) 23 [Ha 2].

TREPTOW, Carl Johannes Emil. Bergbaukunde. — 1880–1885 stud. Bergakad. Freiberg; Leiter von Silbergruben in Südamerika; Berg-Markscheider u. Dir. Bergschule Freiberg; 1891–1923 o. Prof. Bergakad. Freiberg; seitdem emer. in Freiberg; Dr.-Ing. e.h. TH Berlin-Charlottenburg.

*1854, Juni 20, Danzig;

†1935, Nov. 20, Freiberg/Sa.

Bibliogr. Cat. scient. Papers **19** (1925) 198 (1 Nr.) [3]. — Cat. gén. Bibl. nat. **193** (1966) Sp. 945–946 (2 Nr.) [3].

Nekr. R. Zaunick: Mitt. Gesch. Med., Naturwiss. Techn. **35** (1936) 391–392 m. Schr.Verz. [101]. — Bl. Bergakad. Freiberg **14/15** (1936) 2–4 m. Bildn. [3]. — Braunkohle **34** (1935) 855 [101]. — Glückauf **71** (1935) 1260 m. Bildn. [101]. — Metall u. Erz **32** (1935) 584 [101]. — Rdsch. techn. Arbeit **15** (1935) Nr. 48, S. 6 [89].

Biogr. Nachr.-Ztg. VDI **14** (1934) Nr. 24, S. 6 [105]. — W. Serlo: Männer des Bergbaus (Berlin 1937) 146 [3]. — Carl Schiffner: Aus dem Leben Freiberger Bergstudenten **1** (Freiberg 1935) 255; **2** (1938) 239–241 m. Bildn. [15].

II **TREVIRANUS,** Gottfried Reinhold. Physiol. — 1793 stud., 1796 Dr. Med. Univ. Göttingen; dann prakt. Arzt u. 1797 Prof. Med. u. Math. „gymnasium illustre" Bremen; seit 1812 korresp. Mitgl. Preuß. Akad. Wiss. Berlin.

*1776, Febr. 4, Bremen;

†1837, Febr. 16, Bremen.

Förderte die Gewebelehre, prägte 1802 das Wort „Biologie".

Bibliogr. Cat. scient. Papers **6** (1872) 34–35 (39 Nr.); **11** (1896) 641 (Biogr.) [3]. — Cat. gén. Bibl. nat. **193** (1966) Sp. 61–62 (4 Nr.) [3]. — Brit. Mus. Gen. Cat. **241** (1964) Sp. 301–302 (14 Nr.) [3].

Biogr. Dictionnaire des sciences médicales. Biographie médicale **7** (1825) 360–361 [3]. — Adolph Carl Peter Callisen: Medicinisches Schriftsteller-Lexicon **19** (Copenhagen 1834) 376–383; **33** (Altona 1845) 67–69 [3]. — Dezeimeris: Dict. hist. méd. **4** (Paris 1839) 280–284 [3]. — Biogr. Skizzen verstorbener Bremischer Ärzte u. Naturforscher (Bremen 1844), darin: G. Barkhausen: Lebensverhältnisse, Persönlichkeit, Charakter u. ärztl. Wirken von G. R. Treviranus 435–482; Georg Schumacher: Würdigung Treviranus' als Biologe 483–556; Gustav Hartlaub: Beitr. zu einer Würdigung Treviranus' als Zootomen 557–584 m. Schr.Verz. 585–590 [3]. — Gauthier: Biographie universelle, ancienne et moderne Suppl. **84** (Paris 1857) 263–264 [3]. — C. Fr. Ph. von Martius: Akad. Denkreden (Leipzig 1866) 55–69 [3]. — Wilhelm Olbers Focke: Gottfried Reinhold Treviranus: Abh. naturwiss. Verein Bremen **6** (1880) 11–48 [Ha 2]. — Pagel: ADB **38** (1894) 588 [3]. — Wilhelm Olbers Focke: Gottfried Reinhold Treviranus. In: Bremische Biogr. des 19. Jahrhunderts. Hrsg. von der Histor. Ges. des Künstlervereins (Bremen 1912) 493–498 [Staatsbibl. Bremen]. — G. R. Treviranus: Staatsschiff **1** (1929/30) 142–144 [101]. — G[urlt] in: Biogr. Lexikon der hervorragenden Ärzte aller Zeiten u. Völker. 2. Aufl. **5** (Berlin u. Wien 1934) 633 [3].

Zum 100. Todestag Hinrich Knittermeyer: Gottfried Reinhold Treviranus 1776–1837 (Bremen 1937) 23 S. (Bremer Beitr. zur Naturwiss. Bd 4, H. 1) [3]. — Ilse Schunke: Der Nachlaß von Gottfried Reinhold Treviranus in der Staatsbibl. Bremen: Sudhoffs Arch. Gesch. Med. u. Naturwiss. **30** (1937/38) 115–132 m. 1 Abb. (Treviranus-Büste von Friedrich Tieck) [3].

Weitere Lit. Karl Friedrich Burdach: Rückblick auf mein Leben. Selbstbiogr. (Leipzig 1848) 334, 335 [3]. — Louis Agassiz: Bibliographia zoologiae et geologiae **4** (London 1854) 453–456 [3]. — Wilhelm Olbers Focke: Rückblick auf die Gesch. der Naturforsch. in Bremen: Abh. naturwiss. Ver. Bremen **11** (1890) 19 m. Bildn. [Ha 2]. — Gottfried Brückner: Aus der Entdeckungsgesch. der lebendigen Substanz (Leipzig 1913) 18–19 (Voigtländers Quellenbücher, 22) [101]. — Paul Lang: Lotze u. der Vitalismus (Bonn 1913) 3–4, 11, 16 (Phil. Diss. Bonn) [101]. — Alfred Noll: Die Lebenskraft in den Schriften der Vitalisten u. ihrer Gegner (Leipzig 1914) 28–32 (Voigtländers Quellenbücher, 69) [101]. — Heinrich Schmidt: Gesch. der Entwicklungslehre (Leipzig 1918) 274, 479–481 [3]. — Werner Lindenbein: Entstehung der ersten „Biologie" unter dem Einfluß der deutschen Naturphilosophie: Proteus **2** (1937) 94 [101]. — Georg Uschmann: Der morpholog. Vervollkommnungsbegriff bei Goethe u. seine problemgeschichtl. Zusammenhänge (Jena 1939) 52–56 [3]. — Peter G. Hesse: Der Lebensbegriff bei den Klassikern der Naturforschung. Seine Entwicklung bei 60 Denkern u. Forschern bis zur Goethezeit (Jena 1943) 129–132 [101]. — K. E. Rothschuh: Vom Spiritus animalis zum Nervenaktionsstrom: Ciba-Z. **8** (1958) 2950–2976 m. Bildn. S. 2975

[101]. – Helmut Hölder: Geologie u. Palaeontol. in Texten u. ihrer Gesch. (Freiburg-München 1960) 386, 394, 408 [101].

Bildn. G. R. Treviranus u. H. W. Olbers. Medaille m. beiden Köpfen zur 22. Versammlung der Naturforscher u. Ärzte in Bremen: Illustr. Ztg., Leipzig **3** (1844) 353 [14]. – H. M. Hauschild: Alte Bremer (Bremen 1905) 57 [Staatsbibl. Bremen]. – Carl Kurz: 75 Jahre Naturwissenschaftl. Verein. Ein Beitr. zur Gesch. der Naturwiss. im 19. u. 20. Jahrhundert: Abh. naturwiss. Verein Bremen **31** (1939) H. 2/3, S. 27 (Abb. der Büste von Treviranus) [3; Staatsbibl. Bremen].

II **TREW** (Treu), Abdias. Math., Astron. – **1618** stud., **1621** Mag. Phil. Univ. Wittenberg; 1623 Pfarrer in Mark Erlebach; 1626 Rektor in Ansbach; 1636 Prof. Math. u. 1650 zugleich Physik Univ. Altdorf.

*1597, Juli 29, Ansbach;
†1669, Apr. 12, Altdorf.

Genealog. Friedrich W. Euler: Die fränk. Gelehrtenfamilie Trew (Treu, von Trew). In: Stamm- u. Ahnenlisten aus Bayern, Franken u. Schwaben. Beil. zu: Der Familienforscher in Bayern, Franken u. Schwaben: Bl. Bayer. Landesverein Familienkunde (München) **1950–1957**, 15–37 m. 4 Bildn. [12].

Bibliogr. Cat. gén. Bibl. nat. **194** (1960) Sp. 77–78 (7 Nr.) [3]. – Brit. Mus. Gen. Cat. **241** (1964) Sp. 248 (11 Nr.) [3].

Biogr. Johann Jacob Baier: Warhaffte u. gründliche Beschreibung der Nürnbergischen Universität-Stadt Altdorff samt dero fürnehmsten Denckwürdigkeiten ... (Altdorff 1714) 65, 78 [3]. – Sigismund Jacob Apinus: Vitae professorum philosophiae qui a condita Academia Altorfina ad hunc usque diem claruerunt (Norimbergae et Altdorfi 1728) 155–163 m. Bildn. u. Schr.Verz. [3]. – Johann Gabriel Doppelmayr: Histor. Nachricht von den Nürnbergischen Mathematicis u. Künstlern (Nürnberg 1730) 102–105 [3]. – N. F. J. Eloy: Dictionnaire historique de la médecine ancienne et moderne ... **4** (Mons 1778) 429–430 [3]. – Abraham Gotthelf Kästner: Gesch. der Math. **3** (Göttingen 1799) 451–452 [3]. – Gley: Biographie universelle, ancienne et moderne **46** (Paris 1826) 502 [3]. – S. Günther: ADB **38** (1894) 591–593 [3].

Weitere Lit. Gerard Johannes Vossius: De universae mathesios natura et constitutione liber (Amsterdam 1650) 390–391 [3]; De artium et scientiarum natura ac constitutione libri quinque (Amsterdam 1696) 193 [3]. – G. Hellmann: Repertorium der Deutschen Meteorol. (Leipzig 1883) Sp. 499 [3]. – Ernst Spieß: Beschreibende Naturwissenschaften. In: Nürnberg. Festschr. ... der Ges. Dtsch. Naturforscher u. Ärzte (Nürnberg 1892) 62–63 [14]. – Karl Sudhoff: Iatromathematiker, vornehml. im 15. u. 16. Jahrhundert. Eine Studie: Abh. Gesch. Med. **2** (1902) 81, 82, 83, 84 [15]. – Max Jacobi: Die math. Wiss. nach dem 30jähr. Kriege. Aus dem Kodex eines Nürnberger Rechenmeisters: Mitt. Gesch. Med. Naturwiss. **2** (1903) 275–282 [3]. – W. Láska: Zur Gesch. des Rückwärtseinschneidens: Z. Vermessungswes. **36** (1907) 514–516 [89]. – Neumann: Das Heilsystem Trew: Heilsystem Gesundheitslehrer **27** (1924) Sp. 121 [38]. – I. Ionescu: Čarti vechi de matematică: Gazeta mat. **40** (1935) 193–196, 338–340, 392–395, 437–438 (rumän.).

Bildn. Hermann Schreibmüller: Das Ansbacher Gymnasium 1528–1928 (Ansbach 1928) 37–38 m. Bildn. [15].

TREW, Christoph Jacob. Med., Bot. – **1711** stud., **1716** Dr. med. Univ. Altdorf; seit 1720 prakt. Arzt in Nürnberg, zugl. physicus ordinarius des Collegium medicum; 1727 Mitgl., 1742 Adjunkt, 1746 Dir. ephemeridus Leopoldina; 1736 markgräfl. Ansbach. Leibarzt u. Hofrat.

*1695, Apr. 26, Lauf bei Nürnberg;
†1769, Juli 18, Nürnberg.

Enkel von Abdias Trew.

Genealog. Friedrich W. Euler: Die fränk. Gelehrtenfamilie Trew (Treu, von Trew). In: Stamm- u. Ahnenlisten aus Bayern, Franken u. Schwaben. Beil. zu: Der Familienforscher in Bayern, Franken u. Schwaben: Bl. Bayer. Landesverein Familienkunde (München) **1950–1957**, 15–37 m. 4 Bildn. [12].

Bibliogr. Cat. gén. Bibl. nat. **194** (1960) Sp. 78–81 (12 Nr.) [3]. – Brit. Mus. Gen. Cat. **241** (1964) Sp. 326–327 (25 Nr.) [3].

Briefwechsel Ferdinand Jacob Baier: Epistola itineraria ad virum illustrem atque excellentissimum Christoph Jacobum Trew: Nova Acta physico-medica Academiae Caesareae Leopoldino-Carolinae 4 (Nürnberg 1770) 2–24 (Appendix) [3]. – Eleonore Schmidt-Herrling: Die Briefsammlung des Nürnberger Arztes Chr. J. Trew in der UB Erlangen (Erlangen 1940) LIII, 776 S. m. Bildn. [Kupferstich von G. Lichtensteger in der UB Erlangen nach einem Gemälde von D. van der Smissen] (Kat. der Handschriften der UB Erlangen. Neubearb. Bd 5) [3].

Nekr. Johann Andreas Michael Nagel: Monumentum ... Christophori Jacobi Trewii ... factum ab Academia Altorfina (Altorfii 1769) 12 S. [14].

Biogr. Fränckische Acta erudita et curiosa. Die Gesch. der Gelehrten in Francken **3** (Nürnberg 1727) 381–398; **6**, 187–193; **10**, 733–755 m. Bildn. S. 687 [3]. — Andrea Elia Büchner: Academiae Sacri Romani Imperii Leopoldino-Carolinae Naturae Curiosum Historia (Halae, Magdeburgicae 1755) 149–150, 164–165, 409–410, 436–438 m. Bildn., 577 [Ha 2]. — Herm. Ernest Rumpel: Monumentum viro illustri ... domino Christophoro Jacobo Trew: Nova Acta physico-medica Academiae Caesareae Leopoldino-Carolinae **4** (Nürnberg 1770) 315–332 m. Schr.Verz. [Appendix] [3]. — Sammlung aller Handlungen u. Schriften, welche zu hochverdienten Ehren u. ewigem Gedächtniße des wohlseligen Herrn Geheimen Raths D. Christoph Jacob Trew, des Heil. Röm. Reichs Edlen, der Republik Nürnberg ältesten Physici u. a. m. wegen der von ihm der Univ. zu Altdorf gemachten Schenkung seiner unvergleichlichen Bibliothek u. Naturalienkammer, besonders bey deren am Jacobi Tage 1770 erfolgten feyerlichen Einweyhung, geschehen u. zum Vorschein gekommen sind (Altdorf o. J.) 48 S. [75]. — Dictionnaire des sciences médicales. Biographie médicale **7** (1825) 361–363 [3]. — Gley: Biographie universelle, ancienne et moderne **46** (Paris 1826) 502–504 [3]. — Dezeimeris: Dict. hist. méd. **4** (Paris 1839) 284–285 [3]. — J. C. Ziehl: Erinnerungen an Chr. J. Trew u. seine Zeit (Nürnberg 1857) VIII, 59 S. [14]. — E. Wunschmann: ADB **38** (1894) 593–595 [3]. — Thomas Stettner: Mittelfränkische Naturforscher von 1720 bis 1820: Bl. histor. Ver. Mittelfranken (Ansbach) **2** (1924) Nr. 2, S. 9–11 [101]. — Richard N. Wegner: Christoph Jacob Trew. Ein Führer zur Blütezeit naturwiss. Abbildungswerke in Nürnberg im 18. Jahrhundert: Mitt. Gesch. Med. Naturwiss. u. Techn. **39** (1940) 218–228 [3]. — Julius Pirson: Der Nürnberger Arzt u. Naturforscher Christoph Jakob Trew: Mitt. Ver. Gesch. Nürnberg **44** (1953) 448–576 m. 1 Bildn. u. 1 Abb. [3]. — Eleonore Schmidt-Herrling: Christoph Jacob Trew: Med. Mschr. **7** (1953) 382–385 [3].

Weitere Lit. Das Trewische Museum. In: Christoph Gottlieb von Murr: Beschreibung der vornehmsten Merkwürdigkeiten in des H. R. Reichs freyen Stadt Nürnberg u. auf der hohen Schule zu Altdorf (Nürnberg 1778) 579–650 [3]. — Christian Gottfried Gruner: Almanach für Ärzte u. Nichtärzte auf das Jahr 1785 (Jena 1785) 27–28 [3]. — Franz Leydig: Horae Zoologicae. Zur vaterländ. Naturkunde ergänzende sachl. u. geschichtl. Bemerkungen (Jena 1902) 242–243 [3]. — Friedrich Klee: Die Gesch. der Physik an der Univ. Altdorf bis zum Jahre 1650 (Erlangen 1908) 5, 51, 56 (Phil. Diss. Univ. Erlangen 1908) [3]. — E. Stollreither: Kostbares Kulturgut in der Bibl. der Univ. Erlangen: Bayerland **44** (1933) Beil. zu H. 7 [12]. — Thomas Stettner: Von Blumen, Bäumen, Botanikern (Ansbach 1937) 22–24 m. Bildn. [101]. — Hans Krauß: Die Leibärzte der Ansbacher Markgrafen (Neustadt/Aich 1941) 27, 29 m. Bildn. (Familiengeschichtl. Schriften, 7) [14; 101]. — Claus Nissen: Die botan. Buchillustration **1** (Stuttgart 1951) 57, 73, 107–111, 161, 163–180, 200, 226, 231, 247, 256; **2** (1951) 184–185 [3]. — Bruno von Freyberg: Johann Gottlob Lehmann. Ein Arzt, Chemiker, Metallurg, Bergmann, Mineraloge u. grundlegender Geologe (Erlangen 1955) siehe Reg. S. 159 (Erlanger Forsch. Reihe B. Naturwiss., 1) [101].

Bildn. Jacob Brucker: Bilder-sal heutiges Tages lebender ... Schrifftsteller ... 10. Zehend. (Augspurg 1755) 6 S. m. 1 Taf. [14]. — Pietro Antonio Gaetani: Museum Mazzuchelianum **2** (Veneti 1763) Taf. 172, 8 [14]. — Nürnberg. Festschr. ... der Ges. Dtsch. Naturforscher u. Ärzte (Nürnberg 1892) 62–63 m. Bildn. S. 58 [14]. — W. G. Brown: A list of portraits in the various buildings of Harvard University. In: Bibliographical contributions Nr. 53 (Cambridge 1898) 41 [3]. — Richard N. Wegner: Das Anatomenbildn. Seine Entwicklung im Zusammenhang mit der anatom. Abb. (Basel 1939) 19, 20, 21, 130, 184 m. Bildn. Nr. 84 (Stich von G. Lichtensteger nach einem Gemälde von Dominicus von der Smissen S. 130) [3].

II **TROMMSDORFF,** Christian Wilhelm Herrmann. Chem. — 1826–1830 Lehre beim Apotheker Lucae in Berlin; dann als Apotheker in Erfurt, Frankfurt/M., Darmstadt, Erfurt; 1835–1836 stud. Univ. Berlin; 1837 Übernahme der väterl. Apotheke in Erfurt; Erweiterung zu einer chem. Fabrik.

*1811, Sept. 24, Erfurt;

†1884, Juli 3, Erfurt.

Sohn von Johann Bartholomäus Trommsdorff (1770–1837).

Bibliogr. Cat. scient. Papers **6** (1872) 45 (7 Nr.); **12** (1902) 741 (2 Nr.) [3].

Nekr. E. Biltz: Arch. Pharmaz. **222** (1884) 593–605 [15].

Biogr. Ernst Biltz: Lebensbeschreibung Christian Wilhelm Hermann Trommsdorffs (Halle 1884) 15 S. [63].

II **TROMMSDORFF,** Johann Bartholomäus. Pharmaz., Chem. — 1784–1788

Lehrling in der Weimarer Hof- u. Stadtapotheke; nach kurzer Gesellenzeit in Stettin u. Stargard 1790 Übernahme der väterl. Apotheke in Erfurt; begründet 1794 das Journal der Pharmazie für Apotheker, Ärzte u. Chemiker; 1796 Inhaber eines von ihm gegründeten pharmaz. Inst.; 1795–1816 Prof. Chem. Univ. Erfurt (bis zu deren Auflösung); 1792 Mitgl., 1818 Vizedir., 1823 Dir. Akad. gemeinnütz. Wiss. zu Erfurt.

*1770, Mai 8, Erfurt.

†1837, März 6, Erfurt.

Sohn von Wilhelm Bernhard Trommsdorff (1738–1782).

Werke Kurzes Handbuch der Apothekerkunst zum Gebrauch für Lernende (Stettin 1790) 100 S. [3]. – Lehrbuch der pharmaceutischen Experimentalchemie nach dem neuen System zum Gebrauch für Ärzte u. prakt. Apotheker u. als Leitfaden zu Vorlesungen (Altona 1796) XVI, 533 S. [3]. – Chem. Receptirkunst oder Taschenbuch für prakt. Ärzte welche bey dem Verordnen der Arzneyen Fehler in chem. u. pharmaceut. Hinsicht vermeiden wollen. 2. Aufl. (Erfurt 1799) 350 S. [3]; 5. Aufl. (Erfurt 1826) XVIII, 365 S. [3]. – Darst. der Säuren, Alkalien, Erden u. Metalle, ihrer Verbindungen zu Salzen u. ihrer Wahlverwandschaften in 12 Taf. (Erfurt 1800) 2 S., 12 Taf. [3]. – Kallopistria, oder die Kunst der Toilette für die elegante Welt (Erfurt 1805) XIV, 286 S. [3]. – Die neuentdeckten salinischen Schwefelbäder zu Langensalza u. Tennstädt im Königreich Sachsen chem. untersucht von Joh. Barthol. Trommsdorff (Erfurt 1812) VIII, 110 S. [15]. – Handb. der pharmaz. Waarenkunde. Zum Gebrauch für Ärzte, Apotheker u. Droguisten. 3. Aufl. (Gotha 1822) XVI, 592 S. [3]. – Systemat. Handb. der Pharmac. für Ärzte u. Apotheker, zum Gebrauch academ. Vorlesungen u. zum Unterr. angehender Pharmaceuten. 3. Aufl. (Erfurt 1827) XVI, 766 S. [3]. – Über die Bereitung des Bleiweißes im Großen (Erfurt 1827) 36 S. [3]. – Die Grundsätze der Chemie, mit Berücksichtigung ihrer techn. Anwendung in einer Reihe allg. faßl. Vorlesungen entwickelt u. durch Versucher erläutert. Für Fabrikanten, Künstler u. Gewerbetreibende (Erfurt 1829) XX, 620 S. [3].

Genealog. Friedrich Götz: Ahnenliste des Johann Bartholomäus Trommsdorff: Ekkehard **13** (1937) 167–168, 203; **14** (1938) 295 [3].

Bibliogr. Cat. scient. Papers **6** (1872) 45–52 (207 Nr.); 8 (1879) 1117 (1 Nr.); **12** (1902) 741 (3 Nr.) [3]. – Cat. gén. Bibl. nat. **194** (1960) 841–845 (20 Nr.) [3]. – Brit. Mus. Gen. Cat. **241** (1964) Sp. 649–651 (25 Nr.) [3].

Nekr. Nekr. auf W. Casp. Fikentscher u. J. B. Trommsdorff: Buchners Repertorium für die Pharmacie **59** (Nürnberg 1837) 128–134 m. Verz. der Werke [14]. – B. F. Voigt: Neuer Nekrolog der Deutschen **15** (Weimar 1839) 341–349 [15].

Briefe Extrait d'une lettre (Erfurt, 16 juillet 1799) de M. le professeur Trommsdorff au citoyen Van Mans: Ann. Chim. **32** (1799) 318–321 [3].

Biogr. Dictionnaire des sciences médicales. Biographie médicale **7** (1825) 369–370 [3]. – Adolph Carl Peter Callisen: Medicinisches Schriftsteller-Lexicon **19** (Copenhagen 1834) 403–438; **33** (Altona 1845) 74–77 [3]. – Glückwunsch an Herrn Dr. Johann Bartholomäus Trommsdorff, Ritter des Königl. Preuß. rothen Adlerordens 3ter Klasse mit der Schleife, Königl. Preuß. Hofrath, Prof. der Chem. u. Physik, Direktor der Königl. Preuß. Acad. gemeinnütz. Wiss., Apotheker zu Erfurt u. sehr vieler Acad. u. gelehrten Ges. Ehren- u. wirkl. Mitgl., am Tage Seines Jubelfestes funfzigjähr. seegensvollen Wirkens den 1. Oct. 1834, den hochverehrten, trefflichen Lehrer u. Freund, im Namen seiner zahlreichen Schüler (o. O., o. J.) 4 unnumm. Bl. [3]. – J. G. W. Mensing [Schwiegersohn des Verstorbenen]: Des Joh. B. Trommsdorff Lebensbeschreibung (Erfurt 1839) IV, 88 S., Titel-Abb., Schr.Verz. 74–82 [3; 14]. – Ludwig Franz Bley: Das Leben Joh. Barth. Trommsdorffs in besonderer Rücksicht auf seine Leistungen für Chem. u. Pharmacie: Arch. Pharmac. **68** (1839) 1–20, 113–145, 225–231 [3]. – C. Fr. Ph. von Martius: Akad. Denkreden (Leipzig 1866) 71–82 [3]. – Ernst Biltz: Lebensbeschreibung Christian Wilhelm Hermann Trommsdorffs (Halle 1884) 3–6 [63]. – B. Lepsius: ADB **38** (1894) 641–644 [3]. – Richard Loth: Die Dozenten der med. Fakultät Erfurt in den Jahren 1646–1816: Jahrb. Akad. gemeinnütz. Wiss. Erfurt N.F. **33** (1907) 238–242 m. Schr.Verz. [Ha 2]. – Richard Loth: Johann Bartholomäus Trommsdorff. Ein Beitr. zur Entwicklung des chem. Unterr. an der Univ. Erfurt. In: Beitr. aus der Gesch. der Chem., dem Gedächtn. von Georg W. A. Kahlbaum gewidmet von Paul Diergart (Leipzig, Wien 1909) 545–554 m. 2 Abb. [15]. – Johann Bartholomäus Trommsdorff (1770–1837). Das Lebensbild eines der größten Pharmazeuten u. Chemikers an der Wende des 18. Jahrhunderts, zugl. ein Stück aus der Vergangenheit der alten Universitätsstadt Erfurt. Auf Grund älterer Schriften hrsg. von Otto Rosenhainer u. Hermann Trommsdorff (Jena 1913) XII, 202 S. m. Titelbildn., 6 Bildn., 2 Abb., 1 Faks. [3; 14]. – Hermann Trommsdorff: Johann Bartholomäus Trommsdorff. In: Mitteldtsche Lebensbilder 3 (Magdeburg 1928) 270–285 m. Bildn. [3]. — M. A. Bloch: Biogr. spraw. 2 (Leningrad 1931) 740–741 [15]. — Hermann Gittner: Goethe u. Trommsdorff: Pharmaz. Ztg. 85 (1949) 471–472 [3]. — H. Müller-Heester: Dr. Johann Bartholomäus Trommsdorff, der Erfurter Hofrat u. Universitätsprof.: Pharmazie 9 (1954) 928–929 [3]. — Hermann Gittner: Die Harzreisen des Johann Bartholomä Trommsdorff 1798 u. 1805 (Oberhausen/Rhld. 1957) 47 S. [101]; Die Rheinreise des Johann Bartholomai Trommsdorff zur 13. Naturforscherversammlung in Bonn anno 1835: Dtsch. Apotheker-Ztg. 99 (1959) 31–36 [15].

Zum 100. Todestag A. B.: Der Wegbereiter der Pharmazie u. Pharmakologie: Dtsch. Apotheker-Ztg. 52 (1937) 285–286 [1]. — H.: Pharmaz. Mh. 18 (1937) Nr. 3, S. 33 m. Bildn. [101]. — H. Lehmann: Schweizer Apotheker-Ztg. 75 (1937) 130–133 [101]. — Karel Pejml: Čas. čes. Lék. 17 (1937) 29–31 [UB Prag]. — Hermann Trommsdorff: Johann Bartholomä Trommsdorff u. seine Zeitgenossen 1. Teil 1770–1802: Jahrb. Akad. gemeinnütz. Wiss. Erfurt N.F. 53 (1937) 5–55; 2. Teil: Trommsdorff u. Sertürner: ebda N.F. 55 (1941) 131–244 [Ha 2]. — Curt P. Wimmer: Joh. Bartholomäus Trommsdorff: J. Amer. pharmac. Assoc. 27 (1938) 56–57 [15]. — Trommsdorff-Gedenkfeier: Pharmaz. Ztg. 82 (1937) 343–345 [101].

Weitere Lit. Koch u. a.: Bucholz-Gehlen-Trommsdorffsche Stiftung zur Unterstützung armer ausgedienter u. würdiger Apothekergehülfen: Arch. Pharmacie 67 (1839) 231–234 [3]. — Ernst Wilhelm Martius: Erinnerungen aus meinem 90jähr. Leben (Leipzig 1847) 37, 210, 284–285, 301 [3]. — L. F. Bley: Rüge u. Protest: Arch. Pharmac. 113 (1850) 117–118 [3]. — A. Philippe: Gesch. der Apotheker bei den wichtigsten Völkern der Erde. Aus dem Französ. übersetzt von Herm. Ludwig. 2. Aufl. (Jena 1858) siehe Reg. S. 1119 [39]. — Richard Thiele: Die Schicksale der Erfurter Akademie nützlicher (gemeinnütziger) Wiss. nach der ersten Besitznahme Erfurts durch die Preußen (1802–1803): Jahrb. Akad. gem. Wiss. Erfurt N.F. 28 (1902) 8 [Ha 2]. — Paul Diergart: Zur Gesch. der pharmazeutisch-chem. Institute: Mitt. Gesch. Med. Naturwiss. 16 (1917) 318 [3]. — Robert Stein: Zeitgenöss. Kritik über Fourcroys chem. Übersichtstaf. u. deren deutsche Übersetzungen: Mitt. Gesch. Med. Naturwiss. 17 (1918) 85, 90, 91, 92, 93 [3]. — Hermann Schelenz: Das Jubelfest der Fa E. Merck in Darmstadt: ebda S. 304 [3]. — Max Speter: Lavoisieriana: Chemiker-Ztg. 55 (1931) 994 [3]. — Georg Urdang: Die deutsche Apotheke als Keimzelle der deutschen pharmaz. Industrie (Mittenwald 1932) 2, 13–15 m. Bildn. [101]. — A. Adlung u. G. Urdang: Grundriß der Gesch. der dtsch. Pharmazie (Berlin 1935) 134, 165, 239, 253, 326, 423, 426, 452, 458, 460, 462, 465, 481, 508, 514 [3]. — Fritz Ferchl u. A. Süssenguth: Kurzgesch. der Chem. (Mittenwald 1936) 143, 144, 146, 185, 186, 193 [3]. — Heinz Peickert: Ein „Ammoniakwerk“ bei Leuna vor 125 Jahren: Dtsch. Apotheker-Ztg. 51 (1936) 1152–1153 [3]. — Johannes Biereye: Erfurt in seinen berühmten Persönlichkeiten (Erfurt 1937) 114 [3]. — Paul König: Die Entdeckung des reinen Nikotins im Jahre 1828 an der Univ. Heidelberg durch Reimann u. Posselt ... (Bremen 1940) 23 [101]. — George Urdang: Goethe and Pharmacy (Madison Wisc. 1949) 26, 28, 68 m. Bildn. [38]. — Herbert Müller-Hester: Die pharmazeut. Fachpresse im Wandel der Zeiten. Ein Kapitel pharmaz. Zeitgesch. Deutschlands: Österreich. Apotheker-Ztg. 36 (1950) 448–451 [101]. — Werner Teschke: Trommsdorff in Pommern: Pharmaz. Ztg. 91–100 (1955) 1340–1341 [3]. — Wilhelm Prandtl: Deutsche Chemiker in der 1. Hälfte des 19. Jahrhunderts (Weinheim 1956) 74–77 m. Bildn. [14]. — Roldán Guerrero: Juan Bartolomé Trommsdorff descubre el reactivo que Meva su nombre: Medicamenta (Madrid) 13 (1961) 24–25 [Organisation mondiale de la santé Genève]. — K. F. Hoffmann: Wirken des Arztes u. des Apothekers Trommsdorff: Ärztl. Praxis 14 (1962) 742 [101]. — Horst Rudolf Abe: Ein Nachruf Johann Bartholomäus Trommsdorffs vom 23. Mai 1799 auf den am 12. Mai 1799 verstorbenen Erfurter Arzt u. Universitätsgelehrten Johann Samuel Naumburg: Beitr. Gesch. Univ. Erfurt 1963, H. 10 S. 4–11 m. Bildn. u. 1 Abb. [3]. — Wilhelm Strube: Zur Geschichtsauffassung Johann Bartholomäus Trommsdorffs u. Hermann Kopps: Wiss. Z. TH Chemie Leuna-Merseburg 5 (1963) H. 4 S. 377–378 [Ha 2]. — F. Markwardt u. H. R. Abe: Die Pharmakologie in Erfurt u. ihre histor. Vorläufer: Beitr. Gesch. Univ. Erfurt 1964 H. 11, S. 187–201 m. Bildn. u. Abb. [3]. — Was nicht in den Annalen steht. Chemiker-Anekdoten. Hrsg. Josef Hausen. 3. Aufl. (Weinheim 1964) 89 [101].

Bildn. Alfred Overmann: Erfurt in 12 Jahrhunderten. Eine Stadtgesch. in Bildern (Erfurt 1929) 332–333 m. Bildn. [14]. — Otto Zekert: Deutsche Apotheker (Berlin, Wien 1942) 79 [14].

II **TROMMSDORFF,** Wilhelm Bernhard. Pharmaz. — Dr. med.; 1768 Apotheker in Erfurt; Besitzer der Schwanen-Ring-Apotheke in Erfurt; auch o.

Prof. Med. Univ. Erfurt; Leibarzt des Statthalters von Erfurt, des Coadjutors Karl von Dalberg.

*1738, Erfurt;

†1782, Mai 6, Erfurt.

Bibliogr. Brit. Mus. Gen. Cat. **241** (1964) Sp. 651 (1 Nr.) [3].

Biogr. Johann Georg Meusel: Lexikon der von 1750 bis 1800 verstorbenen teutschen Schriftsteller **14** (Leipzig 1815) 154 [15].

VI **TROPSCH,** Hans. Chem. — 1907–1913 stud. Dtsch. TH u. Univ. Prag; 1913 Dr.-Ing.; 1914 Farbenindustrie Mülheim/Rh.; 1916 Ass. Kaiser-Wilhelm-Inst. Kohlenforschung Mülheim/Ruhr; 1917 Betriebsleiter einer Teerdestillation Rütgers-Werke AG Niederau bei Dresden; 1920 Abt. Vorst. Kaiser-Wilhelm-Inst. Kohlenforsch. Mülheim/Ruhr; 1928 Dir. Kohlenforsch. Inst. Dtsch. Univ. Prag; 1931 wiss. Mitarbeiter u. Berater Universal Oils Products Co Chicago; später Prof. Univ. Chicago.

*1889, Okt. 7, Plan, Böhmen;

†1935, Okt. 13, Essen.

Entwickelte gemeinsam mit Franz Fischer eine Benzinsynthese.

Nekr. Franz Fischer: Ber. Dtsch. chem. Ges. **68** A (1935) 169–170 [3]. — RTA-Nachr. **15** (1935) Nr. 43, S. 11 [101].

Biogr. Eduard Senft: Gesch. der Herrschaft u. Stadt Plan in Böhmen. 2. Aufl. (Plan 1932) 365–366 m. Bildn. [12].

TROXLER, Ignaz Paul Vital. Med., Naturphilos., Publizist. — Besuch der Gymn. in Solothurn u. Luzern, dann Sekretär des Regierungsstatthalters; stud. Philos. (ab 1800 bei Schelling) u. Med. Univ. Jena; Dr. med. Univ. Göttingen; 1805 prakt. Arzt in Luzern; 1815 Abgesandter der Schweizer auf dem Wiener Kongreß; 1820–1822 Prof. Gesch. u. Philos. Lyceum in Luzern; dann prakt. Arzt in Aarau; 1830–1831 Prof. Philos. Univ. Basel; 1834–1850 o. Prof. Univ. Bern.

*1780, Aug. 17, Münster, Kanton Luzern;

†1866, März 6, Landgut bei Aarau.

Werke I. P. V. Troxler: Über das Leben u. sein Problem. Nach der Erstausg. von 1806 neu hrsg. von Hans Kern u. Christoph Bernoulli (Celle 1925) 71 S. m. Titelbildn., Schr.-Verz. [14]. — Aus den Vorlesungen über psychische Anthropologie von Herrn Dr. Troxler, Prof. in Bern, 1841–1842. Nachgeschr. von Jos. Egli von Egolzwil; verb. u. m. Randbem. versehen von Troxler: Die Menschenschule **10** (1936) 48–64 [UB Basel]. — I. P. V. Troxler: Fragmente. Erstveröff. aus seinem Nachlasse. Hrsg. von Willi Aeppli (St. Gallen 1936) 420 S. m. Titelbildn. u. Faks. (Biogr. Notizen 401–409) [101]. — I. Belke: I. P. V. Troxlers Nachlass: Zbl. Bibliothekswesen **57** (1940) 127–131 [3]. — Aufruf des Kuratoriums Troxler (Betr. Edition von Troxlers Werken u. Briefen): Z. Schweizer. Kirchengesch. **53** (1959) 80 [101]. — Georges Bonnard, Hans Barth u. Oscar Vasella: I. P. V. Troxler [betr. Edition der Werke u. Briefe]: Freiburger Z. Philos. u. Theol. (Freiburg/Schweiz) **6** (1959) 49 [LB Bern].

Bibliogr. Cat. gén. Bibl. nat. **195** (1960) Sp. 187 (4 Nr.) [3]. — Brit. Mus. Gen. Cat. **241** (1964) Sp. 784–785 (25 Nr.) [3].

Briefwechsel Briefwechsel Varnhagens von Ense mit Troxler 1815–1818 (Berlin 1900) 201–370 (Mitt. Litteraturarchiv **2** (1898–1900)) [14]. — Johannes Dierauer: Briefe an Dr. Anton Henne [Troxler-Brief Nr. 11]: (St. Gallen 1902) 25 S. [StB St. Gallen].

Nekr. Joseph Ludwig Aebi: Dr. Ignaz Paul Vital Troxler (Luzern 1866) IV, 50 S. [ZB Luzern]. — Neue Zürcher Ztg. **1866**, Nr. 75, S. 1 [ZB Zürich]. — Schweizer Lehrerztg. **11** (1866) 89–90 [UB Basel].

Biogr. Johann Georg Meusel: Das gelehrte Teutschland **16** (Lemgo 1812) 52–53; **21** (1827) 134–136 m. Schr.Verz. [3]. — Ernst Münch: Erinnerungen, Lebensbilder u. Studien aus den ersten 37 Jahren eines teutschen Gelehrten in der Schweiz, Teutschland u. den Niederlanden **2** (Carlsruhe 1837) 400–432 [3]. — Charles Secrétan: Galérie Suisse **3** (Lausanne 1880) 111–128 [ZB Zürich]. — O. Liebmann: ADB **38** (1894) 667 [3]. — Jakob Gamper: Paul Vital Ignaz Troxlers Leben u. Philosophie (Bern 1907) 96 S. (Diss. Bern) [St- u. UB Bern]. — Alfred Götz: Dr. Ignaz Paul Vital Troxler als Politiker. Ein Lebensbild aus der Werdezeit der neuen schweizer. Eidgen. (Zürich 1915) 182 S. (Phil. Diss. Zürich) [101]; auch in: Schweizer Studien zur Geschichtswiss. **7** (1915) H. 2, S. 286–466 [101]. — Christoph Bernoulli u. Hans Kern: Romantische Naturphilosophie. Ausgew. (Jena 1926) darin von I. P. V. Troxler: Über das Leben u. sein Problem 232–239 m. Bildn.; Das Wesen des Menschen 239–257; Die Urphänomene Raum u. Zeit 257–281 [14]. — Will Aeppli: Paul Vital Troxler als Patriot u. Erzieher. In: Menschenbildung. Erziehung

u. Unterricht vor den Aufgaben der Zeit. Bewußtseinsfragen der Pädagogik Rudolf Steiners (Basel 1934) 552–560 m. Bildn. u. Faks. [101]. — Ein geistesgeschichtl. Aspekt. P. V. I. Troxler als Vorbote einer Anthroposophie: ebda 23–27 [101]. — Iduna Belke: Ignaz Paul Vital Troxler. Sein Leben u. sein Denken. Mit Quellenverz. (Berlin 1935) 123 S. (Neue dtsch. Forsch., 26) [14]; dazu: Willi Aeppli: Gedanken über Troxler anläßl. einer neuen Troxler-Publikation: Menschenschule **10** (1936) 64–71 [UB Basel]. — Willi Aeppli: Biogr. Notizen über P. V. I. Troxler: Menschenschule **10** (1936) 42–47 [UB Basel]. — Eduard Fueter in: Große Schweizer (Zürich 1938) 497–502 m. Bildn. S. 496 u. Lit.Verz. [101]. — Eduard Fueter in: Große Schweizer Forscher (Zürich 1939) 183–184 m. Bildn. [3]. — H. Buess: Schweizer Ärzte als Forscher, Entdecker u. Erfinder. Hrsg. von Ciba AG Basel (Basel o. J.) 53–54 m. Bildn., Schr.- u. Lit.Ang. [101]. — Otto Mittler in: Argovia **65** (1953) (Lebensbilder aus dem Aargau 1803–1953) 127–136 u. öfter, m. Bildn. Taf. 12 [101]. — Eduard Vischer: Der versöhnte Troxler: Argovia **72** (1960) 324–337 [15].

Weitere Lit. I. P. V. Troxler: An Prof. Oken in Jena: Allg. Lit. Ztg. **1810**, 2 Sp. 215–216; Oken's Erklärung auf Troxlers Zeilen: ebda **1810**, 2 Sp. 461–463; Troxler's Erwiderung auf Okens Erklärung: ebda **1810**, **3** Sp. 665–670 [3]. — Helvetia. Denkwürdigkeiten für die 22 Freistaaten der Schweiz. Eidgenossenschaft. Ges. u. hrsg. von Joseph Anton Balthasar **1** (Zürich 1823) 346–374, 484–547 [betr. Aktenstücke ... Prozess des Tägl. Raths der Stadt u. Republik Luzern gegen Dr. Troxler] [ZB Zürich]. — Johann Rütter: Öffentl. Sendschreiben an Herrn Dr. Troxler (Luzern 1831) 16 S. [ZB Zürich]. — Ludwig Snell: Dokumentirte pragmat. Erzählung der neueren kirchl. Veränderungen sowie der progressiven Usurpationen der Römischen Kurie in der kathol. Schweiz bis 1830 (Sursee 1833) I, 137, 138, 139, 140, 141, 143, 146, 149, 153, 161, 163, 183 [3]. — Eduard Gans: Rückblicke auf Personen u. Zustände (Berlin 1836) 297–301 [3]. — Karl Morell: Die Helvetische Gesellsch. Aus den Quellen dargest. (Winthur 1863) 384 [3]. — Jacob Christinger: Thomas Bornhauser. Sein Leben, Wirken u. Dichten nach den Urkunden u. nachgelassenen Schriften (Frauenfeld 1875) 154–156 [St- u. UB Bern]. — Eduard Müller: Die Hochsch. Bern in den Jahren 1834–1884. Festschr. zur 50. Jahresfeier ihrer Stiftung (Bern 1884) 47 [St- u. UB Bern]. — Friedrich von Wyhs: Leben der beiden Zürcherischen Bürgermeister David von Wyhs Vater u. Sohn **2** (Zürich 1886) 461–462 [3]. — Ulrich Beringer: Gesch. des Zofingervereins **1** (Basel 1895) 103, 106, 107, 108–111, 112 [3]. — Karl Goedeke: Grundriß zur Gesch. der Deutschen Dichtung **6**, **7** (Leipzig, Dresden, Berlin 1898) 270–271 m. Schr. u. Lit.Verz. [3]. — W. Oechsli: Gesch. der Gründung des Polytechnikums m. einer Übersicht seiner Entwicklung 1855–1905. Eidgen. Polytechnikum. Festschr. **2** (Frauenfeld 1905) 6, 7, 18, 64, 67, 68 [ETH Zürich]. — Edmund Endrich: I. P. Vital Troxlers Logik u. Erkenntnislehre. Ein krit. Beitr. zur Gesch. dieser Wiss. (Borna-Leipzig 1910) 40 S. (Phil. Diss. Univ. Erlangen 1909) [14]. — Zschokkes Werke **1** (Berlin, Leipzig, Wien, Stuttgart 1910) Selbstschau. Hrsg. von Hans Bodmer: 272 [3]. — Erwin Haller: Bürgermeister Johannes Herzog von Effingen 1773–1840. Ein Beitr. zur aargauischen Gesch.: Jschr. histor. Ges. Kanton Aargau **36** (1911) 155–157 m. Bildn. [St.- u. UB Bern]. — Hans von Geyerz: Versuch über Troxler. Der Philosoph u. der Staat der Regeneration: Arch. histor. Ver. Kanton Bern **39** (1948) 105–123 [101]. — Peter Schneider: Ignaz Paul Vital Troxler u. das Recht. Eine Studie zum Nachweis der Bedeutung des romantischen Gedankengutes für die Entwicklung des schweizer. Bundesstaates (Zürich 1948) 261 S. [ZB Zürich]. — Alfred Wohlwend: J. P. V. Troxlers Gedanken über Erziehung u. Unterricht. Mit Quellenverz. (Dielsdorf 1948) 101 S. (Phil. Diss. Zürich) [14]. — Bernhard Milt: Franz Anton Mesmer u. seine Beziehungen zur Schweiz (Zürich 1952) 134 (Habil. Schr. med. Fak. Univ. Zürich) [15]. — Anton Müller: Zur publizist. u. polit. Aktivität Ludwig Snells. Die Brüder Snell u. I. P. V. Troxler: Schweizer Z. Gesch. **3** (1952) 426–429 [3]. — Edgar Bonjour: Die Univ. Basel von den Anfängen bis zur Gegenwart 1460–1960 (Basel 1960) 360–361, 390–391, 408, 436, 482 [3]. — E. Schmitz-Cliever: Wurden schon im Jahre 1706 X-Strahlen beobachtet?: Forschung–Praxis–Fortbildg. **17** (1966) 529–532 [101].

Bildn. Die Geschichte unserer Tage. 1833 bearb. von J. Mährlen (Stuttgart 1834) 475–476 m. Bildn. [14]. — Taschenbuch der neuesten Gesch. hrsg. von Gustav Bacherer 1836 (Carlsruhe 1838) 120 [14]. — Gallerie berühmter Schweizer der Neuzeit. In Bildern von Fr. u. H. Hasler. Mit bibliogr. Text von Alfred Hartmann **1** (Baden 1868) m. Bildn. Nr. 40 u. 4 S. Text [UB Basel]. — Franz Zelger: An der Schwelle des mod. Luzern (Luzern 1930) 202–203 [101].

III–VI **TSCHERMAK-SEYSENEGG,** Gustav Edler (1917) von (1906). Mineral. — Stud. Wien; 1860 Dr. phil. Univ. Tübingen; 1862 Kustos, 1868–1877 Dir. Hof-Mineralien-Kabinet Wien; 1868 auch ao. Prof. Petrogr., 1873–1906 o. Prof.

Mineral. Univ. Wien; 1875 Mitgl. Akad. Wiss. Wien; 1881 korresp. Mitgl. Preuß. Akad. Wiss.

*1836, Apr. 19, Littau (Mähren);

†1927, Mai 4, Wien.

Bibliogr. Cat. scient. Papers **6** (1872) 59–60 (29 Nr.); **8** (1879) 1123–1124 (60 Nr.); **19** (1925) 220 (21 Nr.) [3]. — Cat. gén. Bibl. nat. **195** (1960) Sp. 571–572 (6 Nr.) [3]. — Brit. Mus. Gen. Cat. **241** (1964) Sp. 963 (7 Nr.) [3].

Nekr. Friedrich Becke: Alm. Akad. Wiss. Wien **76** (1926) 187–195 [Ha 2]; Mineral. u. petrogr. Mitt. **39** (1928) 10 S. [101]. — Edw. S. Dana: Amer. Mineralogist [Washington] **12** (1927) 293 [7]; Amer. J. Sci. (5) **14** (1927) 87 [Ha 2]. — J. W. Evans: Nature [London] **120** (1927) 195–196 [3]. — A. Himmelbauer: Verh. Geol. Bundesanst. [Wien] **1927**, 149–151 [Ha 2]. — B. Mauritz: Földtani Közl. **58** (1928) Suppl. 161–163 [F 1]. — K. A. Redlich: Hochschulwissen **4** (1927) 394–395 m. Bildn. [101].

Biogr. L. J. Spencer: Biogr. notices of mineralogists recently deceased: Mineral. Mag. **22** (1930) 2 S. [7]. — K. Spangenberg in: Handwörterb. Naturwiss. 2. Aufl. **10** (Jena 1935) 39–40 [3]. — Emilio Repossi: Gustav Tschermak-Paolo von Groth-Ettore Artini: Atti R. Accad. sci. Torino, Cl. sci. fis., mat. e nat. **63** (1927/28) 187–192 [29]. — Hans Leitmeier: Gustav Tschermak von Seysenegg u. Friedrich Becke. Die Klassiker der Mineral.- u. Gesteinslehre in Österreich. In: Österreich. Naturforscher u. Techniker (Wien 1950) 69–71 m. 2 Bildn. [3].

Zum 70. Geburtstag Tschermaks mineral. u. petrogr. Mitt. **25** (1906) I–II m. Bildn., Faks., 451 [15].

Zum 90. Geburtstag Neue Freie Presse (Wien) **1926**, Nr. 22/24 vom 18. Apr., Morgenbl. S. 12 [300].

Weitere Lit. Menschen u. Menschenwerke. Hrsg. von Árpád Keitner **2** (Wien 1925) 396–398 m. Bildn. [101]. — Paul Groth: Entwicklungsgeschichte der mineral. Wiss. (Berlin 1926) 153, 216–218, 220, 221–222, 235 [3]. — Walther Herrmann: Goethe u. Trebra. Freundschaft u. Austausch zwischen Weimar u. Freiberg (Berlin 1955) 212 S. (Freiberger Forschungsh. D 9) [3].

Bildn. Umschau **20** (1916) 319 [14]. — Richard Meister: Gesch. Akad. Wiss. in Wien 1847–1947 (Wien 1947) Taf. 38 [14].

11 **TSCHIRNHAUS,** Ehrenfried Walther von. Philos., Physik, Techn., Math. — Herr von Kieslingswalde u. Stoltzenberg in der Oberlausitz; 1668 stud. Univ. Leiden; 1672–1673 Freiwilliger unter den holländ. Truppen im Kriege Ludwigs XIV. gegen die Niederlande; machte wiederholt Reisen nach England, Frankreich, Italien, Sizilien u. knüpfte mit hervorragenden Gelehrten Bekanntschaft an, so in Holland mit Hudden, Huygens u. Spinoza, in England mit Newton, Collins u. Oldenburg, in Italien mit Michael Angelo Ricci, Kircher, Alphons Borelli. Zog sich dann auf seine Güter zurück; seit 1682 Mitgl. Académie française Paris.

*1651, Apr. 10, Kieslingswalde bei Görlitz;

†1708, Okt. 11, Dresden.

Werke Ehrenfried Walther von Tschirnhaus: Medicina mentis sive artis inveniendi praecepta generalia. Editio nova (Lipsiae 1695). Erstmalig vollst. ins Deutsche übers. u. kommentiert von Johannes Haussleiter. Mit math. geschichtl. Zusätzen von Herbert Oettel u. einer biogr. Einführung sowie mehreren Anh. von Rudolph Zaunick (Leipzig 1963) 409 S., m. Titelbildn., 26 Abb. (Acta Historica Leopoldina. Abh. Arch. Gesch. Naturforsch. u. Med. Dtsch. Akad. Naturforscher Leopoldina Nr. 1) darin u. a.: R. Zaunick: Ehrenfried Walther von Tschirnhaus in seinem Werden u. Wirken 5–28; Schrifttum über E. W. von Tschirnhaus (von 1686 bis 1963 chronolog. geordnet) 318–365 (383 Nr. m. Autorenreg. 366–369); Genealogisches um E. W. von Tschirnhaus 370–395 [101]. — E. W. von Tschirnhaus: Medicina mentis et corporis [lat.] Mit einem Vorwort von Wilhelm Risse (Hildesheim 1964) XVI, 296 S., 64 S. [101]. — E. W. von Tschirnhaus: Gründliche Anleitung zu nützlichen Wissenschaften, absonderlich zu der Mathesi u. Physica, wie sie anitzo von den Gelehrtesten abgehandelt werden. Faks.-Neudr. der 4. Aufl. Frankfurt u. Leipzig 1729. Mit 2 Beil. Hrsg. u. eingel. von Eduard Winter (Stuttgart–Bad Cannstatt 1967) XX, 64 S. [101].

Genealog. Curt Reinhardt: Zur Genealogie Derer von Tschirnhaus: Dtsch. Herold **61** (1930) 51–52 [3]. — Gothaisches Genealogisches Taschenbuch der adeligen Häuser. Tl. A **32**, 1933 (Gotha 1932) 602–606 m. Bildn. [14].

Bibliogr. Johann Michael Francke: Catalogus Bibliothecae Bunavianae **1** (Lipsiae 1751) 1661 (4 Nr. biogr. Lit.) [14]. — Cat. gén. Bibl. nat. **195** (1960) Sp. 590–591 (2 Nr.) [3]. — Brit. Mus. Gen. Cat. **241** (1964) Sp. 971 (6 Nr.) [3].

Briefwechsel [Karl Gottl. Anton]: Tschirnhausische Briefe: Provinzialblätter oder Sammlungen zur Gesch., Naturkunde, Moral u.

andern Wissenschaften, hrsg. von der Oberlausiz. Ges. Wiss. 1 (Leipzig u. Görlitz 1781) 109–118; 2 (Dessau u. Görlitz 1782) 210–216; 4 (1782) 476–482; 6 (1783) 231–238 [3; 14]. – Briefwechsel zwischen Leibniz u. Ehrenfried Walther von Tschirnhaus 1676–1706. In: Der Briefwechsel von Gottfried Wilhelm Leibniz mit Mathematikern, hrsg. von C. I. Gerhardt 1 (Berlin 1899) 309–524 [3]; Nachdruck (Hildesheim 1962) [101]. – Briefe an Ehrenfried Walther von Tschirnhaus von Pieter van Gent. Hrsg. von Curt Reinhardt (Freiberg 1911) 32 S. (Progr. Realgymn. Freiberg 1911) [14]. – H. J. de Vleeschauwer: De briefwisseling van E. W. von Tschirnhaus met Christian Huygens (Brüssel 1941) 69 S. (Mededeelingen Vlaamse Acad. Wet., Lett. Schoone Kunsten Belgie Kl. Lett. 3 Nr. 6 [11]. – H. J. de Vleeschauwer: Textstudie DeBriefwisseling van Ehrenfried Walther Tschirnhaus met Benedictus de Spinoza: Tijdschr. Philosophie 4 (1942) 345–396 [3].

Nekr. Bernard le Bovier de Fontenelle: Éloge de M. de Tschirnhaus. In: Histoire de l'Académie Royale des Sciences **1709** (Paris 1711) 114–124 [14]. – Johann Michael Steinbrück: Lebens- u. Todesgesch. des ... Ehrenfried Walther von Tschirnhaus auff Kiesslings-Wald u. Stoltzenberg ... (Görlitz 1709) 58 S. [14]. – Elogium Ehrenfridi Waltheri a Tschirnhaus: Acta eruditorum anno 1709 publicata ... (Leipzig 1709) 41–48 [3].

Biogr. Jean François Felibien des Avaux: Historie u. Leben der berühmtesten europaeischen Baumeister ... Ins Teutsche übersetzt ... von P[aul] J[acob] Marperger (Hamburg 1711) 452 [14]. – Daniel Friedrich Pönmann: Vitae virorum ex quavis facultate clarissimorum ... (Wittenberg 1714) Nr. 14, S. 133–139 [14]. – Johann Wilhelm Kellner von Zinnendorff: Tantz-Greuel. Das ist: Vollkommene Acta publica. Was zwischen ... E. W. Tschirnhaus ... u. dessen Pfarrern binnen fünf Jahren darüber gestritten ... (Angstburg [Bautzen] 1716) XXI, 669 S. [14]. – Heinr. Anshelm von Ziegler u. Klipphausen: Historischer Schauplatz u. Labyrinth der Zeit. 1. Forts. (Leipzig 1718) 186–191 (Lebens- u. Todesgesch. des ... E. W. von Tschirnhaus, so den 11. Oct. 1709 gestorben) [14]. – Poliander: Analecta historico-litterario-curiosa. Fasc. 1–3 (Erfurt 1720–1724) [14]. – Caspar T. Gottschling: Lebens-Beschreibung IV. gelehrter u. geschickter Edelleute ... (Brandenburg 1722) 13–20 [3]. – Curiosa Saxonica (Dresden 1731) 18–48 [3; 14]. – Johann Franz Buddeus: Allgem. histor. Lexicon. 3. Aufl. 4 (Leipzig 1732) 832 m. Bildn. [14]. – Compendiöses Gelehrten-Lexicon. Nebst einer Vorrede Joh. Burckhard Menckens (Leipzig 1715) Sp. 2323 [14]; 2. Aufl. 2 (Leipzig 1726) Sp. 1323 [15]; 3. Aufl. hrsg. von Christian Gottlieb Jöcher 2 (Leipzig 1733) Sp. 1591 [15]. – Johannes Burckhard u. Friedrich Otto Mencke: Bibliotheca virorum militia aeque ac scriptis illustrium (Lipsiae 1734) 455–458 [3]. – de Fontenelle: Éloge de Monsieur de Tschirnhaus: Oeuvres diverses. 2. Aufl. 4 (La Haye 1736) 166–181 [3]. – Jacob Brucker: Historia critica philosophiae ... 4, 2 (Lipsiae 1744) 598–602, 659–660 [3]; 6 (1767) 911 [3; 14]. – Johann Gottlob Wilhelm Dunkel: Historisch-Critische Nachrichten von verstorbenen Gelehrten u. deren Schriften 2, 1 (Dessau, Cöthen 1755) 374 Nr. 1481 [14]. – Jean Pierre Niceron: Nachrichten von den Begebenheiten u. Schriften berühmter Gelehrten ... 17 (Halle 1758) 271–280 [3]. – [Jean Baptiste] Ladvocat: Dictionnaire historique-portatif ... 2 (Paris 1755) 613–614; 3 (1764) 477–478; 4 (1763) 763; 6 (1779) 603 [14; 15]. – Georg Heinrich Büchner: Merkwürdige Beyträge zu dem Wettlauf der Gelehrten (Langensalza 1766) 197–198 [15]. – Bernard le Bovier de Fontenelle: Éloges des académiciens de l'Académie Royale des Sciences, morts depuis l'an 1699, nouvelle édition 1 (Paris 1766) 216–233 [3]. – Nicolas-Francois-Joseph Eloy: Dictionnaire historique de médecine ancienne et moderne 4 (Mons 1778) 440–441 [3]. – Friedrich Carl Gottlob Hirsching: Nachrichten von sehenswürdigen Gemälde- u. Kupferstichsammlungen in Teutschland 3 (Erlangen 1789) 155, 223 [3]. – F[riedrich] G[ottlob] Leonhardi: Erdbeschreibung der Churfürstl. u. Herzogl. Sächsischen Lande. 2. Aufl. 1 (Leipzig 1790) 456–459 [14]; 3. Aufl. 2 (1803) 27–30 [14]. – Beytr. zur natürl. ökonom. u. polit. Gesch. der Ober- u. Niederlausiz u. der damit grenzenden Landschaften. Hrsg. von D. Christian August Peschek 1 (Zittau 1791) 373–376 [14]. – Gottlieb Friedrich Otto: Lexikon der ... Oberlausizischen Schriftsteller u. Künstler 3 (Görlitz 1803) 422–426 [3]. – Samuel Baur: Neues histor.-biogr.-literar. Handwörterbuch 4 (Ulm 1809) Sp. 475–476 [3]. – Friedrich Carl Gottlob Hirsching: Histor.-litterar. Handbuch berühmter u. denkwürdiger Personen, welche in dem 18. Jahrhundert gelebt haben 15, 1 (Leipzig 1812) 32–41 [3]. – Dictionnaire des sciences médicales. Biogr. médicale 7 (1825) 374–375 [3]. – Gley: Biographie universelle, ancienne et moderne 47 (Paris 1827) 2–6 [3]. – G. T. L. Hirche: Über das von Tschirnhausensche Hausbuch: Neues Laus. Mag. 32 (1855) 245–257 [Ha 2]. – C. I. Gerhardt: Tschirnhaus, Betheiligung an dem Plane, eine Akademie der Wiss. in Sachsen zu begründen: Ber. Verh. Sächs. Ges. Wiss. Leipzig, Phil.-hist. Kl. 10 (1858) 88–93 [15]. – Theodor Paur: Der Herr von Tschirnhaus auf Kieslingswalde u. sein Pfarrer Kellner von Zinnendorff: ebda 41 (1864) 177–208 [Ha 2]. – Alfred Kunze: Lebensbeschreibung des Ehrenfried Walther von

Tschirnhaus auf Kieslingswalde u. Würdigung seiner Verdienste: ebda 43 (1866) 1–40 [Ha 2]. — Hermann Weißenborn: Lebensbeschreibung des Ehrenfried Walther von Tschirnhaus ... u. Würdigung seiner Verdienste (Eisenach 1866) XXXI, 206 S. — O. Liebmann: ADB 38 (1894) 722–724 [3]. — Curt Reinhardt: Beitr. zur Lebensgesch. von E. W. von Tschirnhaus (Meißen 1903) 35 S. (Jber. Fürstenschule St. Afra Meißen) [14]. — De perillustris equitis Misnici Ehrenfridi Waltheri a Tschirnhausen vita, meritis et inventis. In: Max Schneider: Die Themata der von Schülern des Gymn. Illustre zu Gotha 1728–1765 öffentl. gehaltenen Reden: Mitt. Ges. dtsch. Erziehungs- u. Schulgesch. 19 (1909) 242 [15]. — Walter von Boetticher: Gesch. des Oberlausitzischen Adels u. seiner Güter 1635–1815 2 (Görlitz 1913) 1008–1018 [3]. — Walter Friedensburg: Gesch. der Univ. Wittenberg (Halle 1917) 512 [3]. — Adolf Hantzsch: Hervorragende Persönlichkeiten in Dresden u. ihre Wohnungen: Mitt. Ver. Gesch. Dresden 25 (1918) 22–23 (am Schloßplatz 1) [3]. — Cornelius Gurlitt: August der Starke. Ein Fürstenleben aus der Zeit des deutschen Barock 1 (Dresden 1924) 287, 342, 406; 2 (1924) 147–149, 150–151, 154, 157–158, 160, 161, 165, 237 [3]. — Johannes Hjelmslev: Beitr. zur Lebensbeschreibung von Georg Mohr (1640–1697) (København 1931) 22 S. (Math.-fys. Meddelelsen Danske Vidskab. Selskab 11, 4) [Ha 2]. — Franz Maria Feldhaus: Männer deutscher Tat (München 1934) 103–104 [101]. — Graf Carl von Klinckowstroem: Zum 250. Todestag von E. W. von Tschirnhaus: Orion [Murnau] 13 (1958) 830–832 m. Bildn. — Eduard Winter: E. W. von Tschirnhaus. Ein Leben im Dienste des Akademiegedankens (Berlin 1959) 12 S. (S.-Ber. Dtsch. Akad. Wiss., Kl. Philos., Gesch., Staats- u. Kulturwiss. 1959, 1) [15]. — A. Kauffeldt in: Deutsche Techniker aus 6 Jahrhunderten (Leipzig 1963) 21–26 m. Bildn. S. 32 (Taschenbuch, 28) [14].

Tschirnhaus als Philosoph Georg Gustav Fülleborn: Über Tschirnhausens Verdienst um die Philosophie. In: Beyträge zur Gesch. der Philosophie 5. Stück (Züllichau u. Freystadt 1795) 32–49; anschließend eine Übersetzung des 1. Teils u. der Auszug der beiden anderen Teile der Medicina mentis 50–107 [3]. — Ludwig Wachler: Handbuch der Gesch. der Litteratur. 2. Umarbeitung, T. 4: Gesch. der neueren Gelehrsamkeit (Leipzig 1824) 173–174 [3]. — Christian Wolffs eigene Lebensbeschreibung. Hrsg. m. einer Abh. über Wolff von Heinrich Wuttke (Leipzig 1841) 113–127 [3]. — Christian Bartholmèss: Histoire philosophique de l'Académie de Prusse de Leibniz jusqu'à Schelling 1 (Paris 1850) 104–105 [15]. — G. G. Gervinus: Gesch. der dtsch. Dichtung 5. Aufl. 4 (Leipzig 1873) 40 [3]. — Eduard Zeller: Gesch. der dtsch. Philosophie seit Leibniz (München 1873) 195–200 (Gesch. Wiss Dtschland, 13) [3]. — Eduard Bodemann: Leibnizens Plan einer Societät der Wissenschaften in Sachsen: Neues Arch. Sächs. Gesch. Altertumskunde 4 (1883) 185ff., 190, 197ff., 204, 206ff. [15]. — Johannes Verweyen: Ehrenfried Walther von Tschirnhaus als Philosoph. Eine philosophiegeschichtl. Abh. (Bonn 1905) 137 S. (Phil. Diss. Univ. Bonn) [3; 14]. — Ernst Cassirer: Das Erkenntnisproblem in der Philos. u. Wiss. der neueren Zeit 2 (Berlin 1907) 102–111, 643 [3]. — Wilhelm Windelband: Die Gesch. der neueren Philos. in ihrem Zusammenhange mit der allgem. Kultur u. den besonderen Wiss. dargest. 1 (Leipzig 1911) 505–510 [15]. — Richard Klüger: Die pädagogischen Ansichten des Philosophen Tschirnhaus (Borna-Leipzig 1913) 68 S. (Phil. Diss. Univ. Leipzig 1913) [3]. — Benedictus de Spinoza: Opera quotquot reperta sunt. Recogn. J. van Vloten et J. P. N. Land. Editio tertia 3 (Den Haag 1914) 192–194, 198–200, 206–208, 240–243 [15]. — Peter Petersen: Gesch. der Aristotelischen Philosophie im protestant. Deutschland (Leipzig 1921) 445 [3]. — Friedrich Überweg: Grundriß der Gesch. der Philos., 3. 12. Aufl. von Max Frischeisen-Köhler u. Willy Moog (Berlin 1924) 225, 276, 284, 295, 297, 310, 342–343, 346, 682 [3]; Nachdruck (Graz 1953). — Heinrich Schmidt: Philosophisches Wörterbuch. 13. Aufl. von Julius Streller (Stuttgart 1955) 605 (Kröners Taschenausg., 13) [101]. — Johannes Heinz Horn: Tschirnhaus. Ein Beitr. zur Gesch. der dtsch. Philosophie. In: Festschr. Ernst Bloch zum 70. Geburtstag. Hrsg. von Rugard Otto Gropp (Berlin 1955) 121–140 [3]. — Symposion zu Ehren E. W. von Tschirnhaus [russ.]: Vestnik Akademii Nauk SSSR (Moskva) 29 (1959) Nr. 2, S. 84. — H. Lemke: Tschirnhaus-Tagung in Berlin: Z. Geschichtswiss. 7 (1959) 159–160 [101]. — Eduard Winter: E. W. von Tschirnhaus, ein Bahnbrecher der Frühaufklärung: ebda 281–296 [101]. — Eduard Winter: Tschirnhaus in der Gesch. der Wiss.: Arch. int. Hist. Sci. 13 (1960) 97–99 [1]; E. W. von Tschirnhaus (1651–1708) u. die deutsch-slawische Wechselseitigkeit in der europäischen Aufklärung: Z. Slawistik 5 (1960) 17–21 [101]. — André Robinet: Jean Prestel ou la bonne foi cartésienne: Rev. hist. Sci. 13 (1960) 95–104. — R. F. Schmiedt: E. W. von Tschirnhaus — ein Pionier der deutschen Aufklärung: Natur u. Heimat [Berlin] 9 (1960) 265–268 m. 1 Bildn., 1 Abb. [101]. — E. W. von Tschirnhaus u. die Frühaufklärung in Mittel- u. Osteuropa. Hrsg. in Zusammenarbeit m. N. A. Figurovskij, G. Harig, B. B. Kafengauz u. A. Klíma von Eduard Winter (Berlin 1960) XII, 348 S. m. 3 Abb., 2 Taf. (Quellen u. Studien zur Gesch. Osteuropas, 7) [14]; darin: E. Winter: Der

Bahnbrecher der deutschen Frühaufklärung E. W. von Tschirnhaus u. die Frühaufklärung in Mittel- u. Osteuropa 1–82; G. Stiehler: Tschirnhaus als Philosoph 83–92; M. Teich: Tschirnhaus u. der Akademiegedanke 93–107; G. Mundorf: Bemerkungen zu einer pädagog. Schrift von E. W. von Tschirnhaus 108–120; L. Richter: E. W. von Tschirnhaus als Pädagoge u. seine Beziehungen zu Christian Weise 121–130; A. Blaschka: Vom Namen Tschirnhaus 131–132; J. Haussleiter: Bibliogr. Bemerkungen zu Ehrenfried Walter von Tschirnhausens Medicina mentis et corporis 133–135; E. I. Družinina: Ehrenfried Walter von Tschirnhaus u. die russ. Kultur: 139–145; C. Grau: Tschirnhaus–Freiberg–Rußland 146–153; B. Zolnai: Über Frühaufklärung in Ungarn 154–176; Kurdybacha: Die Frühaufklärung in Polen 177–192; J. Tibenský: Die deutsche Aufklärung im 17. u. im 18. Jahrhundert u. ihre Bedeutung für die Entwicklung des wiss. Denkens in der Slowakei 193–204; A. Kunze: Der Weg zur kapitalistischen Produktionsweise in der Oberlausitzer Leineweberei im ausgehenden 17. u. zu Beginn des 18. Jahrhunderts 207–213; R. Forberger: Tschirnhaus u. das sächs. Manufakturwesen 214–222; B. B. Kafengauz: Die wirtschaftl. Entwicklung Rußlands im ersten Viertel des 18. Jahrhunderts u. die Reformen Peters I: 223–233; A. Klíma: Die tschechische Frühaufklärung im Zusammenhang m. der Entwicklung des Manufakturwesens 234–244; O. Volk: E. W. von Tschirnhaus als Mathematiker u. Physiker 247–265; V. P. Zubov: Die cartesianische Physik u. Tschirnhaus 266–284; V. L. Čenakal: Brenngläser u. Brennspiegel von Tschirnhaus im 18. Jahrhundert in Rußland 285–307; N. A. Figurovskij: Zum Entstehen der Porzellanproduktion in Rußland: 308–318; A. Kauffeldt: Die Naturwiss. im 17. Jahrhundert u. E. W. von Tschirnhaus: 319–325; P. Hoffmann: Die Entwicklung der Geogr. im 17. u. 18. Jahrhundert u. ihre Widerspiegelung in den Schriften u. in der Bibliothek von E. W. Tschirnhaus: 326–335. — Ost u. West in der Gesch. des Denkens u. der kulturellen Beziehungen. Feststchr. f. Eduard Winter zum 70. Geburtstag. Mit Geleitwort von A. P. Juškevič. Hrsg. von W. Steinitz . . . (Berlin 1966) X, 816 S. (Quellen u. Studien Gesch. Osteuropas, 15) [15]; darin: L. Richter: Die Anwendung der pädagog. Grundsätze E. W. von Tschirnhaus' am Collegium mathematicum des Zittauer Gymn. durch Christian Pescheck 253–261.

Tschirnhaus als Mathematiker C. I. Gerhardt: Die Entdeckung der höheren Analysis (Halle 1855) 67–70 [3]. — G. W. Leibniz. Math. Schriften. Hrsg. von C. I. Gerhardt 4 (Halle 1859) 539 (Briefwechsel zwischen Leibniz, Wallis, Varignon, Guido Grandi, Zendrini, Hermann u. Freiherrn von Tschirnhaus); Neudruck (Hildesheim 1962) [101]. — Moritz Cantor: Vorlesungen über Gesch. der Math. 3 (Leipzig 1898) 107–113, 142–149 [15]. — David Eugene Smith: History of mathematics 1 (Boston 1925) 417 [3]. — Jos. E. Hofmann, Heinr. Wieleitner: Erste Versuche Leibnizens u. Tschirnhausens, eine algebraische Funktion zu integrieren: Arch. Gesch. Math., Naturwiss. u. Techn. N.F. 4 (1931) 277–292 [101]. — Gerhard Kowalewski: Große Mathematiker (München, Berlin 3198) 95, 101, 121 [3]. — A. E. Bell: Christian Huygens and the development of science in the 17th century (London 1947) 74–75 [1]. — Joseph Ehrenfried Hofmann: Gesch. der Math. 2 (Berlin 1957) 68–71, 72, 76–78, 79, 81, 87, 103 (Slg. Göschen 875) [101]. — Herbert Oettel: Ein Mathematiker des Barock. Zum 250. Todestag von Tschirnhaus: Math. u. naturwiss. Unterr. 11 (1958) 193–198 m. 1 Bildn., 3 Abb. [101]. — J. E. Hofmann in: J. Naas, H. L. Schmid: Math. Wörterbuch 2 (Berlin/Leipzig 1961) 759 [15].

Tschirnhaus' Beiträge zur Physik u. Chemie Kern anmuthiger u. Zeit-kürtzender Wissenschaften . . . 1. Slg. (Erfurt 1745) 248 [12]. — Johann Carl Gottfried Jacobsson: Technol. Wörterbuch 3 (Berlin, Stettin 1783) 281–282 (Porzellan); 5 (1793) 300–301 (Brennspiegel) [14]. — Richard Roos: Ehrenfried Walther von Tzschirnhausen, der deutsche Archimedes: Ztg. elegante Welt 15 (Leipzig 1815) Sp. 337–342, 346–350, 353–357, 365–367 [3]. — D. J. Merkel u. K. A. Engelhardt: Erdbeschreibung des Königreiches Sachsen 3. Aufl. 9 (Leipzig 1818) 392–394 [15]. — E. Gerland: Beitr. zur Gesch. der Physik: Leopoldina 18 (1882) 71 [Ha 2]. — August Heller: Gesch. der Physik 2 (Stuttgart 1884) 331–332 [3]. — Franz Pahl: Gesch. des naturwiss. u. math. Unterr. (Leipzig 1913) 108, 175–178 (Handbuch naturwiss. u. math. Unterr. 1) [15]. — Ernst von Meyer: Gesch. der Chem. von den ältesten Zeiten bis zur Gegenwart 4. Aufl. (Leipzig 1914) 135 [15]. — A. Kistner: Die Entwicklung des Bunsenbrenners. Ein Beitr. zur Gesch. der Laboratoriumswärmequellen: Chem. Apparatur 2 (1915) 185–187 [101]. — Max Engelmann: Opt. Instrumente im Math. Salon zu Dresden: Mitt. Sächs. Kunstsammlungen 7 (1916) 58–62 [14]. — Hermann Peters: Leibniz in Naturwiss. u. Heilkunde. In: Leibniz. Zum Gedächtn. seines 200jähr. Todestages hrsg. vom Hist. Verein Niedersachsens (Hannover 1916) 55–58 [3]. — Hanns Frommhold: Spiegelschleife, Pulvermühle u. Kanonenbohrwerk, drei churfürstl. Industrieanlagen an der Weißeritz (o. O. o. J.) 78 S. (Diss. Ing. TH Dresden 1928) [101]. — Martin Gebhardt: Der Königl. Polnische u. Churfürstl. Sächs. Hofmechaniker u. Modellmeister Andreas Gärtner u. sein hölzerner Brenn- u. Kurierspiegel im Fürstl. Naturalienkabinett zu Waldenburg i. Sa. (Waldenburg 1937) 21, 23–24, 64 (Mitt. Fürstl. Schönburg-Waldenburgschen Familienverein Schloß Waldenburg, H. 5) [3]. — I. A. Vollgraff: Démonstration mécanique des théorèmes de Tschirnhaus, considérés dans le tome XX des Oeuvres complètes de Chr. Huygens: Janus **44** (1940) 198–201. — Rudolf Winderlich: Brenngläser als Hilfsmittel chem. Forschens: Chymica [Philadelphia] **2** (1949) 81–97. — Hans-Georg Schäfer: Chem. Lehre u. Forschung in Freiberg: Bergakademie [Freiberg] **7** (1955) 251 [3]. — S. Gradstein: Strahlungsöfen aus früheren Jahrhunderten: Philips' techn. Rdsch. **23** (1961/62) Nr. 5, S. 166–169. — Michail Wassiljewitsch Lomonossov: Ausgew. Schriften **1** (Berlin 1961) 119 [101]. — Rudolf Sachtleben: Sonnenöfen in der frühen chem. Experimentalforschung: Der math. u. naturwiss. Unterr. **14** (1961/62) 301–304 m. 3 Abb. [101].

Erfindung des Meißner Porzellans Johann Christian Hasche: Magazin der sächs. Gesch. Th. 1, St. 4 (Dresden 1784): Versuch einer Dresdner Kunstgesch. Probe 2, S. 151–152 [14]. — Johann Gottfried Grohmann: Histor.-technol. Schauplatz aller merkwürdigen Erfindungen u. ihrer mannigfachen Benutzung. Zur Belehrung u. Unterhaltg. dargest. 1 Abt. 1–4 (Leipzig 1802–1804) Nr. VII: Porzellanfabrik. — Chr. Beatus Kenzelmann: Histor. Nachrichten über die Königl. Porzellan-Manufaktur zu Meißen u. deren Stifter Joh. Friedr. Freiherrn von Böttger (Meißen 1810) 32 S. [3]. — Emil Ferdinand Vogel: Gesch. der denkwürdigsten Erfindungen 2 (Leipzig 1842) 200–201 (Porzellan). — Robert Bruck: Tschirnhausen u. das erste europ. Porzellan: Sprechsaal **30** (1897) 467–468 [14]. — Julius Heintze: Beitr. zur Gesch. der europ. Porzellanfabrikation: Z. angew. Chem. **12** (1898) 1156–1163 [15]. — Friedrich Jännicke: Gesch. der Keramik (Leipzig 1900) 733 (Böttger), 735–736 (Tschirnhaus) [14]. — Karl Berling: Das Meißner Porzellan u. seine Gesch. (Leipzig 1900) 8–14. — Ehrenfried Walther von Tschirnhaus: Leipziger Tageblatt **1901**, Nr. 188, 14. Apr. S. 2729 [Stadtarch. Leipzig]. — Georg Lehnert: Das Porzellan (Bielefeld, Leipzig 1902) 32–33 (Slg. Illustr. Monogr., 6) [14]. — Ernst Zimmermann: Die Inkunabeln des Meißner Porzellans: Jahrb. Preuß. Kunstsammlungen **25** (1904) 159–173 [3]. — Paul Diergart: Was wissen wir gegenwärtig von der Erfindungsgesch. des europäischen Porzellans?: Mitt. Gesch. Med. Naturwiss. **5** (1906) 534–536 [Ha 2]. — Adolf Brüning: Porzellan (Berlin 1907) 44–56. — Ernst Zimmermann: Wer war der Erfinder des Meißner Porzellans?: Neues Arch. Sächs. Gesch. **28** (1907) 17–49 [15]. — Hermann Peters: E. W. von Tschirnhaus, Erfinder des sächs. Porzellans: Chemiker-Ztg. **32** (1908) 789–792, 802–803, 921–922 [3]. — Ernst Zimmermann: Die Erfindung u. Frühzeit des Meissner Porzellans. Ein Beitr. zur Gesch. der dtsch. Keramik (Berlin 1908) XXV, 328 S. m. Bildn. von Tsch. S. 25, 110 Abb.; darin 20–59 Die Erfindung [3]. — Willy Doenges: Meissner Porzellan. Seine Gesch. u. künstlerische Entwicklung (Berlin 1908) 13–50, 247–248 [14]; 2. Aufl. (Dresden 1921) [14]. — Ernst Zimmermann: Eine Porzellanarbeit Tschirnhausens: Cicerone **1** (1909) 186–189 m. 1 Abb. [3]; Ein zeitgenöss. Urteil über die Erfindung des Meissner Porzellans: Dresdner Anzeiger **179** (1909), Nr. **93** vom 3. Apr. S. 2 [14]. — H. Peters: Wer ist der Erfinder des europäischen Porzellans? In: Beitr. Gesch. Chem., dem Gedächtn. Georg W. A. Kahlbaum gewidmet (Leipzig, Wien 1909) 378–393 [3]. — Ludwig Schnorr von Carolsfeld: Die Erfindung u. Frühzeit des Meißner Porzellans: Cicerone **1** (1909) 149–155 m. 6 Abb. [3]. — Hermann Peters: Die Erfindung des europäischen Porzellans: Arch. Gesch. Naturwiss. Techn. **2** (1910) 399–424 m. Schr.Verz. [3]; Zur Streitfrage über den Porzellanerfinder: Chemiker-Ztg. **35** (1911) 889–891 [3]. — Ernst Lange: Die Kgl. Porzellanmanufaktur u. deren „Verwandte". Geschichtl. Überblick m. Berücksichtigung der örtl. Beziehungen (Meißen 1911) 11–12 [14]. — Curt Reinhardt: Tschirnhaus oder Böttger? Eine urkundl. Geschichte der Erfindung des Meißner Porzellans (Görlitz 1912) IV, 162 S. m. Titelbildn., 6 Taf.; auch: Neues Lausitz. Mag. **88** (1912) 1–162; vgl. dazu: H. Peters: Mitt. Gesch. Med. Naturwiss. **11** (1912) 269–270; P. Diergart: ebda **17** (1918) 243 u. Z. angew. Chem. **26** (1913) 307; E. Zimmermann: Dtsch. Lit.-Ztg. **38** (1917) Sp. 716–719 [101]. — Peter Keller: Sachsen-China. Ein kunsthistor. Roman (Berlin 1918) 57–99 m. Bildn. von Tschirnhaus nach S. 58 [14]. — W. L. Hertslet: Der Treppenwitz der Weltgesch. 9. Aufl. Bearb. von Hans F. Helmholt (Berlin 1918) 99 [101]. — Arthur Stiehler: Goldene Berge. Roman aus dem Leben der Gräfin Kosel u. des Porzellan-Erfinders Böttger (Berlin 1918) 368 S. m. 8 Taf. [101]. — Hermann Peters: Wer hat unser Porzellan erfunden?: Prometheus **31** (1920) 201–204, 211–213, 217–219 [3]. — Rudolph Zaunick: Wer ist der Porzellan-Erfinder? Tschirnhaus oder Böttger?: Geschichtsbl. Techn. u. Ind. **8** (1921) 70–71 [15]. — Wilhelm Rudolph: Die Tonwarenerzeugung. 2. Aufl. (Leipzig 1922) 15 [101]. — Wer ist der Erfinder des Hartporzellans in Europa?: Keram. Rdsch. **31** (1923) 341–342 [101]. — Albert Neuburger: Erfinder u. Erfindungen. 2. Aufl. (Berlin 1925) 44–51 [101]. — Curt Reinhardt: Gesch. der Weißerdenzeche St. Andreas bei Aue. In: Museumsblätter, Sonderbeil. vom Auer Tagebl. **1925**, 49–107 m. 9 Fig.; Separatabdr. in [14]. — Eugen Kalkschmidt: Der Goldmacher Johann Friedrich Böttger. 14. Aufl. (Stuttgart 1926) 14–37 m. Bildn. Abb. 5 (Technische Bücher für Alle) [14]. — Ernst Zimmermann: Meißner Porzellan (Leipzig 1926) 3, 4, 5, 6, 10 [14]. — Paul Haake: August der Starke (Berlin, Leipzig 1926) 174, 209–211 [3]. — Paul Diergart: Der Streit um Tschirnhaus–Böttger: Janus 31 (1927) 50–51 [15]. — Curt Reinhardt: Tschirnhausens Forschungslaboratorium für Porzellan in Dresden: Neues Laus. Mag. 105 (1929) 131–151. — Von der in Meißen befindl. ächten Porcelain Manufactur Erfindung u. deren Fundator, dem Herrn Baron Johann Friedrich Böttger, wie solche im Jahre 1710 nach Meißen verleget worden [Privatdr.] (Meißen 1929) 11 S. (8. Druck der Dudelsackpresse in 111 Abzügen) [Wiederabdruck nach Erstausg. 1730] [14]. — W. Funk: Böttgers Erfindung u. ihre Bedeutung für die Stadt Meißen. Mit einer Darst. der techn. Entwicklung der Staatl. Porzellanmanufaktur von ihrer Gründung bis zur Jetztzeit: Keramos 8 (1929) 380 [101]. — Paul Diergart: Falsche u. richtige Wege auf der Suche nach dem Erfinder des europ. Porzellans: Beitr. Gesch. Techn. Ind. 20 (1930) 179–181; auch in: Keramos 9 (1930) 419–422 [101]. — Paul Diergart: Zwei Beitr. zur Erfindungsgesch. des europ. Porzellans: Arch. Gesch. Math., Naturwiss. Techn. 13 (1931) 167–187 [3]. — Karl Johannes Haberland: Wer hat das Porzellan erfunden?: Köln. Ztg., Beil. 25. Juli 1931, Nr. 399, 3 Sp. — Erich Haenel: Der glückhafte Goldmacher Augusts des Starken: Reclams Universum 48 (1932) 1555–1556 [101]. — Friedrich H. Hofmann: Das Porzellan der europ. Manufakturen im 18. Jahrhundert (Berlin 1932) 42, 46–70, 86, 88, 144, 145, 151, 159 [14]. — Ernst Zimmermann: Böttgers Verdienste um die Keramik: Dresdner Anz., Wiss. Beil. 9 (1932) Nr. 35, S. 137–138. — W. Funk: Krit. Bemerkungen zur Lit. über die Gesch. der europ. Porzellanerfindung: Keram. Rdsch. 41 (1933) 131–133, 149–152, 161–163 [101]. — Graf Carl von Klinckowstroem: Tschirnhaus u. das Porzellan: Mitt. Gesch. Med., Naturwiss., Techn. 32 (1933) 288 [101]. — Johannes Michael: Die kaufmänn. Leitung der Porzellan-Manufaktur Meißen zur Zeit Augusts des Starken (Berlin 1934) 66, 71, 72, 73, 74 [3]. — Walther Schürmeyer: Der Goldmacher J. F. Böttger erfindet das Porzellan: Umschau 38 (1934) 416–420 m. 3 Abb. [3]. — Volkmar Reinhardt: Wer war der Erfinder des Porzellans?: ebda 519–520 [3]. — Fritz Ferchl u. Armin Süssenguth: Kurzgesch. der Chem. (Mittenwald 1936) 169 [3]. — Fritz Fichtner: Meissner Porzellan (Leipzig 1936) 19 (Meyers bunte Bändchen, 36) [14]. — Fritz Ferchl: Chem.-Pharmaz. Bio- u. Bibliographikon 2 (Mittenwald 1938) 545. — Werner Schlegel: August der Starke (Berlin 1938) 28 [101]. — Carl Zechmeister: Tschirnhaus u. Böttger, die Erfinder des sächs. Porzellans: Dresdner Anzeiger 1939, Nr. 149 S. 9. — J. F. Böttger: Dtsch. Techn. 8 (1940) 62 [101]. — Curt Reinhardt u. Richard Jecht: Über die Verfasser der Briefe an Ehrenfried Walther von Tschirnhaus aus der Sammlung der Oberlausitz. Ges. der Wiss.: Neues Laus. Mag. 16 (1940) 100–108; vgl. dazu: Rudolph Zaunick: Mitt. Gesch. Med. Naturwiss. Techn. 39 (1940) 246–247 [101]. — Rudolph Zaunick: Curt Reinhardt zum Gedächtnis: Mitt. Gesch. Med., Naturwiss. Techn. 39 (1940) 239–242 [101]. — Rudolf Thiel: Ruhm u. Leiden der Erfinder (Berlin 1942) 24–35 [3]. — W. Fischer: Lebensbilder aus der Gesch. der Dresdner Glas- u. Keramikind.: Angew. Chem. 16 (1943) 94 [101]. — Werner Stein: Kulturfahrplan. Die wichtigsten Daten der Kulturgesch. vom Anbeginn bis heute (Berlin-Grunewald 1946) 813, 825. — Hans Dominik: Wunder des Schmelztiegels. Joh. Friedr. Böttger erfindet das europ. Porzellan (Berlin 1948) 36–47 m. Bildn. nach S. 33 u. 2 Abb. nach S. 48 [101]. — W. Naumann: Gesch. u. Techn. der Porzellanbereitung: Ciba Rdsch. 7 (1948) 2920–2928. — W. Prandtl: Zur Vorgesch. des Meißner Porzellans: Chymia (Philadelphia) 4 (1953) 115–127. — Hans Schulze-Manitius: Johann Friedrich Böttger, der Schleizer Scharlatan u. Gründer der dtsch. Porzellanindustr.: Silikattechn. 8 (1957) 45–49 [3]. — Erich Worbs: Der Zauberspiegel. Ehrenfried Walther von Tschirnhaus. In: Große Schlesier. Hrsg. von Alfons Hayduk (München 1857) 68–71 [101]. — Martin Mields: J. F. Böttger, Erfinder des europ. Hartporzellans: Glas–Email–Keramo-Technik 1957, 221–224. — H. M. S.: VDI-Nachr. 12 (1958) Nr. 21 S. 10 [88]. — Ernst Köllmann: Meißner Porzellan. Ein Brevier (Braunschweig 1958) 8–9. — Bruno Widera: E. W. Tschirnhaus berichtete über die Gesteine im Erzgebirge. In: Kultur u. Heimat Kreis Annaberg 5 (1958) Sept. S. 135–136 [14]. — Ernst-Heinz Lempert: Die Macht des weißen Gottes: Union, Görlitz 1958, 12. Okt. m. Bildn., faks. Abh. — Hans Schulze-Manitius: Ehrenfried Walther von Tschirnhaus zu seinem 250. Geburtstag: Silikattechnik 9 (1958) 479–480 m. Bildn. [101]. — George Savage: 18th-century German Porcelain. Foreward by H. Weinberg (London 1958) 22–26 [101]. — Victor Trautzl: Vor 250 Jahren. Ein Alchimist entdeckt die Zauberformel für weißes Gold: Europa 10 (1959) März S. 29–42 m. 12 Abb. [101]. — K. Rychlík: Pokroky Mat. Fys. Astron. 4 (1959) 232–234 [tschech.]. — Adolf Dietzel: 250 Jahre Hartporzellan u. die moderne Silikatforschung: Jahrb. Max-Planck-Ges. 1959, 33–42 [101]. — Erich Köllmann: Meißner Porzellan. 2. Aufl. (Braunschweig 1960) 10 [14]. — Martin Mields: 250 Jahre techn. Entwicklung des Meißener Porzellans: Silikattechn. 11 (1960) 247–250 m. 3 Abb. [101]; Der Anteil Tschirnhausens an der Porzellanerfindung: Natur u. Heimat [Berlin] 9 (1960) 566 [101]. — Irene Strube: Bilder chem. Vergangenheit (Leipzig–Jena [1960]) 130–137 [101]. — Richard Heyder: Ein Oederaner u. der Streit um den Erfinder des Meißner Porzellans: Deine Heimat, Kreis Flöha 1961, 918–919. — Wilhelm Treue: Kulturgesch. des Alltags (Frankfurt/M., Hamburg 1961) 161 162 (Fischer-Bücherei 419) [101]. — Siegfried Ducret: Deutsches Porzellan (Fribourg 1962) 9. — Helene von Nostitz: Festliches Dresden. Die Stadt August des Starken. 2. Aufl. (Frankfurt/M. 1962) 142–147 [101]. — Nikiforova Ljudmila Rostislavovna: Sozdatel' russkogo farfora. Ziźn i dejatel'nost D. I. Vinogradova (Leningrad 1962) 4. — Dieter Weber: Festung Königstein 3. Aufl. (Leipzig 1962) 43–46 [101]. — Hans Grüssel: Tschirnhaus kontra Böttger? In: Kulturspiegel Kr. Sebnitz 1962 H. 4 S. 18–19 [14; 101]. — Otto Walcha: Porzellan (Leipzig 1963) 38–41 [101].

Bildn. Hans Lutsch: Bilderwerk schlesischer Kunstdenkmäler (Breslau 1903) Mappe 3, Taf. 232, Bild 4 [14]. — Hans Dominik: Wunder des Schmelztiegels (Berlin 1948) vor S. 33. — [Gertrud Rudloff-Hille]: Deutsche Bildnisse 1500–1800. Ausstellung der Lucas-Cranach-Kommission beim Ministerium für Kultur (Staatl. Galerie Moritzburg Halle/S. 24. Juni bis 27. Aug. 1961) S. 25 [Ha 117]. — Adolf Wißner in: Schätze im Deutschen Museum. Hrsg. von Hermann Auer u. Friedrich Klemm (Düsseldorf 1968) 32–33 m. 1 Bildn. u. 1 Abb. [3].

TSCHUDI (Tschudy), alte schweizer. Familie.

TSCHUDY, Ägidius, Vater der schweizer. Geschichtsschreibung. — Zuletzt Landammann in Glarus.

*1505, Febr. 5, Glarus;
†1572, Febr. 28, Glarus.

Seine helvet. Chronik, die Hauptquelle von Schillers Wilhelm Tell, wurde erst 1734–1736 von Iselin herausgegeben.

Lit. Wilhelm Oechsli: ADB 38 (1894)728–744 [3]. — G. von Wyß: Gesch. der Historiogr. in der Schweiz (1895).

III **TSCHUDI,** Johann Jakob von. Amerikaforscher. — Stud. Univ. Zürich; 1838–1842 1. Reise nach Südamerika, 1857–1862 2. Reise; 1866 Geschäftsträger in Wien, 1872–1883 ao. Gesandter u. bevollmächtigter Minister.

*1818, Juli 25, Glarus;
†1889, Okt. 8, auf seinem Gute Jakobshof, Niederösterreich.

Bibliogr. Cat. scient. Papers 6 (1872) 60–61 (25 Nr.); 8 (1879) 1124 (1 Nr.); 19 (1925) 222 (3 Nr.) [3]. — Cat. gén. Bibl. nat. 195 (1960) Sp. 609–613 (20 Nr.) [3]. — Brit. Mus. Gen. Cat. 241 (1964) Sp. 979–980 (18 Nr.) [3].

Nekr. István Lengyel: Természettudományi Közlöny 22 (1890) 645 [Nat. Bibl. Budapest]. — A. von Pelzeln: Zur Erinnerung an heimgegangene Ornithologen V. Joh. Jakob von Tschudi: Schwalbe, Mitt. ornithol. Ver. Wien 13 (1889) Nr. 42 S. 541–542 [Zool. Mus. Humboldt-Univ. Berlin]. — Ferdinand von Richthofen: Verh. Ges. Erdkunde Berlin 16 (1889) 371 [3]. — Heinrich Siegel: Alm. Akad. Wiss. Wien 40 (1890) 196–199 [3]. — J. Ae. C. A. Timmerman: Tijdschr. Kon. Nederlandsch. Aardrijkskundig Genootschap (Leiden) (2) 7 (1890) 368 [14]. — R. Virchow: Z. Ethnol. 21 (1889) 589 [15]. — C. von Voit: S.-Ber. Bayer. Akad. Wiss., math.-physik. Kl. 20, 1890 (1891) 427–429 [Ha 2]. — W. W.: Dtsch. Rdsch. Geogr. Statistik 12 (1890) 186–189 m. Bildn. [3]. — Geogr. Jahrb. 14, 1890/91 (1891) 233 [3]. — Illustr. Ztg., Leipzig 93 (1889) 483 m. Bildn. [15]. — Leopoldina 25 (1889) 215–216 [Ha 2].

Biogr. Illustr. Ztg., Leipzig 32 (1859) 407–408 m. Bildn. [14]. — Joh. Jak. von Tschudis Reisen durch Südamerika: Globus 10 (1866) 173–175 [3]. — Angelo de Gubernatis: Dizionario biografico degli scrittori contemporanei (Firenze 1879) 1008 [15]. — Constant von Wurzbach: Biogr. Lexikon des Kaiserthums Österreich 48 (Wien 1883) 61–64 m. Schr.- u. Lit.Verz. [3]. — Friedrich Ratzel: ADB 38 (1894) 749–752 [3]. — Gottfried Heer: Joh. Jak. von Tschudi: Glarner Nachrichten (Glarus 1909) 64 S. [ZB Zürich]. — Paul-Émile Schazmann: Jean-Jacques de Tschudi. Explorateur, médecin, diplomate (Zürich 1956) 201 S.; dtsch. u. d. T.: J. J. von Tschudi. Forscher, Arzt, Diplomat (Zürich 1956) 199 S., 19 Taf. [Ha 2]. — Paul-Émile Schazmann: Sur les traces de J. J. de Tschudi en Amérique du Sud: Verh. Schweiz. naturforsch. Ges. 138 (1958) 167–168 [Ha 2]. — Jakob Winkler: Camerarius Joh. Jak. Tschudi von Glarus als Basler Theologiestudent 1839/40: Basler Z. Gesch. u. Altertumskde 58/59 (1959) 289–306 m. autobiogr. Aufzeichnungen 293–306 [UB Basel].

Weitere Lit. F. A. Brockhaus: Vollständiges Verzeichn. der von der Fa. F. A. Brockhaus in Leipzig seit dem Jahre 1873 bis zu ihrem 100jähr. Jubil. im Jahre 1905 verlegten Werke (Leipzig 1905) 398 [3]. — Albrecht Hase: Beitr. zur Gesch. der dtsch. biol. Forschung in Ibero-Amerika seit Alexander von Humboldts Reisen bis 1916: Ibero-amerik. Arch. 8 (1934/35) 49–50 [3].

TULLA, Johann Gottfried. Ing.-Wes. — 1790 markgräfl. Geometer, 1792–1794 in Gerabronn, 1794 am Niederrhein, Holland u. Hamburg u. an der Bergakad. Freiberg; 1795 Reise nach Norwegen; 1797 Ingenieurprüfung vor dem Kammerkollegium in Karlsruhe; seit 1799 Verwendung als Ingenieur im Staatsdienst; 1801 Aufenthalt in Frankreich; 1804 Oberingenieur; 1807 Gründung einer Ingenieurschule in Karlsruhe, aus der 1825 die Polytechn. Schule, die spätere TH hervorging; 1813 Oberlandesingenieur, 1817 Oberwasser- u. Straßenbaudirektor, 1823 Direktor des Wasser- u. Straßenbaus im Großherzogtum Baden; seit 1817 führte er die Regulierung des Oberrheins durch.

*1770, März 20, Karlsruhe;
†1828, März 27, Paris.

Genealog. Paul Strack: Von Tullas Ahnen: Mein Heimatland **19** (1932) 53–54 m. 2 Bildn. [25].

Bibliogr. Brit. Mus. Gen. Cat. **242** (1964) Sp. 229 (1 Nr.) [3].

Nekr. Neuer Nekrolog der Deutschen **6,** 1 1828 (Ilmenau 1830) 230–236 [3]. — [Philipp Jakob Scheffel]: Nekr. auf Johann Gottfried Tulla (Karlsruhe 1830) 24 S. [31].

Biogr. Badische Biogr. **2** (Heidelberg 1875) 360–364 [3]. — Arthur Valdenaire: Das Leben u. Wirken des Johann Gottfried Tulla: Z. Gesch. Oberrhein N.F. **42** (1929) 337–364, 588–616; **44** (1931) 258–286 m. 1 Abb., Lit. Verz. [3]. — Das akadem. Deutschland **1** (Berlin 1930) 431, 541 m. Bildn., 543, 545–546; **2** (1930) 32, 884; **3** (1930) 298 [3]. — Arthur Valdenaire: Der Bezwinger des Rheinstroms: Mein Heimatland **22** (1935) 182–184 m. Bildn. [3]. — Heinrich Wittmann in: TH Fridericiana Karlsruhe. Festschr. (Karlsruhe 1950) 89–95 m. Bildn., 3 Abb., Schr.- u. Lit.Verz. [3]. — Eberhard Meckel: Bürger im Staat **4** (1954) 164 m. 1 Bildn. [101]. — Rodney Uhde: Joh. Gottfr. Tulla: Wasserwirtschaft (Stuttgart) **48** (1958) 195–199 m. Bildn. [101].

Zum 100. Todestag Heinrich Cassinone: Städt. Tiefbau **19** (1928) 140–142 [101]. — Heinrich Cassinone u. Karl Spieß: Johann Gottfried Tulla, der Begründer der Wasser- u. Straßenbauverwaltung in Baden. Sein Leben u. Wirken. Zur Wiederkehr des 100. Todestages ... mit Vorwort von Rudolf Fuchs (Karlsruhe 1929) IX, 220 S. m. Titelbildn. u. 62 Abb. [101]. — Eduard Faber: J. G. Tulla u. sein oberrhein. Strombauwerk: Z. Binnenschiffahrt **35** (1928) 374–376 [15]. — Theodor Rehbock: Der Bauingenieur **9** (1928) 573–577 m. Bildn. [14]. — Otto Rusch: Gesch. der Stadt Kehl u. des Hanauer Landes von den ältesten Zeiten bis heute (Kehl/Rh. 1928) 156, 162, 174 [25]. — Karl Spieß: Joh. Gottfr. Tulla: Pyramide [Wochenbl. Karlsruher Tagebl.] **17** (1928) Nr.13 m. 1 Bildn. [31]. — Arthur Valdenaire: Tullas Tod: ebda Nr. 13 m. 1 Abb. [31]; Weinbrenner u. Tulla: Bad. Heimat **15** (1928) 89–98 [3].

Zum 110. Todestag H. R.: Der Bändiger des wilden Rheines: Wbl. Landesbauernsch. Baden [Karlsruhe] **106** (1938) 390–391 [101].

Weitere Lit. J. F. Ladomus: Tullas Annäherungsconstructionen. Ein für die Raumtechn. höchst wichtiger Unterrichtszweig Geom. Constructionslehre für Lehrer u. Lernende **3** (Karlsruhe 1832) XXXI, 70 S., 13 Taf.; Anh.: Tullas Methode der graph. Centrirung des Winkels [90]. — F. J. Baer: Die Wasser- u. Straßenbauverwaltung in dem Großherzogtum Baden (Karlsruhe 1870) 507 [93]; Chronik über Straßenbau u. Straßenverkehr in dem Großherzogthum Baden (Berlin 1878) 583 S. [93]. — [Cosmas] Sayer: Das badische Regelwesen in: Beitr. zur Hydrographie des Großherzogthums Baden H. 1 (Karlsruhe 1884) 6 [16]. — Max Honsell: Die Korrektion des Oberrheins von der Schweizer Grenze unterhalb Basel bis zur Großherzog.-Hessischen Grenze unterhalb Mannheim, insbesondere der Badische Anteil an dem Unternehmen (Karlsruhe 1885) 97 S. (Beitr. Hydrographie Großherzogthum Baden, 3) [31]; Der natürl. Strombau des deutschen Oberrheins. Vortrag (Berlin 1887) 22 S., 1 Karte [31]. — Cosmas Sayer: Über die Entwicklung des Flußbaus m. besonderer Rücksicht auf das Großherzogthum Baden. In: Festgabe Jubil. 40jähr. Regierung des Großherzogs Friedrich von Baden (Karlsruhe 1892) 318–319 [3]. — Franz Kreuter: Die wiss. Bestrebungen auf dem Gebiete des Wasserbaus u. ihre Erfolge: Ber. TH München **1907/1908**, Anh. S. 9 [91]. — Kurt Ehrenberg: Baugesch. von Karlsruhe 1715–1870. Bau- u. Bodenpolitik. Eine Studie zur Gesch. des Städtebaus (Karlsruhe 1909) IV, 190 S. [93]. — Rudolf Fuchs: Dr.-Ing. Max Honsell. Großherzogl. Bad. Baudirektor u. Finanzminister. Lebensbild (Karlsruhe 1912) VI, 156 S. [31]. — Franz Schnabel: Die Anfänge des techn. Hochschulwesens. In: Festschr. 100jähr. Bestehen TH Fridericiana Karlsruhe (Karlsruhe 1925) 22–27 m. Bildn. S. 8 [3]. — Arthur Valdenaire: Friedrich Weinbrenner (Karlsruhe 1926) 3, 121,

170, 311, 312, 323 [93]. — Georg Binder: Die Erbauung der Ludwig-Straße [Biberach i. K.-Lahr]: Ortenau **14** (1927) 119–127 m. 1 Bildn. [31]. — Walter Sbrzesny: Lehrer u. Gestalter im dtsch. Wasserbau: Technikgesch. Beitr. Gesch. Techn. u. Ind. **26** (1927) 67–69 [3]. — Heinrich Wittmann: Die Einflüsse der Korrektion des Rheins zwischen Basel u. Mannheim auf die Geschiebebewegung des Rheins. In: Deutsche Wasserwirtsch. **22** (1927) 245–261, 283–294, 300–310. — Arthur Valdenaire: Tulla u. der Kehler Rheinbau: Bad. Heimat **18** (1931) 117–121 m. 2 Karten [3]. — Franz Schnabel: Dtsch. Gesch. im 19. Jahrhundert **3** (Freiburg 1934) 264, 265, 304, 305, 306, 395 [3]; Aus der Gesch. der TH Karlsruhe (Karlsruhe 1936) 3–16 m. 6 Bildn., 10 Abb. [15]. — Heinrich Wittmann: Tulla, Honsell, Rehbock. Lebensbilder dreier Wasserbauingenieure am Oberrhein (Berlin 1949) 52 S., 3 Taf. [31]. — Eugen Beck: Die Verlegung der Oberacherner Deichmühle i. J. 1807. Joh. Gottfr. Tulla als Sachverständiger: Ortenau **36** (1956) 190–196 [31]. — Hermann Adler: Joh. Gottfr. Tulla u. der Wartthurm auf dem Turmberg: So weit der Turmberg grüßt, Beil. Durchlacher Tagebl. **9** (1957) Nr. 10, S. 109–112 [25].

U

UCHATIUS, Franz Freiherr von. Techn. — Nach Besuch des Gymn. in Wiener-Neustadt 1829 Eintritt ins österr. Heer; dort zunächst math.-techn. Ausbildung, 1837 Feuerwerker, seit 1841 in der Geschützgießerei; 1851 Hauptmann, 1860 Major, 1867 Oberst, seit 1871 Kommandeur der Artilleriezeugsfabrik, 1874 Generalmajor, 1879 Feldmarschalleutn.; 1874 Erfinder der 1. Stahlbronzekanone (Uchatiuskanone).

*1811, Okt. 20, Theresienfeld bei Wiener-Neustadt;
†1881, Juni 4, Wien (sd.).

Bibliogr. Cat. scient. Papers **6** (1872) 79 (2 Nr.); **8** (1879) 1133 (1 Nr.); **11** (1896) 664 (2 Nr.) [3].

Nekr. von E[rnst]: Österr. Z. Berg- u. Hüttenwesen **29** (1881) 318–319 [UB Wien]. — J. Stefan: Alm. Akad. Wiss. Wien **32** (1882) 276–280 [Ha 2]. — Militär-Ztg. **34** (1881) Nr. 57, S. 456 [UB Wien]. — Mitt. Gegenstände Artillerie- u. Genie-Wesen (Wien) **1881**, 1–4 [UB Wien]. — Sammler **50** (1881) Nr. 71 vom 14. Juni S. 7–8 [37].

Biogr. General von Uchatius, Erfinder der Stahlbronzekanone: Illustr. Ztg., Leipzig **65** (1875) 179, 182 m. Bildn. S. 185 [14]. — Constant von Wurzbach: Biogr. Lexikon des Kaiserthums Österreich **48** (Wien 1883) 209–213 m. Lit.Verz. [3]. — Pallua-Gall: ADB **39** (1895) 122–123 [3]. — Stefan Domániczky: Feldmarschall-Lieutenant Baron Franz Uchatius. Biogr. Skizze nach authent. Daten: Streffleurs österr. militär. Z. **76,1** (1900) 92–97 [UB Wien]. — Alfred von Lenz: Lebensbild des Generals Uchatius, des Erfinders der Stahlbronzegeschütze (Wien 1904) 158 S. m. 1 Bildn., 2 Abb. [UB Wien]. — Karl Tanzer: Österreichs Erfinder. 11 Lebensbilder aus dem Reiche der Techn. (Wien 1934) 20–25 [101]. — Erich Kurzel-Runtscheiner: Franz Freiherr von Uchatius: Bl. Geschn. Techn. **4** (1938) 40–65 m. 1 Bildn., 11 Abb., Schr.- u. Lit.Verz. [101]. — Rudolf Thiel: Ruhm u. Leiden der Erfinder (Berlin 1942) 118–158 [3]. — Franz Eduard Mayer: Pioniere der Techn. Erfinderschicksale (Wien 1944) 22–26 m. Bildn. [101]. — Otto Thomas Wacha: Furche **12** (1956) Nr. 32, S. 8 [101]. — Maria Habacher: Österreichische Erfinder. Werk u. Schicksal (Wien 1964) 39–42 m. 1 Abb.-Bronzebüste u. Lit.Ang. [101].

Zum 50. Todestag Franz Spigl: Wiener Ztg. **1931**, 4. Juni S. 1–2 [UB Wien].

Weitere Lit. Die neue Stahlerzeugungsmethode des Uchatius. Schwäb. Chronik **1856**, 1875 [21]. — Bericht über die ersten Versuche mit dem Uchatius-Gußstahlverfahren: Der Aufmerksame, Beil. Grazer Ztg. **1856**, 1063 Sp. 2 [LB Graz]. — Eberhard A. Jonák in: Bericht über die allg. Agricultur- u. Industrieausstellung zu Paris im Jahre 1855 **2** (Wien 1857/58) 15. Classe S. 4–16 [TH Wien]. — Enthüllungen über die Uchatius-Kanone: Sammler **44** (1875) Nr. 104 vom 11. Sept. S. 4–5 [37]. — Allg. Ztg. **1875**, Beil. Nr. 259 S. 4061; Beil. Nr. 358 S. 5581 [Ha 2]. — Unglücksfall beim Probeschießen in Graudenz: Allg. Ztg. **1881**, Beil. Nr. 156 S. 2285; Nr. 158 S. 2302 [Ha 2]. — Selbstmord des Baron von Uchatius: Allg. Ztg. **1881**, Nr. 158 S. 2302–2303; Nr. 159 S. 2308; Nr. 160 S. 2328 [Ha 2]. — J. M. Eder: Gesch. der Photogr. 3. Aufl. (Halle 1905) 305–306 m. Bildn. [15]. — F. Paul Liesegang: Uchatius u. das

Projektions-Lebensrad: Kinotechn. **2** (1920) 252–253, 294–296 [210]. — Helmut Gernsheim and Alison Gernsheim: The history of photography (London–New York–Toronto 1955) 329 [3].

Bildn. Anton Dolleczek: Gesch. der österr. Artillerie (Wien 1887) 506, 518–520, Porträt-Taf. [UB Wien]. — Rudolf Oberhauser: 300 Jahre alpenländisches Soldatentum (Innsbruck 1941) 84 nach Gemälde im Heeresmuseum Wien [101]. — Rudolf Örtel: Filmspiegel (Wien 1941) 12, 48–49 [101].

ULBRICHT, Richard. Techn. — Stud. Polytechn. Dresden; Dr. phil. Univ. Jena; 1870 berufl. Laufbahn bei der sächs. Straßenbauverwaltung; seit 1871 im Eisenbahndienst; 1878 Betriebstelegraphen-Oberinspektor, 1896 Betriebstelegraphen-Direktor, 1910–1919 Präsident der Generaldirektion der Sächs. Staatseisenbahnen Dresden; 1883–1910 Lehrtätigkeit TH Dresden, seit 1890 als o. Hon. Prof.; 1910 Dr.-Ing. e.h. TH Dresden; seit 1919 i. R.

*1849, Aug. 6, Dresden;
†1923, Jan. 13, Dresden.

Bibliogr. Cat. scient. Papers **8** (1879) 1134 (5 Nr.); **11** (1896) 666 (2 Nr.); **19** (1925) 253 (8 Nr.) [3].

Nekr. L. Binder: Elektr. Betrieb **21** (1923) 48 m. Bildn. [89]. — H. Görges: Elektrotechn. Z. **44** (1923) 139–140 m. Bildn. u. Faks. [3]; Z. techn. Physik **6** (1925) 488–490 m. Bildn. u. Faks. [15]; Dtsch. biogr. Jahrb. **5**, 1923 (1930) 368–371 [14]. — J. Ondracek: Elektrotechn. u. Maschinenbau **41** (1923) 190–191 [101]. — Sächs. Heimat **6** (1923) 90–91 [14].

Zum Übertritt in den Ruhestand Kr.: Centralbl. Bauverwaltg. **39** (1919) 180 [14]. — Organ Fortschr. Eisenbahnwesen N.F. **56** (1919) 283–284 m. Bildn. [89]. — Z. Ver. Dtsch. Eisenbahnverwaltungen **59** (1919) 272 [Bibl. Reichsbahndir. Halle].

Weitere Lit. Kalender für den sächs. Staatsbeamten **1911**, 8 m. Bildn. S. 6 [14]. — Salonblatt [Dresden] **9** (1914) 41 m. Bildn. — H. J. Helwig: Der prakt. Gebrauch der Ulbrichtschen Kugel nach den neuen Regeln der DLTG: Licht u. Lampe **24** (1935) 481–482 m. 2 Abb. [101].

II **ULLMANN,** Johann Christoph. — 1792 Dr. phil., 1793–1797 ao. Prof. Philos. u. Finanzwiss., seit 1797 o. Prof. Staatswiss., Berg- u. Hüttenkunde Univ. Marburg; 1816 Titel eines kurfürstl. hess. Oberbergrats.

*1771, Sept. 3, Kassel;
†1821, Aug. 6, Marburg.

Nekr. Car. Franc. Christ. Wagner: Memoriam Joannis Christophori Ullmanni ... Academiae Marburgensis auctoritate et nomine civibus ... commendat (Marburgi 1822) 26 S. [14].

Biogr. Johann Georg Meusel: Das gelehrte Teutschland im 19. Jahrhundert **4** (1812) 62; **9** (1827) 164 [3]. — Friedrich Wilhelm Strieder: Grundlage zu einer hessischen Gelehrten- u. Schriftsteller-Geschichte **16** (1812) 239–240; **17** (1819) 394 m. Schr.Verz.; **19** (1831) 848 [3]. — von Gümbel: ADB **39** (1895) 196 [3]. — Franz Gundlach: Catalogus Professorum Academiae Marburgensis. Die akad. Lehrer der Philipps-Univ. in Marburg von 1527 bis 1910 (Marburg 1927) 451–452 [3].

ULSTAD (Ulsted, Ulstedt), Philipp. Med. — Arzt aus Nürnberg, lebte dort u. später in Freiburg i. Br. als Prof. der Medizin.

Lebte in der 1. Hälfte des 16. Jahrhunderts.

Biogr. Christian Gottlieb Jöcher: Allg. Gelehrten-Lexicon **4** (Leipzig 1751) Sp. 1677 [3]. — Dictionaire des sciences médicales. Biographie médicale **7** (1825) 379 [3]. — Hermann Kopp: Gesch. der Chem. **4** (Braunschweig 1847) 278 [3]. — Dictionnaire encyclopédique des sciences médicales publ. sous la direction de Raigé-Delorme et Amédée Dechambre (5) **1** (Paris 1886) 53 [L 5]. — B. Lepsius: ADB **54** (1908) 732–733 [3]. — Hermann Schelenz: Zur Gesch. der pharmaz.-chem. Destilliergeräte (Berlin 1911) 35, 49, 52, 55, 62 [11]. — Karl Sudhoff: Weiteres zur Gesch. der Destillationstechn.: Arch. Gesch. Naturwiss. Techn. **5** (1913/14) 287–288 m. 1 Abb. [3]. — Edward R. Atkinson and Artur H. Hughes: Das „Coelum Philosophorum" von Philipp Ulstad: J. chem. Educat. **16** (1939) 103–107 m. 3 Abb. [7].

II, III, VI **UNVERDORBEN,** Otto. Chem. — Schulbesuch in Dresden u. 1824 im pharmazeut. Lehrinst. von Trommsdorff in Erfurt; dann Chemie-Studium Univ. Berlin; 1828 in Dahme, 1833 Übernahme des väterl. Materialwarengeschäfts, zugleich seit 1848 Besitzer des Ritterguts Glienig; 1826 Entdecker des Anilins.

*1806, Okt. 13, Dahme;

†1873, Dez. 27, Dahme.

Bibliogr. Cat. scient. Papers **6** (1872) 88 (17 Nr.) [3].

Biogr. B. Lepsius: ADB **54** (1908) 735–736 [3]. — Hermann Schelenz: Z. angew. Chem. **34** (1921) 31–32 m. Bildn. [Ha 2]. — Hermann Schelenz: Otto Unverdorben, der Anilinentdecker: Pharmaz. Zentralhalle **62** (1921) 201–203 [3]. — Hermann Kunz-Krause: ebda 334–335 [3]. — Max Wald: Otto Unverdorben, der Entdecker des Anilins 1826 2. Aufl. (Dahme 1927) 12 S. (Flämingh., 8) [14]. — P. König: Ein Tabakfabrikant als berühmter Forscher: Süddtsch. Tabakztg. **39** (1929) Nr. 10, S. 5 [101]. — Pharmaz. Ztg. **80** (1935) 1163 [15]. — Kurt Ramm: Praxis Landschule **46** (1937) 35–39 m. 1 Bildn., 3 Abb. [101]. — Paul König: Die Entdeckung des reinen Nikotins im Jahre 1828 an der Univ. Heidelberg durch Reimann u. Posselt ... (Bremen 1940) 19 m. Bildn. [101].

II **UTTENHOFER,** Kaspar. Geom. Astron. — Autodidakt, lebte in Nürnberg.

*Nürnberg;

†1621, Mai 13, Nürnberg.

Lit. Johann Gabriel Doppelmayr: Histor. Nachricht von den Nürnbergischen Mathematicis u. Künstlern (Nürnberg 1730) 167–168 [3]. — Abraham Gotthelf Kästner: Gesch. der Math. **3** (Göttingen 1799) 385–386 (Gesch. der Künste u. Wiss., 7) [3]. — S. Günther: ADB **39** (1895) 418 [3]. — Max Jacobi: Die math. Wiss. nach dem 30jähr. Kriege. Aus dem Kodex eines Nürnberger Rechenmeisters: Mitt. Gesch. Med. Naturwiss. **2** (1903) 275–282 [3]. — Ernst Zinner: Astron. Instrumente des 11. bis 18. Jahrhunderts (München 1956) 265, 532, 568 [Ha 2].

II **UTZSCHNEIDER,** Joseph von. Opt. — 1784–1804, 1807–1814 im bayer. Staatsdienst (zuletzt General-Salinendirektor u. Geheim. Finanzreferendar); 1818–1821 Bürgermeister der Stadt München; 1804 gründete er m. Reichenbach u. Liebherr ein math.-mech. Inst. in München, aus dem er 1814 ausschied; 1809 Gründung eines opt. Inst. m. Reichenbach u. Fraunhofer, das seit 1814 von ihm u. Fraunhofer allein betrieben wurde.

*1763, März 2, Rieden am Staffelsee;

†1840, Jan 31, München.

Nekr. Desberger: Kunst- u. Gewerbe-Bl. München **18** (1940) Sp. 137–158 [12].

Biogr. Carl Max von Bauernfeind: J. von Utzschneider u. seine Leistungen auf staats- u. volkswirtschaftl. Gebiet (München 1880) 50 S. (Rektoratsrede) [14]; ADB **39** (1895) 420–440 [3]. — Wolfgang Stahl: Joseph von Utzschneider u. seine Bedeutung für die opt. Industrie (München 1929) 173 S. (Phil. Diss. Univ. Erlangen 1929) [3]. — Granichstaedten: Geheimrat Utzschneider: Tiroler Heimatbl. **12** (1934) 335–337 [101]. — Geist u. Gestalt. Biogr. Beitr. Gesch. Bayer. Akad. Wiss. **2** (München 1959) 46, 48, 52, 55, 57, 80, 81, 82; **3** (1959) Abb. 77 [3]. — Ludwig Schott: Dem edelsten Vaterlandsfreunde. Ein Gedenkbl. für Joseph von Utzschneider: Unser Bayern **12** (1963) Nr. 2, S. 9–11 [12].

Weitere Lit. J. A. Schultes: Reise durch Salzburg u. Berchtesgaden **2** (Wien 1804) 104–106 [3]. — Karl Heinrich Ritter von Lang: Memoiren (Braunschweig 1842) 217, 218, 219–221 [3]. — Ernst Wilhelm von Martins: Erinnerungen aus meinem 90jähr. Leben (Leipzig 1847) 185 [3]. — Carl Philipp Friedrich von Martius: Erinnerung an Mitgl. der math.-physik. Classe der Bayer. Akad. Wiss. Eine Rede (München 1859) 14–15 [15]. — Karl Theodor Heigel: Die Jakobiner in München. In: Aus 3 Jahrhunderten. Vortr. aus der neueren dtsch. Gesch. (Wien 1881) 186–192, 232 [3]. — August Kluckhohn: Die Illuminaten u. die Aufklärung in Bayern unter Karl Theodor. In: Vortr. u. Aufsätze (München u. Leipzig 1894) 387, 388, 389 [3]. — Luise von Kobell: Unter den vier ersten Königen Bayerns **1** (München 1894) 80 [3]. — Richard Du Moulin-Eckart: Eine Ehrenrettung: Forsch. Kultur- u. Lit.-Gesch. Bayern **5** (1897) 129–162 m. Lit.Verz. [15]. — J. Amann: Die bayerische Landesvermessung in ihrer geschichtl. Entwicklung **1** (München 1908) 126, 127, 159, 160, 161, 167 [3]. — Walther von Dyck: Georg von Reichenbach. Deutsches Museum. Lebensbeschreibungen u. Urkunden **1** (München 1912) 20, 21, 22, 78 m. Faks. Brief an R., München 24. Dez. 1817 [3]. — Briefwechsel zwischen Bessel u. Steinheil (Leipzig 1913) 60, 65, 189, 193 [3]. — M. von Rohr: Die Entwicklungsjahre der Kunst, opt. Glas zu schmelzen: Naturwiss. **12** (1924) 781–797 [3]. — Ludwig Hartmann: Der Physiker, Astronom, Geodät u. Mitbegründer der bayer. Landesvermessung P. Ulrich Schiegg von Ottobeuren: Stud. Mitt. Gesch. Benediktiner Orden u. seiner Zweige **44** (1926) 128–174 [3]. — A. Seitz: Beitr. zu den Bestrebungen Utzschneiders opt. Glas zu gewinnen: Dtsch. opt. Wschr. **13** (1927) 199–200 [3]. — Hugo Döbling: Die Chem. in Jena zur Goethezeit (Jena 1928) 119, 120, 121, 123 (Z. Ver. Thür. Gesch. N.F. Beih. 13) [3]. — A. Seitz: Die Utzschneider-Fraunhofersche Werkstätte nach

Fraunhofers Tode u. das Leben Georg Merz', des ersten Besitzers der Anstalt Utzschneiders: Dtsch. opt. Wschr. **15** (1929) 55–57, 59, 72–75, 87–89, 105–109 [3]. — Franz Steffan: Bayer. Banken u. ihre Gesch.: Bayerland **41** (1930) 577–585 m. 1 Bildn. [12]. — Ernst Kohler: Georg von Reichenbach. Das Leben eines dtsch. Erfinders (München 1933) 73ff. (passim); Bildn. 48 u. 112 [101]. — Der Briefwechsel zwischen Otto Schott u. Ernst Abbe über das opt. Glas 1878–1881 (Jena 1946) 12, 305, 306 (Veröff. Thür. histor. Komm., 2) [3]. — Rolf Riekher: Fernrohre u. ihre Meister (Berlin 1957) an vielen Stellen; Bildn. S. 147 [14]. — Gelehrten- u. Schriftstellernachlässe in den Bibl. der DDR **1** (Berlin 1959) 90 Nr. 643 [3]. — Günther D. Roth: Die Grundlagen für eine opt. Industrie in München. Ein Werk von Joseph von Utzschneider u. Carl August von Steinheil: Tradition **1960**, 15–38 m. Bildn. [14]. — Kurt-R. Biermann: Thomas Clausen, Mathematiker u. Astronom: J. reine u. angew. Math. **216** (1964) 166–172 m. Bildn. [3]. — Wolfgang Baier: Quellendarst. zur Gesch. der Fotogr. (Leipzig 1965) 18, 19 [3].

Bildn. Georg Widenbauer: Gesch. des bayer. Realschulwesens von 1816 bis heute (München 1927) 15 Taf. 2 [101]. — Jahrb. Bayer. Akad. Wiss. **1956**, 17 [101].

V

II **VAGET** (Vagetius), Augustin. Math. — 1692 Magister Univ. Wittenberg; Adjunkt der philos. Fakultät in Wittenberg; durch Empfehlung von G. W. Leibniz 1695 Prof. Math. u. griech. Sprache Gymnas. Göttingen, 1696 Prof. Math. Univ. Gießen.

*1670, Okt. 24, Verden;
†1700, Mai 22, Gießen.

Bibliogr. Brit. Mus. Gen. Cat. **245** (1964) Sp. 670 (2 Nr.) [15].

Biogr. Christian Gottlieb Jöcher: Allgem. Gelehrten-Lexicon **4** (Leipzig 1751) Sp. 1381–1382 [15]. — Friedr. Wilh. Strieders: Grundlage zu einer Hessischen Gelehrten- u. Schriftsteller-Geschichte **16** (Marburg 1812) 260 (m. Schr.Verz.) [15]. — Dietrich Mahnke: Joh. u. Aug. Vagetius, zwei Verdener Gelehrte aus Leibnizens Bekanntenkreis: Stader Arch. N.F. **11** (1921) 16–28 [3].

Briefwechsel W. Lorey: Der Briefwechsel von Leibniz m. Gießener Mathematikern: Nachr. Gießener Hochschulges. **10** (1936) 52–80, besonders 57–71 [3].

II, III **VALENTIN,** Gabriel Gustav. Physiol. — 1828 stud. Med., 1832 Dr. med. Univ. Breslau; 1833 Arzt in Breslau; 1836–1881 o. Prof. Physiol. Univ. Bern; 1881 emer.

*1810, Juli 8, Breslau;
†1883, Mai 23, Bern.

Bibliogr. Cat. scient. Papers **6** (1872) 98 (90 Nr.); **8** (1879) 1141 (26 Nr.); **11** (1896) 676 (22 Nr.); **12** (1902) 749 (1 Nr.); **19** (1925) 280 (Biogr.) [3]. — Index-Cat. Libr. Surgeon Gen. Office **15** (1894) 555f. (25 Nr., Biogr.); (2) **20** (1915) 81 (3 Nr., Biogr.). — Brit. Mus. Gen. Cat. **245** (1964) Sp. 831–832 (19 Nr.) [15].

Nekr. Forster, Grützner: Breslauer ärztl. Z. **5** (1883) 118–121 [3]. — Schimmelpfennig: Jber. Schles. Ges. vaterländ. Cultur **61**, 1883 (1884) 413–414 [Ha 2]. — F. M.-R.: Corresp.bl. Schweizer Ärzte **13** (1883) 287 [UB Basel]. — Lancet **1883**, I 966 [3]. — St. Petersburger med. Wschr. 8 (1883) 181 [7]. — Rev. méd. Suisse Romande **3** (1883) 382 [Genf]. — Proc. Amer. Acad. Arts Sci. Boston **19** (1884) 567–568 [Ha 2].

Briefwechsel E. Bastholm: Zwei Briefe von Ad. Hannover an Gabr. Gust. Valentin: Acta med. Scandinav. (Stockholm) **1952**, Suppl. 266, S. 29–37 [7]. — Erich Hintzsche: Aus Briefen skandinavischer Naturforscher an G. G. Valentin: ebda 93–99.

Biogr. A. C. P. Callisen: Medicin. Schriftsteller-Lexicon **20** (Copenhagen 1834) 23; **33** (Altona 1845) **114–115** [3]. — Karl Gabr. Nowack: Schlesisches Schriftsteller-Lexikon H. 1 (Breslau 1836) 148–150 [3]. — Pagel: ADB **39** (1895) 463–464 [3]. — J. Graetzer: Lebensbilder hervorragender schles. Ärzte aus den letzten 4 Jahrhunderten (Breslau 1889) 162–166, 214 [Ha 2]. — Pagel: In: Biogr. Lexikon der hervorragenden Ärzte aller Zeiten u. Völker 2. Aufl. **5** (Berlin–Wien 1934) 692–693 (m. Bildn. Taf. 10 u. Lit.Ang.) [3]. — E. Hintzsche: Verh. Schweizer naturforsch. Ges. **1952** (1953) 180–182 [Ha 2]. — Erich Hintzsche: G. G. Valentin. Versuch einer Bio- u. Bibliogr. (Bern 1953) 92 S., 1 Titelbildn., 4 Bildn., Faks., Lit.Verz. 83–91 (Berner Beitr. Gesch. Med. u. Naturwiss., 12) [3; Ha 2]. — B. Kisch: Transact., Amer. philos. Soc. N.S. **44** (1954) 142–192 [7]. — Wilh. J.

Schmidt in: Gesch. der Mikroskopie 2 (Frankfurt 1964) 413–422 (m. Bildn., Schr.- u. Lit.Verz.) [ ].

Weitere Lit. Max Ring: Erinnerungen 1 (Berlin 1898) 54 [3]. — Hermann Vierordt: Medizin-geschichtl. Hilfsbuch (Tübingen 1916) 230, 291, 431 [3]. — E. R. Müllener: Die Flimmerbewegung bei Wirbeltieren u. der Feinbau des Flimmerepithels in den Arbeiten von G. G. Valentin aus den Jahren 1834–1842: Gesnerus (Aarau) 19 (1962) H. 1–2, S. 25–49 (m. 18 Abb. auf 1 Taf., Lit.Ang.) [Ha 2]. — V. Kruta: Les relations entre G. G. Valentin et J. E. Purkinje: C.R. XIXe Congr. int. Hist. Med., Basel 1964 (Basle 1966) 436–440 [7].

II **VALENTINI,** Christoph Bernhard. Med. — 1719 Dr. med., 1720 ao. Prof. Med. Univ. Gießen; 1727 Leibmedicus des Landgrafen Heinrich von Hessen in Buxbach.

*1694, Dez. 29, Gießen;

†1728, Febr. 10, Berleburg.

Sohn von Michael Bernhard Valentini.

Bibliogr. Brit. Mus. Gen. Cat. **245** (1964) Sp. 865 (6 Nr.) [15].

Biogr. F. W. Strieder: Hessisches Gelehrten- u. Schriftsteller-Lexicon (Ludwig Wachler) (Marburg 1812) 263–264 (m. Schr.-Verz.) [15].

II **VALENTINI,** Michael Bernhard. Med., Physik. — 1675 stud., 1686 Dr. med. Univ. Gießen; 1687 o. Prof. Physik, 1696 ao. Prof. Med., 1697 o. Prof. Med. Univ. Gießen; 1703 hess. Leibmedicus; 1683 Mitgl. Akad. Naturforscher (Leopoldina), 1704 Mitgl. Preuss. Akad. Wiss., 1717 Royal Soc. London.

*1657, Nov. 26, Gießen;

†1729, März 18, Gießen.

Bibliogr. Brit. Mus. Gen. Cat. **245** (1964) Sp. 868–870 (39 Nr.) [15].

Biogr. Christian Gottl. Jöcher: Allgem. Gelehrten-Lexicon 4 (Leipzig 1751) Sp. 1404–1405 [3]. — F. W. Strieder: Hessisches Gelehrten- u. Schriftsteller-Lexicon (Ludwig Wachler) **16** (Marburg 1812) 261–280 (m. Schr.Verz.) [15]. — Gley: Biographie universelle, ancienne et moderne **47** (Paris 1827) 305–306 [3]. — Dezeimeris: Dictionnaire histor. méd.: **4** (Paris 1839) 301–302 [3]. — von A.: Ärztl. Praxis **9** (1957), Nr. 26, S. 20 [101]. — Pagel: ADB **39** (1895) 468–469 [3].

Weitere Lit. Heinrich Lafite: Pharmaceut.-medic. Curiosa: Valentinis Schaubühne: Pharmac. Post **27** (1894) 1–6, 16–19 [28]. — K. Lemberg u. Th. Heyd: Zur Gesch. der Trinkwasserfiltration: Städt. Tiefbau (Karlsruhe) **3** (1912) H. 23, S. 357–361 [1]. — Rudolph Zaunick: Eine handschriftl. Mitt. von G. E. Rumph üb. die Korallenbauten: Mitt. Gesch. Med. Naturwiss. **14** (1915) 330–332 [3]. — Fritz Ferchl u. A. Süßenguth: Kurzgesch. der Chem. (Mittenwald 1936) 81, 83, 166, 167 (m. 3 Abb.) [3]. — Claus Nissen: Die botan. Buchillustr. **1** (Stuttgart 1951) 76, 90; **2** (1951) 188 [3]. — Gießener Hochschulblätter **5** (1957) Nr. 2, ...

II, III **VARRENTRAPP,** Franz. Chem. — 1832–1835 Lehre als Pharmazeut in Lausanne; bis 1837 in Rastatt u. Dresden; 1837–1839 stud. Chem. Univ. Berlin, bis 1841 Univ. Gießen, dort 1840 Dr. phil.; 1841 Lehrer in Braunschweig am Gewerbeverein u. 1844 an der Medizinalschule (1847 Titel Prof.); 1868 Teilhaber der Buchhandlung von F. Vieweg in Braunschweig.

*1815, Aug. 29, Frankfurt/M.;

†1877, März 1, Braunschweig.

Genealog. Werner Constantin von Arnswaldt: Aus der Gesch. der Familie Varrentrapp (Frankfurt/M. 1908) 103–123 (m. Bildn.) [3].

Bibliogr. Cat. scient. Papers **6** (1872) 111 (12 Nr.); **8** (1879) 1144 (5 Nr.) [3].

Nekr. Ber. Dtsch. Chem. Ges. **10** (1877) 2291–2297 [ ].

Weitere Lit. W. Stricker: Die Gesch. der Heilkunde u. der verwandten Wiss. in Frankfurt/M. (Frankfurt/M. 1847) 344 [15]. — A. Adlung u. G. Urdang: Grundriß der Gesch. der dtsch. Pharmazie (Berlin 1935) 482, 485 [3]. — W. Kallmorgen: Das Gesicht des Arztes. Die Ärzte-Portrait-Sammlung der Dr. Senckenbergischen Stiftung im Städelschen Kunstinst. in Frankfurt/M.: Dtsch. Ärztebl. **66** (1936) 58–63 [101].

II **VATER,** Abraham. Med. — 1702 stud., 1706 Dr. phil. Univ. Wittenberg; 1710 Dr. med. Univ. Leipzig; 1712 Doz., 1717 ao. Prof. Med., 1719 o. Prof. Anatomie u. Botanik, 1736 Pathol., 1746 Therapie Univ. Wittenberg.

*1684, Dez. 9, Wittenberg;

†1751, Nov. 18, Wittenberg.

Sohn von Christian Vater (1651–1732).

Bibliogr. Index-Cat. Library Surgeon Generals Office (2) **20** (1915) 128 (5 Nr.) [3]. —

Brit. Mus. Gen. Cat. **246** (1964) Sp. 744–748 71 Nr. [3].

Bildn. J. Jordan u. O. Kern: Die Univ. Wittenberg-Halle vor u. bei ihrer Vereinigung (Halle 1917) 43 S.; Bildn.: Taf. 15 [14]. — Leopoldina **5** (1929) Taf. 3 nach S. 16 [Ha 2]. — Richard N. Wegner: Das Anatomenbildn. Seine Entwicklung im Zusammenhang m. der anatom. Abb. (Basel 1939) 126 (m. Bildn. Nr. 85, S. 130) [3].

Biogr. Friedr. Börner: Nachrichten von den vornehmsten Lebensumständen u. Schriften jetztlebender berühmter Ärzte u. Naturforscher **1**, 1 (1748) 116–144; **1**, 2 (1749) 398–399; **1**, 5 (1749) 912; **2** (1752) 750; **3**, 3 (1755) 381 [3]. — [Programma in funere Abraham Vateri] (Vitebergae 1751) (8 S.) [14]. — Elias Friedrich Schmersahl: Neue Nachrichten von jüngst verstorbenen Gelehrten **1** (Leipzig 1754) 127–139, 321–331 (m. Schr.Verz.) [3]. — Memoria Abrami Vateri philosophiae et medicinae Doctoris ...: Nova acta physicomedica Acad. Caes. Leop.-Carol. Naturae curios. **1** (1757) [App.] 207–228 (m. Schr.-Verz.); Bildn. vor S. 1 des ganzen Bandes [3]. — N. F. J. Eloy: Dictionnaire historique de la médecine ancienne et moderne ... **4** (Mons 1778) 483–485 [3]. — Salomo Titius: De Vaterorum meritis. Programma **1, 2** (Wittenberg 1792, 1795). — Georg Rudolph Bochmer: De meritis Vaterorum II (Wittenberg 1795) 10 S. [14]. — Dictionnaire des sciences médicales. Biographie médicale **7** (Paris 1825) 399–403 [3]. — Dezeimeris: Dict. hist. méd. **4** (Paris 1839) 309–315 [3]. — Pagel: ADB **39** (1895) 502–503 [3]. — Winter: In: Biogr. Lexikon der hervorragenden Ärzte aller Zeiten u. Völker 2. Aufl. **5** (Berlin, Wien 1934) 711–712 (m. Lit.Ang.) [3].

Weitere Lit. Hermann Vierordt: Medizingeschichtl. Hilfsbuch (Tübingen 1862) 293, 431 [3]. — Walter Friedensburg: Gesch. der Univ. Wittenberg (Halle 1917) 576–580 [Ha 2]. — Bruno von Freyberg: Johann Gottlob Lehmann (1719–1767). Ein Arzt, Chemiker, Metallurg, Bergmann, Mineraloge u. Geologe (Erlangen 1955) 10, 11, 32, 121, 136, 156 (Erlanger Forsch. B 1) [101].

II **VATER,** Christian. Med. — 1690 Prof. Med. Univ. Wittenberg; Leibarzt der Fürsten von Anhalt-Zerbst.

*1651, Jüterbog;
†1732, Okt. 6, Wittenberg.

Nekr. Franciscus Wokenius [Programma funebre in obitum Christian Vateri] (Vitembergae 1732) 8 S. [14].

Biogr. Dictionnaire des sciences médicales. Biographie médicale **7** (Paris 1825) 403–405 (m. Schr.Verz.) [3]. — Gley: Biographie universelle, ancienne et moderne **47** (Paris 1827) 573 [3]. — Pagel: ADB **39** (1895) 503 [15]. — Zitzlaff: Begräbnißstätten Wittenbergs (Wittenberg 1896) 13, 15, 16 [3]. — Leopoldina **5** (1929) 92; Bildn. Taf. 3 [14].

II **VELTHEIM,** August Ferdinand Graf **von.** Mineral., Geol., Bergbau. — Bis 1758 auf dem Pädagogium zu Klosterbergen; 1760 stud. Naturwiss. Univ. Helmstedt; 1764 Kammerrat in hannöverschen Diensten, 1768–1795 Vize-Berghauptmann; 1780 Dr. phil. h.c. Univ. Helmstedt; mit dem Titel Berghauptmann entlassen; seitdem auf seinem Familiengut Harbke lebend.

*1741, Sept. 18, Harbke bei Helmstedt;
†1801, Okt. 2, Braunschweig.

Genealog. Alfred Haas: Geschlechts- u. Wappensagen pomm. Adelsfamilien: Unser Pommerland **14** (1929) 403 [101].

Bibliogr. Brit. Mus. Gen. Cat. **247** (1964) Sp. 269 (15 Nr.) [3].

Biogr. Heinr. Philipp Conrad Henke: Ehrendenkmal des A. F. von Veltheim. In einer ... Versammlung der Herzogl. dtsch. Ges. zu Helmstädt den 10. 5. 1775 vorgelesen (Helmstädt 1775) 15 S. [14]. — Gley: Biographie universelle, ancienne et moderne **48** (1827) 96–99 [3]. — Joh. Georg Meusel: Das gelehrte Teutschland 5. Aufl. **8** (Lemgo 1888) 194–195 [3]. — Gümbel: ADB **39** (1895) 585–586 [3]. — W. Serlo: Männer des Bergbaus (Berlin 1937) 148–149 [3].

Briefwechsel Briefe an Joh. Heinr. Merck von Goethe, Herder, Wieland u. anderen bedeutenden Zeitgenossen. Mit Mercks biogr. Skizze hrsg. von Karl Wagner (Darmstadt 1835) 292–294 (vom 11. Juni 1781) [3]. — Bernhard Becker: Goethe in Harbke: Wiss. Beil. Magdeburg. Ztg. Montagsbl. **74** (1932) Nr. 17, S. 129–132 (Brief von Goethe an Veltheim, Weimar, 6. Nov. 1784) [3]. — Gröbe: Goethes Autographen-Sammlung (Weimar 1961) 239, Nr. 1739 (Brief an Friedr. Wilh. Heinr. Trebra, 18. Mai 1779) [3].

Nekr. Heinr. Phil. Conrad Henke: Elogium Aug. Ferd. Comitii de Veltheim (Helmstadii 1802) 39 S., Titelbildn. [14]. — Friedr. Schlichtegroll: Nekr. der Teutschen für das 19. Jahrhundert **1** (Gotha 1802) 241–284 (m. Titelbildn.) [3]. — Ann. Berg- u. Hüttenkunde **2** (1803) 356–360 [14].

Weitere Lit. K. A. von Zittel: Gesch. der Geol. u. Paläontol. bis Ende des 19. Jahrhunderts (München, Leipzig 1899) 55, 491, 494 [3]. — Gust. Jacobs: Die Schöninger

Saline unter der Salzgrafschaft der Familie von Veltheim (1474–1747): Braunschweig. Mag. **34** (1928) Sp. 17–28, 32–38 [3]. — Bruno Goetz: Schloß Ostrau, Kreis Bitterfeld (Halle 1934) 32 S., 10 Abb. [3]. — Wilh. Eule: 2 Jahrhunderte Bergbau im Revier der Braunschweig. Kohlen-Bergwerke Helmstedt (Helmstedt 1937) 60–65 m. Bildn. [14]. — Fossilium Catalogus I: Animalia. Pars 72: K. Lambrecht †, W. et A. Quenstedt, Palaeontologi, Catalogus bio-bibliographicus (s'Gravenhage 1938) 441 [3; Ha 2].

Bildn. Neue allg. dtsch. Bibl. **16** (Kiel 1795) [14].

II **VELTHEIM,** Franz Wilhelm Werner von. Bergbau. — 1805 stud. Bergakad. Freiberg, 1808 Univ. Göttingen; 1810 Oberbergmeister in Eisleben; 1816–1835 Berghauptmann in Halle, dann Oberberghauptmann in Berlin.

*1785, Nov. 10, Rothenburg/Saale;
†1839, Dez. 31, Schönfließ bei Berlin.

Bibliogr. Cat. scient. Papers **6** (1872) 132 (11 Nr.) [3].

Genealog. Georg Schmidt: Das Geschlecht von Veltheim 2: Die Stammreihe des Geschlechts von der Teilung der Linien an (Halle 1912) 313–318 (m. 3 Bildn., 2 Faks.) [3].

Nekr. Neuer Nekr. der Deutschen **17**, 1839 (Weimar 1841) 1024–1028 [3]. — Berlinische Nachr. Staats- u. gelehrte Sachen **1840**, Nr. 30 vom 5. Febr., S. 2 [3].

Biogr. Anna von Krosigk: Werner von Veltheim. Eine Lebensgesch. zum Leben. Aus Tagebüchern u. Briefen (Bernburg o. J.) [3]. — Gümbel: ADB **39** (1895) 586–587 [3]. — Bernh. Weißenborn: In: Mein Mansfeld. Ein Heimatbuch für das Mansfelder Land (Eisleben 1921) 218–221 [3]. — Mein Mansfelder Land **3** (1928) 1–4 (m. Bildn.) [3]. — B. Weißenborn: J. K. Freiesleben u. F. W. W. von Veltheim. Zwei führende Mansfelder Bergleute: Ekkehard **7** (1931) 156–158 (m. 2 Bildn., 1 Abb.) [3]. — Fr. Wöhlbier: Mein Mansfelder Land **7** (1932) 321–325, 329–332 [3]. — Mummenthey: Kalibergmann **7** (1932) Nr. 21, S. 3–4 (m. 4 Bildn., 2 Abb.); Nr. 22, S. 3–5 (m. 6 Abb.) [101]. — Carl Schiffner: Aus dem Leben alter Freiberger Bergstudenten **2** (Freiberg 1938) 100–103 (m. 1 Bildn., 1 Abb.) [3]. — Hanns Freydank: Mansfelder Heimat-Kal. **19** (1940) 57–60 (m. Lit.Verz.) [3]. — Walter Steiner: Z. angew. Geol. **6** (1960) 570–571 m. Bildn. u. Schr.Verz. 17 Nr. [101].

Zum 100. Todestag H. Freydank: Hallische Nachr. **51** (1939) Nr. 304, S. 3 [Stadtarch. Halle]; Illustr. Hallische Nachr. **10** (1939) Nr. 53, S. 8 [Stadtarch. Halle]; Jahrb. Hallesche Ver. Erforsch. mitteldtsch. Bodenschätze **18** (1940) 5–14 (m. Bildn.) [Ha 2]; Z. Berg-, Hütten- u. Salinenwesen **88** (1940) 121–143 (m. Bildn., Lit.Verz.) [3]. — F. W. W. Freiherr von Veltheim: Geognost. Betrachtung der alten Sandsteinformation am Harz u. in den nördl. u. östl. davon gelegenen Landstrichen. Eingeleitet u. bearb. von H. Freydank (Halle 1940) 292 S. (m. Bildn. u. Faks.), besonders 5–14 [3].

Weitere Lit. F. Marchand: In: Festschr. Feier 100jähr. Bestehen Naturforsch. Ges. Halle **1879**, VI, VII, VIII, XLIII [Ha 2]. — H. Schrader: Das Mansfelder Pionier-Bataillon in den Befreiungskriegen (Eisleben 1891) IV, 56 S. m. Bildn., Faks., besonders III–IV, 4, 5, 10, 23–26 [14]. — W. Mück: Gesch. des Mansfelder Bergregals (Eisleben 1910) XXIII [3]. — H. Adam: Gesch. des Preuß. Oberbergamts Halle: Z. Berg-, Hütten- u. Salinenwesen **73** (1925) B 99–B 159 (m. Bildn.) [3]. — B. Weißenborn: In: Karl Nothing: Bergmannisches Handbuch für Schule u. Haus 2. Aufl. **1** (Halle 1925) 377–379 [101]. — Fr. Wöhlbier: Mein Mansfelder Land **3** (1928) passim [3]. — Max Schulz-Briesen: Der preuss. Staatsbergbau im Wandel der Zeiten **1** (Berlin 1933) 224 S., 8 Taf.; Bildn. S. 72 [3]. — Walter Barz: Bedeutende Männer u. Frauen der Grafschaft Mansfeld: Mein Mansfelder Land **10** (1935) 395 [3]. — Walter Serlo: Männer des Bergbaus (Berlin 1937) 149 [3]; Bergmannsfamilien in Rheinland u. Westfalen (Münster 1936) 14–17 [3]. — Bruno Goetz: Schloß Ostrau, Kreis Bitterfeld (Halle 1937) 32 S., 10 Abb. [3]. — H. Freydank: 75 Jahre Mansfelder Pflastersteine 1863–1938 (Eisleben 1939) 305 S., Abb., Taf., 1 Karte, Bildn. S. 32 [3].

II **VENETZ,** Ignace. Gletscherkde. — Bis 1836 Oberingenieur des Kantons Wallis, 1836–1855 im Kanton Vaud.

*1788, März 21, Visperterminen;
†1859, Apr. 20, Sion.

Bibliogr. Cat. scient. Papers **6** (1872) 133 (7 Nr.) [3].

Biogr. Ferd. O. Wolf: Notices biographiques sur les Naturalistes Valaisans II: Echo des Alpes **1874–1875**, 273–277 [LB Bern]. — Ignace Mariétan: La vie et l'œuvre de l'ingénieur Venetz: Bull. de la Murithienne, Soc. valaisanne des sciences naturelles **76** (1959) 1–51 (m. Bildn.) [25].

Weitere Lit. August Boehm von Boehmersheim: Geschichte der Moränenkunde (Wien 1901) 34, 51, 68, 80, 82, 94, 146 (Abh. Geogr. Ges. Wien III, 4) [3]. — Maurice Gabbud: Bull. Soc. Vaudoise Sci. nat. **53**

(1920) 496–498 [Ha 2]. — Helmut Hölder: Geol. u. Palaeontol. in Texten u. ihrer Geschichte (Freiburg–München 1960) 327–330, 335 [101].

Bildn., Denkmal Bildn. in: Z. Dtsch. u. Österr. Alpenverein Jg 1937, Bd 68, Taf. 47 nach S. 160 [14]. — L. L. von Roten: Das Venetz-Denkmal bei Sitten: Jahrb. Schweiz. Alpenclub 6 (1869/70) 1870, S. 481–487 [ZB Zürich].

VERWORN, Max Richard Constantin. Physiol. — 1884–1889 stud. Med. u. Naturwiss. Univ. Berlin u. Jena; 1887 Dr. phil. Univ. Berlin; 1889 Dr. med., 1891 PDoz., 1895 ao. Prof. Univ. Jena; 1901 o. Prof. Göttingen, 1910 Univ. Bonn; 1911 Lectures Yale-Univ. New Haven.

*1863, Nov. 4, Berlin;

†1921, Nov. 24, Bonn.

Bibliogr. Cat. scient. Papers **19** (1925) 332–333 (24 Nr.) [15]. — Brit. Mus. Gen. Cat. **248** (1964) Sp. 111–112 (14 Nr.) [15].

Biogr. E. Dennert: Die Weltanschauung des modernen Naturforschers (Halle 1911) 130–186 [3]. — Mannus **4** (1912) 459–460 [14]. — Theodor Kappstein: Zum 50. Geburtstag: Illustr. Universum-Jahrbuch **1913**, 505–508 (m. Bildn.) [14]. — Paul Jensen: Dtsch. Biogr. Jahrbuch **3**, 1921 (1927) 265–267, Totenliste 320–321 (m. Lit.Verz.) [3]. — Karl Franz Hoffmann: Landarzt **20** (1939) 29–30 [101].

Nekr. S. Baglioni: Riv. Biolog. (Roma) **4** (1922) 126–133 (m. Bildn., Schr.Verz. 64 Nr.) [12]. — Friedrich W. Fröhlich: Berliner klin. Wschr. **58** (1921) 1487–1488 [3]; Z. allg. Physiol. **20** (1923) 185–192 (m. Bildn., Faks.) [3]. — Paul Jensen: Nachr. Ges. Wiss. Göttingen, Geschäftl. Mitt. **1922** (1923) 61–78 [3]. — Paul Krannhals: Hellweg (Essen) **1** (1921) 443 [64]. — R. Matthaei: Dtsch. med. Wschr. **48** (1922) 102–103 (m. Bildn.) [3]. — A. Pütter: Münchener med. Wschr. **68** (1921) 1655–1656 [3]. — Walter Thörner: Med. Klinik **18** (1922) 130–131 [3].

Weitere Lit. O. Lippelt: Verworns psychomonist. Weltanschauung: Pädagog. Studien **32** (1911) 305–317 [15]. — Rudolf Eisler: Philosophenlexikon (Berlin 1912) 786–787 [3]. — Oskar Pathe: Der Psychomonismus Verworns: Praxis Volksschule **24** (1914) 290–296 [3]. — Béla Révész: Geschichte des Seelenbegriffs u. der Seelenlokalisation (Stuttgart 1917) 285–286 [3]. — Wilhelm Schlechtweg: Der Ursachbegriff bei Hume, Kant u. Verworn: Pädag. Warte **26** (1919) 69–75 [101]. — Die Kunst, das menschl. Leben zu verlängern. Dokumente bekannter Ärzte. Autographen-Ausstellg der Stadt- u. Landesbibl. Dortmund. Zsstg. Hedwig Gunnemann (Dortmund 1965) 47–49 [60].

Bildn. A. Kronfeld: Die Entwicklg. des Anatomiebildes seit 1632. Vortrag ... in Wien vom 26. Mai 1911: Mit. Gesch. Med. Naturwiss. **11** (1912) 537–538 [3]. — Umschau **20** (1916) 139 [14]. — Illustr. Ztg., Leipzig **157** (1921) 544 [15]. — Max Voit: Bildn. Göttinger Prof. aus 2 Jahrhunderten (1737–1937) (Göttingen 1937) Nr. 191 [101].

II **VIERENKLEE,** Johann Ehrenfried. Forstwiss. — 1748 Rektor in Dobrilugk, 1751 in Herzberg; 1754 Pfarrer in Rehefeld bei Herzberg, später in Plossig bei Annaberg.

*1716, März 25, Großenhain/Sachsen;

†1777, Apr. 19, Plossig.

Lit. J. G. Meusel: Lexikon der von 1750 bis 1800 verstorbenen teutschen Schriftsteller **14** (Leipzig 1815) 252–253 [15]. — Kritische Bl. Forst- u. Jagdwiss. **4** (1828) H. 1, S. 103 [Tha 1, Bibl. Fak. Forstwirtsch. Tharandt, TU Dresden]. — C. Fraas: Geschichte der Landbau- u. Forstwiss. (München 1865) 539 (Gesch. Wiss. in Deutschl., 3) [3]. — Friedrich Freiherr von Löffelholz-Colberg: Forstl. Chrestomathie **3**, 1 (Berlin 1871) 617, Bem. 621 b [15]. — August Bernhardt: Geschichte des Waldeigenthums, der Waldwirthschaft u. Forstwiss. in Deutschland **2** (Berlin 1874) 79, 90, 139 [Tha 1]. — Richard Heß: Lebensbilder hervorragender Forstmänner (Berlin 1885) 385 (m. Schr.- u. Lit.Verz.) [3].

II, III **VIERORDT,** Karl von. Physiol. — 1836–1840 stud. Univ. Heidelberg, Göttingen, Berlin; 1841 Dr. med. Univ. Heidelberg; 1841–1849 prakt. Arzt in Karlsruhe; 1849 ao Prof., 1855 o. Prof. Physiol. Univ. Tübingen; 1884 em.

*1818, Juli 1, Lahr;

†1884, Nov. 22, Tübingen.

Geneal. Weimarer hist.-geneal. Taschenbuch des ges. Adels jehudäischen Ursprungs **2** (1913) 928 [14].

Nekr. István Lengyel: Termeszettudományi Közlöny **17** (1885) 504 [F 1]. — C. von Voit: S.-Ber. Bayer. Akad. Wiss., math.-phys. Kl. **1885** (1886) 180–185 [Ha 2].

Bibliogr. Cat. scient. Papers **6** (1872) 153–154 (36 Nr.); **8** (1879) 1153–1154 (13 Nr.); **11** (1896) 695 (13 Nr.); **19** (1925) 344–345 (7 Nr.) [3]. — Wilh. Heyd: Bibliogr. der Württemberg. Geschichte **2** (Stuttgart 1896) 658; **4** (1915) 460 [3]. — Brit. Mus. Gen. Cat. **248** (1964) 707–708 (19 Nr.) [3].

Biogr. Hermann Vierordt: In: Karl von Vierordt: Die Schall- u. Tonstärke u. das Schalleitungsvermögen der Körper (Tübingen 1885) I–XXII (m. Titelbildn., Faks., Schr.-verz. 116 Nr.) [3]. – N. Zuntz: Karl von Vierordt u. Wilhelm Heinrich Wittich: Fortschr. Med. 3 (1885) Beil. S. 3–5 [27]. – Aus einem Briefwechsel zwischen Fechner u. Vierordt. In: Wissenschaftl. Briefe von Gustav Theodor Fechner u. W. Preyer. Hrsg. von W. Preyer (Hamburg, Leipzig 1890) 169–203 [3]. – Friedrich von Weech: Badische Biogr. 4 (Karlsruhe 1891) 474–479 [3]. – Pagel: ADB 39 (1895) 678–679 [3]. – Hermann Vierordt: Medizin-Geschichtl. Hilfsbuch (Tübingen 1916) 297, 433 [15]. – Pagel: In: Biogr. Lexikon der hervorragenden Ärzte aller Zeiten u. Völker 2. Aufl. 5 (Berlin, Wien 1934) 752–753 (m. Bildn. Taf. 11, Lit.Ang.) [3]. – Ralph H. Major: Ann. med. Hist. N. S. 10 (1938) 463–473 [38].

Bildn. R. Scholl: Bildnissammlung Univ. Tübingen 1477–1927 (Stuttgart 1927) Nr. 211 [101.]

VIRCHOW, Rudolf Ludwig Karl. Pathol., Anthropol. – Stud. Med., 1843 Dr. med. Univ. Berlin; 1846 Prosektor Charité Berlin; 1847 hab. Univ. Berlin; 1849 o. Prof. Univ. Würzburg; 1856 o. Prof. u. Direktor Pathol. Inst. Univ. Berlin; 1873 o. Mitgl. Preuß. Akad. Wiss.; seit 1879 beteiligte er sich an den Ausgrabungen Schliemanns u. machte Reisen im Kaukasus zu ethnogr. Studien; 1880–1893 Mitgl. Dtsch. Reichstag. – Begründer der Zellularpathol., verdient um öffentl. Gesundheitspflege.

*1821, Okt. 13, Schivelbein (Pommern); †1902, Sept. 5, Berlin.

Genealog. Hans Virchow: Die Abstammung Rudolf Virchows: Mitt. Gesch. Med. u. Naturwiss. 32 (1933) 220–222, 287–288, 295 [3].

Werke Rudolf Virchow: Goethe als Naturforscher u. in besonderer Beziehung auf Schiller. Eine Rede nebst Erläuterungen (Berlin 1861) VI, 127 S. [15]; Medicinische Erinnerungen von einer Reise nach Ägypten: Arch. pathol. Anat., Physiol., klin. Med. 113 (1888) 361–385 [3]; Antrittsrede des Rector magnificus der Berliner Univ. Prof. Dr. R. Virchow 1892: Akad. Mh. 9 (1893) 271–272 [16]; Study and research (Translation of an address by R. V. ... rectorship ... Univ. Berlin 15. Oct. 1892): Annu. Rep. Smithsonian Inst. 1894 (1896) 653–665 [Ha 2]; The founding of the Berlin Univ. and the transition from the philosophic to the scientific age (Translation an address ... Aug. 3, 1893 ... by the rector R. V.) ebda 681–695 [Ha 2]. – Emil Kugler: Die Vorlesungen R. Virchows über Allg. Pathol. Anat. aus dem WS 1855/56 in Würzburg. Nachgeschrieben von cand. phil. Emil Kugler. Hrsg. aus dem Nachlaß Richard Paltaufs vom Vorst. Dtsch. Pathol. Ges. (Jena 1930) VIII, 288 S. m. Bildn. u. Faks. [3]. – Drei histor. Arbeiten Virchows zur Gesch. seiner Vaterstadt Schivelbein. Von neuem hrsg. von der Ges. f. Pommersche Gesch. u. Altertumskunde (Berlin 1930) VI, 83 S. m. Titelbildn. [14]. – Rudolf Virchow [Werke, Ausz.]: Werk u. Wirkung. Hrsg. u. eingel. von Felix Boenheim (Berlin 1957) 329 S. m. Titelbildn., Bildn. S. 144, 314, Faks. [3; 14]. – Rudolf Virchow: Die Cellularpathol. in ihrer Begründung auf physiol. u. pathol. Gewebelehre. 20 Vorlesungen, gehalten während der Monate Febr., März u. Apr. 1858 im pathol. Inst. zu Berlin. Mit Vorwort von Heinz Goerke (Hildesheim 1966) VII, 440 S. [101].

Bibliogr. Cat. scient. Papers 6 (1872) 164–166 (84 Nr.); 8 (1879) 1158–1159 (20 Nr.); 11 (1896) 707–710 (105 Nr.); 12 (1902) 757 (3 Nr.); 19 (1925) 370–375 (294 Nr.) [3]. – Richard Kukula: Bibliogr. Jahrb. der dtsch. Hochschulen 2. Aufl. (Innsbruck 1892) 953–954; Erg.-H. 1 (1893) 251 [3]. – Julius Schwalbe: Virchow-Bibliogr. 1843–1901. Bearb. von Wolf Becher u. a. (Berlin 1901) 183 S. m. Sachreg. [14]. – Rudolf Virchows Arbeiten zur inneren Med. u. aus den Grenzgebieten, nach den einzelnen Materien chronol. geordnet: In: Wilh. Ebstein: R. Virchow als Arzt (Stuttgart 1903) 52–78 [15]. – Brit. Mus. Gen. Cat. 249 (1964) Sp. 430–438 (129 Nr.) [3].

Biogr. Männer der Zeit. Biogr. Lexikon der Gegenwart 2 (Leipzig 1862) Sp. 553–556 [15]. – Unsere Zeit 7 (1863) 247–256 [14]. – Ludwig Stieda: Virchows Reisen in den Ostseeprovinzen: S.-Ber. gel. estn. Ges. Dorpat 1877 (1878) 119–121 [3]. – Isidor Kastan: Westermanns Mh. 51 (1882) 463–474 m. Bildn. [3]. – Paul Boerner: R. V. bis zur Berufung nach Würzburg: Nord u. Süd 21 (1882) 105–130 [3]. – Dtsch. Rdsch. Geogr. Statist. 6 (1884) 233–235 m. Bildn. [Ha 2]. – C. Falkenhorst: Universum 8 (1892) Sp. 393–396 m. Bildn. S. 392 [14]. – Carl Paasch: Geheimrat Prof. Dr. Rudolf Virchow (Leipzig 1892) 31 S. m. Bildn. [14]. – Wolf Becher: Rudolf Virchow. Eine biogr. Studie. 2. Aufl. (Berlin 1894) IV, 108 S. [14] (1. Aufl. 1891). – Adolf Harnack: Gesch. Preuß. Akad. Wiss. 1 (Berlin 1900) 835, 844, 986, 1038, 1046 [3]. – Heidelberger Prof. aus dem 19. Jahrhundert. Festschr. der Univ. zur Zentenarfeier ihrer Erneuerung 2 (Heidelberg 1903) 163, 164, 171, 175, 182, 213, 214, 397 [3]. – Wilhelm Ebstein: R. V. als Arzt (Stuttgart 1903) 78 S. [3; 14]. – Proc. Roy. Soc. London

75 (1905) 297–300 [Ha 2]. – Jul. Pagel: Rudolf von Virchow (Stuttgart 1906) 54 S. m. Titelbildn. (Männer der Wiss., 8) [14]; auch (Leipzig 1923) [14]. – Georges Daremberg: Les grands médecins du XIXe siècle (Paris 1907) 114–118 [UB Wien]. – J. Schwalbe: Rudolf Virchows Lehr- u. Wanderjahre: Dtsch. med. Wschr. 33 (1907) 389–391, 428–430 [3]. – Isidor Kastan: Berlin, wie es war: 7. Aufl. (Berlin 1919) 156–159 m. Bildn. S. 152 [14]. – Carl Ludw. Schleich: Erinnerungen an Rudolf Virchow: Tagebuch [Berlin] 1920, 17. Jan., S. 21–32 [101]. – Gustav Falk: Über Virchows geplante Berufung nach Gießen 1849: Virchows Arch. pathol. Anat., Physiol. u. klin. Med. 235 (1921) 45–51 [3]. – Karl Sudhoff: Rudolf Virchow u. die dtsch. Naturforscherversammlungen. Studie (Leipzig 1922) VIII, 307 S. (m. Titelbildn. nach einem Pastell von Liebermann u. Faks.) [101]. – M. B. Schmidt: In: Lebensläufe aus Franken 2 (Würzburg 1922) 465–475 m. Lit.Verz. (Veröff. Ges. Fränkische Gesch. R. 7, 2) [3]. – Arturo Castiglioni: Il volto di Ippocrate. Istorie di medici et medicine d'altri tempi (Milano 1925) 349–359 m. Bildn. [L 5]. – Norman Balk: Die Friedrich-Wilhelms-Univ. Berlin. Mit einer Darst. des Berliner Bildungswesens bis 1810 (Berlin 1926) 50 m. Bildn. u. Faks. [101]. – Hanns Fechner: Erinnerungen an R. V.: Berliner Tagebl. 1927, Abendausg. Nr. 399 vom 24. Aug., S. 2–3 [11]. – Ernst Hirschfeld: Kyklos 2 (1929) 106–116 [3]. – Henry E. Sigerist: Große Ärzte (München 1932) 310 S., Bildn. S. 248 m. Faks.; 3. Aufl. (1954) 440 S., besonders 277–278, 303–314 u. öfter; S. 307 Bildn. m. Faks. [14]. – Georg Sticker: Prof. der Medizin in Würzburg vor 2 Menschenaltern: Med. Welt 6 (1932) 681–683 m. Bildn. (V. beim Tabakschnupfen) [3]. – Biogr. Lexikon der hervorragenden Ärzte aller Zeiten u. Völker. 2. Aufl. 5 (Berlin, Wien 1934) 768–772 m. Lit.Verz. [3]. – Flößner: In: Handwörterb. der Naturwiss. 2. Aufl. 10 (Jena 1935) 260 [3]. – [Stengel]: Wilh. von Humboldt-Gedächtnis-Ausstellung im Märkischen Museum. Lebensbilder aus der Gesch. der Berliner Univ. (Berlin 1935) 48 [101]. – Rudolf Beneke: In: Pommersche Lebensbilder 2 (Stettin 1936) 198–236 m. Bildn. u. Lit.Verz. [101]. – Rudolf Thiel: Männer gegen Tod u. Teufel (Berlin 1936) 325–357 m. Bildn. [3]. – Paul Diepgen: In: Die Großen Deutschen. Neue Dtsch. Biogr. 5 (Berlin 1937) 368–375 m. Bildn. 360/361 [3]. – Walter Sulze: In: Deutsche Männer (Berlin 1938) 340–341 m. Bildn. [101]. – Fossilium Catalogus I. Animalia Pars 72. K. Lambrecht †, W. et A. Quenstedt, Palaeontologi, Catalogus bio-bibliographicus (s'Gravenhage 1938) 444 [3]. – Werner Tiegel: Welt u. Haus 37 (1938) H. 33, S. 19, 24 m. Bildn. [101]. – Walter von Brunn: Münchener med. Wschr. 86 (1939) 1645 [3]. – Ludwig Aschoff: Rudolf Virchow. Wiss. u. Weltgeltung (Hamburg 1940) 95 S., Bildn. nach S. 32 u. 80 (Geistiges Europa, 2) [14]. – R. Beneke: R. V. im Robert-Koch-Film: Med. Welt 14 (1940) 584–588 [3]. – Curt Krause: Nachr. Gießener Hochschul-Ges. 15 (1941) 53–71 [Ha 2]. – Der junge Virchow. Gymnasium zu Köslin. Meldung zur Reifeprüfung Ostern 1839: Dtsch. Schwester 9 (1941) 129–130 m. Bildn. u. Faks. [3]. – Wiener pharmaz. Wschr. 75 (1942) 261 [101]. – Bernhard Walthard: Die berühmten Ärzte (Genf 1947) 184–185 m. Bildn. [89]. – Leopold Schönbauer: Das med. Wien. Geschichte–Werden–Würdigung. 2. Aufl. (Wien 1947) XX, 484 S. (Virchow passim) [3]. – Joh. Daniel Achelis: Dtsch. Schwesternztg. 1 (1948/49) H. 2, S. 14–15 m. Bildn. [101]. – Hugo Glaser: Pioniere der Heilkunst (Wien 1950) 111–117 m. Bildn. [101]. – Georg B. Gruber: Aus der Jungarztzeit von R. V.: Virchows Arch. path. Anat. Physiol., klin. Med. 321 (1951/52) 462–481 [3]. – Hellmuth Unger: Med. heute – für die Praxis morgen 1952/53, H. 5, S. 55–56 [101]. – Hellmuth Unger: Virchow. Ein Leben für die Forschung (Hamburg 1953) 314 S. m. Titelbildn., Faks.; darin Briefe 235–236, 288–289, 291–292, 302–303 [14]. – Erwin H. Ackerknecht: Rudolph Virchow, Doctor, Statesman, Anthropologist (Madison 1953) XVI, 304 S., 3 pl. [3]; Dtsch. Übersetzung von J. Wieries (Stuttgart 1957) XI, 245 S., 1 Titelbildn., 1 Bildn. [3]. – Hans G. Schlumberger in: Founders of neurology (Springfield 1953) 219–221 [L 5]. – Karl Leutner: In: Deutsche, auf die wir stolz sind. 1. Aufl. (Berlin 1955) F. 1, S. 260–264 m. Bildn.; 2. Aufl. (1960) F. 1, S. 278–282 m. Bildn. [14]. – Lytt J. Gardner: New England J. Med. (Boston) 252 (1955) 587–589 m. Bildn. [UB Basel]. – Kurt Winter: Rudolf Virchow (Leipzig–Jena 1956) 155 S. m. 17 Abb., Umschlagbildn. u. Bildn. S. 32/33, 80/81, 96/97, 144/145 [14]. – Ernst Meyer: Rudolf Virchow (Wiesbaden 1956) 203 S., Titelbildn., 7 Abb., Lit.Verz., 1 Faks. (Brief an Schliemann vom 14. Nov. 1889) (Limes-Bücher, 5) 101; Berliner Med. 7 (1956) Sonderh. 50 J. Rudolf-Virchow-Krankenhaus S. 7–12 m. Bildn., Faks., Lit.Verz. [101]. – Robert Rössle: R. V. u. die Königl. Preuß. Akad. Wiss. In: Dtsch. Akad. Wiss. Berlin 1946–1956 (Berlin 1956) 235–241 [3]. – Rudolf Virchow, Disease, Life and Man, selected essays. Translated with an introduction by Lelland J. Rather (Stanford 1958) VIII, 273 S. (Stanford Studies in the medical sciences, 9) [Welcome hist. med. Libr., London]. – Papa Virchow: Lancet [London] 1958, 679–680, 851 [25]. – A. A. Zvorykin: Biograficeskij slovar'dejatelej estestvoznanija in techniki [Biogr. Wörterb. der Naturforscher u. Techniker] 1 (Moskva 1958) 170–172 m. Bildn., Schr.verz. [russ.] [Ha 2]. – Der Grafschafter 73 (1959) 580 [101]. –

E. H. Ackerknecht: Virchow in Würzburg: Ber. Physik.-med. Ges. Würzburg N. F. 68 1956–1957 (1959) 163–165 [Ha 2]. – Werner Hueck: In: Geist u. Gestalt. Biogr. Beitr. Gesch. Bayer. Akad. Wiss. 2 (München 1959) 234 [3]. – Kurt Winter: In: Forschen u. Wirken. Festschr. zur 150-Jahr-Feier der Humboldt-Univ. Berlin 1 (Berlin 1960) 253–266 m. Bildn. u. Faks. [3]. – A. E. Rodin: The influence of biography on medical fame: Canadian med. Ass. J. 83 (1960) 1382–1383 [1]. – B. S. Cardell: Kings Coll. Hosp. Gaz. (London) 41 (1962) 134–143 m. Bildn. [Brit. med. Assoc. Libr., London]. – Robin Fåhraeus: Opusc. med. (Stockholm) 8 (1963) 229–239 m. 2 Bildn., 1 Abb. [11]. – Manfred Stürzbecher: Rudolf Virchow: „Wie ist der wahre wiss. Fleiß beschaffen"? Erstabdruck eines Schulaufsatzes vom 13. Apr. 1836: Dtsch. med. J. 15 (1964) 105–106 [14]. – Edwin Rosner: In: Gesch. der Mikroskopie 2 (Frankfurt 1964) 423–433 m. Bildn. u. 7 Nr. Schr.Verz. [Ha 2]. – K. N. Walton: Invest. Urol. 2 (1965) 512–514 m. Titelbildn. – H. Frhr. von Kress: Forsch. Praxis Fortbildg. 17 (1966) 893–898 [292]. – Erwin Ackerknecht: In: Die berühmten Ärzte. Hrsg. von René Dumesnil u. Hans Schadewaldt 2. Aufl. (Köln 1966) 225–226 m. Bildn. u. 1 Abb. [15].

Briefwechsel Virchow an den Vorsitzenden des allg. Wahl-Comités des 1. Berliner Reichswahlbezirks, Ludwig Loewe 9. 8. 1867: Vossische Ztg. vom 13. 8. 1867, Beil. S. 3–4 [1]. – David Cassel: Offener Brief eines Juden an Herrn Prof. Dr. Virchow (Berlin 1869) 38 S. [1]. – Richard Béringuier: Ausführl. Beschreibung der Festlichkeiten aus Anlaß des 25jährigen Bestehens des Ver. für die Gesch. Berlins (Berlin 1890) 29–30 (Schriften des Vereins . . . 28) [Schreiben Virchows vom 26. Jan. 1890 an den Verein]. – Briefe an seine Eltern 1839 bis 1864. Hrsg. von Marie Rabl geb. Virchow (Leipzig 1906) XI, 244 S. m. 1 Heliograv. m. Faks., 3 Bildn., 1 Brief-Faks. Berlin, 13. Apr. 1849 [15]. – W. Schleicher: Virchow à travers sa correspondance: Chron. méd. 16 (1909) 545–552 [25]. – Einige [8] Briefe von R. V. an Adolf Bardeleben 1847–1853. Hrsg. von Karl von Bardeleben: Virchows Arch. pathol. Anat. 223 (1917) 1–9 [3]. – Briefe an R. V. Zum 100. Geburtstage (Berlin 1921) 63 S. (Mitt. aus dem Literaturarch. Berlin N. F. 18) [14]. – Dtsch. Liberalismus im Zeitalter Bismarcks 2 (Bonn 1926) 432–433 [V. an Franz von Stauffenberg Berlin, 23. März 1887] [1]. – Medical Life 35 (1928) 280–281 (Virchow an Abraham Jacobi 9. Dez. 1881, engl. Übers.) [1]. – Isidor Fischer: Theodor Billroth u. seine Zeitgenossen (Berlin, Wien 1929) 21–22 (2 Briefe Virchows an Th. Billroth 1867) [1]. – Virchow an den Zahnarzt A. Thein in Frankfurt/M. 1883 oder 1884: Bull. Inst. hist. med. Baltimore 1 (1933) 116 [L 5]. – Unbekannte Pommernbriefe aus der UB Greifswald (Greifswald 1940) 30 (R. V. an einen polit. Freund Berlin, 6. Nov. 1861) [3]. – [9] Briefe Virchows an seine Töchter: Dtsch. Gesundheitswesen 1 (1946) 810–816 [3]. – Paul Elbogen: Liebster Sohn . . . liebe Eltern. Briefe berühmter Deutscher (Hamburg 1956) 165–168 [101]. – C. Overzier: R. V. schreibt aus Moskau: Med. Klinik 52 (1957) 744–745 m. 4 Bl. Faks. [3]. – Wolfg. Schneider: Briefe eines Landapothekers [Fritz Sas in Derenburg] an R. V.: Pharmaz. Ind. 20 (1958) 37–39, 81–84 [101]. – Brief von Albert Schweitzer. In: Jubilee-Vol. 100th Anniversary 1860–1960 Rudolf Virchow med. Soc. City of New York (Basel, New York 1960) 8–11 [UB Basel]. – Ingrid Schwarz, geb. Oehlmann: Der Briefwechsel zwischen den Pathologen R. V. u. Otto Hjelt. Eine dtsch.-finnische Gelehrtenbeziehung des 19. Jahrhunderts (Berlin 1966) 70 S. (Diss. FU Berlin 1966) [101].

Zum 70. Geburtstag L. Fürst: Illustr. Ztg., Leipzig 97 (1891) 411 m. Bildn. v. J. 1849 [14]. – Paul Grawitz: Gartenlaube 1891, 693–695 m. Bildn. [14]. – Dtsch. med. Wschr. 17 (1891) 1165–1168 (E. Klebs), 1178–1179 (P. Grawitz), 1187–1188 (S. Guttmann) [Ha 2]. – Julius Levin: Gegenwart 40 (1891) 243–246 [3]. – R. Neuhauss: Globus 60 (1891) 225–227 m. Jugendbildn. [14]. – William Osler: Boston med. surg. J. 125 (1891) 425–427 [15]. – E. Rindfleisch: Allg. Ztg. 1891, Beil. Nr. 239, S. 1 [3]. – Dtsch. Rdsch. 69 (1891) 250–256 [3]. – Vom Fels zum Meer (Der Sammler) 11, 1 (1891/92) 17 m. Bildn. [3]. – Virchows Jubiläumsfeier: Über Land u. Meer 67 (1892) 144 m. Abb. der goldenen Ehrenmedaille zum 70. Geburtstag [14].

Zum 71. Geburtstag Festschr. R. V. zu seinem 71. Geburtstage gewidmet von den früheren u. jetzigen Assistenten des Berliner Pathol. Inst. (Berlin 1891) VII, 16 S., 89 S., 44 S., 26 S., 28 S., 7 S., 23 S., 24 S., 15 S., 69 S., 25 S., 12 S. u. 12 S. m. 21 Taf. [15].

Zum 50. Dr.-Jubiläum R. V. Sein Wirken für Medizin, Hygiene u. Anthropol. Zu seinem 50jähr. Doktorjubiläum am 21. Okt. 1893: Berliner klin. Wschr. 30 (1893) 1033–1056 [15]. – Wilh. von Waldeyer: Verh. Berliner Ges. Anthropol., Ethnol., Urgesch. 1893, S. (359)–(360) [Ha 2]. – Adresse . . . zum 21. Okt. 1893: S.-Ber. Akad. Wiss. Berlin 1893, 827–830 [Ha 2].

Zum 80. Geburtstag Guido Bacelli: Berliner klin. Wschr. 38 (1901) 1033–1034 [3]. – Ernst von Bergmann: Woche 3 (1901) 1765–1768 [14]. – A. Gottstein: Nation 19 (1901/02) 21–24 [3]. – Magnus Hirschfeld: Mag. Litt. (Berlin) 70 (1901) Sp. 967–971 [11]. – von Kahlden: Zbl. allg. Pathol., pathol. Anat. 12 (1901) 817–818 [15]. – Georg Karamitzas: Berliner klin. Wschr. 38 (1901) 1046

[3]. – Klemperer: Therapie der Gegenwart N.F. 3 (1901) 433 [3]. – R. Kretz: Wiener klin. Rdsch. 15 (1901) 705–706 [Bibl. Ges. Ärzte Wien]. – R. Lenhoff: Med. Reform (Berlin) 9 (1901) 330–332 m. Bildn. [1a]. – A. Lissauer: Dtsch. med. Wschr. 27 (1901) 709–711 [3]. – E. Maragliano: Gazzetta degli ospedali e delle cliniche (Milano) 22 (1901) Nr. 81, S. 833–835 [Bibl. Ärzte Ver. München]. – Johannes Müller: Westermanns Mh. 91 (1902) 252–261 m. Bildn. [14]. – Max Neuburger: Med.-chir. Zbl. 36 (1901) 549–550 [Bibl. Ges. Ärzte Wien]. – Julius Pagel: Dtsch. med. Presse 5 (1901) 152–157 m. 4 Bildn., 2 Abb. [3]; Med. Woche 1901, 433–435 m. Bildn. [3]. – Ponfick: Umschau 5 (1901) 821–825 m. 3 Bildn. [14]. – P. H. Pye-Smith: Berliner klin. Wschr. 38 (1901) 1036–1038 [3]. – Hugo Ribbert: Dtsch. med. Wschr. 27 (1901) 702–704 [3]. – B. J. Stokvis: Berliner klin. Wschr. 38 (1901) 1038–1042 [3]. – Wilh. Waldeyer: Prager med. Wschr. 26 (1901) 506–507 [3]. – A. Weichselbaum: Wiener klin. Wschr. 14 (1901) 947–949 m. Bildn. [3]. – Z. Veterinärkde 13 (1901) 510–513 [3]. – Festnummern: Dtsch. med. Wschr. 27 (1901) 701–724 [3]; Berliner klin. Wschr. 38 (1901) 1033–1056 [3]. – Der kleine Virchow. [Festschr. Preuß. Kultusministerium] (Berlin 1901) 10 S. [1]. – Dtsch. tierärztl. Wschr. 1901, 441–442 [11]. – Rote Kreuz 19 (1901) 397 m. Bildn. [11]. – Wiener med. Presse 42 (1901) Sp. 1865–1868 [3]. – Phoenix (Wien) 1901, 353–360 [UB Wien]. – Illustr. Ztg., Leipzig 117 (1901) 521–522 m. Abb. der Büste von R. V., 558–559 m. 2 Abb. [3]. – Dtsch. Praxis, Z. prakt. Ärzte (München) 1901, 677–681 [12]. – Amer. Monthly rev. 24 (1901) 675–677 [1]. – Berliner Ärzte-Correspondenz 6 (1901) 165 [1]. – Bericht über die Feier von R. Virchows 80. Geburtstag am 13. Okt. 1901 (Berlin 1901) 40 S. [14]. – Weitere Ber. über Virchow-Feiern: Berliner klin. Wschr. 38 (1901) 1073–1076, 1165–1166 [3]; Med. Reform 9 (1901) 363 [1]; Allg. med. Central-Ztg. 70 (1901) 988–991 [3]; Med. Woche 1901, 446 [3]; Wiener med. Wschr. 51 (1901) Sp. 1977–1980 [3]. – Die Rudolf-Virchow-Stiftung: Berliner klin. Wschr. 38 (1901) 659–660 [3].

Nekr. A. Baginsky: Arch. Kinderheilkunde 35 (1903) 1–2 [15]. – Max Bartels: Mitt. Museum Dtsch. Volkstrachten u. Erzeugn. des Hausgewerbes Berlin 2 (1903) 3–5 [1a]. – Rudolf Beneke: Naturwiss. Rdsch. 18 (1903) 25–27, 35–39, 49–50 [Ha 2]. – Karl Blind: Dtsch. Rev. 27 (1902) 304–309 [3]. – O. Bollinger: Münchener med. Wschr. 49 (1902) 1621–1624 [3]. – H. Chiari: Prager med. Wschr. 27 (1902) 537–539 [3]. – Emanuel Cohn: Dtsch. Kolonialztg. 19 (1902) 363 [15]. – Hermann Cohn: Z. Schulgesundheitspflege 15 (1902) 665–679 [15]. – Fr. Colberg: Über Land u. Meer 87 (1902) 40 m. Bildn. [14]. – Richard Eickhoff: Dtsch. Rev. 47 (1922) 274–279 [3]. – H. Eppinger: Mitt. Verein Ärzte Steiermark 39 (1902) 365–372 [Ha 2]. – A[lexander] F[raenkel]: Wiener klin. Wschr. 15 (1902) 931 [3]. – W. T. Gairdner: Brit. med. J. 1902, 916 [3]. – Anatol Genersich: Orvosi Hetilap (Budapest) 1902, Nr. 37, S. 601 [Bibl. Ges. Ärzte Wien]. – Walter de Gruyter: Virchows Arch. pathol. Anat., Physiol. u. klin. Med. 170 (1902) 1 m. Bildn. [3]. – Hansemann: Biogr. Jahrb. u. Dtsch. Nekrolog 7 (1905) 352–361 m. Titelbildn. u. Faks. [14]. – Francis Harbitz: Norsk Mag. Lägevidenskab. (4) 17 (1902) 1136–1151 [7]. – Rich. Hausmann: S.-Ber. gel. estn. Ges. (Dorpat) 1902, 1903 S. 104–105 [3]. – Oscar Israel: Dtsch. Rdsch. 113 (1902) 361–379 [3]. – A. von Jaksch: Carinthia I 92 (1902) 196 [14]. – von Kahlden: Zbl. allg. Pathol., pathol. Anat. 13 (1902) 625–626 [Ha 28]. – Rudolf Koch: Z. Krankenpflege 24 (1902) 296–298 [11]. – A. Koelliker: Anat. Anz. 22 (1903) 59–62 [3]; Allg. Ztg., Beil. 1902, 3. Quartal, S. 505–506 [3]. – W. Köck: Berliner klin. Wschr. 39 (1902) 1010–1012 m. Abb. [3]. – A. Kronfeld: Wissen für Alle (Wien) 1902, 605–607 [300]. – H. Lemcke: Mbl. Ges. Pommersche Gesch. 16 (1902) 145–147 [3]. – R. Lennhoff: Bl. Volksgesundheitspfl. 2 (1902) 273–274 [15]. – Ernst von Leyden: Gedächtnisrede auf R. V. (Berlin 1903) 23 S. [Brit. Mus.]. – Lissauer: Verh. Berliner Ges. Anthropol. 1902, (318)-(327) [Ha 2]. – M. Löwit: Prager med. Wschr. 27 (1902) 633–635, 647–651 [3]. – Felix Marchand: R. V. als Pathologe (München 1902) 35 S. [Ha 2]. – Kurt Mendel: Virchows Bedeutung für die Neurol. u. Psychiatr.: Berliner klin. Wschr. 39 (1902) 1181–1184 [3]. – J. Orth: Berliner klin. Wschr. 39 (1902) 1021–27; 40 (1903) 132–134 [3]. – Ostertag: Z. Fleisch- u. Milchhygiene 13 (1902) 28–29 [89]. – Pagel: Janus 7 (1902) 502–504 m. Teil-Schr.Verz. [15]. – C. A. Pekelharing: Nederlandsch Tijdschr. Geneeskde 30, 2 (1902) 525–528 [UB Leiden]. – Ottó Pertik: Orvosi hetilap 46 (1902) 616–619 [UB Budapest]. – Ludwig Pincus: Schr. naturforsch. Ges. Danzig N.F. 11 (1904) 1–18 [Ha 2]. – G. Pommer: Wiener klin. Wschr. 15 (1902) 1401 [3]. – E. Ponfick: Jber. Schles. Ges. vaterländ. Cultur 80, 1902 (1903) 21–26 [Ha 2]. – Carl Posner: Gartenlaube 1902, 671–675 [3]. – F. von Recklinghausen: Virchows Arch. pathol. Anat. Physiol. 171 (1903) 2–7 [3]. – (A.) Riche: Revue scientifique (4) 18 (1902) 594–596 [12]. – Heinr. Rickert: Nation 19 (1902) 788–789 [3]. – Schaper: Berliner klin. Wschr. 40 (1903) 131–132 [3]; Hyg. Rdsch. 13 (1903) 91–93 [15]. – Julius Schiff: Bildungsver. 1903, 27–29 [1]. – M. B. Schmidt: Arch. öffentl. Gesundheitspfl. Elsaß-Lothringen 22 (1903) 249–256 [1]. – Ferd. Schubiger-Hartmann: Schweizer Rdsch. 3 (1902)

61–64 [ZB Zürich]. — J. S[chwalbe]: Dtsch. med. Wschr. **28** (1902) 657 m. Bildn., Faks. [3]. — Emil Schwarz: Wiener klin. Rdsch. **16** (1902) 733–734 [UB Wien]. — Carl Sternberg: Wiener med. Presse **43** (1902) Sp. 1641–1650 m. Bildn. [3]. — K. Márton Sugár: Orvosok Lapja (Budapest) **13** (1902) 611–613 [UB Budapest]. — Carl Sundberg: Hygiea (Nordisk Medicin) (2) **2** (1902) 323–334 [UB II Kopenhagen]. — Max Verworn: Z. allg. Physiol. **2** (1903) I–VIII [3]. — C. Voit: S.-Ber. Bayer. Akad. Wiss., math.-phys. Kl. **33**, 1903 (1904) 515–535 [Ha 2]. — A. Voss: Nachr. über Dtsch. Alterthumsfunde **13** (1902) 65–67 [3]. — Wilhelm Waldeyer: Dtsch. med. Wschr. **28** (1902) 673–674 [3]; Berliner klin. Wschr. **39** (1902) 861–864 [3]; Gedächtnisrede: Abh. Preuß. Akad. Wiss. **1903**, 1–52 [Ha 2]. — A. Weichselbaum: Wiener klin. Wschr. **15** (1902) 1168–1171 [3]; Alm. Akad. Wiss. Wien **1903**, 266–277 [3]. — A. Wolff: Klin.-therap. Wschr. [Wien] **9** (1902) Sp. 1209–1214, 1253–1257 [3]. — G. S. W[oodhead]: J. Pathol. Bacteriol. 8 (1903) 374–378 [15]. — E. Ziegler: Beitr. pathol. Anat. u. allg. Pathol **32** (1902) V [3]. — Rudolf Virchow: Zur Erinnerung. Blätter des Dankes für meine Freunde: Arch. pathol. Anat. Physiol. u. klin. Med. **167** (1902) 1–15 [3]. — Arch. physik.-diätet. Therapie **4** (1902) 241–242 m. Bildn. [15]. — Allg. Ztg., Beil. **1902**, 3. Quartal, 463–464 [3]. — Brit. med. J. **1902**, 795–800, 803 (m. Bildn.), 807, 1725, **1741**, 1862 [15]. — Charité-Ann. **27** (1903) 3–7 m. Bildn. [14]. — Dtsch. med. Presse **6** (1902) 143 [3]. — Gaea **38** (1902) 690–692 m. Bildn. [Ha 2]. — Gesundheits-Ingenieur **25** (1902) 293 [9]. — Glasgow med. J. **58** (1902) 266–272 [7]. — Globus **82** (1902) 165–168 m. 2 Abb. [3]. — Gyógyászat **1902**, Nr. 37, S. 587–588 [UB Budapest]. — Illustr. Ztg., Leipzig **119** (1902) 385, 387 [3]. — Irrenpflege **6** (1902/03) 146–148 [3]. — Janus **7** (1902) 501–504 m. Teil-Schr. Verz. u. Brief von V. an den Janus (25. Nov. 1895). — J. Amer. med. Assoc. **39** (1902) 635, 641–643 m. Bildn. [15]. — Leipziger Ztg., Wiss. Beil. **1902**, Nr. 108 vom 9. Sept. S. 429–430 [3]. — Leopoldina **38** (1902) 109–110 [Ha 2]. — Medic. Reform **10** (1902) 345–346 [1]. — Med. Woche **1902**, 381–382 m. Bildn. [3]. — Das Rote Kreuz **20** (1902) 315 [1]. — Wiener med. Presse **43** (1902) Sp. 1601–1602 [3]. — Wiener med. Wschr. **52** (1902) Sp. 1729–1734 [3]. — Woche **4** (1902) Nr. 37, S. 1707–1710 [14]. — Gedächtnisfeier für Carl Gerhardt u. Rudolf Virchow im Verein für innere Med. zu Berlin am 27. Okt. 1902 (Leipzig 1903) 22 S. m. Bildn. — Die Beerdigung Virchows: Dtsch. med. Wschr. **28** (1902) 692 [3].

Zum 100. Geburtstag Festband: Virchows Arch. pathol. Anat., Physiol. u. klin. Med. **235** (1921) 1–452 [3]; darin: O. Lubarsch: Biogr. Einl. 1–30 m. Titelbildn., 2 Bildn., 7 Abb.; J. Orth: Persönl. Erinnerungen 31–44; Paul Ernst: Virchows Cellularpathol. einst u. jetzt 52–151; L. Aschoff: Virchows Lehre von den Degenerationen 152–185; O. Lubarsch: Virchows Entzündungslehre u. ihre Weiterentwicklung bis zur Gegenwart 186–211; A. Dietrich: Die Entwicklung der Lehre von der Thrombose u. Embolie seit Virchow 212–224; M. Löhlein: R. V. u. die Entwicklung der ätiol. Forschung 225–234; O. Lubarsch: Die Virchowsche Geschwulstlehre u. ihre Weiterentwicklung 235–261; L. Jores: Die Entwicklung der Lehre von der Arteriosklerose seit Virchow 264–272; M. B. Schmidt: Virchows pathol.-anatom. Forschungen über die Erkrankung des Knochensyst. 273–297; Fr. Kraus: R. V. u. die heutige Klinik 298–328; G. P. Sacharoff: R. V. u. die russ. Med. 329–378; Pio Foa: Virchow in Italien: 379–384; Katsusaburò Yamagiwa: Virchows Einfluß auf die japan. Med. 385–398; Erich Hesse: R. V. u. die öffentl. Gesundheitspflege: 399–417; von Luschau: R. V. als Anthropologe 418–443; James Ewing: Der Einfluß Virchows auf die med. Wiss. in Amerika 444–452. — Berliner Gesellsch. für Anthropol., Ethnol. u. Urgeschichte. Festsitzung . . . am 15. Okt. 1921 (Berlin 1921) 27 S. [14]. — Dtsch. med. Wschr. **47** (1921) [3]; darin: L. Aschoff: Ein Rückblick: 1185–1188 m. Bildn.; J. Orth: Die Verdienste R. Vs. um die Lehre von der Tuberkulose 1188–1191; Carl Kaiserling: Virchows Bedeutung für die Lehre von den Geschwülsten 1191–1192; R. Beneke: Virchows Bedeutung für die öffentl. Gesundheitspflege u. Volkswohlfahrt 1192–1195; G. Mamlock: Virchow im Lichte der Zeitgenossen: 1195. — Med. Klinik **17** (1921) [3]; darin: O. Lubarsch: 1253–1254 m. Bildn.; H. Quincke: R. Vs. Einfluß auf die prakt. Med. 1254–1256; Erich Ebstein: R. Vs. histor. Sinn 1281–1282. — Münchener med. Wschr. **68** (1921) [3]; darin: Felix Marchand: 1271–1274; R. Rössle: R. V. u. die Konstitutionspathol. 1274–1277; Herm. Schröder: 1277–1278; August Bier: Reiz u. Reizbarkeit: 1473–1476, 1521–1524; E. Koenig: Bericht über die Festsitzung der med. Ges. St. Petersburgs u. der Moskauer pathol. Ges. 1504, 1537–1539. — S. Baer: V. u. die Berliner Abwässerbeseitigung: Z. VDI **65** (1921) 1197 [3]. — Rudolf Beneke: Rudolf Virchow (Jena 1921) 55 S. [3]. — Georg Buschan: Unser Pommerland **7** (1922) 9–12 m. Bildn. [101]; Virchow-Anekdoten: ebda 12–14. — Erich Ebstein: R. V. u. Theodor Bilharz: Fortschr. Med. **39** (1921) Nr. 31, XIII–XV [3]. — Bernh. Fischer: Das Bleibende von Rudolf Virchows Lebenswerk: Frankf. Z. Pathol. **27** (1922) 1–20 [Ha 28]. — Hans Henning: Umschau **25** (1921) 597–603 m. 10 Abb. [3]. — F. Marchand: Verh. med. Ges. Leipzig **1921** (1922) 58–59 [15]. — Heinr.

Meisner: R. Virchows Nachlaß im Literaturarchiv: Preuß. Jahrb. **186** (1921) 119–122 [3]. – Carl Posner: Rudolf Virchow. Mit Titelbildn., Faks. 2. Aufl. (Wien, Berlin, Leipzig, München 1921) 91 S. (Meister der Heilkunde, 1) [14]; Berliner klin. Wschr. **58** (1921) 1205 [3]. – Martin Benno Schmidt: R. V. in Würzburg. Vortrag ... am 16. Sept. 1921: Verh. Physikal.-Med. Ges. Würzburg N. F. **46** (1921) Nr. 6, 91–101 [101]; Janus **26** (1922) 97–98 [15]. – Schrader: Korresp.-Bl. allg. ärztl. Ver. Thüringen **51** (1922) 1–20 [3]. – Karl Sudhoff: Mitt. Gesch. Med. u. Naturwiss. **21** (1921) 54 [3]. – Vollmann: Ärztl. Vereinsbl. **50** (1921) Sp. 277–280 [101]. – Zur Erinnerung an Helmholtz u. Virchow: Allg. med. Central-Ztg. **90** (1921) 251–252 [3]. – Z. Ethnol. 52, **53** (1920/21) 533 [3].

Zum 30. Todestag Wolfg. Pinoff: Hygiene-Korresp. **9** (1932) 2. Sept. S. 8 [101]. – Walter Stölting: Lesestunde **9** (1932) 287–289 m. Bildn., 3 Abb. [101].

Zum 120. Geburtstag Karl Sasse: Köln. Ztg. **1941**, 13. Okt. Morgenbl. Nr. 251 [38].

Zum 125. Geburtstag Paul Diepgen: R. V., Persönlichk. u. Werk: Dtsch. Gesundheitswesen **1** (1946) 800–809 m. 2 Bildn. [3]; R. von Radetzky: Virchow u. die Gesundheitspolitik: 190–192 m. 1 Abb.; Robert Rößle: R. V. als Mensch u. Forscher: 788–796; Virchow-Feierstunde in Berlin: 786. – Karl Franz Hoffmann: Med. Mschr. **1** (1947) 35–36 [3].

100 Jahre Virchows Archiv Paul Diepgen: Virchows Arch. pathol. Anat., Physiol., klin. Med. **315** (1948) 4–31 [3]. – Edith Heischkel: Med. Rdsch. **1** (1947) 230–233 [3].

Zum 50. Todestag Richard Bochalli: Naturwiss. Rdsch. **5** (1952) 352–354 m. Bildn. [3]; Hippokrates **23** (1952) 647–649 m. Bildn. [3]. – Paul Diepgen: Kernsprüche von R. V.: Dtsch. med. J. **3** (1952) 369–373 [Le 1]. – Gertrud Dorka: Berliner Bl. Vor- u. Frühgesch. **1** (1952) 59–64 m. 3 Abb. [101]. – Walter K. Frankel: Münchener med. Wschr. **95** (1953) 126 [3]. – Curt Froboese: Rudolf Virchow. Ein Gedenk- u. Mahnwort ... (Stuttgart 1953) 62 S. [3]. – Georg B. Gruber: Münchener med. Wschr. **95** (1953) 460–462, 492–493, 513–515 [3]. – Bruno Harms: R. V. als Kommunalhygieniker: Berliner Gesundheitsbl. **3** (1952) 356–359 [101]. – Irmingard Hasche-Klünder: Centaurus **2** (1952) 205–250 m. Schr.verz. [UB Basel]. – Wilh. Heim: „Leben heißt Arbeiten": Berliner Ärztebl. **65** (1952) 326–327 m. Bildn. [101]. – J. Hett: Kosmos **48** (1952) 385–387 m. Bildn., Faks. [3]; Med. Mschr. **6** (1952) 798–800 [15]. – Kettler: Dtsch. Gesundheitswesen **7** (1952) 1121–1122 [3]. – Robert Rößle: Rud. Virchows Vorles. über Allgem. Pathol. Anatomie u. Allgem. Pathol. im Jahre 1852: Virchows Arch. pathol. Anat. Physiol. klin. Med. **322** (1952) 233–239 [3]. – Hermann Ulbrich-Hannibal: Ein Leben voll Mühe ist eine Wohltat: Dtsch. Arzt **2** (1952) 277–279 m. Bildn. [101]. – Kurt Winter: Die Bedeutung des jungen Rudolf Virchow für die heutige Zeit: Z. ärztl. Fortbildung **46** (1952) 522–530 m. Bildn. [14]. – Ärztl. Praxis **4** (1952) Nr. 38, S. 14 [101].

Zum 60. Todestag Karl Koenig: Die Drei **32** (1962) 379–388 [24].

Rudolf Virchow u. die Zellularpathologie Werner Hueck: Rudolf Virchow, Felix Marchand u. die Zellularpathol.: Münchener med. Wschr. **69** (1922) 1325–1330 [3]. – Gotthold Herxheimer: Die Pathol. von heute u. ihr Verhältn. zu Virchows Cellularpathol.: Klin. Wschr. **6** (1927) 1737–1742 [3]. – Ludwig Aschoff: Virchows Cellularpathol. In: 100 Jahre Zellforschung (Berlin **1938**) 169–269 (Protoplasma-Monogr. 17) [1]. – Edward B. Krumbhaar: R. V. and cellular pathology: Transact. College Physicians Philadelphia (4) **7** (1939) 58–59 [BPU Genf]. – Richard Bochalli: Rudolf Virchows Zellularpathol. u. seine Stellung zur Tuberkulose: Naturwiss. Rdsch. **3** (1950) 315–318 [3]. – *Zum* 100. *Gedenktag von Virchows Cellularpathologie erschienen folgende Arbeiten*: Erwin H. Ackerknecht: Virchows Arch. pathol. Anat., Physiol. klin. Med. **332** (1959) 1–5 [3]. – Clemens E. Benda: In: Rudolf Virchow Medical Society in the city of New York. N. Y. Jubilee-Vol. 100th anniversary 1860–1960 (Basel, New York 1960) 49–73 [UB Basel]. – Walter Büngeler: Die Entwicklung von der Virchowschen Zellularpathol. zur Relationspathol.: ebda 144–155 [UB Basel]. – Karl F. Hoffmann: The history of the Rudolf Virchow-Medical Soc. in the city of New York 1860 to 1960: ebda 12–48 [UB Basel]. – Sir Roy Cameron: J. clinical Pathol. (London) **11** (1958) 463–472 [1]. – V. Cappelletti: Atti Accad. Stor. Arte sanit. (II) **31** (1965) 5–7 [Ha 2]. – I. V. Davydovskij: Arch. patol. **18** (1960) 3–49 [3]. – Wilh. Doerr: Die Pathol. Rudolf Virchows u. die Med. unserer Zeit: Dtsch. med. Wschr. **83** (1958) 370–377 [3]. – F. Fernandez de Castillos Médico (Mexico) **12** (1962/63) H. 9, 49–52, H. 10, 59–64 [204]. – Richard H. Follis: Bull. Hist. Med. **34** (1960) 291–317 [1]. – B. J. Gottlieb: Ann. Univ. Saraviensis Med. **6** (1958) 101–118 [Ha 2]. – M. D. Grmek: Castalia **21** (1965) 20–28 [12]. – W. M. Gunning, van Trigt: Scientiarum Historia (Antwerpen) **5** (1963) 62–67 [UB Louvain]. – J. Hett: Mikrokosmos **47** (1958) 279–282 m. Bildn. [101]. Paul Klemperer: Bull. Hist. Med. **32** (1958) 24–38 [1]. – L. H. Kettler: Z. ärztl. Fortbildg. **53** (1959) 39–47 [3]. – M. H. Koelbing: Verh. Schweiz. naturforsch. Ges. **138** (1958) 164–165 [Ha 2]; Gesnerus **16** (1959)

124–138 [Ha 2]. – J. B. Lastres: Anales Fac. Med. (Lima) **41** (1958) 710–729 m. Bildn. [204]. – E. Letterer: Hippokrates **29** (1958) 505–511 [3]. – J. F. A. Mc Manus: Laboratory investigation (Philadelphia) **7** (1958) 549–553 m. Bildn. [1]. – Hans Netter: Dtsch. med. Wschr. **83** (1958) 364–370 m. 6 Abb. [3]. – Ch. Oberling: Virchows Arch. pathol. Anat., Physiol. klin. Med. **332** (1959) 6–16 [3]. – R. Rabl: Beitr. pathol. Anat. **119** (1958) 1–12 m. Jugendbildn., Faks. [3]. – Gernot Rath: Neue Z. ärztl. Fortbildung **1** (47) (1958) 500–501 [101]. – Fred B. Rogers: Amer.-German Rev. **25** (1958) Nr. 4, S. 15–17 m. Bildn., Abb., Lit.Verz. [3]; Philadelphia Med. **54** (1958) 1435–1439 [Welcome hist. med. Libr. London]. – N. S. Sysak: Klin. med. (Moskau) **36,** 1 (1958) H. 4, 139–143 [3]. – Torgersen: Tidsskr. Norske Laegeforening **80** (1960) 61–67 m. 2 Bildn. [UB Oslo]. – J. G. Urazov: Vestnik Leningradskogo Univ. **1959,** Nr. 21, Ser. biol. 4, S. 106–115 [3]. – R. Williamson: Cambridge Univ. med. Soc. Mag. **36** (1958) H. 1, S. 20–22 [Welcome Hist. med. library]. – K. Winter: Z. ärztl. Fortbildg. **53** (1959) 37–39 [3].

Virchow u. die Altertumsforschung C. Fligier: Die von Virchow gemessenen trojan. Schädel u. die Frage nach der Nationalität der Trojaner: Dtsch. Rev. 8 (1883) 406–410 [3]. – Ernst Meyer: Virchows Anteil an Schliemanns Werk: Gießener Hochschulges. **24** (1955) 150–164 m. Lit. Verz.[3]; Schliemann u. Virchow: Gymnasium **62** (1955) 435–454 m. 1 Abb., 1 Karte, 4 Taf., 1 Faks. [3]. – Joseph Wiesner: R.V. als Altertumsforscher: Dtsch. med. J. **6** (1955) 333–335 [1]. – Conrad Vollmer: Funde, Forscher u. Frühmenschen (Leipzig 1958) 56–63 m. Bildn. [3]. – Wie ich Sprachen lernte: Prof. Dr. V. schreibt an Schliemann: Erziehungskunst (Stuttgart) **22** (1958) H. 7, S. 215–216 [21].

Virchow als Biologe Eduard Sokal: R. V. über die neueren Fortschritte der med. Biol.: Nation **16** (1898) 69–71 [3]. – Walther May: Große Biologen (Leipzig, Berlin 1914) 111 m. Bildn. [14]. – Ernst Almquist: Große Biologen (München 1931) 46–48 m. Bildn. [14]. – Hermann Schlüter: Virchow als Biologe. Eine Zusammenstellung (Stuttgart 1938) 77 S. [3]. – Ludwig Aschoff: Festvortrag ...: Mitt. Gesch. Naturwiss., Med. u. Technik **39** (1940) 353 [3]. – Michael Nowikoff: Grundzüge der Geschichte der biol. Theorien (München 1949) 115–116 m. Bildn. [14]. – W. Bargmann: Rudolf Virchows „Biol. Doctrin" u. die moderne Zellenlehre: Dtsch. med. Wschr. **83** (1958) 361–364 m. 2 Bildn. [3].

Virchow als Hygieniker Erismann: V. als Hygieniker: Dtsch. med. Wschr. **27** (1901) 704–708 [3]. – Rudolf Blasius: R. V. als Hygieniker: Mbl. öffentl. Gesundheitspflege **25** (1902) 169–173 [Ha 2]. – Rosenthal: V. als Hygieniker: Verh. Mitt. Ver. öffentl. Gesundheitspflege Magdeburg **28/29** (1902) 108–112 m. Bildn. [3]. – Julius Pagel: Zur Gesch. der soz. Med., besonders in Deutschland: Mschr. soz. Med. (Jena) **1** (1903) 9–13, 72–78, 118–121 [1]. – Adolf Gottstein: Die Entwickl. der Hygiene im letzten Vierteljahrhundert: Z. Socialwiss. **12** (1909) 65–82 [3]. – R. Vs Bedeutung für soziale Hygiene: Sozialhygien. Mitt. (Karlsruhe) **5** (1921) 127–129 m. Bildn. [25]. – Curt Wachtel: R. V. als Sozialhygieniker: Bl. Volksgesundheitspflege **26** (1926) 53–54 m. Bildn. [Ha 2]. – P. Konitzer: R.V. als Gesundheitspolitiker: Dtsch. Gesundheitswesen **1** (1946) 796–799 [3]. – Erich Hoffmann: R. V. als Begründer der sozialen Heilkunde: Med. Mschr. **3** (1949) 703–705 [3]. – Richard Bieling: Der Hygieniker Virchow: In: Rudolf Virchow Medical Society in the City of New York, N.Y. Jubilee-Vol. 100th anniversary 1860–1960 (Basel, New York 1960) 74–98 [UB Basel]. – Daniel Pridan: R. V. and social medicine in historical perspective: Med. Hist. 8 (1964) 274–278 [B 4]. – W. Jacob: Aus dem sozial-medizin. Erbe R. Vs. Med. als Wiss. vom Menschen: Janus **52** (1965) 218–240 [25]; Die gegenwärtige Bedeutung der Sozialmedizin R. Vs: Dtsch. med. Wschr. **90** (1965) 2113–2116 m. Lit.Verz. [101].

Virchow u. die Politik Schmidt-Weissenfels: Ein preuß. Volksvertreter: Gartenlaube **1862,** 747–750 m. Bildn. [14]. – P. Peregrinus: Portraits aus dem dtsch. Reichstag, 12: Illustr. Ztg., Leipzig **78** (1882) 149–150 m. Bildn. [14]. – Julius Braats: Der deutsche Reichstag (Berlin 1892) 39 m. Bildn. [14]. – Robert Drill: V. als Reaktionär: Das Freie Wort **2** (1902) 402–406 [15]. – A. Kohut: Ärzte als Staatsmänner, Diplomaten u. Politiker (Berlin 1907) 120 S. [1]. – Hermann Oncken: Rudolf von Bennigsen: Ein deutscher liberaler Politiker **1** (Stuttgart, Leipzig 1910) 460, 482, 524–525, 554, 692; **2** (1910) 10, 23, 109, 430, 442–443, 478, 589–590 [3]. – Paul Boerner: Erinnerungen eines Revolutionärs. Skizzen aus dem Jahre 1848 (Leipzig 1920) 63, 117 [3]. – Philipp Losch: Geschichte des Kurfürstentums Hessen 1803 bis 1806 (Marburg 1922) 421 [3]. – Williams F. Petersen: Political activity of Virchow: Transact. Chicago pathol. Soc. **12** (1925) Nr. 3, S. 111–121 [1a]. – Richard Eickhoff: Politische Profile. Erinnerungen aus 4 Jahrzehnten an ... u. Virchow ... u. a. (Dresden 1927) 223 S. [101]. – Alfred Beyer: R. V., ein kämpferischer Demokrat: Dtsch. Gesundheitswesen **1** (1946) 93–96 [3]. – Arzt u. Politiker: Schulfunk (Frankfurt/M.) **1949,** 176–180 [292]. – Kurt Winter: R. V. u. die Revolution von 1848: Z. Geschichtwiss. **2**

(1954) 844–865 [3]. – M. Stürzbecher: V. u. die preuß. Bürokratie: Berliner Med. **9** (1958) 82–83 [101].

Weitere Lit. Zu einem Vortrag des Prof. V. auf der Rostocker Versammlung deutscher Naturforscher: Neue evangel. Kirchenztg. **1871**, Sp. 741–744 [15]. – Bem. zu Prof. Vs. Rede über die Naturwiss. in ihrer Bedeutung für die sittl. Erziehung der Menschheit: Ausland **46** (1873) 834–837 [3]. – Virchows Hoverbeekrede (im Berliner Rathaus am 13. Nov.): Die Wage **3** (1875) 762–768, 774–780 [1]. – Georg Friedr. Louis Stromeyer: Erinnerungen eines deutschen Arztes **2** (Hannover 1875) 89, 90, 196, 399, 478 [3]. – V. contra Häckel: Neue evang. Kirchenztg. **19** (1877) Sp. 659–662; Häckel u. V.: Sp. 711–712 [15]. – Otto Caspari: V. u. Haeckel vor dem Forum der methodol. Forschung (Augsburg 1878) 32 S. [14]. – Ein Stündchen bei den Schädelmessern: Daheim **15** (1878/79) Beil. zu Nr. 29 vom 19. 4. 1879 [3]. – Rudolf Virchow: Über die Erziehung des Arztes: Allg. med. Wiener Ztg. **1879**, Nr. 38, S. 409–410 [UB Wien]. – Prof. V. über Troja ebda S. 410 [UB Wien]. – H. de Grousilliers: Gegen V. u. Genossen oder Offenbarung u. Wissen (Berlin 1880) 38 S. [14]. – R. V. über Alexander von Humboldt: Ausland **56** (1883) 494–495 [Ha 2]. – H. C. Bluntschli: Denkwürdiges aus meinem Leben **3** (Nördlingen 1884) 204, 205 [3]. – W. Fricke: V. u. die Schulorthographie: Arch. Studium neuere Sprachen u. Litt. **72** (1884) 474–476 [3]. – Friedr. Löffler: Vorlesungen über die geschichtl. Entwicklung der Lehre von den Bacterien **1** (Leipzig 1887) 54, 93, 105, 150, 151, 152, 181 [15]. – J. Pohle: V. u. der Darwinismus: Der Katholik N.F. **59** (1888) 432–440 [3]. – V. über den Darwinismus: Philos. Jahrb. Görres-Ges. **2** (1889) 371–372 [3]. – V. u. Idealismus: Akad. Bl. **6** (1891) 191–192 [15]. – Georg Buss: Der Ehrenbürgerbrief der Stadt Berlin für R. V.: Kunstgewerbebl. N.F. **3** (1892) 37–39 m. 1 Abb. [3]. – V. in England: Berliner klin. Wschr. **30** (1893) 414–415 [15]. – Max Ring: Erinnerungen **1** (Berlin 1893) 191 [3]. – Ludwig Büchner: V. u. der Darwinismus: Gegenwart **47** (1895) 70–72 [3]. – Egbert Braatz: R. V. u. die Bakteriol.: Cbl. Bakteriol. (1) **17** (1895) 16–32 [27]. – Otto Schickert: Die militärärztl. Bildungsanstalten von ihrer Gründung bis zur Gegenwart (Berlin 1895) 199, 268 [1]. – V. als Anwalt der kathol. Theol.: Histor.-polit. Bl. kathol. Deutschland **117** (1896) 750–765 [3]. – Rudolf Virchow: Unser Jubelband. Arch. pathol. Anat. Physiol. u. Med. **150** (1897) 1–4 m. Bildn. u. Faks. [3]. – Adolf Kußmaul: Jugenderinnerungen eines alten Arztes 3. Aufl. (Stuttgart 1899) 394, 490, 491 [3]. – V. als Verteidiger der Experimente am Menschen: Ärzte Centralztg. (Wien) **12** (1900) Nr. 11, S. 128–131 [UB Wien]. – Carl Sundberg: R. V. u. die schwedische Pathol.: Berliner klin. Wschr. **38** (1901) 1044– 1045 [3]. – Władysław Biegański: Virchows Stellung in der Gesch. der Med. (poln.): Nowiny Lekarskie **13** (1901) Nr. 12, S. 716–718 [Warszawa, Biblioteka Narodowa]. – Carl Gumpertz: V. u. der Geist der Offenbarung: Dtsch. med. Presse **5** (1901) 162–164 [3]. – O. Israel: Das Pathol. Museum der Friedrich Wilhelms-Univ. Berlin: Berliner klin. Wschr. **38** (1901) 1047–1052 m. 4 Abb. [3]. – A. Jacoby: R. V. u. die amerikan. Med.: ebda 1046–1047 [3]. – Carl Jul. Salomonsen: R. V. u. die dän. Med.: ebda 1045–1046 [3]. – W. Schervinsky: R. V. u. die russ. Med.: ebda 1042–1044 [3]. – Otto Kraus: Akadem. Erinnerungen eines alten Arztes an Berlins klin. Größen (Leipzig 1901) 35–36, 91–95, 172–176 u. öfter [15]. – Franz Boas: R. Vs anthropological work: Science N. S. **16** (1902) 441–445 [15]. – Oscar Israel: R. V. u. sein Archiv: Arch. pathol. Anat. Physiol. klin. Med. **170** (1902) 2–8 m. Bildn. [3]. – A. Dukat: R. V. u. die russ. Ärzte: Russ. med. Rdsch. **1** (1902/03) 90–92 m. Titelbildn. [15]. – Carl Gerhardt: Erinnerungsblätter für die Seinen (Berlin 1903) 14, 16–17 u. öfter [3]. – Oscar Schwartz: Virchows Stellung zum engl. Impfgesetz u. zur deutschen reichsgesetzl. Freigabe der Heilkunde: Dtsch. med. Wschr. **29** (1903) 125–126 [3]. – Hugo Jentsch: R. V. u. die Niederlausitz: Niederlaus. Mitt. **9** (1906) 416–422 [Ha 2]. – Rudolf Virchow: Über das Bedürfnis u. die Richtigk. einer Medizin vom mechan. Standpunkt. Rede ... am 3. Mai 1845 ... Berlin: Virchows Arch. pathol. Anat., Physiol., klin. Med. **188** (1907) 1–21 [3]. – John C. Hemmeter: R. Vs Leistungen auf dem Gebiete der wiss. Anthropol.: Janus **12** (1907) 549–557 [15]. – Ernst Haeckel: Freie Wiss. u. freie Lehre. Eine Entgegnung auf R. Vs Münchner Rede über die Freiheit der Wiss. im modernen Staat. Mit einer Einleitung von Heinrich Schmidt: Haeckel, Virchow u. Reinke. 2. Aufl. (Leipzig 1908) 96 S. [Ha 75]. – J. Pagel: Die Berliner med. Fakultät in ihrem 1. Jahrhundert: Dtsch. med. Wschr. **36** (1910) 1834–1844, besonders 1838–1839 [3]. – Karl Sudhoff: Zur Jahrhundertfeier der Berliner med. Fakultät: Münchener med. Wschr. **57** (1910) 2141–2144 [3]. – J. Orth: R. V. u. die Bakteriologie: Dtsch. med. Wschr. **36** (1910) 1937–1939 [3]. – J. Schwalbe: Die Naturforscher-Versammlung in Königsberg 1860 (m. Vortrag von V.): ebda 1716–1718 [3]. – Virchows generosity: J. Amer. med. Assoc. **57** (1911) 904–905 [1a]. – Arend Buchholtz: Ernst von Bergmann (Leipzig 1911) siehe Reg. 646 [3]. – Emil Du Bois-Reymond: Reden. 2. Aufl. **1** (Leipzig 1912) 183, 214, 307; **2** (1912) 103, 108, 126, 138, 173, 250, 254, 586–591 [3]. – Der Schutz des Namens Virchows u. das

Kaiserl. Patentamt: Dtsch. med. Wschr. **40** (1914) 918 [3]. – M. B. Schmidt: Das pathol.-anat. Inst. In: 100 Jahre bayerisch. Ein Festbuch (Würzburg 1914) 123–126 [29]. – V. als Anthropologe. In: Ferdinand von Andrian-Werburg: Prähistorisches u. Ethnologisches. Ges. Abh. (Wien 1915) 416–428 [14]. – Alfons Bilharz: Berliner Erinnerungen aus der Mitte des vorigen Jahrhunderts: Med. Klinik **12** (1916) 964–965 [3]. – Heinrich Schmidt: Geschichte der Entwicklungslehre (Leipzig 1918) 312, 450, 533 [3]. – Wilhelm von Waldeyer-Hartz: Lebenserinnerungen (Bonn 1920) siehe Reg. S. 418 [3]. – Ernst Haeckel: Entwicklungsgeschichte einer Jugend (Leipzig 1921) passim [3]. – Th. Meyer-Steineg, Carl Sudhoff: Geschichte der Med. im Überblick (Jena 1921) 407–411 m. Bildn.; 4. Aufl. (1950) 404–408 m. Bildn. [14]. – Erich Ebstein: Ärztebriefe aus 4 Jahrhunderten: Riedel-Arch. **11** (1922) Nr. 1, S. 7–12 [101]. – Virchow-Anekdoten: Unser Pommerland **7** (1922) 12–14 [101]. – Emil Fischer: Aus meinem Leben (Berlin 1922) 159–160 [3]. – F. B.: Virchow, Haeckel u. Schleich: Lehre u. Wehre **69** (1923) 215–216 [101]. – Erich Ebstein: R. V. u. Theodor Goldstücker: Mitt. Gesch. Med. Naturwiss. **22** (1923) 89 [3]. – Neumann: Von Virchow zu Ehrlich: Z. ärztl. Fortbildg **20** (1923) 723–724 [3]. – Rocholl: R. V. u. sein Schüler Karl Ludwig Schleich in ihrer Stellung zum Materialismus: Geisteskampf der Gegenwart **1923**, 84–85 [3]. – Fielding Hudson Garrison: An introduction to the history of medicine 3. Aufl. (Philadelphia, London 1924) siehe Reg. S. 924 m. Bildn. S. 613 [15]. – Joh. Reinke: Meine Begegnungen mit Virchow u. Haeckel: Türmer **27** (1924/25) 333–337 [3]. – H. Freund: V. u. die Humoralpathol.: Dtsch. med. Wschr. **51** (1925) 568–569 [3]. – Adolf Strümpell: Aus dem Leben eines deutschen Klinikers (Leipzig 1925) 69, 129, 144, 191, 199, 281 [3]. – Georg Honigmann: Geschichtl. Entwicklung der Med. in ihren Hauptperioden dargest. (Minden 1925) 78, 84–92 [101]. – Joh. Reinke: Mein Tagewerk (Freiburg/Br. 1925) 57, 114, 151, 454, 462, 466–467 [3]. – R. V., Morgagni u. der anat. Gedanke. In: Erich Ebstein: Dtsche Ärzte-Reden aus dem 19. Jahrhundert (Berlin 1926) 141–159 m. Bildn. [1]. – Aug. Bier: Gedanken eines Arztes über die Med.: Münchener med. Wschr. **73** (1926) 555–558, 723–726, 782–786 [3]. – Gustav Braun: R. V. u. der Lehrstuhl für pathol. Anat. an der Univ. Zürich (Zürich 1926) 69 S. (Zürcher medizingeschichtl. Abh., 8) [101]. – Heinrich Hertz: Erinnerungen, Briefe, Tagebücher (Leipzig 1927) 221 [101]. – Zwei große Naturforscher des 19. Jahrhunderts. Ein Briefwechsel zwischen Emil Du-Bois-Reymond u. Karl Ludwig (Leipzig 1927) XIII, 10, 167, 217 [3]. – Adolf Holzmann: Bernhard Mohr. Was gab es in Würzburg vor Virchow an pathol. Anat. u. pathol.-anat. Unterricht? Virchows Arch. pathol. Anat. Physiol. **272** (1929) 531–573 m. Schr. u. Vorles.Verz. [3]. – W. Grabert: V. u. die Homöopathie: Dtsch. Z. Homöopathie **8** (1929) 2–6 [3]. – Franz Brück: Semmelweis u. V.: Arch. Gesch. Med. **23** (1930) 387–388 [3]. – H. O. Kleine: Semmelweis u. V.: Arch. Gynäkol. **142** (1930) 324–328 [3]. – V. über das Kurpfuschereiprobl.: Biol. Heilkunst (Harburg) **11** (1930) 290–293 [18]. – Eugen Holländer: Anekdoten aus der med. Weltgesch. 2. Aufl. (Stuttgart 1931) 176–180 [101]. – Emil Ludwig: Geschenke des Lebens (Berlin 1931) 34, 38, 55, 75–77, 99, 120, 547, 629, 631 [3]. – Walter Pagel: V. u. die Grundlagen der Med. des 19. Jahrhunderts (Jena 1931) 44 S. [27]. – Paul Diepgen: V. u. die Romantik: Dtsch. med. Wschr. **58** (1932) 1256–1258 [3]. – Gotthold Herxheimer: R. V. u. die Naturforscherversammlungen: ebda 1511–1513 [3]. – Aus der Vergangenheit der Univ. Würzburg. Festschr. zum 350jährigen Bestehen der Univ. Hrsg. von Max Buchner (Berlin 1932) 587, 608, 642, 647, 665, 685, 724, 726 [3]. – Erwin H. Ackerknecht: Beitr. zur Gesch. der Medizinalreform von 1848: Sudhoffs Arch. Gesch. Med. **25** (1932) 68–71, 80–88, 147–161 u. öfter [3]. – Gottl. Olpp: Hervorragende Tropenärzte in Wort u. Bild (München 1932) siehe Reg. [101]. – S. M. Lukjanow: Atom u. Individuum: Virchows Arch. pathol. Anat. Physiol. **288** (1933) 601–627 [3]. – R. Rößle: Karl von Rokitansky u. R. V.: Wiener med. Wschr. **84** (1934) 405–407 [3]. – Wilhelm Zemke: R. Vs Beziehungen zu Schivelbein: Unser Pommerland **19** (1934) 108–110 m. Bildn., 1 Abb. [101]. – L. Devoto: Der Arbeiterschutz von Bernardino Ramazzini bis R. V. (1690–1848): Wiener med. Wschr. **85** (1935) 1217–1219, 1251–1253, 1275–1278 [3]. – Leon Goldman: War and science, R. V.: Ann. med. Hist. N.S. **8** (1936) 558–561 [1]. – Paul Huebschmann: R. V. u. die 1. Tagung der Dtsch. Pathol. Ges.: Hippokrates **7** (1936) 255–258 [101]. – August Bier: R. V. als Systematiker u. Philosoph: Virchows Arch. pathol. Anat. Physiol. **300** (1937) 517–533 [3]. – R. Rößle: Die Würzburger Vorlesungen R. Vs über Pathol.: ebda 4–30 [3]. – B. J. Gottlieb: Die erkenntnistheoret. Bedeutung R. Vs für die Gewächsforschung: Med. Welt **12** (1938) 1656–1658 [3]. – Bruno Wachsmuth: Der Arzt in der Dichtung unserer Zeit (Stuttgart 1939) 78–80, 83–84 u. öfter [3]. – Erich Hoffmann: 100jährige Wiederkehr des Eintritts von H. von Helmholtz u. R. V. in die militärärztl. Akad.: Münchener med. Wschr. **86** (1939) 1560–1562 [3]. – Georg B. Gruber: Robert Koch u. R. V.: Mitt. Universitätsbund Göttingen **20** (1939) 1–21 [15]. – R. Drenkhalm: R. V. als Bazillengegner: Med. Welt **14** (1940) 172–173 [3]. – Das geistige

Pommern. Große Deutsche aus Pommern (Stettin 1939) Nr. 123, S. 66–67 m. Bildn. (Abb. 26) u. Faks. S. 13 [14]. – Josef Lartschneider: Hippokrates oder Virchow? Deutsches Arzttum am Scheideweg (Wien 1940) 59 S. [14]. – Paul Diepgen: R. V. u. die ärztl. Praxis: Z. ärztl. Forsch. **37** (1940) 212–214 m. Bildn. [3]. – H. Zeiß u. R. Bieling: Behring. Gestalt u. Werk (Berlin 1940) passim [3]. – Richard Bochalli: Laennec u. V.: Z. Tuberkulose **87** (1941) 279–285 [15]. – Paul Diepgen u. Edwin Rosner: Zur Ehrenrettung R. Vs u. der deutschen Zellforscher: Virchows Arch. pathol. Anat. Physiol. **307** (1941) 457–489 [3]. – Ein Genie der Methodik. R. V. als Arzt u. Forscher: Auswahl **8** (1941) 225–230 [101]. – Martin Müller: R. V. als Historiker: Sudhoffs Arch. Gesch. Med. u. Naturwiss. **34** (1941) 137–145 [3]. – R. Beneke: Zur Ehrenrettung R. Vs u. der deutschen Zellforscher: Med. Welt **16** (1942) 779–780 [15]. – B. J. Gottlieb: Das Probl. des Lebendigen im ärztl. Weltbild (Leipzig 1943) 35–56 [3]. – Josef Gander: Die Entwicklung der Med. von V. zu Tournier: Civitas **1** (1945/46) 463–471 [LB Bern]. – Grigorowski: R. V. u. der Fortschr. der Wiss.: Dtsch. Gesundheitswesen **1** (1946) 787–788 [3]. – Fritz Munk: V. als Therapeut: Virchows Arch. pathol. Anat. Physiol. **315** (1948) 32–45 [3]. – Erich Hoffmann: Ringen um Vollendung. Lebenserinnerungen aus einer Wendezeit der Heilkunde 1933–1946 (Hannover 1949) 56, 67, 145, 163, 205, 207, 217, 295 [3]. – Felix Boenheim: R. Vs „Medizinische Reform" 1848–1849: Ost u. West **3** (1949) H. 10, S. 80–82 [101]. – Christian Fey: V. setzt sich mit dem therapeut. Nihilismus seiner Zeit auseinander: Hippokrates **21** (1950) 679–681 [3]. – S. S. Vejl: Mechanistische u. entwicklungsfeindl. Auffassungen der Virchowschen Zellularpathol. u. die fortschrittl. Entwicklung der sowjetischen Pathol. [russ.]: Sovjetskaja medicina **14** (1950) H. 8, S. 6–11 [9]. – Alfred Plant: R. V. and todays physicians and scientists: Bull. Inst. Hist. Med. (Baltimore) **27** (1950) 236–251 [1]. – N. Shukow-Wereshnikow, J. Majskij, L. Kalimtschenko: Die Widerlegung der idealistischen Zellentheorie Vs durch die Sowjetwiss.: Einheit (Berlin) **6** (1951) 278–284, 325–331 [3]. – August Bier: Das Leben (München 1951) 51, 54–60 [Ha 85]. – Theodor Heuß: Deutsche Gestalten. Studien zum 19. Jahrhundert (Stuttgart, Tübingen 1951) 137–145 [101]. – W. Devrient: V. u. Vitalismus: Z. Heilkunde u. Heilwege **2** (1952) Nr. 4, S. 9 [292]. – Rudolf Baumgardt: Das Fundament. Schöpferische Menschen des 19. Jahrhunderts (Darmstadt 1952) 211–218 m. Bildn. 224/225 [101]. – Karl Kisskalt: Theorie u. Praxis der med. Forschung 3. Aufl. (Wiesbaden 1952) passim [3]. – D. Kotsovsky: R. V. u. die Altersforsch.: Ärztl. Praxis **4** (1952) Nr. 50, S. 20 [101]. – E. Bahrmann: R. V., eine Gedenkrede: Z. ärztl. Fortbildung **47** (1953) 591–598 [3]; F. Boenheim: Bemerkungen dazu: 598–599 [3]. – Friedrich von Müller: Lebenserinnerungen (München 1953) 7–8, 52, 57, 61, 63, 74 [Ha 2]. – R. V. u. die heutige Med.: Allg. homöopath. Ztg. **198** (1953) 109–118 [3]. – W. Wepler: R. V. in Würzburg: Prakt. Tierarzt **1954**, Nr. 5, S. 102–104 m. Bildn., 1 Abb., Faks. [101]. – Wolfgang Reimann: V. u. Lepeschinskaja: Aufbau **10** (1954) 744–751 [3]. – I. Gylstorff-Saßenhoff: Die Entwicklung der Pathol. seit Virchow: Prakt. Tierarzt **1954**, Nr. 5, S. 104, 107–108 [101]. – A. Pazzini: La teoria della patologica cellulare di R. V.: Clinica odontoiatr. (Roma) **10** (1955) varia 49–51 [1]. – Erich Hoffmann: R. V. u. die Recklinghausensche Krankheit: Dtsch. med. Wschr. **80** (1955) 293–295 [3]. – Ich der Doktor. 400 Jahre aus dem Leben des Arztes. Ges. u. hrsg. von George Rosen u. Beate Caspari-Rosen. Dtsch. von Jutta u. Theodor Knust (München 1957) 387–388, 495 [101]. – Leon Szyfman: An attempt at a new synthesis of the role played by R. V. in the history of science [poln.]: Kwartalnik Hist. Nauki i Techniki **2** (1957) 695–717 [Warszawa, Bibl. Narodowa]. – L. J. Rather: R. V. and scientific medicine: Arch. intern. Med. **100** (1957) 1007–1014 [1]. – Bolesław Skarżyński: Politics and medicine. R. Vs relation to Polish problems [poln.]: Kwartalnik Hist. Nauki i Techniki **4** (1959) 129–166 [Warszawa Bibl. Narodowa]. – Helfer der Menschheit. R. V.: Neue Familie **11** (1959) Nr. 8, S. 6–7 [101]. – Stanisław Schwann: R. V. on the history of Pomerania [poln.]: Kwartalnik Hist. Nauki i Techniki **5** (1960) 61–77 [Warszawa, Bibl. Narodowa]. – László Farkas: Haeckel u. Virchow [ungar.]: Magyar Tudomány **67** (1960) 123–133 [Ha 2]. – Georg B. Gruber: R. V. u. Robert Koch: Therap. Ber. Leverkusen **32** (1960) 78–80 m. Bildn. [Ha 2]. – Hermann Wohlgemuth: Hahnemann u. V. im Spiegel des Organon: Allg. homöopath. Ztg. **205** (1960) 443–454 m. Schr.-Verz. [3]. – Walther Hans Ullman: 100 Jahre Virchow-Gesellsch. in der Stadt New York: Med. Welt **1961**, 55–56 [15]. – Hermann Wohlgemuth: Hahnemann, Virchow u. Pawlow als Wegweiser zur Individualtherapie: Allg. homöopath. Ztg. **206** (1961) 654–668 [3]. – Harold A. Oberman: R. V., pathologist, anthropologist and statesman: Oral Surg., oral Med. and oral Pathol. **14** (1961) 975–980 [Stadt- u. UB Bern]. – Wolfgang Kloppe: Gedanken zu Virchows Rede über Goethe als Naturforscher: Dtsch. med. J. **12** (1961) 624–631 m. 2 Abb. u. Lit.Verz. [101]. – H. Hofmeier: Die Ärzte u. die Revolution von 1848: Ärztl. Mitt. (Köln) **46** (1961) 897–901 m. 4 Bildn. [101]. – H. Robert: V. u. die Seelenforsch.: Med. heute – für die Praxis morgen **11** (1962) 172–173 [1]. – Zdzisław Gajda: Wie Pasteur u. Virchow Mitglieder der Akad. Wiss. Krakau wurden [poln.]: Kwartalnik Hist. Nauki i Techniki (Warszawa) **8** (1963) 525–532 [Warszawa Bibl. Narodowa]. – Gerhard Dunkmann: Rektoratsreden bedeutender Ärzte aus der 2. Hälfte des 19. Jahrhunderts [Masch.schr.] Med. Diss. Heidelberg (Heidelberg 1963) 25–34, 101–102 [101]. – Robin Fåhraeus: R. V.: Opuscula medica (Stockholm) **8** (1963) 229–239 [11]. – R. Bochalli: R. V. als Militärarzt: Ärztl. Praxis (München) **16** (1964) 84 [292]. – Renato De Rosa: R. V. u. Karl Marx. Zu einem unveröffentl. Brief von Kugelmann an Marx über Virchow: Virchows Arch. pathol. Anat. Physiol. **337** (1964) 593–595 [3]. – P. F. C. Wille: Eine kommunalpolit. Portrait-Medaille zum 70. Geburtstag R. Vs. Eine berolinensische Erinnerung: Berliner Med. **15** (1964) 551–552 m. 2 Abb. [1]. – Ulrich Steinmann: Die Entwicklung des Museums für Volkskunde von 1899–1964. In: 75 Jahre Museum für Volkskunde zu Berlin (Berlin 1964) 8–28 m. Bildn. u. Schr.Verz. S. 11 [3]. – Rudolf Virchow: Wie ist der wahre wiss. Fleiß beschaffen?: Dtsch. med. J. **15** (1964) H. 3, 105–106 [1]. – Vincenzo Cappelletti: R. V. e il metodo della terapia: Atti Mem. Accad. Stor. Arte sanit. (2) **31** (1965) 74–76 [Ha 2]. – Jenö Hidvégi: Die Entdeckung von Semmelweis u. seine Kontroverse mit V. [ungar.]: Orv. Hetil. **106** (1965) 1547–1553 [15]. – Manfred Fischer: R. V. u. die Bakteriol. Med. Diss. (Göttingen 1965) 116 Bl. (Masch.schr.) [101]. – Kenneth N. Walton: R. V.: Invest. Urol. (Baltimore) **2** (1965) 512–514 [38]. – Die Kunst, das menschl. Leben zu verlängern. Dokumente bekannter Ärzte. Autographenausstellung im Foyer der Stadt- u. Landesbibl. Dortmund. Zusstellg. Hedwig Gunnemann (Dortmund 1965) 32–34 [60]. – Bernd Denhardt: R. V. u. seine Schüler (Münster 1966) 198 gez. Bl. (Masch.schr.) Med. Diss. Münster 1966 [101]. – K. O. Fröhlich: V. in Hohenleuben: Sudhoffs Arch. Gesch. Med. Naturwiss. **50** (1966) 79–81 [3]. – L. J. Rather: R. Vs views on pathology, pathological anatomy and cellular pathology: Arch. Pathol. **82** (1966) 197–204 [25]. – H. Schadewaldt: Richtige Aussprache des Namens Virchow?: Dtsch. med. Wschr. **91** (1966) 1746 [3]. – Wolfgang Kloppe: Medizinhistor. Miniaturen. Realism. u. Idealism. in Med. u. Naturphilos. ... (Berlin 1966) 124–143 m. Bildn., Faks. u. 4 Abb. [101]. – Omnis cellula e cellula: Minnesota Medicine **49** (1966) 359–360, 533–534 [24]. – Thomas G. Benedek: R. V. on ochronosis: Arthritis and Rheumatism (New York) **9** (1966) 66–71 [1]. – Rehwald: Die Beziehungen Sergej Petrowitsch Botkins zu R. V.: Z. ärztl. Fortbildg. **60** (1966) 122–124 [3].

Nachlaß Gelehrten- u. Schriftstellernachlässe in Bibl. der DDR **1** (Berlin 1959) 90 Nr. 647 [3].

Bildn., Plakette Illustr. Ztg., Leipzig **38** (1862) 193; **103** (1894) 240 [14]. – Der Bär **6** (1880) 273; **14** (1888) 229; **19** (1893) Virchow-Medaille 700 [14]. – Gartenlaube **1881**, 525 [14]. – Nord u. Süd **21** (1882) [14]. – Leipziger Gerichtszeitung **1890**, Nr. 11, S. 4; Nr. 15, S. 4 [14]. – G. Dahms: Das litterarische Berlin (Berlin um 1890?) 219 [14]. – Illustr. Ztg., Leipzig **97** (1891) 488–489 (Virchow-Medaille) [14]. – Julius Pagel: Das 19. Jahrhundert in Bildn. Hrsg. von Karl Werckmeister **3** (Berlin 1899) 357–358 m. Bildn. Nr. 261 [3]. – Die Woche **1** (1899) 1329 [14]. – Rosenhagen: Liebermann (Bielefeld, Leipzig 1900) 70 [14]. – Der Sachse. Illustr. Wochenschr. **1** (1901) 27 [14]. – Niederlausitzer Mitt. **6** (1901) Titelbildn. [15]. – Daheim **38** (1902) 1. Halbj., Nr. 4, S. 5 [14]. – Weltall **2** (Berlin, Leipzig, Wien, Stuttgart 1902) **33** [14]. – Alfred Koeppen: Die moderne Malerei (Bielefeld, Leipzig 1902) Abb. 9 [14]. – Velhagen u. Klasings Mh. **17** (1902/03) 363–364; **34** (1919/20) 356 [14]. – Über Land u. Meer **19** (1903) 338 [14]. – Philipp Lederer: Eine neue Virchow-Plakette: Berliner Münzbl. **32** (1911) 258–261 m. 2 Abb. [3]. – Fritz Klimsch: Eine Auswahl seiner Werke (Freiburg 1924) Taf. 10 [101]. – Max J. Friedlaender: Max Liebermann (Berlin 1924) 114 [101]. – Hanns Fechner: Menschen, die ich malte (Berlin 1927) 260 [14]. – George Sarton: Medallic illustrations of the history of science: Isis **9** (1927) 420–423 [Ha 2]. – Die Reichsdrucke (Berlin 1928) Nachtr. 1, S. 33 [1]. – Wolfgang Schade: Europäische Dokumente. Histor. Photos aus den Jahren 1840–1900 (Stuttgart, Berlin, Leipzig 1932) 214 [3]. – Der Türmer **38** (1935) 131 [3]. – Die großen Deutschen im Bild. Hrsg. von Alfred Hentzen u. Niels von Holst (Berlin 1936) 375 (Gemälde von Hanns Fechner 1891) [3]. – Handbuch der Biol. **1** (Potsdam 1942) H. 1, S. 52 [14]. – Bildn. berühmter Mitglieder der Dtsch. Akad. Wiss. Berlin (Berlin 1950) 55 [3; 14]. – Kunstwerke im Besitz des Reichsarbeitsministeriums. Bearb. von Georg Poensgen (Berlin 1958) 44 [3]. – Propyläen-Weltgeschichte **9** (Berlin, Frankfurt/M., Wien 1960) 536 [14].

Denkmal Alfred Gold: Das Denkmal für V.: Nation **23** (1905/06) 505–506 [3]. – M. R.: Das R.-V.-Denkmal für Berlin. Preisgekrönter Entwurf von Fritz Klimsch: Illustr. Ztg., Leipzig **126** (1906) 738–739 m. Abb. [3]. – Türmer **8**, 2 (1906) 668–669 [3]. – Zum Virchowdenkmal-Streit: Berliner Ärztekorresp., Beil. Allg. med. Zentralztg. **11** (1906) 90–91 [1]. – Der Kampf um das Virchowdenkmal: Umschau **10** (1906) 435 m. Abb. [15]. – 2 Abb. des Virchow-Denkmals für

Berlin: Illustr., Ztg. Leipzig **132** (1909) 137 [3]. — Die Enthüllung des Denkmals (am 29. Juni 1910): Berliner klin. Wschr. **47** (1910) 1306–1308 [3].

VISCHER, Johannes. Med. — Dr. med.; Prof. Med. Univ. Tübingen.

*1524, Dez. 19, Wemding, Bez. Amt Donauwörth;

†1587, Apr. 21, Tübingen.

Lit. Erhard Cellius: Imagines Professorum Tubingensium (Tübingen 1596) o. S. [3]. — Paul Freher: Theatrum virorum eruditione clarorum, T. **2** (Norimbergae 1688) 1286–1287 m. Bildn. 1284 [14]. — Andreas Christoph Zeller: Ausführl. Merckwürdigkeiten der ... Univ. u. Stadt Tübingen (Tübingen 1743) 464–465 [3]. — Aug. Friedr. Bök: Geschichte der Herzogl. Württemberg. Eberhard-Carls Univ. zu Tübingen im Grundrisse (Tübingen 1774) 86 [3]. — Anna Maria Kobolt: Baierisches Gelehrten-Lexikon (Landshut 1795) 716–717 (m. Schr.Verz.) [3]. — H. F. Eisenbach: Beschreibung u. Geschichte der Stadt u. Univ. Tübingen (Tübingen 1822) 298–300 [3]. — Albert Moll: Johannes Vischer u. Johannes Bauhinus. Zwei ärztl. Lebens- u. Charakterbilder aus der Vergangenheit Württembergs: Med. Korresp.bl. Württ. ärztl. Ver. **24** (1854) Nr. 20, S. 153–158; Nr. 34, S. 265–270 [12]. — Wilh. Heyd: Bibliogr. der Württemberg. Geschichte **2** (Stuttgart 1896) 659–660; **4,2** (1915) 460 [3]. — Reinhold Scholl: Die Bildnissammlung Univ. Tübingen (Stuttgart 1927) Nr. 212 [101]. — Brit. Mus. Gen. Cat. **249** (1964) Sp. 677 (9 Nr.) [15].

II **VÖLKER,** Hieronymus Ludwig Wilhelm. Forsttechnol. — 1809 Dr. phil.; Prof. Ökonomie u. Kameralwiss. Erfurt; Mitgl. Akad. Erfurt.

get. 1773, Aug. 29, Erfurt;

†1837, Okt. 8, Erfurt.

Lit. Brit. Mus. Gen. Cat. **250** (1964) Sp. 18 [3].

II, III **VOGEL,** August. Agrikulturchem. — 1835–1839 stud. Med. Univ. München, Göttingen, Berlin; 1839 Dr. med. Univ. München; Dr. phil. Univ. Erlangen; 1842 Dozent, 1848 ao. Prof., 1869 o. Prof. Agrikulturchem. Univ. München.

*1817, Aug. 4, München;

†1889, Aug. 14, Rosenheim.

Sohn von Heinrich August Vogel (1778–1867).

Bibliogr. Cat. scient. Papers **6** (1872) 179–183 (108 Nr.); **8** (1879) 1162–1163 (60 Nr.); **11** (1896) 714 (16 Nr.); **19** (1925) 386 (5 Nr.) [3]. — Brit. Mus. Gen. Cat. **250** (1964) 44–45 (14 Nr.) [3].

Nekr. Amer. J. Pharmacy **61** (1889) 544 [UB Basel]. — Chemiker-Ztg. **13** (1889) 1125–1126 [3]. — Leopoldina **25** (1889) 170 [Ha 2]. — István Lengyel: Természettudományi Közlöny **22** (1890) 645 [F 1]. — C. von Voit: S.-Ber. Bayer. Akad. Wiss., math.-phys. Kl. **20,** 1890 (1891) 391–396 [Ha 2].

Biogr. Alm. Bayer. Akad. Wiss. **1884,** 325–350 (m. Schr.verz.) [3]. — Chronik der Ludwig-Maximilians-Univ. für das Jahr 1888/89 (München 1889): Schriftstellerische Thätigkeit der Mitglieder der Univ. (S. 43 August Vogel) [12]. — C. Leisewitz: ADB **40** (1896) 95–96 [3].

II **VOGEL,** Eduard. Afrikareisender, Astron. — 1846 stud. Astron., Physik Univ. Leipzig, 1850 Astron., Geogr. Univ. Berlin; 1851 Ass. an der Bishopschen Privatsternwarte London; 1853 Führer einer Expedition im Auftrag der engl. Regierung nach Zentralafrika, von der er nicht zurückkehrte.

*1829, März 7, Krefeld;

†1856, Febr. 8 (ermordet), Wara (Wadai).

Bruder von Hermann Carl Vogel (1842–1907).

Bibliogr. Brit. Mus. Gen. Cat. **250** (1964) Sp. 50–51 (3 Nr.) [3].

Zum Tode Eduard Vogels E. V. u. die Heugelinsche Expedition nach Inner-Afrika: Prakt. Schulmann **10** (1861) 122–134 [15]. — Werner Munzinger: Wichtige Nachrichten über Eduard Vogels Schicksal: Leopoldina, Aug. 1862, H. 3, Nr. 13, S. 102–108 [14]. — Männer der Zeit **2** (Leipzig 1862) Sp. 120–123 [14]. — E. V. u. die Versuche zur Aufhellung seines Schicksals: Gartenlaube **1863,** 411–412 [3]. — Globus **4** (1863) 157–158 [3]. — Karl Andree: Leipziger Ztg., Wiss. Beil. 186–188 [3]. — C. F. Herman: Eduard Vogels Tod bestätigt durch seinen überlebenden Diener: Petermanns geogr. Mitt. **9** (1863) 225–227 [Ha 2]. — Anonym: ebda **10** (1864) 25, 27, 30 [Ha 2]. — John Petherick: ebda **13** (1867) 1–3 [Ha 2]. — Friedrich Ratzel: Biogr. Bl. **2** (1896) 45–49 [15]; auch in: Friedr. Ratzel: Kleine Schriften **1** (München, Berlin 1906) 476–480 [3].

Biogr. Hermann Wagner: Eduard Vogel, der Afrika-Reisende. 1.–2. Aufl. (Leipzig 1860) VI, 321 S. [3]. — Elise Polko: Erinnerungen an einen Verschollenen. Aufzeichnungen u. Briefe von u. über Eduard Vogel. Gesammelt von seiner Schwester (Leipzig 1863) VIII, 231 S. [14]. — Gustav Nachtigal: Sâharâ u. Sudân 3 (Leipzig 1889) 169–173 [15]. — Adolf Pahde: Der Afrika-Forscher Eduard Vogel (Hamburg 1889) 36 S. [14]. — Friedrich Ratzel: ADB 40 (1896) 100–108 [3]. — Ewald Banse: Große Forschungsreisende (München 1933) 23–25 (m. Bildn., Faks.) [14]. — Richard Peter: Um Recht u. Ehre (Berlin 1940) 81 m. Bildn. S. 22 [101]. — Kurt Hassert: Die Erforschung Afrikas (Leipzig 1941) 71 m. Bildn. [14]. — Martin Müller: In Afrika verschollen (Leipzig 1952) 11–93 m. Bildn. [14]. — Paul Herrmann: Zeigt mir Adams Testament. Wagnis u. Abenteuer der Entdeckungen. 2. Aufl. (Hamburg 1957) 457–458, 463–465, 485, 496 [14].

Bildn. Illustr. Ztg., Leipzig 23 (1854) 325, 350–352, 363–367, 378–379, 402–403 [15]. — Universal-Portrait-Gallerie berühmter Männer u. Frauen des 19. Jahrhunderts 2 (Leipzig 1865) Lfg 3 [ohne Seitenzählung]: Bildn. m. Faks. [14].

II, III **VOGEL**, Heinrich August von. Chem. — Dr. med. et phil.; 1802–1816 Konservator des physik. Kabinetts u. Lehrer der Chem. am Lycée Napoléon Paris; 1826 o. Prof. Chem. Univ. München.

*1778, Juli 25, Westerhof bei Göttingen;

†1867, Nov. 24, München.

Bibliogr. Cat. scient. Papers 6 (1872) 184–189 (133 Nr.); 8 (1879) 1164 (2 Nr.) [3]. — Brit. Mus. Gen. Cat. 250 (1964) Sp. 57–58 (3 Nr.) [3].

Biogr. Adolph Carl Peter Callisen: Medicinisches Schriftsteller-Lexicon 20 (Copenhagen 1834) 190–200; 33 (Altona 1845) 167 [3]. — K. C. von Leonhard: Aus unserer Zeit in meinem Leben 1 (Stuttgart 1854) 289, 529 [3]. — August Vogel: Denkrede auf Heinr. Aug. Vogel, geh. in der öffentl. Sitzung der Bayer. Akad. Wiss. am 28. März 1868 (München 1868) 72 S. (62–70 Schr.Verz.) [12]. — Émile Bourquelot: Le centenaire du Journal de Pharmacie et de Chimie 1809–1909. Histoire du Journal et notices biographiques (Paris 1940) 43–44 [1]. — Gertrud Woker: Die Katalyse. Die Rolle der Katalyse in der analyt. Chem. 1. Allg. Teil (Stuttgart 1910) 646 S., besonders S. 11, 13, 14, 15, 16, 17, 25, 77, 200, 361, 400, 403, 404, 438, 475, 542, 579 [15]. — Rudolf Pummerer: In: Geist u. Gestalt. Biogr. Beitr. Gesch. Bayer. Akad. Wiss. 2 (München 1959) 133; 3 (1959) Bildn., Abb. 114 [3].

III–V **VOGEL**, Hermann Carl. Astron. — 1863–1867 stud. Univ. Leipzig, 1865 Ass. Sternwarte Leipzig; 1870 Dr. phil. Univ. Jena; 1874 Observator, 1882 Direktor Privatsternwarte auf Bothkamp in Holstein; 1882 Direktor Astrophysik Observat. Potsdam; 1892 o. Mitgl. Preuß. Akad. Wiss.

*1842, Apr. 3, Leipzig;

†1907, Aug. 13, Potsdam.

Bruder von Eduard Vogel (1829–1856).

Bibliogr. Cat. scient. Papers 8 (1879) 1164 (28 Nr.); 11 (1896) 715 (27 Nr.); 12 (1902) 758 (4 Nr.); 19 (1925) 387–388 (45 Nr.) [3]. — Brit. Mus. Gen. Cat. 250 (1964) Sp. 59 (9 Nr.) [3].

Nekr. A. Berberich: Naturwiss. Rdsch. 22 (1907) 530–531 [15]. — A. Biehl: Illustr. Ztg., Leipzig 129 (1907) 323 (m. Bildn. S. 321) [3]. — O. Lohse: Astron. Nachr. 175 (1907) Sp. 373–378 [3]. — Messerschmitt: Allg. Ztg., Beil. 1907, Nr. 151, S. 223 [3]. — G. Müller: Vjschr. astron. Ges., Leipzig 42 (1907) 323–339 (m. Bildn. S. 312) [3]. — E. Weiß: Alm. Akad. Wiss. Wien 58 (1908) 298–301 [Ha 2]. — Die Woche 9 (1907) 1476, Bildn. S. 1480 [14]. — Sirius 40 (1907) 241–245 (m. Bildn.) [12]. — Leopoldina 43 (1907) 80 [Ha 2]. — Arch. Optik 1 (1907) 102–104 m. Bildn. [25]. — Dtsch. Rdsch. Geogr. Statist. 30 (1908) 41 [Ha 2]. — Geographen-Kal. 1908, 342 [15]. — Biogr. Jahrb. u. Dtsch. Nekr. 14 (Berlin 1912) 373–375; Totenliste 12 (1907) 90* [3].

Biogr. J. Holetschek: Dtsch. Rdsch. Geogr. Statist. 15 (1893) 569–572 (m. Bildn.) [Ha 2]. — Ernest Lebon: Histoire abrégée de l'Astronomie (Paris 1899) 130, 132, 151, 152, 188, 269 [11]. — A. Biehl: Illustr. Ztg., Leipzig 129 (1907) 323, Bildn. S. 321 [14]. — E. Drude: In: Handwörterb. Naturwiss. 2. Aufl. 10 (Jena 1935) 307 [3]. — Otto Knopf: Die Astron. an der Univ. Jena von der Gründung der Univ. im Jahre 1558 bis zur Entpflichtung des Verf. im Jahre 1927 (Jena 1937) 172–173 (Z. Ver. Thür. Gesch. Altertumskde N.F. Beih. 19) [3].

II–IV **VOGEL**, Hermann Wilhelm. Chem. — 1865 Prof. Photochem., 1873 auch Spektralanalyse, 1888 auch Beleuchtungsmechanik TH Berlin-Charlottenburg (vorher Gewerbe-Inst.).

*1834, März 26, Dobrilugk;

†1898, Dez. 17, Grunewald bei Berlin.

Bibliogr. Cat. scient. Papers 6 (1872) 189 (6 Nr.); 8 (1879) 1164–1165 (9 Nr.); 11 (1896) 715–716 (41 Nr.); 12 (1902) 758 (1 Nr.); 19

(1925) 388–389 (38 Nr. u. Biogr.) [3]. – Richard Kukula: Bibliogr. Jahrb. der dtsch. Hochschulen 2. Aufl. (Innsbruck 1892) 956–957; Erg.H. 1 (1893) 251 [3]. – Brit. Mus. Gen. Cat. **250** (1964) Sp. 60 (8 Nr.) [3].

Nekr. Eder: Photogr. Correspondenz **36** (1899) 68–72 m. 3 Abb. [UB Wien]. – H. Landoldt: Ber. Dtsch. chem. Ges. **32** (1899) 1–4 [3]. – A. Miethe: Biogr. Jahrb. Dtsch. Nekr. **3** (Berlin 1900) 157–158; Totenliste **5** (1903) Sp. 64* [3]. – B. Schwalbe: Verh. Dtsch. physik. Ges. **1** (1899) 60–64 [Ha 2]. – Photogr. J., ind. Transact. Roy. Photogr. Soc. London N.S. **23** (1899) Nr. 5, S. 113–114 [83]. – Illustr. Ztg., Leipzig **111** (1898) 896 m. Bildn. [14]. – Nature [London] **59** (1898/1899) 204–205 [Ha 2]. – Leopoldina **34** (1898) 174–175 [Ha 2]. – Chemiker-Ztg. **22** (1898) 1077 [3].

Biogr. Erich Stenger: VDI-Nachr. **13** (1933) Nr. 44, S. 2 [101]. – A. Tschirch: In: Vorträge Hauptversammlung Ges. Gesch. Pharmaz. u. 1. Internat. Kongr. Gesch. Pharmaz. Basel (Mittenwald 1934) 196–202 m. Bildn. [14]. – Eduard Röll: H. W. Vogel. Ein Lebensbild (Borna 1939) 134 S. m. Titelbildn., Faks., 16 Abb. (Diss. TH Berlin 1939) [101]. – Jos. Hirschbeck: Photo-Mag. **1954**, Nr. 3, S. 44 [101].

Zum 100. Geburtstag J. M. Eder: Camera (Luzern) **13** (1934) 1–2 [101]. – Paul Hanneke: Z. wiss. Photogr. **34** (1935) 9–14 m. 2 Bildn., 4 Abb. [15]; Angew. Chem. **48** (1935) 79 [101]. – Fritz Hansen: Photobl. **11** (1934) 78, 80 [101]. – Erich Stenger: Naturwiss. **22** (1934) 177–181 m. Faks., 2 Abb. [Ha 2]; Z. wiss. Photogr. **34** (1935) 1–8 m. 1 Abb. [15]; Forsch. u. Fortschr. **10** (1934) 107–108 [Ha 2]; Photogr. Korrespondenz **70** (1934) 60–62 [UB Wien]; Techn. Assistentin **1** (1934) 257–258 [101]; Gebrauchs-Fotogr. **41** (1934) 83 [3]; Angew. Chem. **48** (1935) 79 [101]. – Wgr.: RTA Nachr. **14** (1934) Nr. 12, S. 1 [101].

Weitere Lit. Drecker: Kurzer Abriß der Gesch. der Photogr. (Aachen 1902) 28–29, 45 (Progr. Oberrealsch. Aachen, Beil.) [82]. – Josef Maria Eder: Ausführl. Handb. der Photogr. 3. Aufl. Bd. **1**, 1 (Halle 1905) siehe Reg.; Bildn. S. 316 [14]. – Erich Stenger: Die Photogr. in Kultur u. Techn. (Leipzig 1938) 49–50, Titelbildn. [14]; Hundert Jahre Photogr. 1839–1939 u. die TH Berlin (Vortrag): Ber. Ges. Freunde TH Berlin **1938** (Berlin 1939) 19–31 m. 1 Bildn. u. 9 Abb. [83]. – Fritz Hansen: Das Jahrhundert der Photogr. 2. Aufl. (Berlin-Lankwitz [1939]) 96 m. Bildn. [14]; Deutsche Pioniere der Photogr.: Photo-Fachhändler **12** (1941) 299 m. Bildn. [3]. – Walter Dieterle: Der Stand der opt. Sensibilisation des Halogensilbers 70 Jahre nach der Entdeckung H. W. Vogels: Z. angew. Photogr. **5** (1943) 34–37 m. Lit.Verz. [101]. – E. Stenger: 70 Jahre farbenempfindl. Negativschichten: H. W. Vogels bahnbrechende Erfindung: ebda 33–34 m. Bildn. [101]. – Helmut Gernsheim and Alison Gernsheim: The history of photogr. (London–New York–Toronto 1955) 168 [3]. – Wolfg. Baier: Quellendarst. zur Gesch. der Fotogr. (Leipzig 1965) siehe Reg. S. 702 m. Bildn. S. 627 [3].

Bildn. Ismael Gentz: Portrait-Sammlung von 25 bekannten Persönlichkeiten (Berlin 1895) 10, Taf. 24 m. Faks. [Fürstl. Hofbibl. Donaueschingen]. – Constantin Redzich: Das große Buch der Erfindungen u. deren Erfinder **2** (Erfurt, Leipzig 1928) **366** m. Bildn. [14]. – Josef Maria Eder: Gesch. der Photogr. 4. Aufl. 2. Hälfte (Halle 1932) 636, 637 m. 2 Bildn. [14].

VOGEL, Paul Heinrich. Med. – Stud. bis 1707 Univ. Erfurt, dann in Jena, Leipzig, Halle; 1710 ärztl. Praxis in Erfurt; 1739 ao. Prof., 1745 o. Prof. Univ. Erfurt.

*1686, Erfurt;

†1748.

Lit. Rich Loth: Die Dozenten der med. Fakultät Erfurt 1646–1816: Jahrb. Akad. gem. Wiss. Erfurt N.F. **33** (1907) 243–244 m. Schr.Verz. (3 Nr.) [15].

II **VOGEL,** Rudolph Augustin. Med. – 1740 stud. Univ. Erfurt, 1745 Univ. Leipzig; 1747 Dr. med. Univ. Erfurt; 1753 ao. Prof. Med., 1760 o. Prof. Univ. Göttingen; 1763 Landphysicus, 1764 Leibarzt.

*1724, Mai 1, Erfurt;

†1774, Apr. 5.

Sohn von Paul Heinrich Vogel (1686–1748).

Bibliogr. Brit. Mus. Gen. Cat. **250** (1964) Sp. 73–76 (56 Nr.) [3].

Nekr. Chr. Gottl. Heyne: Elogium Rudolphi Augustini Vogel. Soc. Scient. Sodalis Ordinarii in consessu Societatis 16. Apr. 1774 recitatum (Gottingae 1774) 12 S. [14]. – Schröters J. Liebhaber Steinreich u. Conchyliol. **2** (1775) 507–509 [32].

Biogr. Johann Stephan Pütter: Versuch einer academ. Gelehrten-Geschichte von der Georg-Augustus-Univ. zu Göttingen **1** (Göttingen 1765) 158–159, **2** (1788) 45–46, **4** (1838) 278 [15]. – C. G. Salzmann: Denkwürdigkeiten aus dem Leben ausgezeichneter Teutschen des 18. Jahrhunderts (Schnepfenthal 1802) 160–163 [3]. – Johann Georg Meusel: Lexikon der vom Jahr 1750 bis 1800 verstorbenen teutschen Schriftsteller **14** (Leipzig

1815) 269–272 [3]. — Dictionaire des sciences médicales. Biographie médicale 7 (Paris 1825) 444–445 (m. Schr.verz.) [3]. — Dezeimeris: Dict. hist. méd. 4 (Paris 1839) 345–347 [3]. — J. L. Pagel: Über die Geschichte der Göttinger med. Schule im 18. Jahrhundert (Berlin 1875) 43–44 (Med. Diss. Univ. Berlin) [3]. — Pagel: ADB 40 (1896) 123–124 [3]. — Albert Peter: Gesch. der Gründung u. Entwicklung des botan. Gartens zu Göttingen (Berlin 1910) 371 (Festschr. zur Feier des 150jähr. Bestehens Ges. Wiss. Göttingen, Beitr. zur Gelehrtengesch. Göttingen) [14]. — Gurlt: In: Biogr. Lexikon der hervorragenden Ärzte aller Zeiten u. Völker. 2. Aufl. 5 (Berlin, Wien 1934) 781–782 m. Lit.Ang. [3]. — Fossilium Catalogus I. Animalia. Pars 72: K. Lambrecht †, W. et. A. Quenstedt: Palaeontologi, Catalogus bio-bibliographicus (s'Gravenhage 1938) 445 [3]. — Peter Moll: R. A. Vogel 1724–1774 (Hannover 1951) 36 [gez.] S. Masch.Schr. (Med. Diss.. Univ. Göttingen 1951) [101].

Weitere Lit. Rezension von R. A. Vogel: Prakt. Mineralsystem in: Schröters J. Liebhaber Steinreich u. Conchyliol. 3 (1776) 188–195 [32]. — Wilhelm Ebstein: Über die Entwicklung des klin. Unterrichts an der Göttinger Hochschule u. über die heutigen Aufgaben der med. Klinik: Klin. Jahrb. 1 (1889) 67–109, besonders 71–72 [3].

VOGEL, Samuel Gottlieb von. Med. — 1764 stud., 1771 Dr. med., 1776 PDoz. Univ. Göttingen; 1776 Arzt in Ratzeburg, 1780 Landphysicus des Fürstentums Ratzeburg, 1783 auch des Herzogtums Lauenburg; 1784 großbrit. Hofmedicus; 1789 o. Prof. Med. Univ. Rostock; 1797 Badearzt am Seebade zu Doberan; 1832 geadelt vom König von Bayern.

*1750, März 14, Erfurt;

†1837, Jan. 19.

Sohn von Rudolph Augustin Vogel (1724–1754).

Bibliogr. Brit. Mus. Gen. Cat. 250 (1964) Sp. 76 (6 Nr.) [3].

Nekr. Crull: In: Neuer Nekr. der Deutschen 15, 1837 (Weimar 1839) 127–131 m. Schr.verz. [3].

Biogr. Adolph Carl Peter Callisen: Medicinisches Schriftsteller-Lexicon 20 (Copenhagen 1834) 205–217, 33 (Altona 1845) 169–172 [3]. — Joh. Stephan Pütter: Versuch einer academischen Gelehrten-Geschichte von der Georg-Augustus-Univ. zu Göttingen 4 (Göttingen 1838) 315–316 m. Schr.Verz. [15]. — Dezeimeris: Dict. hist. méd. 4 (Paris 1839) 347–348 [3]. — Heinr. Rohlfs: Geschichte der deutschen Medizin 2 (Stuttgart 1880) 66–126 m. Schr. u. Lit.Verz. [3]. — Pagel: ADB 40 (1896) 124–125 [3]. — Erich Ebstein: Der Rostocker Prof. S. G. Vogel, ein ausgesprochener Gegner der Naturphilos. Auf Grund eines ungedruckten Briefes [an Hofrat Römer, Rostock, 4. Mai 1811] mitgeteilt: Med. Klinik 15 (1919) 1299–1300 [3]. — Gustav Willgeroth: Die Mecklenburgischen Ärzte von den ältesten Zeiten bis zur Gegenwart (Schwerin 1929) 246–247 m. Bildn. S. 248 [101]. — Gurlt: In: Biogr. Lexikon der hervorragenden Ärzte aller Zeiten u. Völker 2. Aufl. 5 (Berlin, Wien 1934) 782–783 m. Lit.Ang. [3]. — Johannes Biereye: Erfurt in seinen berühmten Persönlichkeiten (Erfurt 1937) 116 [3]. — Walter von Brunn: Große Mecklenburger - Große Deutsche 12: Mecklenburgische Ztg. 1937, Nr. 146 vom 26. 6., 2. Beibl. S. 1 m. Bildn. [1]. — H. Brüning: S. G. Vogel, Vater des deutschen Seebades: Med. Mschr. 6 (1952) 48–50 [3]. — W. Brandenburger: Physikus Dr. S. G. Vogel. Der Vater des deutschen Seebades: Öffentl. Gesundheitsdienst 20 (1958/1959) 107–109 m. Bildn. [101]. — K. F. Hoffmann: S. G. Vogel. Schöpfer des 1. deutschen Seebades: Ärztl. Praxis 14 (1962) 422 [101].

Weitere Lit. Joh. Nep. Rust: (Rusts) Mag. ges. Heilkunde 9 (1821) VII m. Titelbildn. [3]. — O. von Boltenstern: Die Anschauungen über die Wirkungsweise der Seebäder, insbesondere der Ostseebäder, im Wandel der Zeiten: Dtsch. Ärzte-Ztg. 1910, 410–413, 461–466, 483–486, besonders 465 [11]. — Adolf Nizze: Doberan-Heiligendamm (Pritzwalk 1936) 192 S. m. Bildn. u. Faks. S. 10 [101]. — Die Kunst, das menschl. Leben zu verlängern. Dokumente bekannter Ärzte. Autographenausstellung im Foyer der Stadt- u. Landesbibl. Dortmund. Zsstg. Hedwig Gunnemann (Dortmund 1965) 4–5 [60]. — H. K. Hofmeier: Ein Brief des . . . S. G. von Vogel [vom 31. Okt. 1817 an Wilhelm Anton Ficker in Paderborn]: Thorraduran-Ther. 36 (1965) 52–59 m. Abb., Faks., Lit.

III **VOGELSANG, Hermann Peter Joseph.** Geol. — 1863 Dr. phil., 1863–1864 PDoz. Univ. Bonn; 1864 Prof. Polytechn. Delft.

*1838, Apr. 11, Minden;

†1874, Juni 2, Bonn.

Bibliogr. Cat. scient. Papers 6 (1872) 190 (2 Nr.); 8 (1879) 1165–1166 (18 Nr.); 12 (1902) 759 (1 Nr.); 19 (1925) 389 (Biogr.) [3]. — Brit. Mus. Gen. Cat. 250 (1964) Sp. 88 (5 Nr.) [3].

Nekr. von L.: Verh. naturhist. Ver. preuß. Rheinlande u. Westfalens 31 (1874) Corresp. Bl. 109–112 [Ha 2].

Biogr. Th. H. Behrens: Jaarboek Kon. Akad. Wet. Amsterdam **1885**, 142–162 [Ha 2]. – von Gümbel: ADB **40** (1896) 154–155 [3]. – K. A. von Zittel: Gesch. der Geol. u. Paläontol. bis Ende des 19. Jahrhunderts (München, Leipzig 1899) 218, 402, 429, 733 (Gesch. der Wiss. in Deutschland, Neuere Zeit, 23) [3]. – Erich Haarmann: Um das geol. Weltbild (Stuttgart 1935) 2, 3, 76, 82, 87, 91–92 m. Bildn. u. Faks. [3]. – K. Spangenberg: In: Handwörterbuch der Naturwiss. 2. Aufl. **10** (Jena 1935) 307 [3]. – Walter Serlo: Bergmannsfamilien im Rheinland u. Westfalen (Münster **1936**) **93–94** m. Bildn. [14]. – Fossilium Catalogus I: Animalia. Pars 72: K. Lambrecht †, W. et A. Quenstedt: Palaeontologi, Catalogus bio-bibliographicus (s'Gravenhage 1938) 445 [3].

II, III **VOGT,** Carl Christoph. Geol. – 1839 Dr. med. Bern; 1847–1848 Prof. Med. Univ. Gießen; 1852 Prof. Geol., 1872 Prof. Paläontol., Zool. u. Anatomie Akad. Genf.

*1817, Juli 5, Gießen;
†1895, Mai 5, Genf.

Bibliogr. Cat. scient. Papers **6** (1872) 191 (39 Nr.); **8** (1879) 1166–1167 (22 Nr.); **11** (1896) 717 (10 Nr.); **19** (1925) 390–391 (10 Nr.) [3]. – Documents pour servir à l'histoire de l'Université de Genève **3** (1893) 24–28; **4** (1896) 161–169 [Genf]. – Émile Blanchard: Notice sur les travaux de Carl Vogt: C. R. Acad. Sci. Paris **120** (1895) 960–962 [3]. – Brit. Mus. Gen. Cat. **250** (1964) Sp. 106–109 (74 Nr.) [3].

Nekr. Wilhelm Bölsche: Erinnerungen an Karl Vogt: Neue dtsch. Rdsch. (Freie Bühne) **8** (1897) 551–561 [14]. – Ludwig Büchner: Zukunft **11** (1895) 315–319 [3]. – A. Carruccio: Boll. Soc. Romana Studi Zool. **4** (1895) 210–214 [Ha 2]. – G. Cattaneo: Atti Soc. Sci. Nat. geogr. (Genova) **6** (1895) 362–364 [Ha 2]. – J. W. M'Crindle: Scottish Geogr. Mag. **12** (1896) 32 [BPU Genf]. – Piot: Bull. Inst. égyptien (3) **6** (1895) 167–169 [Bibl. Fribourg]. – R. Verneau: L'Anthropologie **6** (1895) 355–356 [Julius-Lips-Inst. Karl-Marx-Univ. Leipzig]. – R. Virchow: Verh. Berliner Ges. Anthropol., Ethnol., Urgesch. **1895**, (349)–(350) [Ha 2]; Nation **12** (1894/1895) 498–500 [3]. – Émile Yung: Rev. scient. (4) **3** (1895) 769–779 [3]. – Boll. Scient. **5** (1895) 128 [Bibl. Veterinaria, Univ. Milano]. – Atti Soc. Naturalisti Modena (3) **14** (1895) XXXVII [Ha 2]. – Gartenlaube **1895**, 362–363 m. Bildn. S. 357 [3]. – Lancet **87** (1895) 1225 [3]. – Die Natur N.F. **21** (1895) 260–261 m. Bildn. [14]. – Leopoldina **31** (1895) 108–109 [Ha 2]. – Mitt. geogr. Ges. Wien **38** (1895) 345 [Ha 2]. – Über Land u. Meer **74** (1895) 688 (m. Bildn.) [14]. – Pharmac. J. [London] **25** (1895) 1023 [7]. – Wiener med. Wschr. **45** (1895) Sp. 946 [3]. – Nature [London] **52** (1895) 34, 108–110 [Ha 2]. – Bull. Soc. Anthropol. Bruxelles **14** (1895/1896) 178–180 [ZB Zürich]. – Geogr. Jahrb. **19**, 1896 (Gotha 1897) 393 [3]. – Bull. Inst. Nat. genevois **34** (1897) 377–384 m. Bildn. [Genf].

Biogr. Beda Weber: Prof. Carl Vogt historisch u. physiologisch geschildert (o. O. 1853) 16 S. [14]. – Gartenlaube **1867**, 148–152 [14]. – Allg. Illustr. Ztg. (Payne) **1868**, 132 m. Bildn. [14]. – Alfred von Wurzbach: Carl Vogt (Wien, Pest, Leipzig 1871) 92 S. m. Titelbildn., Faks. [14]. – Carl Vogt: Aus meinem Leben. Erinnerungen u. Rückblicke (Stuttgart 1896) VI, 202 S. m. Bildn. [14]. – Wilhelm Vogt: La vie d'un homme. Carl Vogt (Paris, Stuttgart 1896) 265 S. m. Titelbildn. u. Bildn. S. 176 [14; 15]. – Ernst Krause: ADB **40** (1896) 181–189 [3]. – Johannes Proelss: Aus Karl Vogts Jugendzeit: Gartenlaube **1896**, 816–819 [14]. – M.: Lebenserinnerungen eines Naturforschers: Gaea **32** (1896) 423–430, 498–500 [Ha 2]. – Walther May: Karl Vogt als Humorist u. Satiriker: Freidenker **25** (1917) 113–115 [19]. – Otto Taschenberg: Das Leben u. die Schriften Carl Vogts. Zur Erinnerung an einen Mann von Charakter: Leopoldina **56** (1920) 10–12, 18–24, 51–54, 57–62, 73–74; **57** (1921) 24 [Ha 2]. – W. Harms in: Handwörterb. der Naturwiss. 2. Aufl. **10** (Jena 1935) 307–308 [3]. – Karl Vogt (Leipzig o. J.) 96 S. m. Titelbildn. (Moderne Klassiker. Dtsch. Literaturgesch. der neueren Zeit in Biogr., Kritiken u. Proben, 49) [3].

Zum 100. Geburtstag M. Kirmße: Affenmenschen: Z. Behandlung Schwachsinniger **38** (1918) 10–17 [3]. – Walther May: Westermanns Mh. **61** (1917) 646–651 m. Bildn. [14]; Naturwiss. **5** (1917) 449–452 [3]; Prometheus **28** (1917) 609–613 [3]; Umschau **21** (1917) 525–529 m. Bildn. [3]; Freie Wort **17**, 1917/18 (1918) 172–178 [15]. – Edmond Perrier: C. R. Acad. Sci. Paris **165** (1917) 129–130 [3]. – Felix Vogt: Bund **68** (1917) Nr. 309, S. 2–3 (5. Juli Abendbl.) u. Nr. 311, S. 2–3 (6. Juli Abendbl.) [UB Bern].

Weitere Lit. E. Desor: Agassiz' geol. Alpenreisen. Dtsch. m. einer topogr. Einl. über die Hochgebirgsgruppen (Frankfurt/M. 1844) 548 S. [3]; 2. Aufl. (1847) XXXVI, 672 S. – Deutsche Flüchtlinge in der Schweiz: Grenzboten Jg 8, Semester II, Bd 4 (Leipzig 1849) 66–76, besonders 67–68 [14]. – Eduard Silesius: Der moderne Materialismus in seiner Nichtigkeit u. Erbärmlichkeit oder: Karl Vogt, der Physiologe der Frankfurter Nationalversammlung, ein für allemal aus dem Tempel der Philosophie hinausgeworfen (Leipzig 1849) 28S. [14]; 2. Aufl. (1849) 32 S. [14]. – Karl Marx: Herr Vogt (London 1860)

VIII, 199 S. [15]; dasselbe: Mit Originaldokumenten von Marx u. Engels im Anh. (Berlin 1953) 439 S. (Bücherei des Marxismus-Leninismus, 38) [14]. — Männer der Zeit **2** (Leipzig 1862) Sp. 634–636 [14]. — In einem Genfer Landhause [Vogt]: Gartenlaube **1867**, 148–152 m. Bildn. [3]. — Virchow u. K. Vogt: Philos. Mh. **2** (1868/69) 425–428 [3]. — Carl Vogt: Politische Briefe an Friedrich Kolb (Biel 1870) 54 S. [BPU Genf]. — Carl Vogt u. seine Vorträge in Klagenfurt: Carinthia **60** (1870) 39–44 [1a]. — Carl Vogt als Politiker: Grenzboten **30**, Sem. 1, 1 (1871) 636–640 [3]. — Lettres politiques de Charles Vogt. Traduit par Alfr. Marchand (Paris 1871) 127 S. [BPU Genf]. — Heinrich Kurz: Gesch. der deutschen Literatur **4** (Leipzig 1872) 942–944 m. Bildn., Faks. [14]. — Georg Friedr. Louis Stromeyer: Erinnerungen eines deutschen Arztes **1** (Hannover 1875) 22; **2** (1875) 87 [3]. — Burschenschaftl. Blätter **9** (1895) 222–224 [3]. — Das schlimme Karlchen: Grenzboten **56**, 1 (1897) 297–303 [3]. — W. Brüning: Lebenserinnerungen eines Darwinisten: Wahrheit (München) **5** (1899) 31–48 [12]. — August Böhm von Böhmersheim: Geschichte der Moränenkunde (Wien 1901) 81, 84, 86, 87, 90, 98, 122, 144 (Abh. Geogr. Ges. Wien 3, 4) [3]. — Aus der Geschichte des Sozialismus. J. B. von Schweitzer gegen Karl Vogt (1859): Documente Socialismus **1** (1902) 289–294 [15]. — Robert von Mohl: Lebens-Erinnerungen 1799–1875 **2** (Stuttgart, Leipzig 1902) 38, 51, 53, 54, 82 [3]. — Heidelberger Prof. aus dem 19. Jahrhundert. Festschr. der Univ. zur Zentenarfeier ihrer Erneuerung **2** (Heidelberg 1903) 430, 465 [3]. — B. Reber: Ein Beitr. zur Kenntnis der freundschaftl. Beziehungen Liebigs: Mitt. Gesch. Med. u. Naturwiss. **6** (1907) 497–502 [3]. — 1814–1914. Genève suisse, le livre du centenaire (Genève **1914**) 140–143 m. Bildn. 142/143 [BPU Genf]. — Johannes Jung: Karl Vogts Weltanschauung. Ein Beitr. zur Gesch. des Materialismus im 19. Jahrhundert (Paderborn 1915) XIII, 126 S. (Phil. Diss. Univ. Würzburg 1914) [14]. — Heinr. Cunow: Zum Streit zwischen Karl Marx u. Karl Vogt: Die neue Zeit **37**, 1 (1919) 620–624; Die Marxsche Klassenkampftheorie: ebda **37**, 2 (1919) 267–274, 297–304 [14]. — Der Geist der Paulskirche. Hrsg. W. Petzet u. O. E. Sutter (Frankfurt 1923) 372; Bildn. m. Faks. 336 [14]. — Ferdinand Lassalle: Nachgelassene Briefe u. Schriften. Hrsg. von Gustav Mayer **2** (Stuttgart, Berlin 1923) 219, 225; **3** (1922) 15–18; **4** (1924) 283–285, 287–290, 314–317 u. öfter; **5** (1925) 36; **6** (1925) 421 [3]. — Elise Hirschmann: Karl Vogt als Politiker (Diss. phil. Univ. Frankfurt/M.) Auszug [1926] 2 S. [101]. — Conrad Keller: Lebenserinnerungen eines schweizer Naturforschers (Zürich, Leipzig 1928) 103, 105–108 [3]. — Edouard Chapuisat: Le portefeuille de Carl Vogt. Lettres inédites de Broca, Fol, Klapka, Milne-Edwards: Bull. Inst. nat. genévois **49** (1932) 65–237 [BPU Genf]. — Georg Lehnert: Carl Vogts Enthebung von seiner Gießener Professur 1849: Nachr. Gießener Hochschulges. **9**, 1 (1932) 46–52 [3]. — Fossilium Catalogus I: Animalia. Pars 72: K. Lambrecht †, W. et A. Quenstedt, Palaeontologi, Catalogus bio-bibliographicus (s'Gravenhage 1938) 445–446 [3]. — Hermann Misteli: Carl Vogt. Seine Entwicklung vom angehenden naturwiss. Materialisten zum idealen Politiker der Paulskirche (1817–1849) (Zürich 1938) 244 S. (Phil. Diss. Bern) [UB Bern]. — Erich Winguth: „Herr Vogt" u. die demokrat. Erneuerung: Einheit **2** (1947) 214–215 [3]. — Das Greifenbüchlein **3**. Ein Almanach auf das Jahr **1948** (Rudolstadt o. J.) 112 [3]. — H. Buess: Schweizer als Forscher, Entdecker u. Erfinder. Hrsg. von Ciba AG (Basel o. J.) 65–66 m. Bildn., Schr.- u. Lit.Verz. [101]. — Dieter Wittich: Zur Gesch. u. Deutung des Materialismus von Karl Vogt, Jakob Moleschott u. Ludw. Büchner: Wiss. Z. Univ. Berlin. ges.- u. sprachwiss. R. **12** (1963) 389–402 [3].

Bildn. J. Meyer: Deutsche Parlaments-Chronik **2** (Hildburghausen 1848) 388. — Illustr. Ztg., Leipzig **11** (1848) 349; **12** (1849) 361; **50** (1868) 89, 91; **104** (1895) 573–576 [14]. Nord u. Süd **33** (1885) vor S. 143 [14]. — Phoenix **1895**, 161. — Wilhelm Bölsche: In: Das 19. Jahrhundert in Bildn. **2** (Berlin 1899) 267–269, Bildn. Nr. 197 [3]. — Das Karl-Vogt-Denkmal in Genf, modelliert von A. de Niederhäusern: Illustr. Ztg., Leipzig **112** (1899) 408 m. Abb. [14]. — Weltall **4** (Berlin, Leipzig 1904) 325 [14]. — Bernard Müller: Bilderatlas zur Gesch. der Stadt Frankfurt/M. (Frankfurt 1916) 96, 98 [101]. — Fried Lübbecke: Frankfurt/M., Werkstatt deutscher Einheit (Frankfurt 1938) 40 m. Faks. [101]. — Aus der Paulskirche. Die 1. deutsche Nationalversammlung . . . 1848 (Berlin 1948) 76–78, 80, 124 [14]. — Festschr. 350-Jahrfeier Ludwigs-Univ. Justus-Liebig-Hochschule 1607–1957 (Gießen 1957) 320 [Ha 2]. — Bildn. der Büste vor der Univ. Genf: Gießener Hochschulbl. **7** (1959) Nr. 3, S. 6–7 [Ha 2].

VOIGT, Johann Heinrich. Astron. — Stud. Math. in Erfurt; 1641 Lehrer in Holstein; 1651 schwed. Mathematiker u. Astron. in Stade; 1675–1680 Schulinspektor in Hamburg; seit 1680 wieder in Stade.
*1613, Juni 29, Rudolstadt;
†1691, Febr. 17, Stade.

Lit. Franz Wolpman: Die in ihrer Unruhe gestillete Seele Davids, welche bey . . . Beerdigung des Johann Henrich Voigten . . . vorgestellt . . . (Stade 1691) [14]. — Wilhelm Schur: Beitr. Gesch. Astron. Hannover. In:

Festschr. zur Feier des 150jähr. Bestehens Ges. Wiss. Göttingen (Berlin 1901) 99 [15]. – Brit. Mus. Gen. Cat. **250** (1964) Sp. 165–166 (11 Nr.) [3].

Bildn. Ölbild von Jurian Jacobs (1630–1663) ist in der Kunsthalle in Hamburg.

VOIGT, Johann Heinrich. Physik, Astron. — 1774–1789 Lehrer Gymnas. Gotha; 1789 Dr. phil. Univ. Jena; 1789 Prof. Math., 1802 auch Prof. Physik Univ. Jena.

*1751, Juni 27, Gotha;

†1823, Sept. 6, Jena.

Bibliogr. Brit. Mus. Gen. Cat. **250** (1964) Sp. 166 (4 Nr.) [3].

Briefe Goethes Autographen-Sammlung (Weimar 1961) 242, Nr. 1761 (Brief an Johann Abraham Albers, Jena, 9. Febr. 1807); 243, Nr. 1762 (Brief an Johann Wolfgang von Goethe, Jena, 19. Sept. 1808) [3]. – Briefwechsel des Herzogs-Großherzogs Carl August mit Goethe. Hrsg. von Hans Wahl **3** (Berlin 1918) siehe Reg. S. 482 [3].

Biogr. Johannes Günther: Lebensskizzen der Prof. der Univ. Jena von 1558 bis 1858 (Jena 1858) [3]. – W. Heß: ADB **40** (1896) 403 [3]. – Armin Tille: Thüringen in der Heimat u. i nder Fremde: Thür. Fähnlein **4** (1935) Beil. **1** (1935) F. **1**, S. 7–9 [32]. – Otto Knopf: Die Astron. an der Univ. Jena von der Gründung der Univ. im Jahre 1558 bis zur Entpflichtung des Verf. (Jena 1937) 109–112 (Z. Ver. Thür. Gesch. u. Altertumskunde N.F., Beih. 19) [3]. – Fossilium Catalogus I: Animalia Pars 72: K. Lambrecht†, W. et A. Quenstedt, Palaeontologi, Catalogus bio-bibliographicus (s'Gravenhage 1938) 446 [3].

II **VOIGT,** Johann Karl Wilhelm. Geol., Mineral. — 1773–1775 stud. Rechte Univ. Jena, 1776 Bergwiss. Bergakad. Freiberg; 1785 Bergsekretär in Weimar; 1789 Bergrat in Ilmenau.

*1752, Febr. 20, Allstädt;

†1821, Jan. 1, Ilmenau.

Bibliogr. Cat. scient. Papers **6** (1872) 194 (6 Nr.) [3]. – Brit. Mus. Gen. Cat. **250** (1964) Sp. 163–164 (17 Nr.) [3].

Werke J . K. W. Voigt: Beantwortung der Preißfrage. Was ist der Basalt? Ist er vulkanisch oder ist er nicht vulkanisch? Welche das Accessit erhalten hat: Mag. für die Naturkunde Helvetiens **4** (1789) 213–232 [Ha 2]. – J. C. W. Voigt: Mineralogische Reise nach den Braunkohlenwerken u. Basalten in Hessen wie auch den Schieferkohlenwerken des Unterharzes (Weimar 1802) VIII, 238 S. [14].

Biogr. Johann Georg Meusel: Das gelehrte Teutschland **9** (Lemgo 1827) 245 [3]. – Briefe an Johann Heinrich Merck von Goethe, Herder, Wieland u. andern bedeutenden Zeitgenossen. Hrsg. von Karl Wagner (Darmstadt 1835) 322–323 [3]. – Gümbel: ADB **40** (1896) 205 [3]. – W. von Seidlitz: In: Handwörterbuch der Naturwiss. 2. Aufl. **10** (Jena 1935) 308 [3]. – W. Serlo: Männer des Bergbaus (Berlin 1937) 151 [3]. – Fossilium Catalogus I: Animalia. Pars 72: K. Lambrecht†, W. et A. Quenstedt, Palaeontologi, Catalogus bio-bibliographicus (s'Gravenhage 1938) 446 [3].

Weitere Lit. K. C. von Leonhard: Aus unserer Zeit in meinem Leben **1** (Stuttgart 1854) 100, 371 [3]. – H. Proescholdt: Gesch. der Geol. in Thür. (Progr. Realsch. Meiningen) (Meiningen 1881) 23 [3]. – Archibald Geikie: The founders of geology (London 1897) 122 [3]. – K. A. von Zittel: Gesch. der Geol. u. Paläontol. bis Ende des 19. Jahrhunderts (München, Berlin 1899) 87, 91, 117, 201, 362, 403, 449 [3]. – Eduard Gassenmeyer: Die Lehre von der Basaltbildung in ihren geol. u. geogr. Konsequenzen bis auf A. G. Werner (1787) u. seine Schule (Diss. TH München) (Nürnberg 1908) 21–23, 52, 53, 55 [3]. – Briefwechsel des Herzogs-Großherzogs Karl August mit Goethe. Hrsg. von Hans Wahl. **1–3** (Berlin 1915–1918) passim [3]. – Bruno von Freyberg: Die geol. Erforschung Thüringens in älterer Zeit (Berlin 1932) passim, Bildn. S. 72 [3]. – Herbert Reh: Überblick über die Gesch. der geol. Erforschung Thür.: Thüringer Heimat **3** (1958) 71 m. Bildn. [3].

III–V **VOIGT,** Woldemar. Physik. — 1868–1870 stud. Univ. Leipzig, 1871 Univ. Königsberg; 1874 Dr. phil. Univ. Königsberg (bei Franz Neumann); 1875 hab. Univ. Leipzig, dann Schuldienst Nikolaischule Leipzig; 1875–1883 ao. Prof. Univ. Königsberg; 1883–1914 o. Prof. Univ. Göttingen.

*1850, Sept. 2, Leipzig;

†1919, Dez. 13, Göttingen.

Bibliogr. Brit. Mus. Gen. Cat. **250** (1964) Sp. 173–174 (9 Nr.) [3].

Nekr. C. Runge: Nachr. Ges. Wiss. Göttingen, Geschäftl. Mitt. **1920**, 46–52 [Ha 2]; Physik. Z. **21** (1920) 81–82 m. Bildn., Faks. [15]. – A. Sommerfeld: Jahrb. Bayer. Akad. Wiss. **1919** (1920) 83–84 [Ha 2]. – Nachr. aus dem geist. u. künstlerischen Leben Göttingens 1919/20, Nr. 9/10, S. 121–123 [7]. – Proc. Roy. Soc. London A **99** (1921) XXIX–XXX.

Biogr. Paul Julius Möbius: Über die Anlage zur Math. (Leipzig 1900) 132 m. 2 Bildn. 133, 172 [14]. — Die Physikal. Inst. der Univ. Göttingen. Festschr. im Anschluß an die Einweihung der Neubauten am 9. Dez. 1905 (Leipzig, Berlin 1906) 37–43 [3]. — Richard Meyer: Victor Meyer (Leipzig 1917) 459 m. Bildn. S. 199 [3]. — Max Arnim: Autorenverzeichn. zu den Veröff. der Ges. Wiss. Göttingen 1751–1927 (Göttingen 1928) 297–299 [3]. — K. Spangenberg: In: Handwörterb. der Naturwiss. 2. Aufl. **10** (Jena 1935) 308–309 [3]. — Walther Gerlach: In: Geist u. Gestalt. Biogr. Beitr. zur Gesch. Bayer. Akad. Wiss. **2** (München 1959) 102, 103, 120 [3].

Zum 100. Geburtstag K. Försterling: Naturwiss. **38** (1951) 217–221, 532 [3].

Zum 50. Todestag M. Päsler: Einiges aus der Gesch. der Kristallkunde: Physik. Bl. **25** (1969) 542–546 [15].

Bildn. Max Voit: Bildn. Göttinger Prof. aus 2 Jahrhunderten (1737–1937) (Göttingen 1937) Nr. 183 [101].

VOIGTLÄNDER, Optiker-Familie, deren Mitglieder sind:

1)II Johann Christoph V. (1732–1797);
2)II Johann Friedrich V. (1778–1859), Sohn von 1);
3)II, III Peter Wilhelm Friedrich V. (1812–1878) Sohn von 2);
4) Friedrich Wilhelm V. (1846–1924), Sohn von 3).

Lit. F. X. M.: Friedrich Wilhelm von Voigtländer: Photogr. Correspondenz **2** (1865) 311–315 m. 1 photogr. Bildn. [UB Wien]. — A. Thieme: Die Heimstätten der modernen Industrie. 3. Die opt. Anst. von Voigtländer u. Sohn in Braunschweig: Prometheus **8** (1897) 209–212, 229–231, 241–245 [Ha 2]. — Bruno Buchwald: Voigtländer: Plutus (Krit. Wschr. Volkswirtsch. u. Finanzwesen) **7** (1910) 80–82 [11]. — H. Harting: Zur Gesch. der Familie Voigtländer, ihrer Werkstätten u. ihrer Mitarbeiter: Zentral-Ztg. Opt. Mech. **45** (1924) 166, 168, 170 (m. 4 Bildn.), 241–242, 254–256 [101]. — Josef Maria Eder: Gesch. der Photogr. 4. Aufl. **1**, 1 (Halle 1932) 392–394 m. 4 Bildn. [3]. — Erich Stenger: 100 Jahre Photogr. u. das Deutsche Museum in München: Z. VDI **83** (1939) 509–513 m. 8 Abb., 2 Bildn. [101]. — W. Rentzsch: Dem Wiener Optiker Voigtländer . . .: Süddtsch. Optikerztg. 8 (1953) 223 [101]. — 200 J. Voigtländer Firmenjubiläum des ältesten feinmech.-opt. Werkes der Welt: Augenoptiker **11** (1956) Nr. 9 S. 25 m. 2 Bildn. [101]. — Beweis deutscher Phototradition. 200 J. Voigtländer: Phototechn. **7** (1956) 394–396 m. 8 Abb. [101]. — 200 J. Voigtländer: Allg. Vermessungsnachr. **1956**, 235–236 [89]; Photogr. Korrespondenz **92** (1956) 155–156 [UB Wien].

II **VOIGTLÄNDER,** Johann Christoph. Opt., Mechan. — Bei seinem Vater erlernte er das Tischlerhandwerk u. ging 1755 auf Wanderschaft über Prag nach Wien, wo er sich 1756 selbständig machte u. eine feinmechanische u. optische Werkstätte begründete. Er war der erste, der einen eigenen Hobel für Metalle entwickelte, u. viele feinmechanische Geräte herstellte (Kreisteilmaschinen, Astrolabien u. Quadranten).

*1732, Nov. 19, Leipzig;
†1797, Juni 27, Wien.

Todesjahr ist nicht 1779, wie in Pogg. II angegeben wurde.

Genealog. Ilse Erdmann: Vom Mechanicus J. Chr. Voigtländer in Wien zur Voigtländer AG in Braunschweig. Eine kurzgefaßte Familiengeschichte unter besonderer Berücksichtigung der Familie Voigtländer zusammengest.: Tradition **7** (1962) 12–22 m. 2 Bildn., 5 Abb., 2 Faks. Briefe von Metternich [Wien, 28. Dez. 1829] u. von Gauß [Göttingen, 21. Okt. 1839] [101].

Biogr. Österr. National-Encyklopädie **5** (1837) 580–581 [14]. — C. von Wurzbach: Biogr. Lexikon des Kaiserthums Österreich **51** (Wien 1885) 234–235 [3]. — Günther: ADB **40** (1896) 214–215 [3]. — Illustr. Ztg., Leipzig **179** (1932) 575 m. Bildn. [15]. — Franz Maria Feldhaus: Männer deutscher Tat (München 1934) 205–206, Bildn. S. 207 [101].

Zum 200. Geburtstag F. M. Feldhaus: Opt. Rdsch. **23** (1932) 773–774 m. Bildn. [101]; Camera (Luzern) **11** (1932/1933) 291–293 m. Bildn. u. Abb. [101]; Reproduktion **4** (1933) 17–18 m. Bildn. [101]. — Stenger: VDI-Nachr. **12** (1932) Nr. 46, S. 3 [101].

Weitere Lit. Die Voigtländersche opt. Werkstätte u. ihre Umwelt: Z. Instrumentenkunde **45** (1925) 436–454, 470–483 [101]. — Charles Frederique: The house of Voigtländer: Amer.-German Rev. **21** (1954/55) Nr. 5, S. 18–21 [7]. — Bild u. Ton **9** (1956) 340–341 (m. Bildn.) [101].

II **VOIGTLÄNDER,** Johann Friedrich. Opt. — Zuerst Geselle beim Vater, dann auf Wanderschaft (1801 in Berlin, 1803 in Stuttgart), 1805 über Frankfurt u. Bremen nach London; 1806 wieder in Wien, dort 1807 Gründung einer eigenen Werkstätte zur Herstellung opt., mech. u. math. Instrumente; 1815 erhielt er ein kaiserliches Privileg, periskopische Brillen zu schleifen u. zu verkaufen, 1823 das für die Herstellung des „doppelten Theaterperspektivs" (Opernglas); 1837 trat er die Firma an seinen Sohn Peter Wilhem Friedrich ab, seit 1839 unter dem Namen Voigtländer u. Sohn.

*1779, Mai 21, Wien;

†1859, März 28, Wien.

Jüngster Sohn von Johann Christoph Voigtländer.

Lit. S. Günther: ADB **40** (1896) 215 [3]. — Moritz von Rohr: Beitr. Gesch. der engl. Optiker in der 1. Hälfte des 19. Jahrhunderts: Central-Ztg. Opt. Mech. **49** (1928) 186–189 m. Bildn. S. 187 [1a]. — Erich Stenger: Voigtländers Metallkamera von 1841: Z. wiss. Photogr., Photophysik, Photochem. **30** (1931) 209–216 m. 2 Bildn., 5 Abb. [101].

II,III **VOIGTLÄNDER,** Peter Wilhelm Friedrich Ritter von. Opt. — 1826 stud. Polytechn. Wien; 1837 Gesellschafter, seit 1839 Inhaber der väterl. Firma in Wien; 1849 Begründung einer Firma in Braunschweig (die in Wien wird 1866 aufgelöst). Das 1840 von Petzval berechnete Photoobjektiv wurde von ihm gebaut u. zugleich die erste Metallkamera der Welt. 1866 geadelt u. 1868 in den erbl. Ritterstand erhoben.

*1812, Nov. 17;

† 1878, Apr. 8, Braunschweig.

Einziger Sohn von Johann Friedrich Voigtländer.

Bibliogr. Cat. scient. Papers **6** (1872) 194 (1 Nr.) [3].

Biogr. C. von Wurzbach: Biogr. Lexikon des Kaiserthums Österreich **51** (Wien 1885) 235–238 m. Lit.Verz. [3]. — Günther: ADB **40** (1896) 215–216 [3]. — Kurt Brüning u.a.: Große Männer Niedersachsens: Niedersachsen. Gestalten u. Zeiten **9/10** (Hannover o. J.) 29 [101].

Weitere Lit. Gustav Heine: Wiener Fremdenbl. **1868,** Nr. 122, S. 1–2, Beil. [UB Wien]. — Allg. Illustr. Ztg. (Payne) **1868,** 188 m. Bildn. S. 185 [14]. — Wilh. Franz Exner: Weltausstellung 1873 in Wien: Beitr. Gesch. der Gewerbe u. Erfindungen Österreichs Reihe **1** (Wien 1873) 513–514 [14]. — Friedrich Ritter von Voigtländer. Biogr. Skizze (Braunschweig 1874) 4 S. m. Bildn. (Aus: Biogr. Lexikon der Wiener Weltausstellung 1873) [TH Wien]. — Erich Stenger: 175 J. Voigtländer: Satrap **7** (1931) 169–178 m. 8 Abb. [101]. — Josef Maria Eder: Gesch. der Photogr. 4. Aufl. (Halle 1932) 392–393, Bildn. u. Medaille [101]. — Photo-Kino-Amateur (Luzern, Zürich) **6** (1949) 145 [ZB Luzern]. — 200 Jahre Voigtländer: Foto-Prisma [Düsseldorf] **7** (1956) 485–486 m. Bildn., 2 Abb. [101]. — Wolfg. Baier: Quellendarst. zur Gesch. der Fotogr. (Leipzig 1965) 132, 135, 137, 285, 286, 481, 483 m. Bildn. S. 579 [3].

VOIGTLÄNDER, Friedrich Wilhelm Ritter von. Opt. — Vom 1. Okt. 1876 ab bis zur Umwandlung des väterlichen Geschäfts in eine AG 1898 alleiniger Inhaber, dann Vorsitzender des Aufsichtsrats.

*1846, März 7, Wien;

†1924, Dez. 1, Braunschweig.

Sohn von Peter Wilhelm Friedrich Voigtländer.

Lit. H. Harting: Zentral-Ztg. Opt. Mech. **45** (1924) 313–314 m. Bildn. [101]. — Vor 30 J. starb der letzte Voigtländer: Augenoptiker **11** (1956) Nr. 12, S. 12 [101].

VOIT, Carl von. Physiol. — 1848 stud., 1854 Dr. med., 1857 PDoz., 1860 ao. Prof., 1863 o. Prof. Physiol. Univ. München.

*1831, Okt. 31, Amberg;

†1908, Jan. 31, München.

Bibliogr. Cat. scient. Papers **6** (1872) 194 (9 Nr.); **8** (1879) 1168–1169 (36 Nr.); **11** (1896) 719–720 (15 Nr.); **12** (1902) 759 (2 Nr.); **19** (1925) 396 (25 Nr.) [3]. — Alm. Bayer. Akad. Wiss. **1884,** 350–355; **1890,** 137–138; **1897,** 190–191; **1901,** 248 [3]. — Richard Kukula: Bibliogr. Jahrb. der dtsch. Hochschulen 2. Aufl. (Innsbruck 1892) 960–962, Erg.-H. 1 (1893) 252 [3]. — Brit. Mus. Gen. Cat. **250** (1964) Sp. 192–193 (11 Nr.) [3].

Nekr. Wilhelm Bersch: Wiener landwirtsch. Ztg. **58** (1908) Nr. **14,** 129–131 m. Bildn. [UB Wien]. — Boruttau: Dtsch. med. Wschr. **34** (1908) 340–341 m. Bildn. [3]. — W. Camerer: Med. Corresp.-Bl. württ. ärztl. Landesver. **78** (1908) 361–365 [24]. — Arnold Durig: Wiener klin. Wschr. **21** (1908) 261–262 [3]. — Alm. Akad. Wiss. Wien **58** (1908) 304–305 [Ha 2]. — E. J. Lesser: Naturwiss. Rdsch. **23** (1908) 180–183 [15]. — F. Müller: Med. Klinik **4** (1908) 337–339 m. Bildn. [3]. — Max Schreuer: Dtsch. med. Presse **12** (1908) Nr. 5 vom 7. 3., S. 33–34 [11]. — Franz von Soxhlet: TH München. Bericht über 1907–1908, Anh. 4 (München 1909) 1 Bl. [14]. — E. Wiener: Wiener klin. Rdsch. **22** (1908) 139–140 [3]. — Otto Frank: Carl von Voit. Gedächtnisrede in: Festreden der Bayer. Akad. Wiss. (München 1910) 32 S. m. Schr. Verz. 28–32 [12]. — O. Krummacher: Biogr. Jahrb. Dtsch. Nekrolog **13,** 1908 (Berlin 1910) 3–15 m. Schr.Verz. u. 2 Lit.Ang. [3].

Biogr. Jubelband zu Ehren von C. Voit. Zur Feier seines 70. Geburtstages gewidmet von seinen Schülern (München, Berlin 1901) VII, 709 S. m. Titelbildn. (Z. Biol. N.F. **24** (1901) [3]. — Max Cremer: Zum 70. Geburtstage von Carl von Voit: Münchener med. Wschr. **48** (1901) 1751–1754 m. Bildn. u. Faks. [3]. — Illustr. Ztg., Leipzig **117** (1901) 636–637 m. Bildn. [14]. — Allg. Ztg., Beil. **1906**, Nr. 253, S. 214 [3]. — Graham Lusk: Ann. med. Hist. N.S. **3** (1931) 583–594 m. 5 Bildn. u. 2 Abb. [1]; Münchener med. Wschr. **79** (1932) 1573–1575 m. 2 Bildn. [3]. — Flößner: In: Handwörterb. der Naturwiss. 2. Aufl. **10** (Jena 1935) 309 [3]. — Geist u. Gestalt. Biogr. Beitr. Gesch. Bayer. Akad. Wiss. **2** (München 1959) 220, 221, 232, 241, 242, 243, 245; **3** (1959) Abb. Nr. 139 [3].

Weitere Lit. Aug. Guckeisen: Die neuesten Ernährungsgesetze nach von Pettenkofer u. Voit. 3 Vortr. . . . (Köln 1878) 72 S. [15]. — Jacob Moleschott: Für meine Freunde. Lebens-Erinnerungen (Gießen 1894) 92 [Ha 2]. — Karl von Voit u. das Münchener physiol. Inst. In: Louise von Kobell: Münchener Porträts, nach dem Leben gezeichnet (München 1897) 23–31 [14]. — Lichtenfelt: Die Geschichte der Ernährung (Berlin 1913) 8–9 [3]. — E. Sluiter: Voeding (Den Haag) **15** (1954) 277–279 m. Bildn. [1]. — Walter Dreßler: Dtsch. Schwesternztg. **10** (1957) Nr. 1, S. 13–14 m. Bildn. [101]. — Edith Heischkel-Artelt: C. von Voit als Begründer der modernen Ernährungslehre: Ernährungs-Umschau (Frankfurt/M.) **10** (1963) 232–234 [292].

Bildn. Alexander Heilmeyer: Die moderne Plastik in Deutschland (Bielefeld, Leipzig 1903) 16, Abb. 22 [14]. — Meyers Konservationslexikon Suppl. Bd. **24** (1911/12) 734. — Reclam. Praktisches Wissen (Leipzig 1927) 434 [14]. — Die Entwicklung des deutschen Gesundheitswesens. Kulturhist. Schau über 100 Jahre. Internat. Hygiene-Ausstellung Dresden 1930/31 (Berlin 1931) 56 [101]. — Münchener med. Wschr. **80**, II (1933) 1658 [14]. — Fritz Lange: Die Sprache des menschl. Antlitzes (München 1937) 80 [14]. — Jahrb. Bayer. Akad. Wiss. **1962**, vor S. 129 [Ha 2].

II **VOITH,** Ignaz Edler von. Geol. — 1808–1829 bayer. Oberst-Bergrat; seit 1820 auch Dir. der königl. Gewehrfabr. in Amberg.

*1759, März 1, Winklarn, Oberpfalz;

†1848, Febr. 11, Regensburg.

Bibliogr. Brit. Mus. Gen. Cat. **250** (1964) Sp. 194 (3 Nr.) [3].

Biogr. Johann Georg Meusel: Das gelehrte Teutschland **9** (Lemgo 1827) 254–255 [15]. — von Gümbel: ADB **40** (1896) 222–223 [3]. — Fossilium Catalogus I: Animalia. Pars 72: K. Lambrecht †, W. et A. Quenstedt, Palaeontologi, Catalogus bio-bibliographicus (s'Gravenhage 1938) 446 [3].

Weitere Lit. K. A. von Zittel: Gesch. der Geol. u. Paläontol. bis Ende des 19. Jahrhunderts (München, Leipzig 1899) 125, 525 [3]. — Friedrich von Müller: Lebenserinnerungen (München 1953) 45–46, 58–59 u. öfter [Ha 2].

II–IV **VOLGER,** Georg Heinrich Otto (genannt: Senckenberg). Geol., Mineral. — 1845 Dr. phil., 1846 PDoz. Univ. Göttingen; 1849 Lehrer Naturgeschichte in Muri/Aargau; 1851–1856 PDoz. Univ. Zürich; 1856–1860 Prof. Geol. am Senckenbergschen Inst. Frankfurt/M.; 1859 Gründer u. bis 1881 Obmann des „Freien Deutschen Hochstifts" Frankfurt/M.; 1881 i. R., seit 1892 auf seiner Warte Sonnenblick bei Sulzbach lebend.

*1822, Jan. 30, Lüneburg;

†1897, Okt. 18, Sulzbach im Taunus.

Bibliogr. Cat. scient. Papers **6** (1872) 196–197 (29 Nr.); **12** (1902) 759 (2 Nr.); **19** (1925) 398 (8 Nr.) [3]. — Brit. Mus. Gen. Cat. **250** (1964) Sp. 234–235 (21 Nr.) [3].

Nekr. Ernst Blumenthal: Ber. Senckenberg. naturforsch. Ges. Frankfurt/M. **1897–1898** (1898) V [Ha 2]. — A. Hill: Illustr. Ztg., Leipzig **109** (1897) 609 m. Bildn. [14]. — Nature [London] **57** (1898) 12–13 [Ha 2]. — Leopoldina **33** (1897) 160–161 [Ha 2].

Weitere Lit. Fr. Mohr: Dr. Otto Volgers neue Theorie des Quell- u. Bodenwassers: Gaea **14** (1878) 378–388 [Ha 2]. — Julius Sonntag u. Konrad Jarz: Beitrag zu Dr. O. Volgers neuer Quellenlehre: ebda **16** (1880) 320–336; **17** (1881) 457–465 [Ha 2]. — Alexander von Bernus: Ansprache bei der Enthüllung der Volger-Tafel . . . Nov. 1934 zur Feier des 75jährigen Bestehens des Freien Deutschen Hochstifts (Halle 1935) 11–26 m. Titelbildn. (Relief) [14].

III–V **VOLHARD,** Jacob. Chem. — 1855 Dr. phil. Univ. Gießen; 1863 Doz., 1869 ao. Prof. Univ. München; 1879 o. Prof. Univ. Erlangen; 1882–1908 o. Prof. Univ. Halle.

*1834, Juni 4, Darmstadt;

†1910, Jan. 14, Halle.

Bibliogr. Cat. scient. Papers **6** (1872) 197 (3 Nr.); 8 (1879) 1170 (5 Nr.); **11** (1896) 720

(11 Nr.); **19** (1925) 398 (25 Nr.) [3]. – Brit. Mus. Gen. Cat. **250** (1964) Sp. 238 (2 Nr.) [3].

Nekr. Karl von Buchta: Mitt. Gesch. Med. Naturwiss. **10** (1911) 143–144 [3]. – J. Thiele: Liebigs Ann. Chem. **372** (1910) Beih. 1–17 m. Bildn. u. Faks. [3]. – C. Tubandt: Chemiker-Ztg. **34** (1910) 73 m. Bildn. [3]; Naturwiss. Rdsch. **25** (1910) 181–183 [15]. – D. Vorländer: Leopoldina **46** (1910) 45–48 m. Bildn. [Ha 2]; Z. angew. Chem. **23** (1910) 337–340 m. Bildn. u. Faks. [15]. – Landw. Versuchs-Stationen **72** (1910) 318–319 [Ha 2].

Biogr. Witte: Apotheker-Ztg. **19** (1904) 401–402 [1]. – D. Vorländer: Ber. Dtsch. chem. Ges. **45**, 2 (1912) 1854–1902 m. Bildn. u. Faks., Schr.Verz. [3]. – F. Henrich: In: Handwörterb. der Naturwiss. 2. Aufl. **10** (Jena 1935) 309 [3]. – Wolfgang Langenbeck: J. V., ein Altmeister der Chem. In: 450 Jahre Martin-Luther-Univ. Halle-Wittenberg **2** (Halle 1952) 475–484 m. 2 Bildn., 1 Faks., 1 Abb. der Büste Volhards Taf. 27 [101].

Weitere Lit. Luise von Kobell: Unter den 4 ersten Königen Bayerns **2** (München 1894) 188 [3]. – Emil Fischer: Aus meinem Leben (Berlin 1927) 61, 79, 80, 90, 92 (E. F., Gesammelte Werke, 1) [3]. – J. V. als Historiker: Dtsch. Chemiker **2** (1936) 67 [Beil. Angew. Chem. **49** (1936)] [101]. – Rudolf Pummerer: In: Geist u. Gestalt. Biogr. Beitr. Gesch. Bayer. Akad. Wiss. **2** (München 1959) 153, 160, 161, 171 [3].

VOLKAMER, Familie aus Lobenstein, im 16. Jahrhundert in Nürnberg ansässig geworden.

Lit. Herm. Schöppler: Die Nürnberger Gelehrtenfamilie Volkamer: Sudhoffs Arch. Gesch. Med. **4** (1911) 80–84 m. 2 Bildn. [3]. – (F. Klocke): Münchener Kalender **1930** m. Abb. des Wappens neben „Dezember" [101].

II **VOLKAMER** (Volckamer), Johann Georg I. Med. — Stud. in Jena u. Altdorf; 1643 Dr. med. Univ. Altdorf; seit 1643 prakt. Arzt in Nürnberg; 1676 Mitgl., 1688 3. Präsident der Leopoldina.

*1616, Juni 9, Nürnberg;
†1693, Mai 17, Nürnberg.

Bibliogr. Brit. Mus. Gen. Cat. **250** (1964) Sp. 218–219 (19 Nr.) [3].

Nekr. Andreas Unglenck: Die Glaubens-Freud in Gott gibt Trost in Noth u. Tod. Erklärt aus dem 73. Psalm, vers 28, als Herr D. Johann Volkamer in der Erden Mutter Schoß eingesencket wurde [Leichenpredigt] (Nürnberg 1694) 60 S.; Personalia S. 46–58 [75].

Biogr. Johann Jacob Baier: Biographiae professorum medicinae qui in Academia Altdorfina unquam vixerunt (Norimbergae et Altorfii 1728) 61, 63, 64 [3]. – Johann Gabriel Doppelmayr: Histor. Nachricht von den Nürnbergischen Mathematicis u. Künstlern (Nürnberg **1730**) 108–110 [3]. – Christian Gottlieb Jöcher: Allg. Gelehrten-Lexicon **4** (Leipzig 1751) 1700–1701 [3]. – Andreas Elias Büchner: Academiae Sacri Romani Imperii Leopoldino-Carolinae Naturae Curiosorum Historia (1755) 115–117, 209–214, 385 [Ha 2]. – Georg Andreas Will: Nürnbergisches Gelehrten-Lexicon **4** (Nürnberg-Altdorf 1758) 121–125 Teil-Schr.Verz. [3]. – Biographie universelle, ancienne et moderne **49** (Paris 1827) 432 [3]. – Günther: ADB **40** (1896) 225–226 [3]. – Sigm. Günther, in: Altes u. Neues aus dem Pegnesischen Blumenorden **3** (Nürnberg 1897) 141–161 [75]. – Hans Kirste: Joh. Georg Volkamer, der Vater u. Sohn, u. Gottfried Thomasius, drei hervorragende Ärzte Alt-Nürnbergs: Jber. Ver. Gesch. Nürnberg **49** (1926) 36–37 [3]. – Gurlt, in: Biogr. Lexikon hervorragender Ärzte aller Zeiten u. Völker 2. Aufl. **5** (Berlin, Wien 1934) 796 [3].

Weitere Lit. A. Philippe: Gesch. der Apotheker bei den wichtigsten Völkern der Erde. Aus dem Französ. übersetzt von Herm. Ludwig 2. Aufl. (Jena 1858) 469, 526 [LB Gotha]. – Ernst Mummenhoff: Geschichtliches zur Heilkunde in Nürnberg. In: Nürnberg. Festschr. zur 65. Versammlung Dtsch. Naturforscher u. Ärzte (Nürnberg 1892) 73–96 [14; 75]. – Ernst Spieß: Beschreibende Naturwiss.: ebda 61–62 [14; 75]. – E. Enslin: Historisches über das Geisloch bei Velden u. seine Siegelerde: Nordbayer. Verkehrs- u. Touristenztg. **5** (1908) Nr. 4, S. 58 [12].

Von ihm sind **14** Porträtkupferstiche vorhanden.

VOLKAMER, Johann Georg II. Botan., Med. — Stud. $2^1/_2$ Jahre in Jena, später in Altdorf; 1685 Mitgl. der Leopoldina sowie des Collegiums Medicum in Nürnberg; 1699 Prosektor bei anatom. Demonstrationen.

*1662, Mai 7, Nürnberg;
†1744, Juni 8, Nürnberg.

Sohn des Johann Georg I. Volkamer (1616–1693).

II, III **VOLKMANN,** Alfred Wilhelm. Med. — 1821 stud., 1826 Dr. med., 1828 PDoz., 1834 ao. Prof. Med. Univ. Leipzig; 1837–1842 o. Prof. Physiol. Univ. Dorpat; 1843–1876 o. Prof. Physiol. Univ. Halle, seit 1854 auch Anat.

*1801, Juli 1, Leipzig;

†1877, Apr. 21, Halle.

Bibliogr. Cat. scient. Papers **6** (1872) 198–199 (51 Nr.); **8** (1879) 1170–1171 (25 Nr.); **11** (1896) 720 (5 Nr.); **12** (1902) 760 (1 Nr.) [3]. – Brit. Mus. Gen. Cat. **250** (1964) Sp. 252–253 (9 Nr.) [3].

Nekr. von Kobell: S.-Ber. Bayer. Akad. Wiss., Math.-phys. Cl. **8** (1878) 103–104 [Ha 2]. – Leopoldina **14** (1878) 98–100 [Ha 2].

Biogr. 50jähriges Dr.-Jubil.: Berliner klin. Wschr. **13** (1876) 498–499 [3]. – Pagel: ADB **40** (1896) 236–237 [3]. – Pagel: In: Biogr. Lexikon der hervorragenden Ärzte aller Zeiten u. Völker 2. Aufl. **5** (Berlin, Wien 1934) 797 m. Lit.Verz. [3].

Weitere Lit. Georg Friedr. Louis Stromeyer: Erinnerungen eines deutschen Arztes **2** (Hannover 1875) 85, 86, 104, 105, 106, 107, 108–109, 133, 134, 135, 384 [3]. – Otto Taschenberg: Gesch. der Zool. u. der zool. Sammlungen der Univ. Halle 1694–1894: Abh. naturwiss. Ges. Halle **20** (1894) 91, 93, 114, 115 [Ha 2]. – J. Hirschberg: Geschichte der Augenheilkunde (Berlin 1918) 64–68 [3]. – Oskar von Hase: Breitkopf u. Härtel (Leipzig 1919) 358–359 m. Bildn. [3]. – Roderich von Engelhardt: Die Deutsche Univ. Dorpat in ihrer geistesgeschichtl. Bedeutung (München 1933) 97–103 u. öfter, Bild. S. 82 [3]. – Gelehrten- u. Schriftstellernachlässe in den Bibl. der DDR **1** (Berlin 1959) 90, Nr. 652 [101].

II **VOLLGNAD,** Heinrich. Med. – Dr. med.; prakt. Arzt in Breslau.

*1634, Mai 8, Breslau;

†1682, Jan. 3, Breslau.

Bibliogr. Brit. Mus. Gen. Cat. **250** (1964) Sp. 293 (1 Nr.) [3].

Biogr. Martin Hanke: Celeberrimo viro Henrico Vollgnadio ... Vratislaviensium medico, Cognomine Sirium habuit: Anno 1682, Die Januarii III, supremum fatum rebus humanis exemit. In: Miscellanea curiosa medico-physica Akad. Nat. Curios. Decuria II Bd **7** (1689) Appendix 229–263 m. Bildn. [3]. – Christian Gottlieb Jöcher: Allgem. Gelehrten-Lexicon **4** (Leipzig 1751) Sp. 1705 [3]. – Academiae Sacri Romani Imperii Leopoldino-Carolinae Naturae Curiosorum Historia, conscripta ab A. E. Büchner (Halae 1755) [Ha 2].

W

II, III **WACHTER,** Friedrich Ludwig. Math. – Nach dem Besuch des Gymnasiums in Hamm 1809 stud. Math. (bei L. F. Thibaut) u. Astron. (bei C. F. Gauß) Univ. Göttingen; 1815 dort Dr. phil.; Juni 1813 Prof. Math. u. Physik Friedrichsgymn. Altenburg; Frühjahr 1816 am Athenäum in Danzig. Er nimmt von Dez. 1813 bis Mai 1814 an den Befreiungskriegen teil.

*1792, Sept. 12 (nicht Juli 20) Cleve;

seit 1817, Apr. 3, spurlos verschwunden.

Geburtsdatum laut Lebenslauf Wachters bei der Meldung zur Doktorprüfung.

Bibliogr. Cat. scient. Papers **6** (1872) 219 (1 Nr.) [3].

Lit. M. Geyer: Gesch. des Friedrichsgymnasiums seit 1789 (Altenburg 1891) 6, 33, 80. – Paul Stäckel: F. L. Wachter, ein Beitr. zur Geschichte der nichteuklid. Geom.: Math. Ann. **54** (1900) 49–76 m. Briefen von W. an Gauß u. Bessel [15]. – Wilhelm Lorey: Sachsen-Altenburgischer vaterländ. Geschichts- u. Hauskalender für 1934 **101** (Altenburg 1933) 133–136 [Altenburg, Histor. Staatsarch.]; Friedrich Ludw. Wachter, ein Schüler von Gauß: Archeion **16** (1934) 307–315 (m. lat. Zus.fassg.) [Ha 2].

II **WACKENRODER,** Heinrich Wilhelm Ferdinand. Pharmaz. – Dr. phil. Univ. Erlangen; dann Apotheker in Celle; 1828 PDoz. Univ. Göttingen; 1828 ao. Prof., 1836 o. Prof. u. Dir. Pharmazeut. Inst. Univ. Jena, Inspekteur der Apotheken des Großherzogtums Sachsen-Weimar-Eisenach.

*1798, März 8, Burgdorf;

†1854, Sept. 4, Jena.

Bibliogr. Cat. scient. Papers **6** (1872) 219–221 (43 Nr.); **8** (1879) 1177 (3 Nr.); **12** (1902) 763–765 (66 Nr.) [3]. – Brit. Mus. Gen. Cat. **251** (1964) Sp. 239 (6 Nr.) [3].

Briefwechsel Kurt Brauer: Z. angew. Chem. **37** (1924) 185–189 [15]; Goethes Briefwechsel mit Wackenroder. In: Studien zur Gesch. der Chem. (Festgabe Edmund O. Lippmann zum 70. Geburtstag. Hrsg. von Julius Ruska) (Berlin 1927) 159–175 [3].

Biogr. Joh. Stephan Pütter: Versuch einer acad. Gelehrten-Geschichte von der Georg-Augustus-Univ. Göttingen **4** (1838) 400–402 m. Schr.Verz. [3]. — H. Ludwig, E. Reichardt: Biogr. Denkmal für H. W. F. Wackenroder: Arch. Pharmac. **135** (1856) 101–110; Wackenroder-Stiftung. Aufforderung zu einem Denkmale 111 [3]. — Johannes Günther: Lebensskizzen der Prof. der Univ. Jena seit 1558 bis 1858 (Jena 1858) 246–247 m. Schr.Verz. [3; 14]. — Carl Oppenheimer: ADB **40** (1896) 443–444 [3]. — Otto Zekert: Deutsche Apotheker (Berlin 1942) 83–84 m. Bildn. u. Faks. [14]. — Wolfgang Schneider: Wackenroders Jubiläum: Pharmaz. Ind. **15** (1953) 403–405 m. Bildn. u. Lit. [101]. — W. R. Bett: Med. Press. **232** (1954) 227 [1]; Chemist and Druggist **162** (1954) 229 m. Bildn. [1].

Weitere Lit. Ed. Reichardt: Bericht über die Jubelfeier ... H. Wackenroder u. das chem.-pharmaz. Inst. zu Jena am 12. Nov. 1853: Arch. Pharmac. **126** (1853) 321–341 [3]. — Aufruf ... zur Erhaltung des Archivs nach Wackenroders Tod: ebda **130** (1854) 253 [3; 15]. — A. Philippe: Geschichte der Apotheker bei den wichtigsten Völkern der Erde. Aus dem Französ. übers. von Herm. Ludwig 2. Aufl. (Jena 1858) 372, 709, 747, 762, 774, 802, 875, 880, 881, 883 [LB Gotha]. — Fritz Chemnitius: Die Chem. in Jena von Rolfinck bis Knorr (1629–1921) (Jena 1929) 32, 36, 37, 50, 100–133 m. Bildn. S. 144 [101]. — A. Adlung, G. Urdang: Grundriß der Gesch. der dtsch. Pharmazie (Berlin 1935) 109, 265, 326, 425, 468, 475, 482, 509 [3]. — George Urdang: Goethe and Pharmacy (Madison Wisc. 1949) 35, 36, 37, 41, 68 m. Bildn. u. Faks. [38]. — W. Poethke: Über die Entwicklung des Inst. für Pharmazie u. Lebensmittelchem. der Friedr.-Schiller-Univ. Jena: Pharmaz. Zentralhalle **93** (1954) 129–136 m. Bildn. u. Faks., 1 Abb. [3]. — H. Hanke: Die Arbeiten Wackenroders im Archiv der Pharmazie: ebda 403–409 m. Abb. des Grabsteins u. Schr.Verz. [3]. — H. Stamm u. a.: Zum Probl. der Wackenroderschen Flüssigkeit: Angew. Chem. **72** (1960) 34–35 [15]. — E. Blasius, G. Wermbter: Untersuchungen der Wackenroderschen Reaktion mit Hilfe der radiopapierchromatograph. Methode: Z. anorg. u. allg. Chem. **316** (1962) 251–260 m. 6 Abb. [3].

II **WAGNER,** Johann Andreas. Zool., Paläontol. — 1826 Dr. phil., 1827 PDoz. Univ. Erlangen; 1832 ao. Prof., 1838 o. Prof. Zool. u. Paläontol. Univ. München.
*1797, März 21, Nürnberg;
†1861, Dez. 19, München.

Bibliogr. Cat. scient. Papers **6** (1872) 224–228 (105 Nr.) [3].

Weitere Lit. C. Fr. Ph. von Martius: Akad. Denkreden (Leipzig 1866) 475–494 [3]. — W. Heß: ADB **41** (1896) 776–777 [3]. — Fossilium Catalogus I: Animalia. Pars 72: K. Lambrecht †, W. et A. Quenstedt, Palaeontologi, Catalogus bio-bibliographicus (s'Gravenhage 1938) 448 [3; Ha 2].

II **WAGNER,** Franz Michael von. Bergbau. — 1791 Berg- u. Hüttenamts-Praktikant; 1824–1849 General-Bergwerks- u. Salinen-Administrator in München; 1824 ao. Mitgl. Bayer. Akad. Wiss.
*1768, Aug. 20, Waltershof, Oberpfalz;
†1851, Apr. 27, München.

Lit. Cat. scient. Papers **6** (1872) 224 (2 Nr.); **8** (1879) 1178–1179 (2 Nr.) [3]. — Franz Niesner: Franz Michael Ritter von Wagner aus Waldershof. Ein bedeutender Oberpfälzer u. Sohn des Fichtelgebirges: Oberpfalz **49** (55) (1961) 65–72 m. Bildn. u. 2 Abb. [12].

IV–VI **WAGNER,** Hermann Hans Karl. Geogr. — 1864 Dr. phil. Univ. Göttingen; 1864 Lehrer Math. u. Naturwiss. Gymn. Gotha; 1876 o. Prof. Geogr. Univ. Königsberg, 1880–1920 Univ. Göttingen.
*1840, Juni 23, Erlangen;
†1929, Juni 18, Göttingen.

Bibliogr. Brit. Mus. Gen. Cat. **251** (1964) Sp. 445 (11 Nr.) [15].

Zum 80. Geburtstag Petermanns Mitt. **66** (1920) 117–122 m. Schr.Verz. [Ha 2]. — Haack: Geogr. Anz. **21** (1920) 137–138 m. Gruppenbildn. [Ha 2]. — W. Wolkenhauer: Kartogr. Z. **9** (1921) 2–3 [101].

Autobiogr. Der geogr. Universitätsunterr. in Göttingen: Geogr. Z. **25** (1919) 1–20, 97–106 [3]. — Göttinger Prof., Lebensbilder von eigener Hand. 5. Herm. Wagner: Mitt. Universitätsbund Göttingen **5** (1923) H. 2, S. 1–37 [15].

Biogr. W. Wolkenhauer: Dtsch. Rdsch. Geogr. Statist. **7** (1885) 88–91 m. Bildn. [Ha 2]. — Hermann-Wagner-Gedächtnisschr. Ergebn. u. Aufgaben geogr. Forschung, dargest. von Schülern ... (Gotha 1930) VII, 391 S. m. Titelbildn. (Petermanns Mitt., Erg.-H. 209)

[14]. – Wilhelm Meinardus: Dtsch. Biogr. Jahrb. **11**, 1929 (1932) 318–326, Totenliste 372 [3]. – Hans Dörries: In: Niedersächsische Lebensbilder **1** (Hildesheim, Leipzig 1939) 421–438 m. Bildn., Quellen- u. Schr.Verz. (Veröff. Histor. Kommission Hannover, 22) [14]. – Walter Behrmann: Herm. Wagner als akad. Lehrer: Erde **6** (1954) 362–368 [3].

Nekr. Roberto Almagià: Boll. R. Soc. geogr. Ital. (Roma) (6) **6** (1929) 685–689 m. Bildn. [12]. – Brandi: Niedersächs. Jahrb. **6** (1929) 347–349 [101]. – J. F. Hoekstra: Tijdschr. Nederl. Aardrijksk. Genootsch. (2) **46** (1929) 821–827 [Ha 2]. – Fr. Knieriem: Unterrichtsbl. Math. Naturwiss. **36** (1930) 17–24 [15]. – Luigi De Marchi: Atti R. Accad. naz. Lincei, Rend. Cl. Sci. fis. mat. e nat. (6) **11** (1930) 102–106 [Ha 2]. – Ludwig Mekking: Geogr. Z. **35** (1929) 585–596 [3]. – Wilhelm Meinardus: Petermanns Mitt. **75** (1929) 225–229 [3]; Nachr. Ges. Wiss. Göttingen, Geschäftl. Mitt. **1929/30** (1930) 60–65 [3]. – B. Schulz: Ann. Hydrogr. u. marit. Meteorol. **57** (1929) 231 [Ha 2]. – Wilhelm Sievers: Geographen-Kalender **6** (1908) 1–51 m. Bildn. u. Faks. [14]. – Geogr. J. (London) **74** (1929) 415–416 [Ha 2]. – Geogr. Rev. (New York) **20** (1930) 166–167 [15].

Weitere Lit. Das Antlitz der Erde. La face de la terre. The face of the earth. Bibl. von Prof. Dr. Herm. Wagner (Leipzig 1931) 2 Bde Antiquariatskatalog 79, 80 [14]. – Wilhelm Lorey: Der Dtsche Verein zur Förderung des math. u. naturwiss. Unterrichts (Frankfurt/M. 1938) 144 m. Bildn. u. Faks. S. 59 [3].

Bildn. Illustr. Ztg., Leipzig **103** (1894) 240 m. Gruppenbildn. [14]. – Umschau **19** (1915) 499 [Ha 2]. – Das Leben im Bild. Wochenbeil. des Dresdner Anzeigers **1924**, Nr. 27, S. 2 [14]. – Justus Perthes: Hauptkatal. (Gotha 1935) 253 (Büste) [14].

II **WAGNER,** Johann Jacob. Arzt, Naturforscher. — 1667 Dr. med.; zuerst Arzt in Tägerswylen, Kanton Thurgau, 1670 Physicus u. Waisenhausarzt Zürich.

*1641, Apr. 27, Tägerswylen;

†1695, Dez. 14, Zürich.

Lit. Weiß: Biographie universelle, ancienne et moderne **50** (Paris 1827) 28 [3]. – Rudolf Wolf: Biogr. zur Kulturgesch. der Schweiz **3** (Zürich 1860) 92–112 [3]. – F. Schwerz: Die wiss. Gesellschaften in Zürich am Ende des 17. Jahrhunderts: Zürcher Monats-Chronik **3** (1934) 182–188 [ZB Zürich]. – Adolf Schwarzenberger: Der Zürcher Arzt u. Naturforscher J. J. Wagner. Ein Beitr. zur Gesch. der Zürcher Aufklärungszeit (Diss. med. Zürich 1952) 37 S. (Vjschr. Naturforsch. Ges. Zürich **97** (1952) 205–238 m. Schr.verz.) [Ha 2]. – Susi Joos-Reufer: Pathol.-anatom. Beobachtungen bedeutender Schweizer Ärzte 1670–1720 (Diss. med. dent. Univ. Bern) (Basel 1961) 24–25 [3].

II, III **WAGNER,** Johann Philipp. Physik. — 1815–1840 im Eisengeschäft Gebr. Basse in Frankfurt/M. tätig, zuletzt als Buchhalter; 1840–1878 Inspektor der in der Stadt Frankfurt/M. bestehenden Dampfmaschinen; erfand 1837 den „Wagnerschen Hammer“.

*1799, Jan. 24, Fischbach (Herzogtum Nassau);

†1879, Jan. 8, Frankfurt/M.

Lit. Wilhelm Stricker: Jber. physik. Verein Frankfurt/M. **1878–1879** (1880) 32–36 [Ha 2]. – Robert Knott: ADB **40** (1896) 519–521 [3]. – C. Musmacher: Kurze Biogr. berühmter Physiker (Freiburg/Br. 1902) 187 [1].

II, III, VI **WAGNER,** Johann Rudolph von. Agrikulturchem. — 1848 Dr. phil., 1850 PDoz. Univ. Leipzig; 1851–1856 Prof. Polytechn. Schule Nürnberg; 1857 ao. Prof., 1858 o. Prof. Univ. Würzburg.

*1822, Febr. 13, Leipzig;

†1880, Okt. 4, Würzburg.

Bibliogr. Cat. scient. Papers **6** (1872) 228–229 (34 Nr.); **8** (1879) 1180 (18 Nr.); **11** (1896) 734 (4 Nr.); **12** (1902) 766 (1 Nr.) [3]. – Brit. Mus. Gen. Cat. **251**, (1964) Sp. 461–462 (19 Nr.) [3].

Biogr. Wislicenus: Verh. Physik-med. Ges. Würzburg N.F. **15** (1881) LXVII–LXXII [Ha 2]. – H. W.: Ber. Dtsch. chem. Ges. **14** (1881) 2909–2912 m. Bildn. [3]. – E. von Hoyer: ADB **40** (1896) 574–575; **44** (1898) 573 [3]. – A. Heiduschka: J. R. von Wagner als Apotheker: Ber. Dtsch. pharmaz. Ges. **27** (1917) 409–411 [101]. – A. Heiduschka: In: Lebensläufe aus Franken **1** (München, Leipzig 1919) 483–488 m. Schr.- u. Lit.Verz. [3]. – Wolfgang Baier: Quellendarst. zur Gesch. der Fotogr. (Leipzig 1965) 327–328, 329 [3].

II **WAGNER,** Johann Valentin, genannt Tell. Philos. — Schmied, 1720 Steuerdeputierter u. 1741 Gradiermeister der Saline in Schmalkalden. Autodidakt auf dem Gebiete der Wolffschen Philos. u. auch der Math. u. Physik.

*1682, Dez. 14, Schmalkalden;

†1760, Schmalkalden.

Lit. F. W. Strieder: Hessisches Gelehrten- u. Schriftsteller-Lexicon **16** (Marburg 1812) 376–381 [15]. – Johann Georg Meusel: Lexikon der von 1750 bis 1800 verstorbenen teutschen Schriftsteller **14** (Leipzig 1815) 329–331 [15]. – Heinze: ADB **40** (1896) 507–508 [15].

II **WAGNER,** Johann Wilhelm. Astron. — 1716 Mitgl. Akad. Wiss. Berlin; 1720 Prof. Math. Hildburghausen, bald darauf Rückkehr nach Berlin; 1730 Prof. Baukunst Malerakad. Berlin; 1736 Bibliothekar u. 1740 Astronom Akad. Wiss. Berlin.

*1681, Nov. 24 a. St., Heldburg, Franken;

†1745, Sept. 16, Berlin.

Lit. Christian Gottlieb Jöcher: Allgem. Gelehrten-Lexicon **4** (Leipzig 1751) Sp. 1774 [3].

II **WAGNER,** Karl Ludwig Wilhelm. Math. — 1855 Dr. phil. Univ. Berlin.

*1833, Apr. 12, Marburg;

†.

VI **WAGNER,** Paul. Agrikulturchem.-Stud. Pharmazie Univ. Erlangen, widmete sich dann der Agrikulturchem.; 1869 Dr. phil. Univ. Göttingen, dort Unterrichtsass. Agrikulturchem. Labor; 1872–1923 Vorstand der Landw. Versuchsanst. Darmstadt; 1881 Prof.

*1843, März 7, Liebenau (Hannover);

†1930, Aug. 25, Darmstadt.

Bibliogr. Cat. scient. Papers **8** (1879) 1179 (6 Nr.); **11** (1896) 734 (9 Nr.); **12** (1902) 766–767 (8 Nr.); **19** (1925) 432 (10 Nr.) [3]. – Brit. Mus. Gen. Cat. **251** (1964) Sp. 473 (4 Nr.) [3].

Zum 80. Geburtstag Gerlach: Ernährung der Pflanze **19** (1923) 42–44 m. Bildn. S. 41 [3]. – W. E. Müller: Dtsch. landwirtsch. Presse **50** (1923) 82 m. Bildn. [101].

Nekr. O. Eckstein: Z. angew. Chem. **43** (1930) 839 [101]; Ernährung der Pflanze **26** (1930) 501–502 m. Bildn. [3]. – Max Gerlach: Forsch. u. Fortschr. **6** (1930) 355 [Ha 2]. – Léon Lecornu: C. R. Acad. Sci., Paris **191** (1930) 533 [3]. – H. Neubauer: Ernährung der Pflanze **26** (1930) 502–504 m. 1 Abb. [3]; Th. Remy: ebda 504–505 [3]. – H. Rößler: ebda 505–506 m. 1 Abb. [3]; Chemiker-Ztg. **54** (1930) 697 [3]; Scholle u. Kraft **10** (1931) 70–72 m. Bildn. [3].

Zum 100. Geburtstag S. Gericke: Chemiker-Ztg. **67** (1943) 117–118 [3]; Wiener Landwirtsch. Ztg. **93** (1943) 63–64; Phosphorsäure **1** (1943) F. 3, S. 205–214. – L. Schmitt: ebda 186–204. – Anonym: ebda 179–181 m. Bildn. u. Faks. – F. Gieseke: Mitt. Landwirtsch. **58** (1943) 190–191 [3]. – A. Jacob: Ernährung der Pflanze **39** (1943) 13–14 m. Bildn. [3]. – L. Schmitt: Forschungsdienst **15** (1943) 138–151 [15]; Dtsch. landwirtschaftl. Presse **70** (1943) 87–88 m. Bildn. [101]. – Weinblatt **41** (1943) 86 [101].

II **WAGNER,** Peter Christian. Med. — 1724 Dr. med. Univ. Halle; dann prakt. Arzt in Bayreuth u. Erlangen; 1728 Stadt- u. Landphysikus zu Pappenheim; 1731 markgräfl. Leibarzt, später Physikus in Erlangen; 1743 Stadtphysikus in Bayreuth, dort auch 1758 Direktor des Medizinalkollegiums u. Geheimer Rat.

*1703, Aug. 10, Hof;

†1764, Okt. 8, Bayreuth.

Lit. J. G. Meusel: Lexicon der von 1750 bis 1800 verstorbenen teutschen Schriftsteller **14** (Leipzig 1815) 332–334 [15].

II **WALCH,** Johann Ernst Immanuel. Geol., Philos. — An der Univ. Jena 1745 PDoz., 1750 ao. Prof., 1775 o. Prof. Logik u. Metaphysik, 1759 dann der Eloquenz u. Poesie; 1752 Dir. der latein. Gesellschaft.

*1725, Aug. 29, Jena;

†1778, Dez. 1, Jena.

Bibliogr. Brit. Mus. Gen. Cat. **251** (1964) Sp. 752–753 (34 Nr.) [3].

Nekr. Joh. Christian Blasche: Leben u. Charakter des seel. Herrn Hofrath u. Prof. J. E. I. Walch zu Jena (Weimar 1779) 20 S. [32]. – Schröters J. Liebhaber Steinreich Conchyliolog. **5** (1779) 564–581 [32]. – J. Chr. Hennings: Lebensgeschichte des wohlseligen Herrn Hofraths J. E. I. Walch (Jena 1780) 91 S., Titelbildn., 1 Abb. [3; 14].

Biogr. Joh. Christoph Strodtmann: Das neue gelehrte Europa **12** (Wolfenbüttel 1757) 969–986 m. Schr.Verz.; **13** (1758) 210–223 [3]. – Theophil (Gottlieb) Christoph Harles: De vitis philologorum nostra aetate clarissimorum **2** (Bremae 1767) 81–106 [14]. – E. G. Baldinger: Biogr. jetzt lebender Ärzte u. Naturforscher in u. außer Deutschland **1. 2** (Jena 1770) 167–188 m. Schr.verz.; **1, 3** (1771)

Zusatz vor S. 1 [3]. — Christophorus Saxius: Onomasticon literarium 7 (Trajecti ad Rhenum 1790) 83–84 [14]. — Friedr. Carl Gottlob Hirsching: Hist.-litterar. Handb., fortgef. von J. H. M. Ernesti 15, 2 (1812) 236–250 [14]. — Johann Georg Meusel: Lexikon der vom Jahr 1750 bis 1800 verstorbenen teutschen Schriftsteller 14 (1815) 354–360 m. Schr.- u. Lit.Verz. [3]. — Gley: Biographie universelle, ancienne et moderne 50 (Paris 1827) 57–59 [3]. — Heinrich Döring: Die gelehrten Theologen Deutschlands im 17. u. 18. Jahrhundert 4 (Neustadt/Orla 1835) 623–629 [14]. — Johannes Günther: Lebensskizzen der Prof. der Univ. Jena seit 1558–1858 (Jena 1858) 200 [3]. — Dobschütz: ADB 40 (1896) 652–655 [3]. — W. von Seidlitz: In: Handwörterb. der Naturwiss. 2. Aufl. 10 (Jena 1935) 402 [3]. — Fossilium Catalogus I: Animalia. Pars 72: K. Lambrecht †, W. et A. Quenstedt, Palaeontologi, Catalogus bio-bibliographicus (s'Gravenhage 1938) 449 [3].

Weitere Lit. K. A. von Zittel: Gesch. der Geol. u. Paläontol. bis Ende des 19. Jahrhunderts (München, Leipzig 1899) 26, 27, 178, 184, 819 [3]. — Hugo Döbling: Die Chemie in Jena zur Goethezeit (Jena 1928) 18, 47 (Z. Ver. Thür. Gesch. N. F. Beih. 13) [3]. — Bruno von Freyberg: Die geol. Erforschung Thür. in älterer Zeit (Berlin 1932) 142, 161, 205, 372 m. Bildn. S. 40 [3]. — Claus Nissen: Die botan. Buchillustr. 1 (Stuttgart 1951) 181, 198 [3]. — Bruno von Freyberg: Johann Gottlob Lehmann (1719–1767). Ein Arzt, Chemiker, Metallurg, Bergmann, Mineraloge u. grundlegender Geologe (Erlangen 1955) 106, 107, 156 (Erlanger Forsch., Reihe B Naturwiss., 1) [101]. — Herbert Reh: Überblick über die Gesch. der geol. Erforschung Thür.: Thüringer Heimat 3 (1958) 65–75 m. Bildn., 2 Abb. [3]. — Helmut Hölder: Geol. u. Palaeontol. in Texten u. ihrer Gesch. (Freiburg, München 1960) 142, 366, 382, 383 [101].

II **WALDIN,** Johann Gottlieb. Math., Physik. — 1755 Dr. phil., 1758 Adjunkt Philos. Fakultät, 1765 ao. Prof. Philosophie Univ. Jena; 1766 o. Prof. Math., seit 1785 auch der Physik Univ. Marburg.

*1728, Okt. 28, Gera;

†1795, Juli 13, Marburg.

Bibliogr. Brit. Mus. Gen. Cat. 251 (1964) Sp. 822 (3 Nr.) [3].

Nekr. Michael Conrad Curtius: Memoria Joannis Gottlieb Waldini, in: Memoriae professorum Marburgensium 1 (Marburg 1795) Nr. 21 [4].

Biogr. Christophorus Saxius: Onomasticon literarium 8 (Trajecti ad Rhenum 1803) 168–169 [3; 14]. — Friedrich Wilhelm Strieder: Grundlage zu einer Hessischen Gelehrten- u. Schriftsteller-Geschichte 16 (Marburg 1812) 415–423 m. Schr.Verz. [3]. — Johann Georg Meusel: Lexikon der vom Jahre 1750 bis 1800 verstorbenen teutschen Schriftsteller 14 (1815) 377–380 m. Schr.- u. Lit.Verz. [3]. — Franz Gundlach: Catalogus professorum academiae Marburgensis. Die akadem. Lehrer der Philipps-Univ. Marburg von 1527 bis 1910 (Marburg 1927) 371–372 m. Lit.Verz. [3].

II **WALDSCHMIDT,** Johann Jacob. Med., Physik. — 1667 Dr. med. Univ. Gießen; prakt. Arzt in Hanau; 1674 o. Prof. Med., 1682 auch der Physik Univ. Marburg, zugleich Leibarzt beim Landgrafen von Hessen-Kassel.

*1644, Jan. 13, Rodheim, Wetterau;

†1689, Aug. 12, Marburg.

Bibliogr. Brit. Mus. Gen. Cat. 251 (1964) Sp. 848–849 (20 Nr.) [3].

Nekr. Otto Philipp Zaunschliffer: Statua Waldschmidiana in Capitolio Marburgensi, virtutis et honoris causa, id est oratio iusta persolvens piis manibus viri . . . Dr. Joh. Jacobi Waldschmidii medicinae Doctoris consummati . . . (Marburg 1689) 22 S. [4]. — Christoph Denstadt: Mnenosynum academicum, aeternum perennanti, illustris Gissensium Athenaei celebritati dicatum . . . (Gießen 1694) 2, 29 [300].

Biogr. Ch. G. Jöcher: Allgemeines Gelehrten-Lexicon 4 (Leipzig 1751) Sp. 1781 [15]. — Michael Conrad Curtius: Fasti Rectorum ac Prorectorum Marburgensium ab incunabulis Academiae panduntur (Marburg 1777) [4]. — N. F. J. Eloy: Dictionnaire historique de la médicine ancienne et moderne 4 (Mons 1778) 560–561 [3]. — Friedrich Wilhelm Strieder: Grundlage zu einer Hessischen Gelehrten- u. Schriftsteller-Geschichte 16 (Marburg 1812) 429–439 m. Schr.verz. [3]. — Dictionaire des sciences médicales. Biographie médicale. 7 (Berlin 1825) 458–460 m. Schr. Verz. [3]. — Weiss: Biographie universelle, ancienne et moderne 50 (Paris 1827) 73–74 [3]. — Dezeimeris: Dict. hist. méd. 4 (Paris 1839) 355–356 [3]. — Pagel: ADB 40 (1896) 721 [3]. — Franz Gundlach: Catalogus professorum academiae Marburgensis. Die akad. Lehrer der Philipps-Univ. in Marburg von 1527 bis 1910 (Marburg 1927) 185–186 m. Lit.Verz. [3]. — Biogr. Lexikon der hervorragenden Ärzte aller Zeiten u. Völker 5 (Berlin–Wien 1934) 826 m. Lit.Ang. [3].

II **WALDSCHMIDT,** Wilhelm Hulderich (Ulrich). Med. — Feldmedikus der hess. Truppen; 1691 Dr. med. u. o.

Prof. Anat., Botanik, seit 1697 auch Experimentalphysik, 1719 der Med. Univ. Kiel; dazu 1727 Leibarzt des Herzogs von Holstein.

*1669, Jan. 18, Hanau;

†1731, Jan. 12, Kiel.

Sohn des Johann Jacob Waldschmidt (1644–1689).

Biogr. Johann Heinrich Zedler: Großes vollständiges Universal-Lexicon ... 52 (Leipzig 1747) Sp. 1497–1499 [3]. – Ch. G. Jöcher: Allgemeines Gelehrten-Lexicon 4 (Leipzig 1751) Sp. 1782–1783 [15]. – Academiae Sacri Romani Imperii Leopoldino-Carolinae Naturae Curiosorum Historia, conscripta ab A. E. Büchner (Halae 1755) [Ha 2]. – N. F. J. Eloy: Dictionnaire historique de la médecine ancienne et moderne 4 (Mons 1778) 561–562 [3]. – Friedrich Wilhelm Strieder: Grundlage zu einer Hessischen Gelehrten- u. Schriftsteller-Geschichte 16 (Marburg 1812) 430 [15]. – Dictionnaire de sciences médicales. Biographie médicale 7 (Paris 1825) 457–458 m. Schr.Verz. [3]. – Weiß: Biographie universelle, ancienne et moderne 50 (Paris 1827) 74–75 m. Schr.Verz. [3]. – Dezeimeris: Dict. hist. méd. 4 (Paris 1839) 356–357 [3]. – Pagel: ADB 40 (1896) 724 [3]. – Biogr. Lexikon der hervorragenden Ärzte aller Zeiten u. Völker. 2. Aufl. (Berlin, Wien 1934) 826 m. Lit.Ang. [3]. – Festschr. 275jährigen Bestehen Christian-Albrechts-Univ. Kiel (Leipzig 1940) 173, 177, 178, 184, 185, 359, 422, 423 [101].

II **WALTHER,** Bernhard. Astron. – Seit 1471 Mäzen von Regiomontanus während seines Aufenthalts in Nürnberg; richtete eine mechanische Werkstätte, eine Druckerei u. eine Sternwarte ein.

*1430, Nürnberg;

†1504, Mai, Nürnberg.

Bibliogr. Brit. Mus. Gen. Cat. 252 (1964) Sp. 609 (2 Nr.) [3].

Biogr. Johann Gabriel Doppelmayr: Histor. Nachricht von den Nürnbergischen Mathematicis u. Künstlern (Nürnberg 1730) 23–27 [23]. – J. F. Weidler: Historia Astronomiae. De ortu et progressu Astronomiae (Viteb. 1741) [3]. – Johann Heinrich Zedler: Großes vollst. Universal-Lexicon ... 52 (Leipzig, Halle 1747) Sp. 1829–1831 [3]. – G. A. Will: Nürnbergisches Gelehrten-Lexicon 8 (Nürnberg, Altdorf 1758) [3]. – F. A. Pouchet: Histoire des Sciences Naturelles au moyen age ou Albert le Grand et son époque (Paris 1853) 613–616 [3]. – Rudolf Wolf: Gesch. der Astron. (München 1877) 92, 99, 137, 152, 157–158, 181–182 [3]. – H. Petz: Urkundl. Nachrichten über den literar. Nachlaß Regiomontans u. B. Walthers: Mitt. Ver. Gesch. Nürnberg 7 (1888) 237–262 [3]. – Günther: ADB 41 (1896) 97–99 [3]. – Ernst Zinner: Die fränkische Sternkunde im 11. bis 16. Jahrhundert: Ber. u. Festber. zum 100jähr. Bestehen naturforsch. Ges. Bamberg 27 (1934) 11–16, 18–23, 27–29, 71–74, 107–111 u. öfter [Ha 2]. – Willibald Pirckheimers Briefwechsel 1 (München 1940) 11, 197–198, 206, 501, 519 [3]. – Ernst Zinner: Astron. Instrumente des 11. bis 18. Jahrhunderts (München 1956) 200–212, 482–483 u. öfter [Ha 2]. – Werner Schultheiß: Martin Behaim u. die Nürnberger Kosmographen-Ausstellung anläßl. des 450. Todestages von Martin Behaim im Germanischen Museum Nürnberg 1957 (Nürnberg 1957), 7, 16–17 [Ha 117].

III–VI **WARBURG,** Emil Gabriel. Physik. – 1867 Dr. phil., 1870 PDoz. Univ. Berlin; 1872 ao. Prof. Univ. Straßburg; 1876 o. Prof. Physik Univ. Freiburg/Br., 1895–1921 o. Prof. Univ. Berlin; 1895 o. Mitgl. Preuß. Akad. Wiss.; 1905–1922 Präsident der Physik.-Techn. Reichsanstalt.

*1846, März 9, Altona;

†1931, Juli 28, Grunau bei Bayreuth.

Bibliogr. Cat. scient. Papers 8 (1879) 1195 (8 Nr.); 11 (1896) 747 (11 Nr.); 19 (1925) 466–467 (36 Nr.) [3]. – Brit. Mus. Gen. Cat. 252 (1964) Sp. 770 (2 Nr.) [3].

Biogr. Albert Einstein: E. Warburg als Forscher: Naturwiss. 10 (1922) 823–828 m. Schr.Verz. [3]. – Georg Gehlhoff: E. Warburg als Lehrer: Z. techn. Physik 3 (1922) 193–194 [15]. – E. Gehrcke: Warburg als Physiker: ebda 186–192 m. Bildn., Faks., Schr.Verz. [15]. – E. Drude: In: Handwörterbuch der Naturwiss. 2. Aufl. 10 (Jena 1935) 403 m. Lit.Ang. [3]. – Hans Falkenhagen: Naturwiss. in Lebensbildern großer Forscher (Stuttgart 1948) 187–189 [3].

Zum 80. Geburtstag E. Grüneisen: Naturwiss. 14 (1926) 201–207 m. Bildn. u. Faks. [3]; H. Schering: E. Warburg u. die Techn.: ebda 208–211 [3]. – C. Müller: Elektrotechn. Z. 47 (1926) m. Bildn. u. Faks. [3]. – von Simson: Forsch. u. Fortschr. 2 (1926) 56 [Ha 2]. – VDI-Nachr. 6 (1926) Nr. 10, Beibl. m. Bildn. [101].

Nekr. M. Bodenstein: Ber. Dtsch. chem. Ges. 64 A (1931) 195 [3]. – James Franck: Naturwiss. 19 (1931) 993–997 [3]. – E. Gehrcke: Z. techn. Physik 12 (1931) 409–410 [15]. – Walther Gerlach: Jahrb. Bayer. Akad. Wiss. 1932/33 (1933) 23–24 [3]. – E. Grüneisen: Ann. Physik (5) 11 (1931)

521–524 m. Bildn. u. Faks. [15]. – Walter Kaufmann: Forsch. u. Fortschr. **7** (1931) 351 [15]. – C. Müller: Elektrotechn. Z. **52** (1931) 1073 m. Bildn. [3]. – Paschen: Gedächtnisrede auf Emil Warburg: S.-Ber. Preuß. Akad. Wiss. (Sonderh. 1932) CXV–CXXIII [3]. – E. Schweidler: Alm Akad. Wiss. Wien **82** (1932) 312–314 [Ha 2]. – Nachr. Ges. Wiss. Göttingen, Geschäftl. Mitt. **1931/32**, S. 4–5 [1]. – VDI-Nachr. **11** (1931) Nr. 31, S. 5 m. Bildn. [101].

Doktorjubiläen Heinr. Rubens: Adresse an Emil Warburg zum 50jähr. Dr.-Jubil. am 30. März 1917: S.-Ber. Preuß. Akad. Wiss. **1917**, 269–271 [Ha 2]. – Werner Steiner: Prof. Warburg zum 60. Dr.-Jubil.: Forsch. u. Fortschr. **3** (1927) 71–72 [Ha 2].

Weitere Lit. Kurzer Sinnspruch m. Faks. Unterschr. u. Bildn. in: Das Goldene Buch des Deutschen Volkes an der Jahrhundertwende (Leipzig 1899) S. Wiss. 69 [15]. – Menschen u. Menschenwerke. Hrsg. Árpád Keitner. **2** (Wien 1925) 413–414 m. Bildn. [101]. – E. Goldstein: Aus vergangenen Tagen der Berliner Physik. Ges.: Naturwiss. **13** (1925) 38 m. Bildn. u. Faks. [3]. – Wilh. Jaeger: Die Entstehung der Maße der Elektrotechn. (Berlin 1932) passim; Bildn. S. 78 [14]. – Forschung u. Prüfung. 50 Jahre Physikal.-Techn. Reichsanst. Hrsg. von J. Stark (Leipzig 1937) 60–63, Bildn. 57 [3; 14]. – Hans Tramer: Die Hamburger Kaiserjuden: Bull. Mitglieder Ges. Freunde Leo Baeck Inst. Tel Aviv **1960**, 177–189 [12]. – Friedrich Herneck: Bahnbrecher des Atomzeitalters. Große Naturforscher von Maxwell bis Heisenberg (Berlin 1965) 80, 93, 111, 200, 217, 236, 282, 337 [3].

Bildn. Umschau **20** (1916) 198 [14]. – Hans Ostwald: Das Liebermann-Buch (Bern 1930) 399 [14]. – Aus der Gesch. der Berliner Physik. Physiker-Bildserie **1** (Leipzig 1935) Bl. 14 [101]. – Bildn. berühmter Mitglieder Dtsch. Akad. Wiss. Berlin (Berlin 1950) 77 [3].

WATT (Vadianus), Joachim von. Humanist, Arzt, Reformator. — An der Univ. Wien: 1502 stud., 1508 Lehrer an der Artistenfakultät, 1516 Prof. Rhetorik, später Dr. med.; 1518 plötzlich Wien verlassen; Stadtarzt von St. Gallen, 1520 Mitglied des Großen Rates, seit 1526 Ratsvorsteher.

*1484, Dez. 30, St. Gallen;

†1551, Apr. 6, St. Gallen.

Genealog. Geschichte der Familie Ammann von Zürich **1** (Zürich 1904) (Bildn. S. 84) [14]. – Theodor Wotschke: Die Posener Verwandten des St. Gallener Reformators u. Geschichtsschreibers Joachim Vadian: Histor. Mbl. Provinz Posen **9** (1908) 17–25 [3]. – Werner Näf: Die Familie von Watt. Geschichte eines St. gallischen Bürgergeschlechts. Stammtaf. zur Geneal. der Familie von Watt ausgearbeitet von Albert Bodmer (St. Gallen 1936) III, 114 S., 4 Taf. (Mitt. vaterländ. Gesch. St. Gallen 37,2) [Stadtbibl. St. Gallen].

Werke Commentaria in C. Julii Solini polyhistora, et L. Flori de Romanorum rebus gestis, libros, ac tabulam cebetis . . . Joanne Camerte autore: Praeterea Pomponii Melae de orbis situ libri tres, cum commentariis Joachimi Vadiani, praemissa eisdem rudimentaria de geographia catechesi. Item alia ex Joachimi Vadiani lucubrationibus utilioribus . . . opuscula, cuius generi sunt: De Vadianae familiae insignibus exegesis. Locorum aliquot ex commentario in Melam explanationes. Ad Rudolphum Agricolum epistola eandem materiam tractam (Basilaea 1557) 222–282 versch. Titel [14]. – Werner Näf: Vadiansche Analekten (St. Gallen 1945) VII, 60 S. (Vadian-Studien, 1) [Stadtbibl. St. Gallen].

Bibliogr. Jean Geel: Vadian u. die Vadianbibl. in St. Gallen: Schweizer Lehrerztg. **74** (1929) 236 [101]. – Ferdinand Elsener: Die juristischen Bücher in der Bibl. des St. Galler Burgermeisters u. Reformators Joachim von Watt, genannt Vadianus: Arch. hist. Ver. Kanton Bern **44** (1958) 243–260 [101]. – Brit. Mus. Gen. Cat. **253** (1965) Sp. 921–925 (58 Nr.) [3].

Briefwechsel Fünf Briefe Huldreich Zwinglis an Joachim von Watt: Mitt. vaterländ. Gesch. **3** (1866) 210–216 [3]. – W. Crecelius: Briefe an Vadianus: Alemannia **2** (1875) 50–60 [3]. – Aus dem Briefwechsel Vadians. Hrsg. vom Histor. Verein in St. Gallen (St. Gallen 1886) 36 S., 1 Taf. [15]. – Die Vadianische Briefsammlung der Stadtbibl. St. Gallen. Hrsg. von Emil Arbenz **1** (St. Gallen 1890) 194 S. (1508–1518); **2** (1894) 290 S. (1519–1522); **3** (1897) 313 S. (1523–1525); **4** (1902) 274 S. (1526–1530); **5** (1903, 1905) 748 S. (1531–1540); **6** (1908) 955 S. (1541–1551); **7**, Erg.Bd. (1913) 314 S. (Mitt. vaterländ. Gesch. Hrsg. histor. Ver. St. Gallen, 24, 25, 27, 28, 29, 30, 30a). – Traugott Schieß: Bullingers Briefwechsel m. Vadian: Jahrb. Schweizer. Gesch. **31** (1906) 23–68 [3].

Biogr. Heinrich Pantaleon: Teutscher Nation Heldenbuch **3** (Basel 1570) 184 m. Bildn. [3]. – Marx Haltmeyer: Beschreibung der Eidgen. Statt St. Gallen Gelegenheit, Geschichten u. Regiment, wie auch des Lebens Herrn D. von Watt, gewesenen Burgermeister daselbst (St. Gallen 1683) 722 S. m. Bildn., Abb.; beigebunden: Christian Huber: Ehren-Gedechtnus des Joachim von Watt (St. Gallen 1683) 84 S. m. Bildn. [Stadtbibl. Vadiana St. Gallen]. – Jacob Christoff Iselin: Histor. geogr. allg. Lexicon **4** (Basel 1728) 707 [3]. – N. F. J. Eloy: Dictionnaire historique de la médecine ancienne et moderne ... 4 (Mons 1778) 450–451 [3]. – [Mutmaßl. Verf.: Georg Geßner oder Joh. Tobler ?]: Joachim Vadian: Neujahrsbl. der Chorherrenstube Zürich 1798, 12 S. [Stadtbibl. Vadiana, St. Gallen]. – Ustéri: Biographie universelle, ancienne et moderne 47 (Paris 1827) 250–251 [3]. – Theodor Pressel: Joachim Vadian. Nach handschr: u. gleichzeitigen Quellen (Elberfeld 1861) VI, 103 S. [Stadtbibl. Vadian St. Gallen]. – Johannes Keßler: Joachimi Vadiani vita (St. Gallen 1865) 14 S. m. Bildn.; Übersetzung in den St. Galler Blättern Jg. 1895, Nr. 33–39, auch u. d. T.: Das Leben Joachims von Watt, beschrieben von Joh. Keßler, übersetzt von Ernst Götzinger (St. Gallen 1895) 36 S. [Stadtbibl. Vadian St. Gallen]. – Ernst Götzinger: ADB 41 (1896) 239–244 [3]. – Wilhelm Schlatter: Zum Gedächtnis Vadians (St. Gallen 1904) 11 S. [Stadtbibl. Vadian St. Gallen]. – J[ohannes] D[ierauer]: Erinnerung an Joachim von Watt (St. Gallen 1905) 8 S. [Stadtbibl. Vadian St. Gallen]. – Emil Arbenz: Joachim Vadians Wirksamkeit von der Schlacht bei Kappel bis zu seinem Tode. Nach den Briefen dargest. Hrsg. vom Histor. Verein des Kantons St. Gallen (St. Gallen 1910) 68 S. m. Bildn. (Neujahrsbl., F. 5) [14]. – Emil Arbenz: Joachim Vadian, St. Gallens Bürgermeister u. Reformator: Feuille centrale de la Soc. suisse Zofingen 52 (1911/12) 305–306 [Stadtbibl. Vadian St. Gallen]. – R. Schedler: Schweizer Reformbl. 53 (1919) Nr. 10, S. 74–77 m. Bildn. [UB Basel]. – Wilhelm Ehrenzeller: Joachim Vadian. Sein Leben u. seine Bedeutung (St. Gallen 1924) 54 S. m. Bildn. [Stadtbibl. Vadian St. Gallen]. – E. Drude: In: Handwörterb. der Naturwiss. 2. Aufl. 10 (Jena 1935) 604 [3]. – Johannes Ninck: Arzt u. Reformator Vadian. Ein Charakterbild aus großer Zeit, nach den Quellen entworfen (St. Gallen 1936) 256 S. m. Titelbildn. u. Bildn. [14]. – Georg Thürer: Joachim Vadian. In: Große Schweizer (Zürich 1938) 79–84 m. Bildn. S. 102 u. Lit.Ang. [101]. – Bernhard Milt: J. von Watt, genannt Vadian aus St. Gallen. In: Große Schweizer Forscher hrsg. von Eduard Fueter (Zürich 1939) 29–30 m. Bildn. u. Lit. [3]. – Werner Näf: Vadian u. seine Stadt St. Gallen 1 (St. Gallen 1944) 382 S. m. Titelbildn., 8 Abb., 1 Faks.; 2 (1957) 552 S. Titelbildn. m. Faks., 3 Bildn., 2 Faks., 4 Abb. [3]. – H. Buess: Schweizer Ärzte, Entdecker u. Erfinder. Hrsg. von Ciba AG (Basel 1949) 9–10 m. Bildn. u. Schr.- u. Lit.Ang. [101]. – Georg Thürer: Der St. Galler Stadtvater Vadian als Humanist u. Mitbürger. In: Reformierte Schweiz 8 (1951) H. 10, S. 319–322 [UB Basel]. – Paul Bänziger: Vadian u. seine Stadt St. Gallen: Zwingliana (Zürich) 10 (1958) 492–502 [101]. – Hans Bessler: Vadian u. seine Stadt St. Gallen: Bodensee-Hefte 9 (1958) 247–248 m. Bildn. [Stadtbibl. Vadian, St. Gallen]. – B. Milt: Vadian als Arzt (St. Gallen 1959) VIII, 148 S. (Vadian-Studien, 6) [Stadtbibl. Vadian, St. Gallen]. – Conradin Bonorand: Vadian in Villach. In: 900 Jahre Villach (Villach 1960) 207–236 [Stadtbibl. Vadian, St. Gallen]. – Gordon Rupp: Vadianus: Rev. hist. et philos. religienses 42 (1962) 275–289 [13].

Reformator u. Geschichtsschreiber Johann Michael Fels: Denkmal schweizerischer Reformatoren (St. Gallen 1819) 93–191 m. Bildn. [Stadtbibl. St. Gallen]. – [Ernst Götzinger]: Joachim von Watt als Geschichtsschreiber (St. Gallen 1873) 24 S., 1 Taf. [15]. – G. Meyer von Knonau: Der St. Galler Humanist Vadian als Geschichtschreiber: Schr. Ver. Gesch. Bodensee u. Umgeb. 9 (1878) 49–64 [3]. – Rudolf Stähelin: Die reformatorische Wirksamkeit des St. Galler Humanisten Vadian: Beitr. vaterländ. Gesch. 11 (1882) 191–262 [3]. – Ernst Götzinger: Altes u. Neues. Gesammelte Aufsätze (St. Gallen 1891) 124–139 (Vadian u. Zwingli als Humanisten) [14]. – Emil Arbenz: Joachim Vadian beim Übergang vom Humanismus zum Kirchenstreite (St. Gallen 1895) 57 S., Titelbildn. u. Bildn. [14]. – Ernst Götzinger: Joachim Vadian, der Reformator u. Geschichtsschreiber von St. Gallen (Halle 1895) IV, 73 S. [3]. – Johannes Häne: Die Hauptquelle Vadians über die Burgunderkriege: Anz. Schweizer Gesch. Jg 29 (1898) 89–95 [UB Basel]. – Emil Arbenz: Joachim Vadian im Kirchenstreite. Mit Abb. des Vadian-Denkmals (St. Gallen 1905) 53 S., 1 Abb. [14]. – Friedrich Schulz: Vadian, Humanist u. Reformator von St. Gallen. Dramat. Geschichtsbild. Mit histor. Einl. von E. Arbenz (St. Gallen 1914) XVI, 80 S. [Stadtbibl. St. Gallen]. – Walther Kochler: Das Buch der Reformation Huldrych Zwinglis, von ihm selbst u. gleichzeitigen Quellen erzählt (München 1926) 372 S., Bildn. Taf. 36, passim [14]. – T. Schieß: Hat Vadian deutsche Flugschriften verfaßt? (Zürich 1927) 66–97 [UB Basel]. – Hans Kläui: Vadian als Geschichtschreiber: Nationale Hefte 10 (1943/44) 361–367 [101]. – Conradin Bonorand: Eine unbekannte Schrift Vadians gegen die Täufer: Theol. Z. (Basel) 8 (1952) 315–317 [UB Basel]. – Tibor Kardos: Das Zeitalter des Humanismus in Ungarn [ungar.] (Budapest 1955) 269, 271–272, 278 [14]. – Ernst Gerhard Rüsch: Vadians erste reformatorische Schrift: Kirchenblatt f. die reform. Schweiz (Basel): 111 (1955) 18–19 [Stadt- u. UB Bern]. – Heinz Haffter: Humanist. Gelegenheitspoesie um den Handschriftenentdecker u. Editor Vadian: Schweizer Beitr. allg. Gesch. 18/19 (1960/61) 208–218 [ZB Zürich]. – Emil Schultheiß: Orv. Hetil. 102 (1961) 1043–1044 [15].

Besteigung des Pilatus (1517) Josef Schuster: Höhenwanderung, Gebirgsaufenthalt u.

Gesundheit. Eine Studie nach alten u. neuen Zeugen: Natur u. Kultur **9** (1911/12) 294–301, 328–335 [12]. — Theodor Schlatter: Die Exkursion Vadians an den Pilatussee: Alpen **31** (1955) 263–265 m. Abb. [101].

Weitere Lit. Melchior Adam: Vitae germanorum medicorum (Heidelberg 1620) 55–64 [3]. — Alexander von Humboldt: Krit. Untersuchungen über die histor. Entwicklung der geogr. Kenntn. von der Neuen Welt. Aus dem Französ. übersetzt von Jul. Ludw. Ideler **2** (Berlin 1836) 360, 384, 388–389; **3** (1836) 136 [3]. — Georg Geilfus: Joachim Watt als geogr. Schriftsteller (Winterthur 1861) 29 S. (Progr. höh. Stadtschulen von Winterthur 1865/66) [Stadtbibl. Vadiana St. Gallen]. — Joseph Ritter von Aschbach: Die Wiener Univ. u. ihre Humanisten (Wien 1877) 392–409 (Gesch. der Wiener Univ., 2) [3]. — Georg von Wyß: Gesch. der Historiographie in der Schweiz (Zürich 1895) 189–193 u. öfter [3]. — Alfred Goetze: Eine Vadiansche Flugschrift: Beitr. Gesch. Dtsch. Sprache u. Lit. **28** (1903) 236–242 [3]. — Acta facultatis medicae universitatis Vindebonensis 1490–1558. Hrsg. von Karl Schrauf (Wien 1904) passim [15]. — Josef Nadler: Joachim von Watt „Der Hahnenkampf": Donauland (Wien) **3** (1919/20) 534–540 [12]. — Theophrast von Hohenheim gen. Paracelsus med., naturwiss. u. philos. Schriften. Hrsg. von Karl Sudhoff **9** (München-Planegg 1925) 6, 39, 120 [3]. — Conradin Bonorand: Stand u. Probl. der Vadianforschung: Zwingliana (Zürich) **11** (1936) 586–606 [ZB Zürich]. — Eduard Fueter: Gesch. der neuen Historiographie 3. Aufl. (München, Berlin 1936) XXII, 670 S. [3; 101]. — Hermann Menhardt: Altdeutsche Dichtung in den Wiener Vorlesungen des Vadianus 1512–1513: Z. Dtsch. Altertum u. Dtsch. Lit. **75** (1938) 39–48 [3]. — Ernst Gerhard Rüsch: Vadian u. seine Stadt St. Gallen: Theol. Z. **14** (1958) 101–106 [3]. — Ernst Walter Zeeden: Rezens. von: Joachim Vadian, Lateinische Reden (St. Gallen 1953): Dtsch. Lit.-Ztg. **79** (1958) Sp. 101–102 [3]. — Conradin Bonorand: Vadians Studienreise nach Nordostitalien: Schweizer Beitr. Allg. Gesch. **18/19** (1960/61) 186–207 [ZB Zürich]. — Emil Schultheiß: Joachim von Watt, ein med. Humanist der Renaissance: Ärztl. Sammelbl. **51** (1962) 222–224 [101]. — Conradin Bonorand: Aus Vadians Freundes- u. Schülerkreis in Wien (St. Gallen 1965) 113 S. (Vadian-Studien, 8).

Bildn. Nicolaus Reusner: Icones sive imagines virorum literis illustrium (Argentorati 1587) Bildn. ohne Nr.; 2. ed. (1590) 162–164 m. Bildn. (Francofurti ad Moenum 1720) 168 [14]. — Janus Jacob Boissard: Icones virorum illustrium T. **3** (Frankfurt/M. 1598) Taf. XV, S. 112 [14]. — Janus Jacob Boissard: Icones et effigies virorum doctorum (Frankfurt/M. 1645) [14]. — B. F. A. Zurlauben: Tableaux topographiques, pittoresques de la Suisse (Paris 1780). — Leonhard Meister: Helvetiens berühmte Männer in Bildnissen dargestellt von Heinrich Pfenninger, Mahler, nebst kurzen biogr. Nachr. von L. Meister **1** (Zürich, Winterthur 1782) 40–43 m. Schr.Verz.; **3** (1786) Nr. 12 [3]. — Joachim von Watt: Deutsche histor. Schriften **1** (St. Gallen 1875) 1. Hälfte, Titelbildn. [14]. — Georg Caspar Scherer: Die Stadtbibl. St. Gallen (Vadiana) **1** (St. Gallen 1950) 101 S., 1 Titelbildn. [14].

II–IV **WEBER,** Ernst Heinrich. Anat., Physiol. — 1815 Dr. med. Univ. Wittenberg; 1817 PDoz., 1818 ao. Prof. Anat., 1821–1871 o. Prof. Anat., 1840–1866 Prof. Physiol. Univ. Leipzig.

*1795, Juni 24, Wittenberg;
†1878, Jan. 26, Leipzig.

Bruder von Wilhelm Eduard Weber (1804–1891).

Bibliogr. Alm. Akad. Wiss. Wien **2** (1852) 203–211 (Schr.Verz.) [Ha 2]. — Cat. scient. Papers **6** (1872) 289–291 (58 Nr.); **11** (1896) 763 (Biogr.) [3]. — Index-Catalogue of the Library of the Surgeon Generals Office **16** (1895) 328–329 (44 Nr. u. Biogr.) [3]. — Brit. Mus. Gen. Cat. **254** (1965) Sp. 270–271 (16 Nr.) [3].

Nekr. J. Henle: Nachr. Ges. Wiss. Göttingen u. Georg-Aug.-Univ. **1878,** 509–516 [Ha 2]. — von Kobell: S.-Ber. Bayer. Akad. Wiss. München, math.-phys. Cl. **8** (1878) 111–112 [Ha 2]. — Carl Ludwig: Leopoldina **14** (1878) 34–37 [Ha 2]; Rede zum Gedächtnis ... am 24. 2. 1878 in ... Leipzig (Leipzig 1878) 23 S. [14]. — Proc. Royal Soc. London **29** (1879) XXVIII–XXXII [Ha 2]. — Dtsch. Z. prakt. Med. **1878,** 165–166 [3].

Biogr. Adolph Carl Peter Callisen: Medicinisches Schriftsteller-Lexicon **20** (Copenhagen 1834) 450–454; **33** (Altona 1845) 230–232 [3]. — 50jähr. Dr.-Jubil.: Illustr. Ztg., Leipzig **45** (1865) 214 m. Bildn. 212 [14]. — Pagel: ADB **41** (1896) 290 [3]. — Winter: In: Biogr. Lexikon der hervorragenden Ärzte aller Zeiten u. Völker. 2. Aufl. **5** (Berlin, Wien 1934) 866–867 m. Schr.Verz., Lit.Ang. [3]. — Flößner: In: Handwörterb. der Naturwiss. 2. Aufl. **10** (Jena 1935) 604 [3].

Weitere Lit. Männer der Zeit **2** (Leipzig 1862) Sp. 693–695 [14]. — Adam Politzer: Gesch. der Ohrenheilkunde **1** (Stuttgart 1907) 414–416 m. Bildn. [3]. — Hermann Vierordt: Medizin-Geschichtl. Hilfsbuch (Tübingen 1916) 307, 436 [3]. — Adolf Strümpell: Aus dem Leben eines deutschen Klinikers (Leipzig 1925) 24 [3]. — Paul Hoffmann: Ernst

Heinrich Webers Annotationes anatomicae et physiologicae. Zur Erinnerung: Med. Klinik **30** (1934) 1250–1251 [3]. – F. Kolbeck: Aus dem Fremdenbuche des Werner-Museums der Bergakad. Freiberg: Bl. Bergakad. Freiberg Nr. 25 (1942) 11–21 m. Abb. [105]. – Lebenserinnerungen des Königs Johann von Sachsen. Hrsg. von Hellmut Kretschmar (Göttingen 1958) 127, 136 [3]. – Die Kunst, das menschl. Leben zu verlängern. Dokumente bekannter Ärzte. Autographenausstellung im Foyer der Stadt- u. Landesbibl. Dortmund. Zusstg. Hedwig Gunnemann (Dortmund 1965) 22–25 [60].

Bildn. Illustr. Ztg., Leipzig **57** (1871) 133 [14]. – Richard N. Wegner: Das Anatomenbildn. Seine Entwicklg. im Zusammenhang mit der anat. Abb. (Basel 1939) 142, 155, 158, 159 [3].

II–IV **WEBER,** Wilhelm Eduard. Physik. – 1822 stud., 1826 Dr. phil., 1827 PDoz., 1828–1831 ao. Prof. Univ. Halle; 1831–1837 o. Prof. Univ. Göttingen; dann seines Amtes entsetzt (er gehörte zu den Göttinger Sieben); bis 1843 privat in Göttingen lebend; 1843–1849 o. Prof. Univ. Leipzig; 1849 wieder o. Prof. Univ. Göttingen.

*1804, Okt. 24, Wittenberg;
†1891, Juni 23, Göttingen.

Bruder von Ernst Heinrich Weber (1795–1878).

Werke Wilhelm (Eduard) Weber: Werke. Hrsg. von der Ges. Wiss. zu Göttingen **1** (Berlin 1892) VII, 600 S. m. Bildn.; **2** (1892) VIII, 380 S.; **3** (1893) XII, 676 S. m. Abb.; **4** (1894) XIV, 638 S.; **5** (1893) XXX, 433 S.; **6** (1894) XXIV, 326 S. m. Abb. [14].

Bibliogr. Cat. scient. Papers **6** (1872) 293–295 (63 Nr.); **8** (1879) 1207 (4 Nr.); **11** (1896) 765 (6 Nr.); **19** (1925) 503 [3]. – Brit. Mus. Gen. Cat. **254** (1965) Sp. 332–333 (13 Nr.) [3].

Briefe G. F. Lipps: 2 Briefe von Wilhelm Weber an G. Th. Fechner über das psychische Maß: Ber. Verh. Sächs. Ges. Wiss. Leipzig, math.-phys. Kl. **57** (1905) 388–395 [Ha 2]. – Adolf Kohut: Professoren-Freundschaften. Mit ungedruckten Briefen von Justus von Liebig, Friedrich Wöhler, A. W. von Hofmann, Hermann Kopp u. Wilhelm Weber: Umschau **10** (1906) 861–865 m. 1 Abb. u. 4 Bildn. [15]. – Wilhelm Weber u. der Göttinger Magistrat (4 Briefe): Wiss. u. Fortschr. (Berlin) **14** (1964) 92 [3].

Biogr. Adolph Carl Peter Callisen: Medicinisches Schriftsteller-Lexicon **20** (Copenhagen 1834) 471–472; **33** (Altona 1845) 236 [3]. – Heinrich Weber: Wilhelm Weber. Eine Lebensskizze. Mit einem Bildn. aus dem Jahre 1884 (Breslau 1893) II, 111 S. m. Titelbildn. u. Faks. [15; Ha 2]. – Robert Knott: ADB **41** (1896) 358–361 [3]. – Adolf Harnack: Gesch. Preuss. Akad. Wiss. **1** (Berlin 1900) 776–777, 970, 1049 [3]. – C. Musmacher: Kurze Biogr. berühmter Physiker (Freiburg i. Br. 1902) 196–198 [1]. – Richard Meyer: Viktor Meyer (Leipzig 1917) 459–460 [3]. – Sir Arthur Schuster: Biographical Byways: Nature [London] **115** (1925) 270 [15]. – Wilhelm Doegen: Wilhelm Eduard Weber: Jahrb. Lautwesen **1931**, 111 m. Bildn. [12]. – E. Drude: In: Handwörterbuch der Naturwiss. 2. Aufl. **10** (Jena 1935) 604 [15]. – Hans Schimank: Carl Friedr. Gauß u. Wilhelm Weber. In: Die Großen Deutschen. Neue Dtsch. Biogr. **3** (Berlin 1936) 270–283 m. 2 Bildn. [101]. – Philipp Lenard: Große Naturforscher 4. Aufl. (München 1941) 237–243 m. Bildn. [3]. – Hans Falkenhagen: Die Naturwiss. in Lebensbildern großer Forscher (Stuttgart 1948) **39**, 136–138 [3]. – Willy Möbus: Elektrotechniker **3** (1951) 318 m. Bildn. [Stadtbibl. Wuppertal]. – Karl Leutner: In: Leutner, Deutsche, auf die wir stolz sind. 1. Aufl. (Berlin 1955) F. 1, 222–225 m. Bildn. [14]; 2. Aufl. (1960) 218–221 m. Bildn. [14]. – Walther Gerlach: In: Geist u. Gestalt. Biogr. Beitr. Bayer. Akad. Wiss. **2** (München 1959) 78 [3].

Göttinger Sieben Jacob Grimm über seine Entlassung (Basel 1838) 104 S.; Neudruck (Berlin 1945) [3]. – J. Kastan: Einer von den Sieben: Berliner Tagebl. **24** (1895) Nr. 288, Der Zeitgeist Nr. 23 vom 10. Juni 1895, S. 2–3; Berliner Tagebl. **24** (1895) Nr. 301, Der Zeitgeist Nr. 24 vom 17. 6. 1895, S. 2–3 [Staatl. Bibl. Bamberg]. – Hans Kück: Die Göttinger Sieben. Ihre Protestaktion u. ihre Entlassung im Jahre 1837 (Berlin 1934) 222 S. (Histor. Studien, 258) [14]. – Heinrich Kühne: Wilhelm Eduard Weber. Gelehrter u. deutscher Patriot: Urania **17** (1954) 365–368 m. Bildn., 6 Abb. [3].

Zum 75. Geburtstag Illustr. Ztg., Leipzig **73** (1879) 327, 329, 332 m. Bildn. [14].

Nekr. William Edward Ayrton: Proc. Physical Soc. London **11** (1892) 9–10 [29]. – Giuseppe Basso: Atti Accad. Sci. Torino **27** (1892) 4–13 [Ha 2]. – Charles Baye: Telegr. J. and Electrical Rev. **29** (1891) 37–38 m. Bildn. [ETH Zürich]; Lumière electr. (Paris) **41** (1891) 45–46 m. Bildn. [25]. – Carl Hennig: S.-Ber. naturforsch. Ges. Leipzig **17/18** 1891/92 (1892) 94–98 [Ha 2]. – W. Kohlrausch: Jber. physik. Verein Frankfurt/M. 1890–1891 (1892) 43–55 [Ha 2]. – István Lengyel: Természettud. Közl. **24** (1892) 650 [F 1]. – M. Mascart: Ann. télégraph. (Paris) **18** (1891) 476–480 [Bibl. Dtsch. Patentamt München]; Ciel et Terre (Bruxelles) **12** (1891/92) 260–264 [Bibl. Dtsch. Wetterdienst, Offenbach]; C.R. Acad. Sci. Paris **113** (1891) 105–109 [3]. – A. Momber: Schr. naturforsch. Ges. Danzig N.F. 8 (1892) 146–154 [Ha 2]. – Eduard Riecke: Abh. Ges. Wiss. Göttingen **38** (1892) 1–44 [Ha 2]; Leopoldina **28** (1892) 147–150, 169–175, 185–191, 201–204 [Ha 2]. – Eduard Sueß: Alm. Akad. Wiss. Wien **42** (1892) 194–195 [Ha 2]. – C. von Voit: S.-Ber. Bayer. Akad. Wiss., math.-phys. Cl. **22** 1892 (1893) 199–200 [Ha 2]. – A. Voller: Z. physik. u. chem. Unterr. **5** (1891/92) 29–30 [14]. – Gr. C. Wittig: Psych. Studien **18** (1891) 389–394 [15]. – Hanns von Zobeltitz: Daheim **27** (1891) 720–722 m. Bildn. [14]. – Arch. Post u. Telegraphie **19** (1891) 516–518 [3]. – Ber. Verein Naturkde Kassel **38**, 1891–1892 (1892) 7–8 [Ha 2]. – Electrician [London] **27** (1891) 209, 245–246 [7]. – Elektrotechn. Z. **12** (1891) 369 [15]. – Gartenlaube **1891**, 516 m. Bildn. [3]. – Leopoldina **27** (1891) 110 [Ha 2]. – Nature [London] **44** (1891) 229–230, 272 [Ha 2]. – Proc. Amer. Acad. Arts Sci. **27**, 1892 (1893) 449–450 [Ha 2]. – Proc. physic. Soc. (London) (6) **11** (1892) 9–10 [1a]. – Tidskr. Physik og Chem. **31** (1892) 128 [UB II Kopenhagen]. – Zentr.-Ztg. Opt. u. Mech. **12** (1891) 157–158 m. Bildn. [91].

Zum 100. Geburtstag Arch. Post u. Telegr. **32** (1904) 738–741 [3]. – Bl. Handel Gewerbe u. soz. Leben **56** (1904) Nr. 43 vom 24. Okt., S. 337–340 (Beibl. Magdeburger Ztg.) [3]. – Illustr. Ztg., Leipzig **123** (1904) 576 m. Bildn. [3]. – Berliner Lokal-Anz. **1904**, Unterh.-Beil. 22. Okt. Nr. 249. – Gedenktafel in Wittenberg: Vossische Ztg. **1904**, Nr. 316 u. der „Post" **1904**, Nr. 317.

100 Jahre Telegraph W. Dudensing: Wilhelm Weber, der Erfinder des elektromagn. Telegraphen u. des absoluten Maßsyst.: Jber. Physik. Verein Frankfurt/M. **110**, 1933/34 (1934) 30–31 [Ha 2]. – Ernst Feyerabend: Der Nadeltelegraph von Gauß u. Weber. An der Wiege des elektr. Telegraphen (Berlin 1933) 144–174 m. Bildn. (Dtsch. Mus., Abh. u. Ber. 5, 5) [14]. – Ernst Feyerabend: Der Telegraph von Gauß u. Weber im Werden der elektr. Telegraphie (Berlin 1933) VIII, 221 S. m. 15 Bildn., 3 Faks.-Briefen, 68 Abb. [3]. – R. W. Pohl: Zur Jahrhundertfeier des elektromagnet. Telegraphen von Gauß u. Weber: Nachr. Ges. Wiss. Göttingen, Geschäftl. Mitt. 49–56 m. 8 Abb. [3].

Zum 130. Geburtstag Dtsch. opt. Wschr. **55** (1934) 713–714 [101].

Zum 75. Todestag K. Jäger: Elektrotechn. Z. (B) **18** (1966) 809 [101]. – H. Wüger: Bull. Schweizer. elektrotechn. Ver. (Zürich) **57** (1966) 850 m. Abb. [ETH Zürich].

Weitere Lit. Männer der Zeit **2** (Leipzig 1862) Sp. 695–696 [14]. – Johann Carl Friedrich Zöllner: Wiss. Abh. **2**, 1 (Leipzig 1878) 1–23, 70–89 m. Titelbildn.; **4** (1881) X–XXII, XLVII–L m. Bildn. [14]. – August Heller: Gesch. der Physik **2** (Stuttgart 1884) 576, 584, 590–593, 629 [3]. – Conrad Dunker: Das Webersche Grundgesetz, die beiden Potentialformen für dasselbe – von Weber u. Carl Neumann – das ponderometr. u. das elektromot. Elementargesetz der Elektrodynamik (Hadersleben 1887) **33** S. (Progr. Gymnas. Hadersleben) [3]. – Richard Kukula: Allgem. dtsch. Hochschulen-Almanach (Wien 1888) 922–923 m. Schr.Verz. [3]. – Ernest Lebon: Histoire abrégée de l'Astronomie (Paris 1899) 218–219, 269, 271 [11]. – Wilhelm Schur: Beitr. zur Gesch. der Astron. in Hannover. Festschr. zur Feier des 150-jährigen Bestehens der Gesellsch. der Wiss. Göttingen (Berlin 1901) 143 m. Bildn. [3]. – Heidelberger Prof. aus dem 19. Jahrhundert. Festschr. der Univ. zur Zentenarfeier ihrer Erneuerung **2** (Heidelberg 1903) 246, 248, 250 [3]. – Leo Koenigsberger: C. G. J. Jacobi. Festschr. zur Feier der 100. Wiederkehr seines Geburtstages (Leipzig 1904) 100, 249, 259, 292, 359, 360, 363, 364 [3]. – Leonhard Nelson: Fries u. seine jüngsten Kritiker: Abh. Friessche Schule **1905**, H. 2, S. 233–319 [27]. – Otto Wiener: Das neue physikal. Inst. der Univ. Leipzig: Physik. Z. **7** (1906) 1–14 m. 3 Fig,. 2 Abb. [15]. – Die physikal. Inst. der Univ. Göttingen. Festschr., im Anschluß an die Einweihung der Neubauten am 9. XII. 1905, hrsg. von der Göttinger Vereinigg. zur Förderung der angewandten Physik u. Math. (Leipzig, Berlin 1906) 130–131 [3]. – E. T. Whittaker: A history of the theories of aether and electricity from the age of Descartes to the close of the 19th century (London, Dublin 1910) 193, 219, 225–236, 259, 261–263, 268, 282, 283, 356, 456 [3]. – Wilhelm von Waldeyer-Hartz: Lebenserinnerungen (Bonn 1920) 66, 70, 71, 76, 77, 401 [3]. – E[ric] T[emple] Bell: Men of mathematics (London **1937**) 290, 303, 545, 551–553, 573 [1]. – Heinrich Konen: Physikal. Plaudereien (Bonn 1937) 371 m. Bildn. S. 135; 3. Aufl. (1941) [14]. – G. Panconcelli-Calzia: Wilhelm Weber als gedanklicher Urheber der glyphischen Fixierung von Schaltvorgängen (1827): Arch. ges. Phonetik Abt. 1, **2** (1938) H. 1, S. 1–11 m. 2 Abb. u. Lit.Verz. [3]. – F. Kolbeck: Aus dem Fremdenbuche des Werner-Museums der Bergakademie Freiberg: Bl. Bergakad. Freiberg **25** (1942) 12–13 [3]. – Erich Worbs: Carl Friedrich Gauß. Ein Lebensbild (Leipzig 1955) 115–124, Bildn. vor S. 113 [14]. – Kurt-R. Biermann: Johann Peter Gustav Lejeune Dirichlet. Dokumente für sein Leben u. Wirken: Abh. Dtsch. Akad. Wiss. Berlin, Kl. Math., Physik, Techn. **1959**, Nr. 2, S. 22, 66, 70, 76 [3]. – Karl Heinrich Wiederkehr: Wilhelm Webers Stellung in der Entwicklung der Elektrizitätslehre. Math.-nat. Diss. Hamburg (Hamburg 1960) X, 254 S. m. 3 Bildn., Faks. [3]. – Ders.: Wilhelm Webers Quasi-Elektronentheorie der vormaxwellschen Epoche: Abh. u. Verh. Naturwiss. Ver. Hamburg N.F. 7, 1962 (1963) 125–136 [3; Ha 2]. – Ders.: Aus der Geschichte des Göttinger Magnetischen Vereins u. seiner Resultate: Nachr. Akad. Wiss. Göttingen, math.-physik. Kl. **1964**, 165–205 [Ha 2].

Bildn. Theodor Flathe: Geschichte der neuesten Zeit **2** (Berlin 1888) 411 (Allg. Weltgesch. 11,2) [14]. – H. Theinert: Katalog des Reichs-Postmuseums (Berlin 1889) 369 [3]. – Science **13** (1889) 409 (Doppelbildn.) [14]. – Wilhelm Bölsche in: Das 19. Jahrhundert in Bildn. **1** (Berlin 1898) 134–135, Bildn. Nr. 112 [3]. – Illustr. Ztg., Leipzig **112** (1899) 867 (Gauß-Weber-Denkmal Göttingen) [14]. – Über Land u. Meer **82** (1899) 677–678 [14]. – Jahrbuch des Lautwesens **1931**, 111 [101]. – Wilhelm Jaeger: Die Entstehung der internat. Maße der Elektrotechn. (Berlin 1932) 19 [14]. – Die Großen Deutschen im Bild. Hrsg. von Alfred Hentzen u. Niels von Holst (Berlin 1936) 363 (Gemälde von G. Biermann 1885) [3]. – Velhagen u. Klasings Mh. **50** (1936) 330 (Plakette Gauß–Weber von Hanns Bastanier) [101]. – Max Voit: Bildn. Göttinger Professoren aus zwei Jahrhunderten (1737–1937) (Göttingen 1937) Nr. 103, 104 [101]. – Otto Mayr in: Schätze im Deutschen Museum. Hrsg. von Hermann Auer u. Friedrich Klemm (Düsseldorf 1968) 86–87 m. 1 Bildn. u. 1 Abb. [3; 15].

II, III **WEBSKY,** Christian Friedrich Martin. Mineral. — 1846–1849 Stud. Berlin, Freiberg, Bonn; 1853 Bergmeister in Tarnowitz; 1861 Oberbergrat in Breslau; 1864 Dr. phil h. c., 1865 PDoz., 1868 ao. Prof. Univ. Breslau; 1873 o. Prof. Mineral. Univ. Berlin; 1875 o. Mitgl. Preuß. Akad. Wiss.

*1824, Juli 17, Wüstegiersdorf, Krs. Waldenburg, Schlesien; †1886, Nov. 27, Berlin.

Bibliogr. Cat. scient. Papers **6** (1872) 295 (12 Nr.); **8** (1879) 1207–1208 (30 Nr.); **11** (1896) 765 (20 Nr.); **12** (1902) 772 (2 Nr.); **19** (1925) 504 (11 Nr. u. Biogr.) [3]. – Brit. Mus. Gen. Cat. **254** (1965) Sp. 339 (2 Nr.) [3].

Biogr. von Gümbel: ADB **41** (1896) 363–364 [3]. – K. Spangenberg: In: Handwörterb. der Naturwiss. 2. Aufl. **10** (Jena 1935) 604–605 [3]. – W. Serlo: Männer des Bergbaus (Berlin 1937) 152 [3].

Nekr: Max Bauer: Leopoldina **23** (1887) 178–182, Schr.Verz. 194–198 [Ha 2]; Neues Jahrb. Mineral., Geol. u. Palaeontol. **1887**, H. 2, 1–16 m. Schr.Verz. [15]. – A. W. von Hofmann: Ber. Dtsch. chem. Ges. **19** (1886) 3077–3078 [3]. – G. vom Rath: S.-Ber. Niederrhein. Ges. Natur- u. Heilkunde **1887**, 68–76 [Ha 2]. – Römer: Jber. Schles. Ges. vaterländ. Kultur **64**, 1886 (1887) 143–150 m. Schr.Verz. [Ha 2]. – Des Cloizeaux: Bull. Soc. franç. minéral. **10** (1887) 41–46, 178–182 m. Schr.Verz. [1]. – Leopoldina **22** (1886) 217 [Ha 2]. – Österr. Z. Berg- u. Hüttenwesen **35** (1887) Nr. 1, S. 10 [105].

II **WEDEL,** Georg Wolfgang. Med., Chem. — 1667 Stadtphysicus in Gotha; 1672 Dr. med., 1673 Prof. Med. Univ. Jena; zugleich seit 1685 fürstl. sächs. Leibarzt u. seit 1694 kaiserl. Pfalzgraf.

*1645, Nov. 12, Golzen, Niederlausitz; †1721, Sept. 6, Jena.

Bibliogr. Georg Wolfgang Wedel: Catalogus librorum et scriptorum editorum ... (Jena 1697) 4 S. [14; Ha 2]. – Index-Catalogue of the Library of the Surgeon-General's Office **16** (1895) 340–342 (131 Nr.); (2) **21** (1916) 18 (12 Nr.) [3]. – Brit. Mus. Gen. Cat. **254** (1965) 483–495 (275 Nr.) [3].

Biogr. Bartholomaeus Christianus Richardus: Commentatio de vita et scriptis professorum hodie in academia Jenensi publice docentum (Jena 1710) 66–80 m. Schr.Verz. [3]. – Jean Pierre Niceron: Mémoires pour servir à l'histoire des hommes illustres **7** (1727) 112–121 m. Schr.verz. [15]. – Christian Gottlieb Jöcher: Allg. Gelehrten-Lexicon **4** (Leipzig 1751) 1841–1844 [3]. – J. P. Niceron: Nachrichten von den Begebenheiten u. Schriften berühmter Gelehrten **7** (Halle 1753) 197–205 [14]. – Dictionnaire des sciences médicales. Biographie médicale **7** (Paris 1825) 474–481 [3]. – Renauldin: Biographie universelle, ancienne et moderne **50** (Paris 1827) 314–316 [3]. – Dezeimeris: Dict. hist. méd. **4** (Paris 1839) 373–382 [3]. – Johannes Günther: Lebenskizzen der Prof. der Univ. Jena seit 1558 bis 1858 (Jena 1858) 123–124 m. Lit.Verz. [3]. – Pagel: ADB **41** (1896) 403 [3]. – Pagel: In: Biogr. Lexikon der hervorragenden Ärzte aller Zeiten u. Völker. 2. Aufl. **5** (Berlin, Wien 1934) 875 m. Schr.- u. Lit.Verz. [3]. – Fossilium Catalogus I: Animalia. Pars 72: K. Lambrecht †, W. et A. Quenstedt, Palaeontologi, Catalogus bio-bibliographicus (s'Gravenhage 1938) 453 [3; Ha 2]. – Ernst Giese u. Benno von Hagen: Gesch. der Medizin. Fakultät der Friedr.-Schiller-Univ. Jena (Jena 1958) 174–179 m. Bildn. [14].

Weitere Lit. A. Philippe: Gesch. der Apotheker bei den wichtigsten Völkern der Erde. Aus dem Französ. übers. von Hermann Ludwig (Jena 1858) 468, 469, 497, 572 [39]. –

Fritz Chemnitius: Die Chem. in Jena von Rolfinck bis Knorr (1629–1921) (Jena 1929) 13, 15, 63–70 m. Bildn. S. 48 [101]. – B. von Freyberg: Die geol. Erforschung Thür. in älterer Zeit (Berlin 1932) 112 [3]. – Stammbucheintragung für Friedemann Andreas Zulich. o. J., o. O.: Goethes Autographen-Sammlung (Weimar 1961) 246, Nr. 1788 [3].

II **WEGELIN,** Bartholomäus. Astron. — Prof. u. Dekan in St. Gallen.

*1683, Juni 15, St. Gallen;

†1750, Apr. 4, St. Gallen.

Lit. Heinrich Stähelin: Nachgedächtniß weyland Herrn Decans Bartholome Wegelins von St. Gallen ... o. O. 1750. – Ernst Zinner: Deutsche u. niederländ. astron. Instrumente des 11. bis 18. Jahrhunderts (München 1956) 581 [Ha 2]. – Brit. Mus. Gen. Cat. **254** (1965) Sp. 590 (2 Nr.) [3].

IV–VI **WEHMER,** Carl Friedrich Wilhelm. Botan. – 1877–1881, 1884–1886 stud. Univ. Göttingen, Jena, Berlin; 1886 Dr. phil. Univ. Göttingen; 1888 Ass. Botan. Inst. Univ. Marburg; 1892 PDoz., 1898 Prof. u. 1901 Doz. techn. Pilzkunde u. Mikroskopie, 1919 o. Hon. Prof. techn. Bakteriol. u. Botan. u. Vorstand Bakteriol. chem. Labor., Techn. Chem. Inst. TH Hannover.

*1858, Sept. 20, Freiburg/Elbe, Hannover;

†1935, Jan. 11, Hannover.

Bibliogr. Cat. scient. Papers **19** (1925) 513–514 (61 Nr.) [3]. – Brit. Mus. Gen. Cat. **254** (1965) Sp. 621 (1 Nr.) [3].

Nekr. K. A. Hofmann: Ber. Dtsch. chem. Ges. A **68** (1935) 45 [3]. – E. Jahn: Ber. Dtsch. bot. Ges. **52** (1935) S. (223–234) m. Bildn., Faks., 143 Nr. Schr.Verz. [101]. – Richard Koch: Zbl. Bakteriol. 2. Abt. **93** (1935/36) 417–420 m. Bildn., Faks. [101]. – Angew. Chem. **48** (1935) 132 [15].

Weitere Lit. Gustav Lindau u. Paul Sydow: Thesaurus litteraturae mycologicae et lichenologicae **2** (Leipzig 1909) 733–737 [15]. – Paul Trommsdorff: Der Lehrkörper TH Hannover 1831–1931 (Hannover 1931) 39 m. Bildn. [15].

IV **WEIDEL,** Hugo. Chem. – Stud. Univ. Wien u. Heidelberg; 1870 Dr. phil. Univ. Heidelberg; dann Ass., Adjunkt am 1. chem. Univ.-Labor Univ. Wien bei von Barth; 1878 dort PDoz,; 1886 o. Prof. Chem. H Bodenkultur Wien; 1891 o. Prof. allgem. u. pharmazeut. Chem. Univ. Wien (Nachfolger von Barths).

*1849, Nov. 13, Wien;

†1899, Juni 7, Wien.

Bibliogr. Cat. scient. Papers **8** (1879) 1209 (3 Nr.); **11** (1896) 768–769 (24 Nr.); **19** (1925) 516 (24 Nr.) [3]. – Brit. Mus. Gen. Cat. **254** (1965) Sp. 649 (1 Nr.) [3].

Nekr. J. Herzig: Ber. Dtsch. chem. Ges. **32** (1910) 3745–3755 m. Schr.Verz. [3]. – Viktor von Lang: Alm. Akad. Wiss. Wien **50** (1900) 290–293 m. Bildn., Faks. [Ha 2]. – Rudolf Wegscheider: Österr. Chemiker-Ztg. **2** (1899) 329–333 [Le 1]. – Chemiker-Ztg. **23** (1899) 495 [3]. – Leopoldina **35** (1899) 139 [Ha 2].

Weitere Lit. Das geistige Wien **2** (1893) 527–528 m. Schr.Verz. [14]. – Moritz Kohn: J. chem. Educat. **21** (1944) 374–376, 379 [7].

II–VI **WEIERSTRASS,** Karl Theodor Wilhelm. Math. – Kam 1826 nach Gütersloh, 1828 nach Münster; 1829–1834 Besuch des Theodorianischen Gymn. Paderborn; 1834–1838 stud. Rechts- u. Staatswiss., daneben Math. Univ. Bonn; 1839 stud. Math., 1841 Lehrerexamen Akad. Münster bei Ch. Gudermann; dann Probejahr am Paulinum zu Münster; 1842–1848 Lehrer Progymn. Deutsch-Krone (Westpreußen), 1848–1855 Gymn. Braunsberg (Ostpreußen); 1854 Dr. h. c. Univ. Königsberg; 1856 Prof. am Gewerbe-Inst. Berlin u. ao. Prof. Univ. Berlin; 1864 o. Prof. Univ. Berlin; 1856 o. Mitgl. Preuß. Akad. Wiss.

*1815, Okt. 31, Ostenfelde, Krs. Münster;

†1897, Febr. 19, Berlin.

Genealog. Richard Müller: Aus den Ahnentafeln deutscher Mathematiker. Zum 100. Todestag von Carl Friedrich Gauß: Familie u. Volk **4** (1955) 94–95 [101]. – Franz Flaskamp: Herkunft u. Lebensweg des Mathematikers Karl Weierstraß: Forsch. u. Fortschr. **35** (1961) 236–239 m. Lit. u. Stammtaf. [3].

Werke Karl Weierstraß: Math. Werke **1** (Berlin 1894) VIII, 356 S.; **2** (1895) VI, 362 S.; **3** (1903) VIII, 360 S. (hrsg. von Johannes Knoblauch) m. Titelbildn. u. Faks.; **4** (1902) XIV, 631 S. (hrsg. von G. Hettner u. J. Knoblauch); **5** (1915) VIII, 327 S. (hrsg. von J. Knoblauch); **6** (1915) IX, 354 S. (hrsg. von Rudolf Rothe); **7** (1927) VIII, 324 S. (hrsg.

von Rudolf Rothe) [15]. – Karl Weierstraß: Formeln u. Lehrsätze zum Gebrauch der ellipt. Funktionen. Nach Vorlesungen u. Aufzeichn. bearb. u. hrsg. von H. A. Schwarz. 1893. Neudruck (Würzburg 1962) XII, 96 S. (Thesaurus Mathematicae, 4) [43]. – Rudolf Rothe: Bericht über den gegenwärtigen Stand der Herausgabe der Math. Werke von Karl Weierstraß: S.-Ber. Berliner Math. Ges. **15** (1916) 59–62 [3] u. Jber. Dtsch. Math. Ver. **24** (1915) 439–442 [15]. – Leo Koenigsberger: Weierstraß' erste Vorlesung über die Theorie der ellipt. Funktionen: Jber. Dtsch. Math. Ver. **25** (1917) 393–424, darin Brief an Koenigsberger vom 25. Okt. 1870 S. 423–424 [15]. – Rudolf Rothe: Bericht über die Herausgabe des 7. Bandes der Math. Werke von Karl Weierstraß: Jber. Dtsch. Math. Ver. **37** (1928) 199–208 [3].

Briefe Acta math. **39** (1923) 199–225: Briefe von K. Weierstraß an Paul Du Bois-Reymond (1873–1889); 226–239: Briefe an L. Koenigsberger (1864–1886); 246–256: Vier Briefe an L. Fuchs (1874); 257–258: Eine Äußerung an Mittag-Leffler über das Dreikörperproblem [3]. – L. Schesinger: Drei Briefe von K. Weierstraß an L. Fuchs: Jahresber. Dtsch. Math. Ver. **18** (1909) 93–99 [Ha 2].

Bibliogr. Cat. scient. Papers **6** (1872) 303 (7 Nr.); **8** (1879) 1210 (6 Nr.); **11** (1896) 769 (8 Nr.); **19** (1925) 517 (5 Nr.) [3]. – Richard Kukula: Bibliogr. Jahrb. der dtsch. Hochschulen 2. Aufl. (Innsbruck 1892) 987; Erg.-H. 1 (1893) 259 [3]. – R. C. Archibald: Bibliographia de mathematicis 5: Scripta math. **2** (1934) 181–187 [7]. – Brit. Mus. Gen. Cat. **254** (1965) Sp. 672–673 (8 Nr.) [3].

Biogr. Illustr. Ztg., Leipzig **105** (1895) 538–539 m. Bildn. [14]. – Adolf Harnack: Gesch. Preuß. Akad. Wiss. **1** (Berlin) 435, 796, 914–915, 959–960, 966, 984–985, 1005, 1013–1014, 1018, 1036, 1044, 1048 [3]. – Leo Koenigsberger: C. G. J. Jacobi. Festschr. zur Feier der 100. Wiederkehr seines Geburtstages (Leipzig 1904) 16, 263, 415, 515, 522, 532, 543 [3]. – W. Ahrens: Skizzen aus dem Leben Weierstraß': Math.-naturwiss. Bl. **4** (1907) 41–47 [3]. – M. Cantor: ADB **55** (1910) 11–13 [3]. – Gustav Mittag-Leffler: Zur Biogr. von Weierstraß: Acta math. **35** (1912) 29–65 [15]. – Leo Koenigsberger: Mein Leben (Heidelberg 1919) 21–24, 48–54, 76–79, 156–157, 170–172, 188–189, 191–192 u. öfter; Auszüge aus Briefen von Weierstraß: 50, 71, 79, 80, 114–115, 131–132, 144–146, 157, 170, 171, 189 [11]. – G. Mittag-Leffler: Die ersten 40 Jahre des Lebens von Weierstraß (Vortrag 1916): Acta math. **39** (1923) 1–57 [3; 11]. – Von verdienten Landsleuten: Karl Weierstraß: Heimat (Dortmund) **7** (1925) 238 [61]. – L. Kiepert: Persönliche Erinnerungen an Karl Weierstraß: Jber. Dtsch. Math. Ver. **35** (1926) 56–65 [3]. – Carl Runge: Persönliche Erinnerungen an Karl Weierstraß: ebda 175–179 [3]. – Reinhold von Lilienthal: Karl Weierstraß. In: Westfälische Lebensbilder **2** (Münster 1931) 164–179 m. Bildn. u. Lit.Verz. S. 179 [3]. – Ganesh Prasad: Some great mathematicians of the 19th century. Their lives and their works **1** (Benares 1933) XII–XIV, 220–290 m. Bildn. u. Schr.-Verz. [1a]. – E. T. Bell: Men of mathematics (London 1937) 454–482: Master and pupil [1]; dtsch. u. d. T.: Die großen Mathematiker (Düsseldorf, Wien 1967) 389–414 [101]. – A. A. Zvorykin: Biografičeskij slovar' dejatelej estestvoznanija i techniki (Biogr. Wörterbuch der Naturforscher u. Techniker) **1** (Moskva 1958) 149–150 [Ha 2]. – Georg Faber, Walther Gerlach in: Geist u. Gestalt. Biogr. Beitr. Gesch. Bayer. Wiss. **2** (München 1959) 6, 9, 13, 15, 16, 17, 18, 32, 34, 35, 38, 39, 101 [3].

Weierstraß u. Sonja Kowalewsky G. Mittag-Leffler: Sophie Kovalevsky. Notice biographique: Acta math. **16** (1892/93) 385, 386, 387, 388 [3]. – Anna Charlotte Leffler: Sonja Kovalevsky. Was ich mit ihr zusammen erlebt habe u. was sie mir über sich selbst mitgeteilt hat (Leipzig 1894) 159 S. (Reclams Universal-Bibl. 3297/98) [1]. – G. Mittag-Leffler: Une page de la vie de Weierstraß: C. R. 2. Congrès intern. Math. Paris 1900 (Paris 1902) 131–153. – M. Wentscher: Weierstraß u. Sonja von Kowalewsky: Jber. Dtsch. Math. Ver. **18** (1909) 89–93 (Brief v. W. an L. Fuchs v. 27. 6. 1874) [Ha 2]. – G. Mittag-Leffler: Weierstraß et Sonja Kowalewsky: Acta math. **39** (1923) 133–198 (darin Briefe) [1]. – Klara Hofer: Sonja Kowalewsky. Die Geschichte einer geistigen Frau (Stuttgart, Berlin 1926) 129–136, 181, 182 [101]. – Alja Rachmanowa: Sonja Kowaleski. Leben u. Liebe einer gelehrten Frau (aus dem Russ. ins Dtsch. übertr. von Arnulf von Hoyer) (Zürich 1953) 351 S. [101]. – F. Ja. Polubarinova-Kočina: K biografii S. V. Kovalevskoi: Ist. mat. Issled. **7** (1954) 666–712 m. 2 Bildn. [1].

Zum 70. Geburtstag Bericht über die Festsitzung des Math. Vereins in Berlin . . .: Vossische Ztg. **1885**, Abendausg. Beil. Nr. 515 vom 4. 11. S. 3 [11].

Zum 80. Geburtstag Nachr. Buchhandel **1895**, 2, S. 2015 [15].

Nekr. Wilhelm Ahrens: Weltall **26** (1926/27) 138–139 [Ha 2]. – von Braunmühl: Biogr. Jahrb. u. Dtsch. Nekrol. **2** (1898) 170–173 [3]. – S. Dickstein: Wiadom. Matem. **1** (1897) 53–58 m. Bildn. u. Faks. [poln.] [93]. – Julius Hann: Alm. Akad. Wiss. Wien **47** (1897) 304–306 [3; Ha 2]. – Ch. Hermite: C. R. Acad. Sci. Paris **124** (1897) 430–433 [3]. – David Hilbert: Nachr. Ges. Wiss. Göttingen, Math.-phys. Kl. **1897**, Geschäftl. Mitt. 60–69 [Ha 2]. – Wilhelm Killing: Karl Weierstraß (Rektoratsrede): Natur u. Offenbarung 43 (1897) 705–725, darin 712–713: Weierstraß' Meldung zum Staatsexamen, Westernkotten, 29. Febr. 1840 [1a]. – Emil Lampe: Gedächtnisrede ... in der physik. Ges. Berlin am 5. März 1897: Jber. Dtsch. Math. Ver. **6** (1898) 27–44 [11]; auch: Verh. Physik. Ges. Berlin **16** (1897) 50–71 [Ha 2] oder separat: (Leipzig 1897) 24 S. [14]; gekürzt: Naturwiss. Rdsch. **12** (1897) 218–220, 232–234 [Ha 2]. – G. Mittag-Leffler: Acta math. **21** (1897) 79–82 [3]. – M. d'Ocagne: Revue questions scient. publ. Soc. scient. Bruxelles **42** (1897) 484–507 [UB Basel]. – Enrico d'Ovidio: Atti Accad. Sci. Torino **3** (1896/1897) 562 [11]. – E. Picard: Rev. gén. Sci. pures appl. **8** (1897) 173–174. – Salvatore Pincherle: Rend. Sess. R. Accad. Sci. Ist. Bologna N.S. **1**, 1896–97 (1897) 101–104 [Ha 2]. – H. Poincaré: L'œuvre math. de W.: Acta math. **22** (1898) 1–18 [15]. – P. M. Pokrowsky: Spaczinskis Bote Nr. 255 (1897) 62–66 [russ.]. – Hermann Schubert: Z. math. u. naturwiss. Unterr. **28** (1897) 228–231 [15]. – F. Siacci: Rend. Accad. Sci. Fis. Mat. Napoli (3) **36** (1897) 63–64 [Ha 2]. – J. Sleschinsky: Spaczinskis Bote Nr. 255 (1897) 59–62 [russ.]. – N. Ja. Sonin: Bull. Acad.Sci. St.-Pétersbourg (5) **6** (1897) XXXV–XXXVI [russ.] [Ha 2]. – M. A. Tikhomandritzky: Charkow Ges. (2) **6** (1897) 35–56 [russ.]. – C. von Voit: S.-Ber. Bayer. Akad. Wiss. math.-phys. Cl. **27**, 1897 (1898) 402–409 [Ha 2]. – Ernst Wölffing: Umschau **1** (1897) 199 [15]. – Z. math.-naturwiss. Unterr. **28** (1897) 304–305 [15]. – J. reine u. angew. Math. **117** (1897) 357 [3]. – Nature [London] **55** (1897) 443 [15]. – Intimes von Weierstraß: Berliner Tagebl. Nr. 96 vom 22. Febr. 1897 [11]. – Berichte über die Beisetzung auf dem kathol. Friedhof in der Liesenstr.: Berliner Tagebl. Nr. 97 vom 23. Febr. 1897 [11]; Germania **44** (1897) vom 24. Febr. 1897 [9].

Zum 100. Geburtstag W. Ahrens: Gudermanns Urteil über die Staatsexamensarbeit von Weierstraß: Math.-naturwiss. Bl. **13** (1916) 44–46 [101]. – W. Ahrens: Frankfurter Ztg. **60** (1915) Nr. 302 vom 31. Okt., 1. Morgenbl., S. 3 [30]. – E. Lampe: S.-Ber. Berliner math. Ges. **15** (1916) 36–58 m. Titelbildn. u. Faks. [3]. – E. Lampe: Jber. Dtsch. Math. Ver. **24** (1915) 416–438 [101]. – Wilhelm Lorey: Die pädagogischen Ansichten des Mathematikers Weierstraß: Bl. höheres Schulwesen: **32** (1915) 626–629 [1]. – Wilhelm Lorey: Z. math. u. naturwiss. Unterricht **46** (1915) 597–607, darin: Weierstraß' Meldung zur Staatsprüfung 24. 2. 1840: S. 600–601 [3]; Amtl. Urteile über Weierstraß als Lehrer: ebda **47** (1916) 185–188 [3]. – Rudolf Rothe: S.-Ber. Berliner math. Ges. **15** (1916) 1–2 [25]. – H. Simon: Vossische Ztg. **1915**, Nr. 557, 4. Beil.

Zum 150. Geburtstag Festschr. zur Gedächtnisfeier für Karl Weierstraß 1815–1965. Hrsg. von Heinrich Behnke u. Klaus Kopfermann (Köln, Opladen 1966) 612 S. (Wiss. Abh. Arbeitsgemeinsch. Forschung des Landes Nordrhein-Westfalen, 33) [101]; darin: Heinrich Behnke: Karl Weierstraß u. seine Schule 13–40; Kurt-R. Biermann: Die Berufung von Weierstraß nach Berlin 41–52; Otto Frostman: Aus dem Briefwechsel von G. Mittag-Leffler 53–56; Friedrich Gerhard Hohmann: Karl Weierstraß als Schüler des Theodorianischen Gymnasiums zu Paderborn 57–66; Robert König: Die „100-Jahr-Feier" von Weierstraß' Geburtstag in Münster in Westfalen im Jahre 1925: 67–71. – H. Behnke: Carl Weierstraß als Gymnasiallehrer: Math.-Phys. Sem. Ber. N.F. **12** (1965) 129–131 [101]. – Kurt-R. Biermann: Karl Weierstraß u. A. von Humboldt: Monatsber. Dtsch. Akad. Wiss. Berlin 8 (1966) 33–37 [1]; Dirichlet über Weierstraß: Praxis der Math. **7** (1965) 309–312 [101]; Karl Weierstraß. Ausgewählte Aspekte seiner Biogr.: J. reine u. angew. Math. **223** (1966) 191–220 [101]. – A. O. Gel'fond: Vestnik Akademii nauk SSSR **36** (1966) Nr. 2, S. 184–185 [russ.]. – P. Ja. Polubarinova Kočina: Uspechi mat. nauk **21** (1966) 213–224 [15].

Weitere Lit. Rudolf Sturm: Gudermanns Urteil über die Prüfungsarbeit von Weierstraß (1841). Aus den Akten der wiss. Prüfungskomm. in Münster abgeschr. u. mitgeteilt: Jber. Dtsch. Math. Ver. **19** (1910) 160 [15]. – E. Lampe: Auszug aus einem Schreiben von Weierstraß an Paul Bois-Reymond: S.-Ber. Berliner Math. Ges. **9** (1910) 53–56. – Felix Müller: Karl Schellbach. Rückblick auf sein wiss. Leben ... Briefen von ... Weierstraß: Abh. Gesch. Math. **20** (1905) 86 S. [3]. – Wilhelm Lorey: Das Studium der Math. an den dtsch. Univ. seit Anfang des 19. Jahrhunderts (Leipzig, Berlin 1916) siehe Reg. S. 427 (Abh. über den math. Unterr. in Dtschl. III 4a) [3]. – L. Koenigsberger: Weierstraß' erste Vorlesg. über die Theorie der ellipt. Funktionen: Jber. Dtsch. Math. Ver. **25** (1916) 393–424 [101]. – W. Ahrens: Math. Anekdoten 2. Aufl. (Leipzig, Berlin 1920) 21 m. Bildn. (Math.-physik. Bibl., 18) [101]. – Ganesh Prasad: Proc. Benares Math. Soc. **5** (1923) 35–42. – Eine Äußerung von Weierstraß an Mittag-Leffler über das Dreikörperproblem: Acta math. **39** (1923) 257–258 [101]. – L. Schlesinger: Weierstraß über Poincarés Theorie der Fuchsschen Funktionen: ebda 240–245 [101]. – E. Goldstein: Aus vergangenen Tagen der Berliner Physik. Ges.: Naturwiss. **13** (1925) 41 m. Bildn. u. Faks. [3; 101]. – G. Prasad: Bull. Calcutta math. Soc. **15** (1925) 111–118. – Adolf Kneser: Leopold Kronecker: Jber. Dtsch. Math. Ver. **33** (1925) 211, 212, 220, 222 [3]. – Felix

Klein: Vorlesungen über die Entwicklung der Math. im 19. Jahrhundert 1 (Berlin 1926) 276–293 u. öfter [3]. – Anna von Helmholtz: Ein Lebensbild in Briefen. Hrsg. von Ellen von Siemens-Helmholtz 1 (Berlin 1929) 186, 210 [3]. – [Stengel]: Wilhelm von Humboldt-Gedächtnis-Ausstellung im Märkischen Museum. Lebensbilder aus der Gesch. der Berliner Univ., Berlin 9. Apr.–15. Mai 1935 (Berlin 1935) 49 [101]. – Johannes Mahrenholz: Anekdoten aus dem Leben deutscher Mathematiker (Leipzig, Berlin 1936) 36–40 m. Bildn. (Math.-physik. Bibl., R. 1, 18) [101]. – Rudolf Rothe: Eine Bemerkung von Weierstraß: Dtsch. Math. 2 (1937) 172–188; 3 (1938) 11–35 [3]. – Kurt-R. Biermann: Johann Gustav Lejeune Dirichlet. Dokumente für sein Leben u. Wirken: Abh. Dtsch. Akad. Wiss. Berlin, Kl. Math. Physik Techn. 1959, Nr. 2, S. 59, 60 [3]. – Herbert Meschkowski: Denkweisen großer Mathematiker (Braunschweig 1961) VIII, 95 S.; darin 76–79: Weierstraß u. seine Schule [101]. – Kurt-R. Biermann: Aus der Gesch. Berliner mathematischer Preisaufgaben: Wiss. Z. Humboldt-Univ. Berlin, math.-nat. Reihe, 13 (1964) 192, 194 [3]. – Kurt-R. Biermann: Did Husserl take his doctor's degree under Weierstrass, supervision?: Organon 6 (1969) 261–264 [1].

Bildn. Fritz Blencke: In: Das 19. Jahrhundert in Bildnissen 1 (1898) 82 m Bildn. Nr. 75 [3]. – Paul Julius Möbius: Über die Anlage zur Math. (Leipzig 1900) 142, 144 [14; 15]. – Acta math. 1882–1912. Table générale (Uppsala–Stockholm 1913) 176 [15]. – Eine Gedenktafel für Weierstraß [in Ostenfelde bei Warendorf]: Z. math. u. naturwiss. Unterr. 46 (1915) 629 [3]. – Die großen Deutschen im Bild. Hrsg. von Alfred Hentzen u. Niels von Holst (Berlin 1936) 380 (Pastellbild von Fehr 1895) [3]. – Bildn. berühmter Mitglieder der Dtsch. Akad. Wiss. zu Berlin (Berlin 1950) 46 [14].

II **WEIGEL,** Christian Ehrenfried von. Chem. – 1771 Dr. med. Univ. Göttingen; nach kurzem Aufenthalt in Stralsund hält er Vorlesungen an der Univ. Greifswald u. wird dort 1775 Prof. Botan. u. Chem. in der med. Fakultät; seit 1805 gehörte er der med. Fakultät an; dazu 1794 Dir. des königl. Gesundheitskollegiums; 1795 Titel eines Archiaters; 1806 geadelt.

*1748, Mai 24, Stralsund;
†1831, Aug. 8, Greifswald.

Bibliogr. Cat. scient. Papers 6 (1872) 303 (2 Nr.) [3]. – Brit. Mus. Gen. Cat. 254 (1965) Sp. 684–685 (20 Nr.) [3].

Biogr. B. F. Voigt: Neuer Nekrolog der Deutschen 9, 1831 (Ilmenau 1833) 699–705 [3]. – Otto Anselmino: Nachrichten von früheren Lehrern der Chem. an der Univ. Greifswald (Greifswald 1907) 12–20 m. 1 Bildn. [9]. – Johann Georg Meusel: Das gelehrte Teutschland 5. Aufl. 21 (Lemgo 1827) 413–414 [3]. – Karl Oppenheimer: ADB 41 (1896) 464 [3].

Weitere Lit. Max Speter: Gesch. der Erfindung des Liebigschen Kühlapparats: Chemiker-Ztg. 32 (1908) 3–5 m. 3 Abb., Lit.Verz. [3]. – Hans Meyer: Wer hat den Rückflußkühler erfunden?: ebda 34 (1910) 351 [3]. – Hermann Schelenz: Zur Gesch. der pharmazeut.-chem. Destilliergeräte (Berlin 1911) 84, 85, 86 [11]. – Fritz Ferchl u. A. Süßenguth: Kurzgesch. der Chem. (Mittenwald 1936) 151, 152, 158, 192, [3]. – Max Speter: Aus der Frühgeschichte des Gegenstromprinzip-Kühlers: Z. Spiritusind. 40 (1937) 364–365 m. 4 Abb. [101]. – Festschr. zur 500-Jahrfeier der Univ. Greifswald 2 (Greifswald 1956) [3]; darin: Johannes Valentin: Die Entwicklg. der pharmaz. Chem. an der Ernst-Moritz-Arndt-Univ. in Greifswald 473–475 m. 1 Abb.; Nora Groß: Die Gesch. des mineralog. Inst. der Ernst-Moritz-Arndt-Univ. Greifswald 483–484 m. Bildn.; Heinrich Borriss: Die Entwicklung der Botanik u. der botan. Einrichtungen der Univ. Greifswald 520–522 m. Bildn. – J. Valentin: Pharmazie 12 (1957) 371–372 m. Bildn. u. 2 Abb. [3]. – Gustav Erdmann: Die Ernst-Moritz-Arndt-Univ. Greifswald u. ihre Institute. 2. Aufl. (Greifswald 1959) 75 u. Abb. S. 21 [14].

II **WEIGEL,** Erhard. Math. – 1647 Studium Univ. Leipzig; 1650 dort Mag. phil., 1652 Dr. phil.; seit 1653 Prof. Math. Univ. Jena; Titel eines weimarischen Hofmathematicus; zum Oberbaudirektor ernannt.

get. 1625, Dez. 16, Weiden an der Nab;
†1699, März 21, Jena.

Bibliogr. Brit. Mus. Gen. Cat. 254 (1965) 686–688 (22 Nr.) [3]. – Veröff. von Erh. Weigel. Berichtszeit 1657–1699: 37 Titel, eigener Bestand LB Weimar [32].

Biogr. J. G. Mittag: Hallische Schul-Historie 1 (Leipzig 1744) 82 [3]. – Christian Gottlieb Jöcher: Allg. Gelehrten-Lexicon 4 (Leipzig 1751) Sp. 1857–1859 [3]. – Johann Ephraim Scheibel: Von Erhard Weigels Jenaischem Philanthropin. Forts. u. Beschluß (Breslau 1796) 20 S. (Progr. Elisabeth-Gymn. Breslau) [14]. – Picot: Biographie universelle, ancienne et moderne 50 (Paris 1827) 331–333 [3]. – Bartholomaei: Erhard Weigel. Ein Beitr. zur Gesch. der math. Wiss. auf den deutschen Univ. im 17. Jahrhundert: Z. Math.

u. Physik **13** (1868) Suppl. 1–44 [3]. — Edmund Spieß: Erhard Weigel, der Lehrer von Leibniz u. Pufendorf (Leipzig 1881) VII, 157 S. [15]. — August Israel: Die pädagogischen Bestrebungen Erhard Weigels. Ein Beitr. zur Gesch. der pädagog. Zustände im 17. Jahrhundert (Zschopau 1884) 59 S. (Jahresber. Schullehrer-Seminar Zschopau 14, 1883/84, Wiss. Beil.) [14]. — Robert Knott: ADB **41** (1896) 465–469 [3]. — O. Knopf: Erhard Weigel: Mitt. Vereinig. Freunde Astron. u. kosm. Physik **21** (1911) 113–123 m. Bildn., 1 Abb. [11]. — Kurt Riedel: Erhard Weigel, der deutsche Barockpädagog: Dtsch. Schule **34** (1930) 9–18 [101]. — Otto Stamfort: Die philos. u. pädag. Grundansichten Erhard Weigels (Braunschweig 1931) 30 S. (Diss. TH Braunschweig) [84]. — Hellmuth Rößler u. Günther Franz: Biogr. Wörterbuch zur Deutschen Geschichte (München 1953) 878 m. Lit.Verz. [3].

Weitere Lit. Paul Jacob Marperger: Kurtze Beschreibung des auf ... Verordnung ... Königs Christiani V von ... Erhard Weigelio ... verfertigten u. den 4. Oct. 1696 ... offerirten Pancosmi oder Groß-Bilds der Welt ... (Ploen 1697) A 2–B 3 [14]. — Johann Gabriel Doppelmayr: Histor. Nachricht von den Nürnbergischen Mathematicis u. Künstlern (Nürnberg 1730) passim [3]. — Max Wundt: Die Philosophie an der Univ. Jena in ihrem geschichtl. Verlauf dargestellt (Jena 1932) 45–53 m. Bildn. m. Faks. [14]. — Johannes Mahrenholz: Anekdoten aus dem Leben deutscher Mathematiker (Leipzig, Berlin 1936) 11–14 (Math.-physik. Bibl. R. 1; 18) [101]. — Otto Knopf: Die Astron. an der Univ. Jena von der Gründung der Univ. im Jahre 1558 bis zur Entpflichtung des Verf. im Jahre 1927 (Jena 1937) siehe Reg. S. 226 [3]. — Ernst Zinner: Deutsche u. niederländ. astron. Instrumente des 11. bis 18. Jahrhunderts (München 1956) 581–582 m. Schr.Verz., u. öfter [Ha 2]. — Erhard Weigel u. die Jenaer Frühaufklärung in: Fritz Kühlenz u. Paul G. Esche: Jenaer Porträts (Rudolstadt 1969) 11–38 [101].

Bildn. Das akad. Deutschland **1** (1930) 239 [14]. — Vorles. Verzeichn. Univ. Jena 1951/52, Frühj. Semester. [14].

II **WEINBRENNER,** Johann Jakob Friedrich. Architekt. — Studien in Wien, Dresden, Berlin und 1792–1797 in Italien; 1798 Bau-Inspektor, 1801 Baudirektor, später Oberbaudirektor in Karlsruhe. Erbaute viele öffentl. Gebäude in Karlsruhe, das Alte Theater in Leipzig usw.

*1766, Nov. 9 (oder 29), Karlsruhe; †1826, März 1, Karlsruhe.

Bibliogr. Brit. Mus. Gen. Cat. **254** (1965) Sp. 766–767 (4 Nr.) [3].

Briefe Arthur Valdenaire: Aus den Briefen Friedrich Weinbrenners an Johann Ludwig Klüber: Z. Gesch. Architektur **6** (1913) 168–173 [14]. — Friedrich Weinbrenner. Briefe u. Aufsätze. Hrsg. von Arthur Valdenaire (Karlsruhe 1926) II, 110 S., Titelbildn., 1 Bildn., 11 Abb. [3].

Autobiogr. Friedrich Weinbrenner. Denkwürdigkeiten aus seinem Leben, von ihm selbst geschrieben. Hrsg. u. m. einem Anhang begleitet von A. W. Schreiber (Heidelberg 1829) IV, 298 S. [31]. — Dasselbe: Hrsg. u. mit einem Nachwort versehen von Kurt K. Eberlein (Potsdam 1920) 277 S., Titelbildn. [14].

Biogr. Aloys Wilhelm Schreiber: Friedrich Weinbrenner, ein Denkmahl der Freundschaft (Karlsruhe 1826) VI, 106 S. m. Bildn. [14]. — Badische Biogr. **2** (Heidelberg 1875) 435–438 [3]. — L. Katzenstein: ADB **41** (1896) 500–503 [3]. — A. Valdenaire: Friedrich Weinbrenner: Der schwäbische Bund **1** (1919/20) 82–89 m. Bildn., 4 Abb. [14]. — Max Koebel: Friedrich Weinbrenner (1766–1826) (Berlin 1920) 118 S. m. 132 Abb. [101]. — Albert Hofmann: Dtsch. Bauztg. **54** (1920) 341–344 m. 7 Abb.; 349–351 m. 4 Abb.; 357–359 m. 3 Abb.; 361–364 m. 3 Abb.; 401–404 [101]. — Karl Widmer: Rheinlande **21** (1921) 63–67 m. 8 Abb. [101]. — Arthur Valdenaire: Friedrich Weinbrenner. Sein Leben u. seine Bauten. 2. Aufl. (Karlsruhe 1926) 346 S., Titelbildn., 5 Bildn., 1 Faks. Brief, 251 Abb. u. Entwürfe [3]. — Arthur Valdenaire: Friedrich Weinbrenner. Der Erbauer Karlsruhes: Mein Heimatland **22** (1935) 222–224 m. Bildn. [3]. — Bernhard Fritz: TH Karlsruhe. In: Die deutschen Techn. Hochschulen (München 1941) 201–210 m. Bildn. [14]. — Emil Lacroix: In: Festschr. TH Fridericiana Karlsruhe (Karlsruhe 1950) 96–98 m. Bildn. [3].

Weitere Lit. Friedrich von Weech: Gesch. der Stadt Karlsruhe **1** (Karlsruhe 1895) 434 m. Bildn. S. 440 [14]. — Gerstner: Friedrich Weinbrenners badische Residenz: Bauztg. Württ., Baden, Hessen **8** (1911) Nr. 18, S. 142–143 [21]. — Briefwechsel des Herzogs-Großherzogs Carl August mit Goethe. Hrsg. von Hans Wahl **2** (Berlin 1916) 129, 130, 378, 385 [3]. — Weinbrenner-Ausstellung in Karlsruhe: Dtsch. Bauztg. **58** (1924) 538–540 [3]. — Edgar Wedepohl: Das Erbe Weinbrenners: Wasmuths Mh. Baukunst **11** (1927) 77–82 m. 16 Abb. [3]. — Arthur Valdenaire: Weinbrenner u. Tulla: Bad. Heimat **15** (1928) 89–98 m. Bildn. u. 10 Abb. [3]. — Fritz Hirsch: 100 Jahre Bauen u. Schauen **1** (Karlsruhe 1930) 11–13, 26 [31]. — Hellmut Delius: Vitruv u. der Deutsche Klassizismus. C. F. Schinkel u. F. Weinbrenner: Architectura **1** (1933) 56–62

[101]. — F. Schnabel: Aus der Geschichte der TH Karlsruhe (Karlsruhe 1936) 3–16 m. Bildn. [15]. — Johannes Hofmann: Über ein Widmungsexemplar des Weinbrennerschen Entwurfs zu einem Völkerschlachtdenkmal: Leipziger Jahrb. **1939**, 122–123 m. Abb. [15]. — Ulrich Gertz: In: Baden. Monographie einer Landschaft **1** (1949) H. 3, S. 16–18 m. 4 Abb. [101]. — Arthur von Schneider: Friedr. Weinbrenners Zeichnungen nach antiken Skulpturen: Miscellanea Bibl. Hertziana **16** (1961) 478–485 [12].

Bildn. Albert Göckler: Alt-Karlsruhe von Markgraf Karl Wilhelm bis Weinbrenner (Karlsruhe 1931) 93–95 m. Bildn. S. 3 [31].

WEINECK, Joseph. Techn. Chem. — Stud. TH Wien; Fabrikbesitzer in Grafendorf bei Stockerau; langjähriger Bürgermeister u. Vizebürgermeister von Stockerau. 1886 Österr. Privileg für ein Verfahren zur Darst. der Stearinsäure.

*Stockerau;

†1942?

Bibliogr. Cat. scient. Papers **19** (1925) 521 (1 Nr.) [3].

Lit. Felix Kaßler: Josef Weineck, der Wegbereiter der Fetthärtung: Techn. in Niederdonau **4** (1942) 385–386 [Techn. Mus. Ind. Gewerbe Wien]; Zur Geschichte der Fetthärtung – Josef Weineck zum Gedächtnis: Seifensieder-Ztg. **69** (1942) 364 [TH Wien]. — Hermann Suida: Josef Weineck Gedenkrede: Wiener Chemiker-Ztg. **46** (1943) 265–266 [101].

III–V **WEINHOLD,** Adolf Ferdinand. Physik. — 1857–1860 stud. Univ. Leipzig u. Göttingen; 1873 Dr. phil. Univ. Leipzig; 1865–1912 Lehrer der Physik u. seit 1883 der Elektrotechn. an den Techn. Staatslehranst. Chemnitz (1870 Prof., 1890 Reg.Rat, 1897 (Oberreg.Rat); dann i. R. in Chemnitz.

*1841, Mai 19, Zwenkau bei Leipzig;

†1917, Juli 2, Chemnitz.

Bibliogr. Cat. scient. Papers **8** (1879) 1211 (12 Nr.); **11** (1896) 773 (7 Nr.); **19** (1925) 523 (7 Nr.) [3]. — Brit. Mus. Gen. Cat. **254** (1965) Sp. 782 (5 Nr.) [3].

Biogr. O. Müller: Z. math. u. naturwiss. Unterr. **48** (1917) 329–330 [3]. — Poske: Z. physik. u. chem. Unterr. **31** (1918) 101–102 m. Bildn. [101]. — Dr. Ko: Chemnitzer Kalender **9** (1918) 75–77 m. Bildn. [Stadt-Bibl. Karl-Marx-Stadt]. — J. Kollert: 20. Bericht Naturwiss. Ges. Chemnitz 1916–1919 (1920) 7–11 m. Bildn. [14; Ha 2].

Zum 100. Geburtstag Der Türmer von Chemnitz **7** (1941) 95–96 m. Bildn. [3]. — Karl Wilhelm Bangert: A. F. W. zum 100. Geburtstag (Chemnitz 1941) 23 S. m. Bildn., 2 Abb. [3].

Bildn. Salonblatt **6** (1911) 487 [14]. — Heinrich Voigt: Nachdenkliches u. Heiteres aus den ersten Jahrzehnten der Elektrotechn. (Leipzig 1925) Taf. 5 [14].

II, III **WEISBACH,** Ludwig Julius. Techn. Mech., Geodäsie. — 1820 Bergschule Freiberg; 1822–1826 stud. Bergakad. Freiberg; Dr. phil. Univ. Heidelberg; seit 1833 Lehrer u. Prof. angew. Math. u. Bergmaschinenlehre Bergakad. Freiberg; 1859 Dr. phil. h. c. Univ. Leipzig.

*1806, Aug. 10, Mittelschmiedeberg bei Annaberg;

†1871, Febr. 24, Freiberg.

Bibliogr. Cat. scient. Papers **6** (1872) 306–307 (30 Nr.); **8** (1879) 1212–1213 (10 Nr.) [3]. — Brit. Mus. Gen. Cat. **254** (1965) Sp. 834–836 (19 Nr.) [3].

Biogr. Nekr.: Dtsch. Bauztg **5** (1871) 91 [14]. — Rühlmann: Vorträge über die Gesch. der techn. Mechanik u. theoret. Maschinenlehre (Leipzig 1895) 415 [14]. — von Gümbel: ADB **41** (1896) 522 [3]. — Conrad Matschoß: Männer der Techn. (Berlin 1925) 289 m. Bildn. [14]. — Carl Schiffner: Aus dem Leben alter Freiberger Bergstudenten u. der Lehrkörper der Bergakad. **1** (Freiberg 1935) 80 m. Bildn.; **2** (1938) 47; **3** (1940) 107, 168 [3; 14]. — W. Schellhaas: Hochschulbl. Grenzland Sachsen **12** (1936/37) 266 [101]. — Walter Serlo: Männer des Bergbaus (Berlin 1937) 156–157 [3]. Hans Baumgärtel: Julius Weisbach u. die Einführung der „neuen Markscheidekunst" in die Praxis: Bergakademie [Freiberg] **13** (1961) 371–377 m. Bildn., Faks., Faks., 10 Abb. [3].

Zum 100. Geburtstag H. Undeutsch: Zum Gedächtn. an . . . J. L. W. . . . hrsg. (Freiberg 1906) 15 S., Titelbildn. m. Faks. [14].

Zum 150. Geburtstag Julius Weisbach. Gedenkschr. zu seinem 150. Geburtstag. Zus.-gest. von Werner Beck (Berlin 1956) 173 S. m. Titelbildn. (Ölgemälde) u. Abb. u. Familientaf. (Freiberger Forschungsh. D 16) [14]; darin: Georg Zöllner: Lebensbild Julius Weisbachs: 9–62 m. Titelbildn., 4 Bildn., 6 Abb., 1 Faks., Lit.Verz.; Wilhelm Schmid: Julius Weisbach als Mathematiker: 62–77 m. 6 Abb., 1 Faks.; Dieter Rüdiger: Das Wirken Julius Weisbachs für die techn. Mech.: 79–89 m. 2 Taf., 1 Abb.; Werner Beck: Die Bedeutung Julius Weisbachs auf dem Gebiete der Hydraulik: 91–110 m. 10 Abb., Schr.- u. Lit. Verz.; Karl Neubert: Julius Weisbach, der Begründer der „Neuen Markscheidekunst“: 111–140 m. 29 Abb., Schr. u. Lit.Verz.; Karl Lüdemann: Julius Weisbach als Geodät: 141–146; Walter Christian: Julius Weisbach als Ingenieur: 147–156 m. 1 Abb.; Johannes Bahr u. Werner Döll: Julius Weisbach u. seine Bedeutung für die Entwicklung des Bergbaumaschinenwesens: 157–170 m. 7 Bildn., 3 Abb. — H. Kretzschmer: Julius Weisbach, der Vater der Durchflußmessung: Brennstoff–Wärme–Kraft 8 (1956) 497 [101]. — O. Fritzsche: VDI-Z. 98 (1956) 1287 m. Bildn. [3]; Bergakademie [Freiberg] 9 (1957) 33–36 m. Bildn. u. Faks. [3]. — W. Beck: Julius Weisbach-Gedenkfeier: ebda 32–33 m. 1 Abb. [3].

Weitere Lit. August Junge: Über den Unterricht in der practischen Markscheidekunst an der Bergakademie: Festschr. 100-jähr. Jubil. Bergakad. Freiberg 1 (1866) 205 [3]. — Julius Weisbach: Die Fortschritte des Bergmaschinenbaus in den letzten 100 Jahren: ebda 2 (1867) 12–86 [3]. — Moritz Rühlmann: Vorträge über Gesch. der techn. Mechan. (Leipzig 1885) 415–424, 439, 488, 525 m. Bibliogr. [3; 14]. — A. Ledebur: Über die Bedeutung der Freiberger Bergakad. des 18. u. 19. Jahrhunderts (Freiberg 1903) 20–23 m. Bildn. [3]. — Conrad Matschoß: Die Entwicklung der Dampfmaschine 2 (Berlin 1908) 697–698 [3]. — Franz Heucke: Beitr. zur Freiberger Bergchronik (Freiberg 1920) 271–272 (Mitt. Freiberger Altertumsver. H. 47, Beil.) [105].

Bildn. Kgl. Sächs. Bergakad. zu Freiberg (Freiberg 1904) 34 [14]. — Frederick Gleason Corning: A Student Reverie. An album of Saxony days (Freiberg) (New York 1920) 23 [14]. — Blätter der Bergakad. Freiberg Nr. 18 (1938) 19 [14].

II **WEISS,** Christian Samuel. Mineral. — 1801 Dr. phil.; 1803 Doz., 1808 o. Prof. Physik Univ. Leipzig; 1810 o. Prof. Mineral. Univ. Berlin; 1815 o. Mitgl. Preuß. Akad. Wiss.

*1780, Febr. 26, Leipzig;
†1856, Okt. 1, Eger (auf einer Reise).

Bibliogr. Cat. scient. Papers 6 (1872) 308–310 (62 Nr.) [3]. — Otto Köhnke: Gesammtregister über die in den Schriften der Akad. von 1700–1899 erschienenen wiss. Abh. u. Festreden (Berlin 1900) 285–286 [3]. — Brit. Mus. Gen. Cat. 254 (1965) Sp. 879 (6 Nr.) [3].

Briefwechsel Taschenbuch ges. Mineral. 9 (1815) 296–301 [Berlin, Nov. 1814 Weiß an Karl Caesar Leonhard (?)] [1]. — Leopold von Buch: Gesammelte Schriften 4 (Berlin 1885) 1052–1058 [Briefe Buch an Weiß 24. VI. 1821, 14. X. 1821] [3]. — Immanuel Kant: Gesammelte Schriften 12 (Berlin 1902) Briefwechsel Bd. 3, S. 184–186 [Brief von Weiß Leipzig 22. VII. 1797] [3]. — Luise Neumann: Franz Neumann. Erinnerungsblätter von seiner Tochter (Tübingen, Leipzig 1904) 202–203, 225, 230, 337–339, 343–344 (6 Briefe) [11]. — H. C. Örsted: Correspondance entre Chr. S. Weiß et H. C. Oersted 1920, 253–367 (Jahre 1806–1848) [11]. — Hermann Degering, Karl Christ u. Julius Schuster: Aus der Handschriftenabt. der Preuß. Staatsbibl. Abh. u. Nachbildungen von Autographen (Berlin 1922) 208 S.; darin: Julius Schuster: Christian Samuel Weiß u. die Naturphilosophie 87–97 m. Bildn.u. Faks. S. 89; Christian Samuel Weiß' kristallogr. System u. René-Just Hauy 97–103 m. Brief von Weiß an Oken, Leipzig 3. May 1809 u. Brief von Oken an Weiß, Jena 8. . . . [1810] [101]. — Rudolph Zaunick: Zwei Briefe Lorenz Okens an Carl Gustav Carus: Mitt. Gesch. Med. u. Naturwiss. 25 (1926) 213 [3].

Biogr. Heinrich Gottlob Kreußler: Autobiographien Leipziger Gelehrten (Leipzig 1821) 70 [14]. — von Gümbel: ADB 41 (1896) 559–560 [3]. — Otto Francke: Eine Begegnung des Mineralogen Chr. S. Weiß mit Goethe: Jahrb. Goethe-Ges. 9 (1922) 282–284 [3]. — C. Schiffner: Aus dem Leben alter Freiberger Bergstudenten 1 (Freiberg 1935) 24–25 m. Bildn. [3; 14]. — K. Spangenberg: In: Handwörterb. Naturwiss. 2. Aufl. 10 (Jena 1935) 625–626 [3]. — Fossilium Catalogus I: Animalia. Pars 72: K. Lambrecht†, W. et A. Quenstedt, Palaeontologi, Catalogus biobibliographicus (s'Gravenhage 1938) 454 [3; Ha 2]. — Emil Fischer: Goethes Beziehungen zu Chr. S. Weiß: Forsch. u. Fortschr. 35 (1961) 16–17 (m. Brief-Faks. vom 28. 8. 1818 an seinen Bruder) [Ha 2].

Nekr. Trendelenburg: Mber. Akad. Wiss. Berlin 1856, 473 [Ha 2]. — Carl Friedrich Philipp von Martius: Denkrede auf Chr. S. Weiß . . . am 28. Nov. 1856: Gelehrte Anzeigen Bayer. Akad. Wiss. 44 (1857) Sp. 30–48 [3]; nochmals in: C. Fr. Ph. von Martius: Akad. Denkreden (Leipzig 1866) 327–344 [3].

Zum 100. Geburtstag Gedenkworte zur Feier . . . 3. März 1880, gesprochen von Websky, Weiß, Rammelsberg, Hauchecorne, Beyrich: Z. Dtsch. geol. Ges. 32 (1880) I–XXX (m. 2 Briefen von Leopold von Buch vom 24. 6. 1821 u. 14. 10. 1821) [15]. — Ch. E. Weiß: Worte der Erinnerung . . . (Festrede): Berg- u. hüttenmänn. Ztg. 39 (1880) 105–107 [15].

Weitere Lit. Heinrich Gottlob Kreußler: Beschreibung der Feierlichkeiten am Jubelfeste der Univ. Leipzig den 4. Dez. 1809 (Leipzig 1810) 71–74 m. Bildn. [14]. – [Hitzig]: Gelehrtes Berlin im Jahre 1825 (Berlin 1826) 293–294 (Verzeichn. im Jahre 1825 in Berlin lebender Schriftsteller u. ihrer Werke) [3]. – Karl Friedrich Burdach: Rückblick auf mein Leben. Selbstbiogr. (Leipzig 1848) 352 [3]. – K. C. von Leonhard: Aus unserer Zeit in meinem Leben **2** (Stuttgart 1856) 14 [3]. – Franz von Kobell: Geschichte der Mineral. (München 1864) 202–211 (Gesch. der Wiss. in Deutschland, 2) [3]. – Otto Braus: Akad. Erinnerungen eines alten Arztes an Berlins klin. Größen (Leipzig 1901) 33–34 [15]. – Aus den Tagebüchern des alten Heim. Tagebuch-Aufzeichnungen Ernst Ludwig Heims aus den Jahren 1795 bis 1834. Mitget. u. erl. von Georg Siegerist: Arch. Brandenburgia **7** (1901) 71, 85 [3]. – H. Dreßler: Friedrich Fröbel u. die Math.: Schulwart **13** (1915) H. 1, S. 2–6 [14]. – Erna Arnhold: Goethes Berliner Beziehungen (Gotha 1925) 183, 188, 435, 436 [101]. – G. Tornier: Rückblick auf die Palaeontol.: S.-Ber. Ges. naturforsch. Freunde Berlin **1924** (1926) 36–38 [Ha 2]. – Paul Groth: Entwicklungsgesch. der mineral. Wiss. (Berlin 1926) 59–77, 243–244 [3]. – Walter Häntzschel: Die geschichtl. Entwicklung der Anschauungen über die Hohensteiner Überschiebung: S.-Ber. u. Abh. naturwiss. Ges. Isis (Dresden) **1928**, 29–30 [Ha 2]. – Bernhard Lepsius: Das Haus Lepsius (Berlin 1933) 117 [3]. – [Stengel]: Wilhelm-von-Humboldt-Gedächtnis-Ausstellung im Märkischen Museum. Lebensbilder aus der Geschichte der Berliner Univ., Berlin 9. Apr.–15. Mai 1935 (Berlin 1935) 49 [101]. – Frank Dawson Adams: The birth and development of the geological sciences (London 1938) 245 [3]. – Erich Haarmann: Aus den Anfängen der europäischen Geol.: Geol. Rdsch. **33** (1942) 171 [15]. – Erwin Stresemann: Hemprich u. Ehrenberg „Reisen zweier naturforschender Freunde im Orient, geschildert in ihren Briefen aus den Jahren 1819 bis 1826“: Abh. Dtsch. Akad. Wiss. Berlin, math.-nat. Kl. **1954**, Nr. 1, S. 120, 136 [Ha 2]. – Vorlesungsankündigung für das Wintersemester 1813/1814: 15. Okt. 1813. Berlin: Goethes Autographen-Sammlung (Weimar 1961) 247 Nr. 1793 [3]. – Emil Fischer: Chr. S. Weiß u. seine Bedeutung für die Entwicklung der Kristallographie: Wiss. Z. Humboldt-Univ. Berlin, math.-nat R. **11** (1962) 249–255 m. Bildn. [3]. – Derselbe: Chr. S. Weiß u. die zeitgenöss. Philos. (Fichte, Schelling): Forsch. u. Fortschr. **37** (1963) 141–143 [Ha 2].

Bildn. Bildn. berühmter Mitglieder der Dtsch. Akad. Wiss. zu Berlin (Berlin 1950) 24 [14].

Nachlaß Gelehrten- u. Schriftstellernachlässe in den Bibl. der DDR **1** (Berlin 1959) 92 Nr. 668; S. 15 Nr. 38 [3].

II **WEISSENBACH,** Carl Gustav Adalbert von. Bergbau. — 1817 Stud. Jura Univ. Leipzig; 1820 Bergamtsassessor in Freiberg; 1824 Bergmeister in Johanngeorgenstadt u. 1826 in Freiberg; 1835 geh. Regierungs-Referendar, 1840 geh. Regierungsrat in Dresden.

*1797, Dez. 8, Dresden;

†1846, Juli 27, Kösen bei Naumburg.

Bibliogr. Cat. scient. Papers **6** (1872) 313 (2 Nr.) [3]. – Brit. Mus. Gen. Cat. **254** (1965) Sp. 920 (3 Nr.) [3].

Lit. Bernh. Friedr. Voigt: Neuer Nekr. der Deutschen **24**, 1 (Weimar 1848) 479–482 [15]. – Walther Fischer: 400 Jahre Sächs. Oberbergamt Freiberg (1542–1942): Z. Dtsch. Geol. Ges. **95** (1943) 176–178 m. Bildn. [14].

III **WEITH,** Wilhelm. Chem. — 1862 chem. Fachschule Polytechn. Zürich; dann stud. Univ. Heidelberg, 1865 dort Dr. phil.; 1866 PDoz., 1871 ao. Prof., 1874 o. Prof. Chem. Zürich.

*1846, Mai 9, Homburg vor der Höhe;

†1881, Nov. 29, Ajaccio.

Bibliogr. Cat. scient. Papers **8** (1879) 1216–1217 (20 Nr.); **11** (1896) 779–780 (36 Nr.); **19** (1925) 538 (2 Nr.) [3].

Biogr. Victor Meyer: Ber. Dtsch. chem. Ges. **15**, 2 (1882) 3291–3309 [3]. – C. Oppenheimer: ADB **41** (1896) 624 [3]. – Richard Meyer in: Victor Meyer (Leipzig 1917) 460, Bildn. S. 76 [3].

II **WELPER,** Eberhard. Math. — Prof. Univ. Straßburg um 1630.

Lit. Gerard Joannes Vossius: De artium et scientiarum natura ac constitutione libri ... (Amsterdam 1696) 193 [3]. – Ch. G. Jöcher: Allg. Gelehrten-Lexicon **4** (Leipzig 1751) Sp. 1881 [15]. – Brit. Mus. Gen. Cat. **255** (1965) Sp. 227–228 (16 Nr.) [3]. – Ernst Zinner: Astron. Instrumente des 11. bis 18. Jahrhunderts (München 1956) 69, 292, 546, 583 [Ha 2].

WENDEROTH, . Georg Wilhelm Franz. Botan. — Zuerst Apotheker in Marburg, Schweinfurt, Würzburg; 1796 stud. Med. u. Naturwiss. Univ. Marburg; 1801 Dr. med., 1803 PDoz. Med. Univ. Marburg; 1806 o. Prof. Med. Univ. Rinteln; 1810–1859 o. Prof. Botanik Univ. Marburg, zugl. Dir. botan. Garten.

*1774, Jan. 17, Marburg.

†1861, Juni 5, Marburg.

Bibliogr. Cat. scient. Papers **6** (1872) 319–320 (29 Nr.) [3]. – Brit. Mus. Gen. Cat. **255** (1965) Sp. 329 (3 Nr.) [3].

Biogr. Karl Wilhelm Justi: Hessische Denkwürdigkeiten **4**, 2 (Marburg 1805) 539 [3]. – Friedrich Wilhelm Strieder: Grundlage zu einer Hessischen Gelehrten- u. Schriftsteller-Geschichte **18** (Marburg 1819) 503–511 m. Schr.Verz. [3]. – Johann Georg Meusel: Das gelehrte Teutschland im 19. Jahrhundert **16** (Lemgo 1812) 188; **21** (Lemgo 1827) 470–471 [3]. – Adolph Carl Peter Callisen: Medicinisches Schriftsteller-Lexikon **21** (Copenhagen 1835) 6–7; **33** (Altona 1845) 263 [3]. – Hessel: Die im Alterthum üblich gewesenen Methoden der Weinveredelung ... (Zur Erinnerung an die von der Univ. Marburg G. W. F. Wenderoth ... den 10. 6. 1856 bei der Feier des 50. Jahrestages seiner Ernennung zum Prof. dargebrachten Glückwünsche) (Marburg 1856) 48 S., 1 Taf. [14]. - Nekr.: Bonplandia **9** (1861) 182, 344–345, 377 [3]. – Rektoratsprogramm Marburg **1861**, 24–25 [11]. – G. A. Pritzel: Thesaurus Literaturae botanicae (Lipsiae 1872) 343–344 (17 Nr.) [3]. – E. Wunschmann: ADB **41** (1896) 716–717 [3]. – Franz Gundlach: Catalogus professorum academiae Marburgensis. Die akad. Lehrer der Philipps-Univ. in Marburg von 1527 bis 1910 (Marburg 1927) 228, 229 m. Lit.Verz. [3]. – H. Gelder: Dozenten der Univ. Marburg: Apotheker-Ztg. **44** (1929) 1631–1632 m. Schr. Verz. [3]. – A. Adlung u. G. Urdang: Grundriß der Gesch. der deutschen Pharmazie (Berlin 1935) 489 [3].

II **WENZ,** Ludwig. — 1720 Licentiat der Rechte; seit 1752 Stadtnotar u. Ehegerichtsschreiber in Basel.

*1695, Basel;

†1772, Febr. 5, Basel.

Lit. Johann Georg Meusel: Lexikon der von 1750 bis 1800 verstorbenen teutschen Schriftsteller **15** (Leipzig 1816) 11 [15]. – R. Wolf: Biogr. zur Kulturgesch. der Schweiz **1** (Zürich 1858) [3]. – Ernst Zinner: Deutsche u. niederländische astron. Instrumente des 11. bis 18. Jahrhunderts (München 1956) 584 [Ha 2].

II **WENZEL,** Carl Friedrich. Chem. — Zuerst Buchbindergeselle bei seinem Vater in Dresden, dann auf Reisen; Schiffswundarzt in holländ. Diensten; 1777–1780 Studium Math., Physik, Chem. Univ. Leipzig; 1780 Chemiker bei der kurfürstl. sächs. Schmelzadministration; 1785 Oberhüttenamts-Assessor in Freiberg; 1786 Chemiker der Porzellanfabrik Meißen.

*1740, Dresden;

†1793, Febr. 26, Freiberg.

Werke Carl Friedrich Wenzel: Lehre von der Verwandtschaft der Körper (Dresden 1777) IV, 491 S. [3].

Bibliogr. Brit. Mus. Gen. Cat. **255** (1965) Sp. 416 (4 Nr.) [3].

Biogr. Nekr.: Allg. Lit. Ztg., Intelligenzblatt **1793**, Nr. 89, 31. Aug. 1793, S. 706–707 [3]. – J. G. Meusel: Lexikon der von 1750 bis 1800 verstorbenen teutschen Schriftsteller **15** (Leipzig 1816) 13–14 [15]. – Gley: Biographie universelle, ancienne et moderne **50** (Paris 1827) 361–362 [3]. – Oppenheimer: ADB **41** (1896) 739 [3]. – C. Glücksmann: Zu Apothekers C. Fr. Wenzels Gedenken: Pharmaz. Zentralhalle **61** (1920) 463–469, 493–496 [3]. – Charles M. van Deventer: Grepen ut de Historie der Chemie (Harlem 1924) 184, 240, 241, 255, 402, 403, 406, 415, 416, 433, 453 [1a]. – Rudolf Winderlich: Les avatars d'une expérience de chimie: Ann. Guébhard-Séverine **6** (1930) 111–118 [82]. – Paul Walden: Maß, Zahl u. Gewicht in der Chem. der Vergangenheit (Stuttgart 1931) 80–102 [101]. – Otto Brunck: Ein Beitr. zur Gesch. der Chem. (in Freiberg): Techn. Bl., Wschr. Dtsch. Bergwerksztg. **1931**, Nr. 5 u. 8, S. 86 [101]. – F. Henrich: In: Handwörterb. der Naturwiss. 2. Aufl. **10** (Jena 1935) 655 [3]. – Fritz Ferchl u. O. Süßenguth: Kurzgeschichte der Chem. (Mittenwald 1936) 116, 117, 135, 136, 173, 175 [101]. – Rudolf Winderlich: J. chem. Educat. **27** (1950) 56–59 [7]. – Hans-Georg Schäfer: Chem. Lehre u. Forschung in Freiberg: Bergakademie [Freiberg] **7** (1955) 254 [3]. – A. A. Zvorykin: Biografičeskij slovar' dejatelej estestvoznanija i techniki [Biogr. Wörterb. der Naturforscher u. Techniker] **1** (Moskva 1958) 153–154 [Ha 2].

II **WEPFER,** Johann Jacob. Med. — 1647 Dr. med. Univ. Basel; Physicus in Schaffhausen; Leibarzt mehrerer deutschen Fürsten.

*1620, Dez. 23, Schaffhausen;

†1695, Jan. 28, Schaffhausen.

Bibliogr. Brit. Mus. Gen. Cat. **255** (1965) Sp. 427–428 (11 Nr.) [3].

Briefe Hans Fischer: Briefe J. J. Wepfers an seinen Sohn Johann Conrad (1657–1711), Studiosus medicinae zu Basel u. Leyden: Mitt. naturforsch. Ges. Schaffhausen **18** (1943) 371–434 m. 3 Faks. [Ha 2] u. (Aarau, Leipzig 1943) 68 S. (Veröff. schweizer. Ges.

Gesch. Med. u. Naturwiss., 13) [Ha 2]. – Conrad Brunner u. Wilhelm von Muralt: Aus den Briefen hervorragender Schweizer Ärzte des 17. Jahrhunderts (Basel 1919) 81–106 m. Bildn., Abb., Schr.Verz. [101].

Biogr. Johann Peter Niceron: Nachrichten von den Begebenheiten u. Schriften berühmter Gelehrten **10** (1754) 1–5 m. Schr.Verz. [3]. – N. F. J. Eloy: Dictionnaire historique de la médecine ancienne et moderne ... **4** (Mons 1778) 569–570 [3]. – Henricus Pfeninger: Helvetiens berühmte Männer in Bildnissen, dargest. m. Lebensbeschreibungen von Leonhard Meister **3** (Zürich, Winterthur 1786) 3–8 m. Bildn. [UB Basel]. – J. M. Aepli: Biogr. berühmter Ärzte aus Dießenhofen 1. Wepfer von Schaffhausen. In: Arch. gemeinnütziger physischer u. med. Kenntn. **1** (Zürich 1787) 417–434 [3]. – Dictionnaire des sciences médicales. Biographie médicale **7** (Paris 1825) 493 m. Schr.Verz. [3]. – Ustéri: Biographie universelle, ancienne et moderne **50** (Paris 1827) 362 [3]. – Dezeimeris: Dict. hist. méd. **4** (Paris 1839) 395–396 [3]. – Rudolf Wolf: Biographien zur Kulturgesch. der Schweiz **4** (Zürich 1862) 37–54 [3]. – Pagel: ADB **41** (1896) 740–741 [3]. – Hans Fischer: In: Große Schweizer Forscher (Zürich 1939) 80–81 m. Bildn. [101]. – Hans Fischer: Mitt. naturforsch. Ges. Schaffhausen **9**, 1929/30 (1931) 93–201 m. Bildn., Stammbaum u. Schr.Verz. [Ha 2]. – [H. Buess]: Schweizer Ärzte, Entdecker u. Erfinder. Hrsg. von Ciba AG Basel (Basel 1945) 25–26 m. Bildn., Schr.- u. Lit.Ang. [101].

Weitere Lit. John E. Donley: John James Wepfer: Bull. Johns Hopkins Hosp. **20** (1909) 1–9 m. Bildn. u. Fak. [3]. – Max Neuburger: Aus der Vergangenheit der Neuropathol.: Wiener med. Wschr. **61** (1911) 2578–2586 m. 2 Bildn. [3]. – Albrecht Burckhardt: Gesch. der med. Fakultät zu Basel 1460–1900 (Basel 1917) 180, 181, 213 [3]. – H. E. Sigerist: Die Verdienste zweier Schaffhauser Ärzte (J. C. Peyer u. J. C. Brunner) um die Erforschung der Darmdrüsen: Verh. Schweiz. naturforsch. Ges., Aarau **102**, 2 (1921) 153–154 [Ha 2]. – Richard N. Wegner: Das Anatomenbildn. ... (Basel 1939) 125 [3]. – Eduard Fueter: Gesch. der exakt. Wiss. in der Schweizer Aufklärung (Aarau, Leipzig 1941) 127, 253, 289 (Veröff. Schweizer Ges. Gesch. Med. u. Naturwiss., 12) [101]. – Gustav Senn: Der Anteil der Schweiz an der Entwicklung der Botanik. In: Die Schweiz u. die Forschung **1**, 1 (Bern 1943) 9 [3]. – Henry Nigst: Das anatomische Werk Joh. Jakob Wepfers (Aarau 1947) 88 S. m. Titelbildn., 2 Faks. (Veröff. Schweiz. Ges. Gesch. Med. u. Naturwiss., 16) (Diss. Univ. Basel) [Ha 2]. – Bernhard Getz: To klassike arbeider om hyperkusjon og apoplexi. Caelius Aureliamus og Johann Wepfer: Tidsskr. norske Laegeforen **77** (1957) 913–914 [UB Oslo]. – Paul Klemperer u. Walter Federn: The dilemma Johann Jacob Wepfer: Bull. Hist. Med. **33** (1959) 50–66 m. Abb. u. Bibliogr. [1]. – Susi Joos-Renfer: Pathol.-anatom. Beobachtungen bedeutender Schweizer Ärzte 1670–1720 (Basel 1961) 10–12 (Diss. med. dent. Univ. Bern) [3]. – Alfred Meyer u. Raymond Hierons: Observations on the history of the „circle of Willis": Med. Hist. **6** (1962) 119–130 m. 4 Abb. [4]. – G. F. Hoessly: Intra cranial hemorrhage in the 17th century. A reappraial of Johann Jacob Wepfers contribution regarding subdural hematoma: J. Neurosurg. **24** (1965) 493–496 [25].

II **WERNEBURG,** Johann Friedrich Christian. Math. – 1799 Dr. phil. Univ. Leipzig; 1803 PDoz. Univ. Göttingen; 1808 Lehrer Math. Pagen-Inst. Weimar, 1812–1814 Gymnasium Eisenach; 1818 PDoz. u. dann ao. Prof. Univ. Jena.

*1777, Sept. 1, Eisenach;

†1851, Nov. 21, Jena.

Bibliogr. Cat. scient. Papers **6** (1872) 322 (7 Nr.) [3].

Biogr. Johann Georg Meusel: Das gelehrte Teutschland. 5. Aufl. **21** (Lemgo 1827) 493–495 [3]. – Joh. Stephan Pütter: Versuch einer academ. Gelehrten-Gesch. von der Georg-Augustus-Univ. zu Göttingen **3** (Hannover 1820) 274–276 m. Schr.Verz.; **4** (Göttingen 1838) 385–386 m. Schr.Verz.[3]. – B. F. Voigt: Neuer Nekrolog der Deutschen **29**, 1851 (Weimar 1853) [3]. – Robert Knott: ADB **42** (1897) 19 [3]. – Damals in Weimar! Erinnerungen u. Briefe von u. an Johanna Schopenhauer. Hrsg. von H. H. Houben (Leipzig 1924) 33, 119 [3; 14]. – Brief an Johann Wolfgang von Goethe (Eisenach, 1. Dez. 1805): Goethes Autographen-Sammlung (Weimar 1961) 248, Nr. 1802 [3].

II **WERNER,** Abraham Gottlob. Mineral., Geol. – 1769 Studium in Freiberg, 1771 in Leipzig; seit 1775 Inspektor der Mineralien-Sammlung, sowie Lehrer der Mineral- u. Bergbaukunde Bergakademie Freiberg; 1800 Sächs. Bergrat.

*1750, Sept. 25, Wehrau, Oberlausitz;

†1817, Juni 30, Dresden.

Geneal. Johannes Schulz u. Kurt Wensch: Die Ahnen A. G. Werners: Mitt. Roland Ver. Sippenforsch. (Dresden) **21** (1936) 67–68 [3; 14].

Werke Abraham Gottlob Werner: Von den äußerlichen Kennzeichen der Foßilien (Leipzig 1774) 304 S. [3]; Neudruck (Amsterdam 1965) XVI, 302 S. [101]. – Axel von Kronstedts Versuch einer Mineral. Aufs neue aus dem Schwed. übers. u. zunächst verschiedenen Anmerkungen vorzügl. m. äußeren Beschreibungen der Fossilien vermehrt von A. G. Werner: **1**, 1 (Leipzig 1780) LXXII, 254 + 8 S. [3]. – A. G. Werner: Kurze Klassifikation u. Beschreibung verschiedener Gebirgsarten (Dresden 1787) [3]. – A. G. Werner: Von den verschiedenen Graden der Festigkeit des Gesteins, als dem Hauptgrunde der Hauptverschiedenheiten der Häuerarbeiten: Bergmänn. J. **1788**, 1, S. 4–21 [14]. – Werners Bekanntmachung einer von ihm am Scheibenberger Hügel über die Entstehung des Basaltes gemachte Entdeckung, nebst zweyen zwischen ihm u. Herrn Voigt darüber gewechselten Streitschriften; alle dreye aus den Intelligenzblättern der allgemeinen Litteraturzeitung genommen, u. von ihm noch mit einigen erläuternden Anmerkungen, wie auch einer in den noch besonders angehängten Schlußanmerkungen enthaltenen weitern Ausführung seiner letztern Schrift begleitet: Bergmänn. J. **1788**, 2, S. 845–907 [14]. – A. G. Werner: Über das Vorkommen des Basaltes auf Kuppen vorzüglich hoher Berge: Bergmännisches J. **1789**, 1, S. 252–260 [14]. – A. G. Werner: Herrn D. Fausts Nachricht von dem auf dem Meißner in Hessen über Steinkohlen u. bituminösen Holze liegendem Basalte. Aus dem Augustmonate des 1784er Jahrgangs des Journals von u. für Deutschland entlehnt, u. m. einer Vorbemerkung, wie auch einigen erläuternden Anmerkungen versehen: Bergmännisches J. **1789**, 1, S. 261–295 [14]. – Mineralsyst. des Herrn Inspektor Werners m. dessen Erlaubnis herausgeg. von C. A. S. Hoffmann: Bergmännisches J. **1789**, 1, S. 369–398 [14]. – A. G. Werner: Äußere Beschreibungen der drey Arten des Strahlsteines: Bergmänn. J. **1789**, 1, S. 399–402 [14]. – A. G. Werner: Neue Theorie von der Entstehung der Gänge, m. Anwendung auf den Bergbau besonders den freibergischen (Freiberg 1791) XL, 256 S. [3]. – Ausführl. u. sistemat. Verzeichn. des Mineralien-Kabinets des weiland kurfürstl. sächs. Berghauptm. Herrn Karl Eugen Pabst von Ohain, hrsg. von A. G. Werner: **1** (1791) XXXII, 368 S.; **2** (1792) XXX, 286 S. [3]. – A. G. Werner: Kollegheft Geognosie 1. Theil 1808–1809, 178 Bl.; 2. Theil 85 Bl. [3]. – A. G. Werner (ed.): Kleine Sammlung mineral. Berg- u. hüttenmänn. Schriften (Leipzig 1811). – A. G. Werners letztes Mineral-Syst. Aus dessen Nachl. auf oberbergamtl. Anordn. hrsg. u. m. Erläuterungen versehen (von Joh. Carl Freiesleben) (Freyberg, Wien 1817) XIV, 58 S. [3]. – A. G. Werner: Allg. Betrachtungen über den festen Erdkörper. Eine Vorlesung des Bergraths Werner: Auswahl aus den Schriften der Gesellschaft für Mineral. zu Dresden 1818, 1, S. 38–55.

Bibligr. Christian Friedrich Ludwig: Catalecta litteraria physica et medica. V–XVI. Bibliotheca Werneriana (Lipsiae 1818–1822) [14]. – Cat. scient. Papers **6** (1872) 323 (1 Nr.); **8** (1879) 1219 (1 Nr.) [3]. – Brit. Mus. Gen. Cat. **255** (1965) Sp. 482–484 (36 Nr.) [3]. – Karl Fritz Zillmann: Bestandsübersicht des handschr. wiss. Werner-Nachlaßes (Freiberg 1967) VIII, 48 S. (Veröff. Bücherei Bergakad. Freiberg, 24) [3; 105].

Briefe Theodor Distel: 3 Briefe A. G. Werners an Carl August Böttiger: Mitt. Freiberger Altertumsver. **39** (1903) 163–165 [14]. – Theodor Distel: Aus bisher unbekannt gebliebenen Originalbriefen A. G. Werners an Carl August Böttiger („Ubique") 1813–1816: ebda **46** (1910) **115–116** [3]. – Gerh. Schulz: Novalis u. der Bergbau (Berlin 1955) 242–263 m. Lit.Verz. Anhang: Bisher unveröff. Briefe von Novalis an A. G. Werner 256–263 (Freiberger Forsch.Hefte D 11) [14].

Zum 100. Geburtstag F. Reich: Die Bergakademie zu Freiberg. Zur Erinnerung an die Feier des 100-jähr. Geburtstages von Werner am 25. Sept. 1850 (Freiberg 1850) 57, 65 S. [14]. – Einladung zum Wernerfeste der Berg-Akademie zu Freiberg (Freiberg 1850) 1 Bl. [14]. – Programm zum Wernerfeste in Freiberg (Freiberg 1850) 1 Bl. [14]. – Lied zum Wernerfeste am 24. 9. 1850 (Freiberg 1850) 1 Bl. [14]. – Tafel-Lieder zum Werner-Feste den 25. Sept. 1850 (Freiberg 1850) 10 S. [14]. – Werner u. das Wernerfest den 24. bis 26. Sept. 1850. Eine kurze Darst. der Lebensverhältn. u. der hohen Bedeutung Werners . . . (Freiberg 1850) 23 S. [14]. – Zur Feier des Wernerfestes in Freiberg an der Mulde: Illustr. Ztg., Leipzig **15** (1850) 241–243 m. Bildn. [14]. Die Enthüllung des Wernerdenkmals zu Freiberg: ebda **17** (1851) 17–18 m. Abb. des Denkmals [14]. – W. Haidinger: Die Wernerfeier in Österreich: Jahrb. k. k. geol. Reichsanst. **2**, 4 (1851) 1–39 [Ha 2].

Nekr. Karl August Blöde: Auswahl aus den Schriften der Gesellsch. f. Mineral. zu Dresden **2** (Leipzig 1819) 249–304 [Ha 2]. – C. A. Böttiger: Über Werners Umgang mit seinen Schülern: ebda 305–325 [Ha 2]. – Carl August Boettiger: Worte auf der Anhöhe der Landstr. nach Gorbitz gespr. an Werners Sarge (Dresden 1817) 16 S. [14]. – Böttiger: Ztg. elegante Welt **19** (1819) Sp. 381–382, 388–389, 397–398, 405–406, 413–415, 420–423 [15]. – Carl Caesar von Leonhard: Zu Werners Andenken gespr. . . . Akad. Wiss. München 25. Okt. 1817 (Frankfurt/M. 1817) 32 S. [14]; Auszug in: Schweiggers J. Chem. Physik **23** (1818) 1–14 [3]. – Joh. Friedr. Heinr. Schwabe: Trauergesang zu A. G. Werners Todenfeyer: Freiberger gemeinnütz. Nachr. **18** (1817) 295–296 [14]. – Georges Cuvier: Recueil des éloges historiques . . . **2** (Strasbourg, Paris 1819) 305–336 [3]. – Philos. Mag. **50** (1817)

182–189 [1a]. – Allg. Ztg., Beil. **1817**, Nr. 92, vom 22. Juli S. 369–370; Nr. 94, vom 24. Juli S. 377–378 [37]. – Werners Todtenfeier in Dresden u. Freiberg: Allg. Ztg., Beil. **1817**, Nr. 90 vom 17. Juli, S. 361–362 [37]. – Hesperus (Prag), Beil. Nr. 8 (1817) Nov., S. 57–64 [12]. – Allg. Lit. Ztg. **1817**, 2, Nr. 190, Sp. 681–684 [3]. – Zwei Gedichte auf den Tod des A. G. Werner zu Freiberg: Freiberger gemeinnütz. Nachr. **18** (1817) 223–228 [14]; darin: Auf Werners Tod (Freiberg, 2. Juli 1817 vom Setzer von Werners Mineral. 223–224; Den Manen unseres unsterbl. Werners (unterz.: X) 225–228.

Biogr. Johann Georg Meusel: Das gelehrte Teutschland . . . **8** (Lemgo 1800) 453–455; **16** (1812) 197; **21** (1827) 496–498 [3]. – Gottlieb Friedrich Otto: Lexikon der . . . Oberlausizischen Schriftsteller u. Künstler **3** (Görlitz 1803) 510–513 [3]. – Friedrich Liebegott Becher: Die Mineralogen Georg Agricola zu Chemnitz im 16. und A. G. Werner zu Freiberg im 19. Jahrhundert. Winke zu einer biogr. Zusammenstellung aus Sachsens Culturgesch. (Freiberg 1819) 67 S. [3; 14]. – Samuel Gottlob Frisch: Lebensbeschreibung Abraham Gottlob Werners. Nebst 2 Abh. über Werners Verdienste um Oryktognosie u. Geognosie von Christian Samuel Weiß (Leipzig 1825) XVIII, 275 S. [3]. – Cuvier: Biographie universelle, ancienne et moderne **50** (Paris 1827) 376–379 [3]. – Traugott Leberecht Hasse: Denkschr. zur Erinnerung an die Verdienste des . . . Werner u. an die Fortschritte bei der Bergakad. Freiberg, nebst . . . Nebeneinanderstellung der Mineralsysteme Werners u. seiner Nachfolger . . . (Dresden, Leipzig 1848) XII, 174 S., Titelbildn. m. Faks.; S. 24 Denkmal u. Nachbildung seiner Grabschrift [3; 14]. – von Gümbel: ADB **42** (1897) 33–39 [3]. – Walter Serlo: Lebensbilder zur Geschichte des Bergbaus: Z. Berg-, Hütten- u. Salinenwesen in Preußen **82** (1934) 286–287 [3]. – C. Schiffner: Aus dem Leben alter Freiberger Bergakademiker: Bl. Bergakad. Freiberg **11** (1934) 9–15 m. Bildn., Faks. [3]. – Ders.: Aus dem Leben alter Freiberger Bergstudenten **1** (Freiberg 1935) 6–41: Werner u. seine Schule m. Bildn., Denkstein u. Denkmal [3; 14]. – K. Spangenberg: In: Handwörterb. Naturwiss. 2. Aufl. **10** (Jena 1935) 656–657 [3]. – Walter Serlo: Männer des Bergbaus (Berlin 1937) 157 [3; 14]. – Hans Joachim Flechtner: In: Die Großen Deutschen. Neue Deutsche Biogr. **5** (Berlin 1937) 172–181 m. 2 Bildn. u. 1 Abb. [3]. – Georg Berg: Die Heimat A. G. Werners: Z. Dtsch. geol. Ges. **90** (1938) 634–644 m. 3 Abb. [3]. – Fossilium Catalogus I: Animalia. Pars 72: K. Lambrecht †, W. et A. Quenstedt, Palaeontologi, Catalogus bio-bibliographicus (s'Gravenhage 1938) 455–456 [3; Ha 2]. – Richard Hunger: Bergakademie [Freiberg] **3** (1951) 95–96 m. Bildn. [15]. – Hellmuth Rößler u. Günther Franz: Biogr. Wörterb. zur dtsch. Geschichte (München 1953) 891–892 [3]. – Walther Hermann: Trebra u. Goethe (Berlin 1955) 58–64, 76–87, 136–140, 155–167 u. öfter (Freiberger Forsch. Hefte D 9) [3]. – Otfried Wagenbreth: Bergbau u. Bergleute (Berlin 1955) 179–182 (Freiberger Forsch.-Hefte D 11) [14]. – Ders.: A. G. Werner u. der Höhepunkt des Neptunistenstreites in der bisherigen Literatur: ebda 183–241 [14]. – Karl Leutner: In: Leutner, Deutsche, auf die wir stolz sind 1. Aufl. (Berlin 1955) F. 1, S. 90–93 m. Bildn. [14]; 2. Aufl. (1960) [14]. – A. A. Zvorykin: Biografičeskij slovar' dejatelej estestvoznanija i techniki [Biogr. Wörterbuch der Naturforscher u. Techniker] **1** (Moskva 1958) 158–159 [Ha 2]. – Hans Prescher: Sächs. Heimatbl. **5** (1959) 399–401 [3]. – A. G. Werner, der Baumeister der Geol.: Grubensicherheit (Düsseldorf) **16** (1963) 122–123 [61]. – H. Thiergärtner: Bergakademie [Freiberg] **16** (1964) 64 m. Bildn. [15]. – I. I. Schafranowski: A. G. Werner. Ein namhafter Mineraloge u. Geologe 1749–1817 (Leningrad 1968) 200 S. m. Illustr. [russ.].

Zum 100. Todestag Richard Beck: A. G. Werner. Eine kritische Würdigung des Begründers der modernen Geol.: Jahrb. Berg- u. Hüttenwesen Sachsen **91** (1917) 1–50 m. Titelbildn. u. Faks., 2 Abb. der Medaille, 8 Abb. (auch des Grabmals), 1 faks. Brief vom 3. Jan. 1772, Schr.Verz. 47–48 [14; 15]. – Löscher: Glückauf, Z. Erzgebirgsverein **37** (1917) 117–118 [14]. – Rudolph Zaunick: Mitt. Gesch. Med. Naturwiss. **16** (1917) 439 [3].

Zum 175. Geburtstag O. Herr: Abh. naturforsch. Ges. Görlitz **29** (1924) H. 3, S. 62–74 m. Bildn. u. Faks. [14; Ha 2].

Zum 125. Todestag P. Beyersdorfer: Ein liter. Denkmal für A. G. Werner: Abh. naturforsch. Ges. Görlitz **33** (1942) H. 3, S. 20–21 [14; Ha 2]. – Walther Fischer: Zbl. Mineral., Geol. Paläontol. Abt. A **1942**, S. 113–133 [15]; 400 Jahre Oberbergamt Freiberg (1542–1942): Z. Dtsch. geol. Ges. **95** (1943) 161–163 m. Bildn. [15]. – W. Funk: Sprechsaal **75** (1942) 235 [101]. – Erich Haarmann: Z. Dtsch. geol. Ges. **94** (1942) 358–362 [3; 14].

Zum 200. Geburtstag W. Fischer: Aufschluß **1** (1950) 36–42, 68–70. – Rudolf Hohl: Forsch. u. Fortschr. **25** (1949) 222–223 m. 10 Lit.Ang. [Ha 2]. – Discovery (Norwich) **11** (1950) 301–302 [1].

Zum 150. Todestag A. G. Werner. Gedenkschr. aus Anlaß der Wiederkehr seines Todestages nach 150 Jahren. Hrsg. von K.-H. Lüdemann (Leipzig **1967**) 317 S. (Freiberger Forsch. Hefte C 223) [101]; darin: M. Guntau u. H. J. Rösler: Die Verdienste von A. G. Werner auf dem Gebiet der Mineral.: 47–82 m. 5 Bildn. u. 7 Abb.; Bibliogr. der Arbeiten von A. G. Werner u. der Publikat. zu seinen wiss. Auffassungen u. seiner Person: 305–317. — Martin Guntau: Zwei Fragmente zum Neptunismus aus dem handschriftl. Nachlaß von A. G. Werner: Bergakademie (Freiberg) 19 (1967) 112–115 m. 1 Faks. [15]. — Wolfgang Mühlfriedel: A, G. Werners Lehrsystem u. seine Stellung im deutschen Hochschulwesen: ebda 164–169. — Alexander M. Ospovat: Einige Bemerkungen zu A. G. Werners „Kurzer Klassifikation" von 1786: ebda 225–229 m. 5 Abb. — Martin Guntau: Der Aktualismus bei A. G. Werner (m. einem Fragment zum Aktualismus aus dem handschriftl. Nachlaß von A. G. Werner): ebda 294–297 m. Bildn. — D. P. Grigor'ev u. J. J. Šafranovskij: Ansichten A. G. Werners zur Kristallgenese u. Ontogenie der Minerale: Zap. vses. mineralog. Obšč [Leningrad] 96 (1967) 705–713 [russ.] — W. Mühlfriedel: A. G. Werner. Sein Verhältn. zu den Wiss. u. zur Gesellschaft: Ber. Dtsch. Ges. Geol. Wiss. (A) 12 (1967) 437–454. — A. M. Ospovat: A. G. Werners Gedanken über Wiss. u. Bildung: Neue Hütte (Berlin) 12 (1967) 308–313. — H. Thiergärtner: Die Sammlungen des Inst. für Mineral. u. Lagerstättenlehre der Bergakad. Freiberg: Bergakademie 17 (1965) 386–396 m. 8 Bildn., Lit.Verz. [15]. — O. Wagenbreth: A. G. Werner u. seine Bedeutung für die Entwicklung der geol. Landesaufnahme u. des großen Kartenwesens: Z. angew. Geol. 13 (1967) 372–384 [101].

Weitere Lit. Suite de la lettre de M. d'Aubuisson à M. Berthollet. Sur les travaux de M. A. G. Werner, en minéralogie: Ann. Chim. 69 (1809) 225–248 [3]. — Luigi Configliachi: Memorie intorno alla vita et alle opere dei due naturalisti Werner et Hauy (Padua 1827) 50 S. [14; 15]. — Friedrich Hoffmann: Gesch. der Geognosie (Berlin 1838) 75–98 m. 3 Abb. — Christian Keferstein: Gesch. u. Lit. der Geognosie, ein Versuch (Halle 1840) 31, 32, 53, 62, 63, 65, 66–76 u. öfter [3]. — K. C. von Leonhard: Aus unserer Zeit in meinem Leben 1 (Stuttgart 1854) 99–101, 105–106, 191, 283, 284, 459; 2 (1856) 4, 5, 68, 71, 116 [3]. — Gotthilf Heinrich von Schubert: Der Erwerb aus einem vergangenen u. die Erwartungen von einem zukünftigen Leben. Eine Selbstbiogr. 1 (Erlangen 1854) 126–147 [3]. — Franz von Kobell: Geschichte der Mineral. von 1650–1860 (München 1864) 85, 96 (Gesch. d. Wiss. in Deutschl., Neuere Zeit, Bd. 2) [3]. — Bernhard von Cotta: Die Geol. der Gegenwart (Leipzig 1866) XVI, XVII, XXVL, XXVIII, 68, 338, [3]. — Woldemar Freiherr von Biedermann: Goethe u. das sächs. Erzgebirge (Stuttgart 1877) 22, 26–31, 51–54, 99–112, 117–120, 145–148 u. öfter [3]. — H. Proescholdt: Gesch. der Geol. in Thür. (Meiningen 1881) 22 (Progr. Realsch. Meiningen) [3]. — Sir Archibald Geikie: The founders of geology (London 1897) an vielen Stellen [3]. — Karl Goedeke: Grundriß zur Gesch. der deutschen Dichtung 2. Aufl. 6 (Leipzig, Dresden, Berlin 1898) 235–236 [3]. — Karl Alfred von Zittel: Gesch. der Geol. u. Paläontol. bis Ende des 19. Jahrhunderts (München, Leipzig 1899) 76, 85–92, 173, 247, 274, 314, 488, 569, 726 [3]. — Maurice de Tribolet: Les progrès de la minéralogie depuis le milieu du XIIIe siècle (Neuchâtel 1904) 39 S. — A. Ledebur: Die Bedeutung der Freiberger Bergakad. für die Wiss. des 18. u. 19. Jahrhunderts (Freiberg 1904) 29–31 m. Bildn. S. 27 [14]. — Alfred Ziegenfuß: Zu Werners Andenken! Bunte Bilder aus dem Sachsenlande 4 (Leipzig 1907) 208–213 m. Bildn. [14]. — S. Günther: Erdbrände u. deren angebl. geophys. Konsequenzen: S.-Ber. Bayer. Akad. Wiss., math.-phys. Kl. 38, 1908 (1909) 124–128, 133–134, 139 [Ha 2]. — Eduard Gassenmeyer: Die Lehre von der Basaltbildung in ihren geol. u. geogr. Konsequenzen bis auf A. G. Werner (1789) u. seine Schule. Diss. TH München (Nürnberg 1908) 36–37, 51–65 [3]. — G. Chr. Lichtenberg: Neue Briefe. Mitget. von Erich Ebstein: Süddtsch. Mh. 5, 2 (1908) 315–317, 317–318 [3]. — Konrad Wutke: Aus der Vergangenheit des Schlesischen Berg- u. Hüttenlebens (Breslau 1913) siehe Reg. S. 793 [101]. — Briefwechsel des Herzogs-Großherzogs Carl August mit Goethe. Hrsg. von Hans Wahl 1 (Berlin 1915) 472; 2 (1916) 18, 334, 435 [3]. — Adolf Hantzsch: Hervorragende Persönlichkeiten in Dresden u. ihre Wohnungen (Dresden 1918) 127–128 (Mitt. Ver. Gesch. Dresden, 25) [3]. — Heinrich Schmidt: Gesch. der Entwicklungslehre (Leipzig 1918) 198, 220, 322 [3]. — G. Nathanael Bonwetsch: Gotthilf Heinrich Schubert in seinen Briefen. Ein Lebensbild (Stuttgart 1918) 72–73, 87, 273 [3]. — Charles Schuchart: A century of geology. The progress of historical geology in North America: Amer. J. Sci. (4) 46 (1918) 47–49 [Ha 2]. — Frederick Gleason Corning: A student reverie. An album of Saxon days (New York 1920) 17 [Grab im Freiberger Dom], 37 [Werner-Denkmal in Freiberg] [14]. — Walther Klüpfel: Geol. u. Praxis u. ihre wechselseitigen Beziehungen: Geol. Rdsch. 16 (1925) 201 [101]. — Die Bergstadt Freiberg i. Sa. Bearb. von Otto Eduard Schmidt (Berlin-Halensee 1926) 12–13 m. Bildn. [14]. — Rudolph Zaunick: Von der ehemaligen Gesellsch. für Mineral. zu Dresden: S.-Ber. u. Abh. naturwiss. Ges. Isis Dresden 1928, 77–91 [14]. — O. H. Erdmannsdörffer: Mineral. einst u. jetzt (Heidelberg 1931) 1–17 (Heidelberger Universitätsreden 15) [3]. — Walther Fischer: Zur Würdigung A. G. Werners. Eine Darst. der Beziehungen Werners zu Dresdner Gelehrten der Goethezeit: Abh. naturforsch. Ges. Görlitz 32 (1933) 21–52 m. Bildn., faks. Brief an Breithaupt 8. Nov. 1815, 1 Abb. [3; 14]. — Walther Fischer: Beziehungen der sächs. Naturforscher zu Goethe: Dredner Nachr. **1932**, Nr. 376 vom 11. Aug., S. 3–4. – Artur Schüller: Werner in Europa: Heimat. Beil. Neuer Görlitzer Anzeiger **1932**, Nr. 31, S. 123–124 [Görlitz]. – Walter Serlo: Theodor Körner, der Bergstudent: Z. Berg-, Hütten- u. Salinenwesen **81** (1933) SB 280–287 m. Bildn. [3; 11]. – Heinrich Bingel: A. G. Werner u. seine Theorie der Gebirgsbildung (Marburg 1934) 125 S. (Phil. Diss. Marburg 1934) [3]. – Rudolph Zaunick: Dresden u. die Pflege der Geol.: Z. Dtsch. geol. Ges. **86** (1934) 592–601 [15]. – Walter Holzhausen: Joh. Christian Neuber, ein sächs. Meister des 18. Jahrhunderts. Halbedelsteine u. Porzellan in der Zeit Friedrich Augusts des Gerechten (Dresden 1935) 8–9 [3]. – Ernst Hauck: Freiberg u. der deutsche Freiheitskampf: Hochschulbl. Grenzland – Sachsen **11** (1935/36) 98–99 [101]. – Walther Fischer: A. G. Werner in Schilderungen bedeutender Zeitgenossen: Mitt. Roland (Dresden) **21** (1936) 54–68 [14]. – Günther Schmid: Eine unbekannte Rede auf A. G. Werner (von Chr. Keferstein): Mitt. Freiberg. Altertumsver. **66** (1936) 85–89 [3]. – Fritz Ferchl: Chem.-pharmazeut. Bio- u. Bibliographikon (Mittenwald 1937) 575 [14]. – Hans Naumann: Zum Gedächtn. A. G. Werners, des „Vaters" der Geol.: Oberlausitzer Erzähler **1937**, Nr. 28, S. [3], Nr. 29, [3–4] [101]. – Martin Sachsenweger: Berühmte Freiberger: Glückauf, Z. Erzgebirgsver. **57** (1937) 158–159 [14]. – Frank Dawson Adams: The birth u. development of the geological sciences (London 1938) 175, 211–227 m. Bildn., Faks. [3]. – Erich Haarmann: Erinnerung an Werner: Geol. Rdsch. **30** (1939) 589–599 m. Büste u. faks. Brief an Karl Amandus Kühn in Weissenfels [14]. – Walther Fischer: Mineral. in Sachsen von Agricola bis Werner (Dresden 1939) 161–171, 195, 304–309, 317–319 u. öfter (m. Bildn.) [14]. – Rudolf Schreiter: Bergakad. Freiberg: Die deutschen TH (München 1941) 160–178 m. Bildn. [14]. – H. Andrew Ireland: History of the development of geologic maps: Bull. geol. Soc. Amer. **54** (1943) 1240 [3]. – Eugène Susini: Lettres inédites de Franz von Baader 2. Notes et commentaires (Vienne 1951) 59, 60 [3]. – Carrol Lane Fenton and Mildred Adams Fenton: Giants of geol. (New York 1952) 39, 40, 41, 43, 44, 45 m. Bildn. S. 14 [7]. – Carl Christoph Beringer: Geschichte der Geol. u. des geol. Weltbildes (Stuttgart 1954) 31, 33, 40–43, 45 u. öfter [3]. – Herbert Scurla: Alexander von Humboldt. Sein Leben u. Wirken (Berlin 1955) 11, 54, 65, 68, 107, 108 m. Bildn. S. 66 [14]. – Hans Gert Bachmann: A. G. Werner u. sein Schüler Novalis: Anschnitt **8** (1956) Nr. 5, S. 13–15 m. 2 Bildn., 1 Faks. [101]. – Eugène Wegmann: Das Erbe Werners u. Huttons: Geologie **7** (1958) 531–559 m. Lit.Verz. [3]. – Helmut Hölder: Geol. u Palaeontol. in Texten u. ihrer Geschichte (Freiburg-München 1960) siehe Reg. 552 [101]. – Alexander M. Ospovat: A. G. Werner and his influence on Mineralogy on Geol. (Norman Oklahoma 1960) Phil. Diss.; Werners Einfluß auf die amerik. Geol.: Bergakademie [Freiberg] **11** (1961) 687–690 m. Bildn. [14]. – Hans Baumgärtel: Aus der Geschichte der Bergakademie Freiberg. 3. Aufl. (Berlin 1961) 25 [14]. – Walther Hermann: Bergrat Henckel. Ein Wegbereiter der Bergakad. (Berlin 1962) 99, 109–110, 139, 145, 147–148 (Freiberger Forsch. H. D 37) [3]. – Rudolf Michaelis: A. G. Werner über das Steinbuch des Theophrastos aus Eresos: Bergakademie [Freiberg] **14** (1962) 30–32 [3]. – William Coleman: A. G. Werner vu par Alexander de Humboldt, avec des notes de Georges Cuvier: Sudhoffs Arch. Gesch. Med., Naturwiss. **47** (1963) 465–478 [3]. – Hugo Schön: A. G. Werner besuchte 1799 die Altmühl-Alb: Geol. Bl. Nordost-Bayern **14** (1964) 71–72 [Ha 2]. – Wolfgang Promies: Georg Christoph Lichtenberg in Selbstzeugnissen u. Bilddokumenten (Reinbek b/Hamburg 1964) 126, 129 [101].

Bildn. Dictionnaire des sciences naturelles Bd. Portraits Nr. **43** [14]. – Neues allg. J. Chem. **4** (Berlin 1805) Titelbildn. [3]. – Auswahl aus den Schriften der unter Werners Mitwirkung gestifteten Gesellsch. für Mineral. zu Dresden **1** (Leipzig 1818) Titelbildn. [14]. – Bildn. der berühmtesten Menschen aller Völker u. Zeiten. Jg 1820. (Zwickau, Leipzig 1821) Taf. 23 [14]. – Der allg. u. aufrichtige Sachsenfreund. Hrsg. von Wilh. Leop. Seyffert **4** (Dresden 1833) 95 [14]. – Dtsch. Kunstblatt **8** (1857) 42 (Skulptur in Sandstein) [14]. – Das neue Buch der Erfindungen 5. Aufl. **3** (Leipzig, Berlin 1864) 83 u. Titelbildn. [14]. – H. Klenke: A. von Humboldts Leben u. Wirken, Reisen u. Wissen 6. Ausg., 2. Abdr. (Leipzig 1870) 37 [14]. – E. Papperitz: Illustr. Ztg., Leipzig **147** (1916) 222–223 m. Bildn. [14]. – Berliner Kalender **1917**, 34 (Büste) [14]. – Velhagen u. Klasings Mh. **32**, Bd 2 (1917/18) 103 [14]. – Bilder u. Handschriften der Goethezeit. J. A. Stargardt, Berlin, Katalog 343 (Berlin 1933) Nr. 287 Büste von Rietschel [3]. – Bl. Bergakademie Freiberg **11** (1934) 9 [14]. – Walter Schellhas: 750 Jahre Freiberg. Sachsens Berghauptstadt (Freiberg 1937) Abb. 31: Ölgemälde von Gerh. von Kügelgen [14]. – Sächs. Köpfe im zeitgenöss. Bild (Dresden 1939) 56 (Gemälde von Kügelgen) [3]. – Emanuel Kayser: Abriß der Geol. 6. Aufl. **1** (Stuttgart 1940) 3; 7. Aufl. **1** (1950) 3 [14]. – Die dtsch. TH (München 1941) 160 [14]. – Goethe u. Freiberg. Sonderausstellung Juni/Aug. 1949 Bergbaumuseum Freiberg (Freiberg 1949) Abb. 5 (Ölbild 1816) [14]. – Die Abraham-Gottlob-Werner-Medaille. Mit 2 Abb.: Der Anschnitt **4** (1952)

H. 4, S. 21 [101]. – Martin Schwarzbach: Karl von Raumer, Breslaus 1. Geologie-Prof. (Köln 1957) 12, Abb. 3 [14]. – Alexander von Humboldt. Gedenkschr. zur 100. Wiederkehr seines Todestages (Berlin 1959) nach S. 369 (Ölgemälde von Gerhard von Kügelgen 1815) [101]. – Hans Freydank: A. von Humboldt u. der Bergbau: Z. Erzbergbau u. Metallhüttenwesen **12** (1959) 381–388 m. 9 Bildn. [101].

II **WERNER,** Johannes. Geistlicher, Math. – 1493–1498 in Rom; 1508 Pfarrer an St. Johann in Nürnberg.

*1468, Febr. 14, Nürnberg;

†1528, Mai, Nürnberg.

Bibliogr. Brit. Mus. Gen. Cat. **255** (1965) Sp. 510–511 (6 Nr.) [3].

Lit. Johann Gabriel Doppelmayr: Histor. Nachricht von den Nürnbergischen Mathematicis u. Künstlern (Nürnberg 1730) 31–35 m. Schr.Verz. [3]. – Johann Friedrich Weidler: Historia Astronomiae **1** (Vitembergae 1741) 334 [3]. – Georg Andreas Will: Nürnbergisches Gelehrten-Lexicon **4** (Nürnberg, Altdorf 1758) 217–220; 8 (Altdorf 1808) 388–389 [3]. – Abraham Gotthelf Kästner: Gesch. der Math. **2** (Göttingen 1797) 52–64 (Bibliogr.), 326, 498–506 [3]. – Michel Chasles: Geschichte der Geom., dtsch. von L. A. Sohncke (Halle 1839) 628–629 [14]. – Siegmund Günther: Johann Werner aus Nürnberg u. seine Beziehungen zur math. u. phys. Erdkunde (Halle 1878) 277–332 (Studien zur Gesch. der math. u. physikal. Geogr., 5) [3; 14]. – Inedita Coppernicana. Aus den Handschriften zu Berlin, Frauenburg, Upsala u. Wien hrsg. von Maximilian Curtze: Mitt. Copernicus-Ver. Wiss. u. Kunst (Thorn) **1** (1878) 18, 20, 22–24, 28–31 [Ha 2]. – Siegmund Günther: Der Wapowski-Brief des Coppernicus u. Werners Tractat über die Präcession (Thorn 1880) 11 S. (Mitt. Coppernicus Ver. Wiss. u. Kunst Thorn, 2) [Ha 2]. – Karl Morneweg: Johann von Dalberg, ein deutscher Humanist u. Bischof (Heidelberg 1887) 286–288 [16]. – L. Gallois: Les géographes allemands de la renaissance (Paris 1890) 117–131 m. 2 Abb. [3]. – Günther: ADB **42** (1897) 56–58 [3]. – Johannes Möller: Über die astron. Kontrolle der Chronometer auf See: Ann. Hydrogr. **35** (1907) 558–561 [15]. – Friedrich Wachter: General-Personal-Schematismus der Erzdiözese Bamberg 1007–1907 (Bamberg 1908) 542, Nr. 10960 [75]. – Karl Schottenloher: Der Mathematiker u. Astronom Johann Werner aus Nürnberg 1466–1522. In: Festgabe Hermann Grauert zur Vollendung des 60. Lebensjahres (Freiburg 1910) 147–155 [3]. – Ludwig Eisen: Das alte St. Johannis (Nürnberg 1929) 22 [75]. – Ernst Zinner: Die fränkische Sternkunde im 11. bis 16. Jahrhundert: Ber. u. Festber. 100-jähr. Bestehen naturforsch. Ges. Bamberg **27** (1934) 21–28, 46–48, 66–68, 111–113 u. öfter (m. Bildn.-Taf. 3) [Ha 2]. – Hans Rupprich: Der Briefwechsel des Konrad Celtis (München 1934) 425–428, 545–549, 569–571 u. öfter [3]. – Emil Reicke: Willibald Pirckheimers Briefwechsel **1** (München 1940) 282, 297, 436, 437, 455, 458, 465, 517 [3]. – Ernst Zinner: Gesch. u. Bibliogr. der astron. Lit. in Deutschland zur Zeit der Renaissance (Leipzig 1941) 48, 62, 67, 81, 85, 148, 158, 176, 179, 189 [3]. – Ernst Zinner: Entstehung u. Ausbreitung der Coppernicanischen Lehre. Zum 200jährigen Jubil. der Friedrich-Alexander-Univ. zu Erlangen: S.-Ber. physik.-med. Sozietät Erlangen **74** (1943) s. Reg. S. 592 [101]. – Max Steck: Dürers Gestaltlehre der Math. u. der bildenden Künste (Halle 1948) 115, 116, 117, 121, 122, 127, 128 (Mathesis Universalis, 1) [3]. – Erwin Panofsky: The life and art of Albrecht Dürer 4. Aufl. (Princeton 1955) 254, 259 [15]. – Ernst Zinner: Astron. Instrumente des 11. bis 18. Jahrhunderts (München 1956) 148, 151, 200, 203, 208–209, 358, 482–483, 538, 603, 606, 610, 625 [Ha 2]. – Werner Schultheiß: Martin Behaim u. die Nürnberger Kosmographen. Ausstellung anläßl. des 450. Todestages von Martin Behaim im German. Museum Nürnberg 1957 (Nürnberg 1957) 7, 18 [Ha 117]. – Max Steck: Albrecht Dürer. Schriften, Tagebücher, Briefe (Stuttgart 1961) 9, 155, 164, 165, 223 [101]. – Hans Kreßel: Hans Werner. Der gelehrte Pfarrer von St. Johannis. Der Freund u. wiss. Lehrmeister Albrecht Dürers: Mitt. Ver. Gesch. Stadt Nürnberg **52** (1963/64) 287–304 m. 2 Faks. [3]. – J. Kist: Die Matrikel der Geistlichkeit des Bistums Bamberg 1400–1556 (Würzburg 1965) 431, Nr. 6570 [75].

II **WERTHEIM,** Wilhelm. Physik. – 1839 Dr. med. Univ. Wien; seit 1840 als Privatmann in Paris lebend; 1848 Dr.-ès-Sciences, 1854 Prof. suppl. Fakult. zu Montpellier, 1855 Examinateur d'admission bei der École polytechn. in Paris; 1853 ao. Mitgl. Preuß. Akad. Wiss.

*1815, Febr. 22, Wien;

†1861, Jan Jan. 20, Tours (sd).

Bibliogr. Cat. scient. Papers **6** (1872) 323–325 (33 Nr.) [3].

Nekr. Anton Schrötter: Alm. Akad. Wiss. Wien **11** (1861) 176–188, Schr.Verz. 189 [Ha 2].

II, III **WERTHER,** August Friedrich Gustav. Chem. – 1833 stud. Theol. u. Philos. Univ. Göttingen, dann Univ.

Halle, wird Predigtamtskandidat; 1841 stud. Chem., 1843 Dr. phil. Univ. Berlin; 1853 ao. Prof., 1859 o. Prof. Univ. Königsberg.

*1815, Aug. 1, Roßlau;
†1869, Juni 29, Königsberg/Pr.

Bibliogr. Cat. scient. Papers 6 (1872) 325–326 (24 Nr.); 8 (1879) 1221 (13 Nr.) [3]. – Brit. Mus. Gen. Cat. 255 (1965) Sp. 564–565 (3 Nr.) [3].

Nekr. O. Liebreich: Ber. Dtsch. chem. Ges. 3 (1870) 372–374 [3].

WERVEKE, Leopold von. Geol. — Besuchte das Gymn. in Luxemburg u. wurde in Echternach Apotheker; 1875 stud., 1878 Dr. phil. Univ. Straßburg; 1876–1919 an der Geol. Landesanst. von Elsaß-Lothringen in Straßburg tätig, zuerst als Chemiker, von 1879 an als Geologe, seit 1890 als Landesgeologe; 1914–1919 Vorstand der Anstalt; 1913 Geh. Bergrat; ab 1921 in Magdeburg lebend.

*1853, Febr. 11, Diekirch (Luxemburg);
†1933, Aug. 4.

Bibliogr. Cat. scient. Papers 11 (1896) 785 (7 Nr.); 19 (1925) 555–556 (26 Nr.) [3]. – Vollständiges Verzeichn. der Schriften Leopold von Wervekes (nach der Urschrift Wervekes) (408 Nr.): Abh. Heidelberger Akad. Wiss. Math. – nat. Kl. 21 (1934) 98–114 [Ha 2]. – Brit. Mus. Gen. Cat. 255 (1965) Sp. 570 (3 Nr.) [3].

Zum 75. Geburtstag 75e anniversaire de la naissance de Léop. van Werveke, Dr. Geheimer Bergrat à Magdebourg: Bull. mens. Soc. Nat. Luxembourgeois N.S. 22 (1928) 32–33 [13; Ha 2].

Zum 80. Geburtstag Wilhelm Wagner: Forsch. u. Fortschr. 9 (1933) 70–71 [Ha 2].

Nekr. Wilhelm Salomon-Calvi: Jber. u. Mitt. oberrhein. geol. Ver. 23 (1934) IX–XIII m. Bildn. [21].

Weitere Lit. Helmut Hölder: Geol. u. Palaeontol. in Texten u. ihrer Gesch. (Freiburg–München 1960) 226, 236 [101].

II **WESTPHAL,** Justus Georg Astron. — 1851–1855 Ass. Sternwarte zu Göttingen; 1852 Dr. phil., 1854 PDoz. Univ. Göttingen.

*1824, März 18, Colborn bei Lüchow;
†1859, Nov. 9, Lüneburg.

Bibliogr. Cat. scient. Papers 6 (1872) 331 (13 Nr.) [3].

Biogr. Astron. Nachr. 52 (1860) 79 [3]. – Günther: ADB 42 (1897) 203–204 [3]. – Wilhelm Schur: Beitr. zur Gesch. Astron. in Hannover. Festschr. Feier 150jähr. Bestehen Ges. Wiss. Göttingen (Berlin 1901) 142 [3].

IV, V, VI **WIECHERT,** Johann Emil. Geophysik. — 1881–1887 stud., 1889 Dr. phil., 1890 PDoz. Physik Univ. Königsberg; 1897 PDoz., 1898 ao. Prof. Geophysik u. Dir. des geophysik. Inst., 1905 o. Prof. Univ. Göttingen.

*1861, Dez. 26, Tilsit;
†1928, März 19, Göttingen.

Bibliogr. Cat. scient. Papers 19 (1925) 598 (20 Nr.) [3]. – Brit. Mus. Gen. Cat. 257 (1965) Sp. 219 (2 Nr.) [3].

Biogr. Die physikal. Inst. der Univ. Göttingen. Festschr. . . . Einweihung der Neubauten am 9. Dez. 1905 . . . (Leipzig, Berlin 1906) 119–186 Das Inst. für Geophysik m. 18 Abb. u. Veröff. 186, 187 [3]. – O. Meißer: In: Handwörterb. der Naturwiss. 2. Aufl. 10 (Jena 1935) 657–658 [3]. – F. Gerecke: Zum 100. Geburtstag: Veröff. Inst. Bodendynamik u. Erdbebenforsch. Jena, H. 72 (Berlin 1962) 5–14 m. Bildn., Faks. (Schr.Verz. 14–21) [Ha 2].

Nekr. Gustav Angenheister: In: Dtsch. Biogr. Jahrb. 10 (Stuttgart-Berlin 1931) 294–302, Totenliste 340–341 [3]; Nachr. Ges. Wiss. Göttingen, Geschäftl. Mitt. 1927/28 (1928) 53–62 [3]; Z. Geophysik 4 (1928) 113–117 [3]. – B. Gutenberg: Meteorol. Z. 45 (1928) 183–185 [3]. – F. Linke: Gerlands Beitr. Geophysik 19 (1928) 345–348 m. Bildn. u. Faks. [3]. – Albert Poschmann: Math.-naturwiss. Bl. 23 (1929) 45–49 [101].

Weitere Lit. Hermann Thieme: Temperatur u. Zustand des Erdinnern. Eine Zusammenstellung u. krit. Beleuchtung aller Hypothesen (Jena 1907) 35, 36, 85 [27]. – E. T. Whittaker: A history of the theories of aether and electricity from the age of Descartes to the close of the 19th century (London, Dublin 1910) 401, 404, 436, 454 [3]. – E. Rothe: Conférence sur les travaux de Emil Wiechert: Gerlands Beitr. Geophysik 28 (1930) 390–412 m. Schr.Verz. u. Lit.Verz. [3]. – Chr. Jensen: Wigand, Wegener, Wiechert: Himmelswelt 44 (1934) 221–226 [11]. – Helmut Hölder: Geol. u. Palaeontol. in Texten u. ihrer Gesch. (Freiburg–München 1960) 264, 266 [101].

III–VI **WIEDEMANN,** Eilhard Ernst Gustav. Physik. — Stud. Univ. Heidelberg u. Leipzig; 1872 Dr. phil., 1876 PDoz.,

1878 ao. Prof. Univ. Leipzig; 1886 o. Prof. TH Darmstadt, 1886–1926 o. Prof. Univ. Erlangen.

*1852, Aug. 1, Berlin;
†1928, Jan. 7, Erlangen.

Sohn von Gustav Wiedemann (1826–1899).

Bibliogr. Brit. Mus. Gen. Cat. **257** (1965) Sp. 235–236 (10 Nr.) [3].

Nekr. Julius Ruska: Archeion **9** (1928) 158 [Ha 2]; Islam **17** (1928) 294–295 [3]. — Gerhard C. Schmidt: Physik. Z. **29** (1928) 185–190 m. Bildn. u. Faks. [101]. — H. J. Seemann: Isis (Bruges) **14** (1930) 166–186 m. Bildn. u. Schr.Verz. [3]. — Weltall **28** (1928) 31 [15]. — O. Lodge: Der Äther u. die Wirklichkeit (Braunschw. 1928) I–II m. Bildn. u. Faks. [101].

Weitere Lit. Adolf Strümpell: Aus dem Leben eines deutschen Klinikers (Leipzig 1925) 182, 197 [3].

II–IV **WIEDEMANN,** Gustav Heinrich. Physik. — 1847 Dr. phil., 1851–1854 PDoz. Univ. Berlin; 1854 o. Prof. Physik Univ. Basel; 1863 Prof. Polytechn. Braunschweig, 1866 Karlsruhe; 1871 o. Prof. physikal. Chem., 1887–1899 o. Prof. Physik Univ. Leipzig.

*1826, Okt. 2, Berlin;
†1899, März 23, Leipzig.

Schwiegersohn von E. Mitscherlich.

Bibliogr. Cat. scient. Papers **6** (1872) 359 (20 Nr.); **8** (1879) 1235–1236 (6 Nr.); **11** (1896) 803 (15 Nr.); **19** (1925) 600 (6 Nr.) [3]. — Richard Kukula: Bibliogr. Jahrb. der dtsch. Hochschulen 2. Aufl. (Innsbruck 1892) 1006–1007 [3]. — Brit. Mus. Gen. Cat. **257** (1965) Sp. 238–239 (11 Nr.) [3].

Biogr. Wilh. Ostwald: Abh. u. Vorträge (Leipzig 1904) 395–403 [3]. — Badische Biogr. **5** (Heidelberg 1906) 812–813 [3]. — Reiger: ADB **55** (1910) 67–70 [3]. — M. A. Bloch: Biogr. spraw. **2** (Leningrad 1931) 778 [russ.] [15]. — E. Drude: In: Handwörterbuch der Naturwiss. 2. Aufl. **10** (Jena 1935) 658 [3]. — Hans Falkenhagen: Naturwiss. in Lebensbildern großer Forscher (Stuttgart 1948) 181–183 [3].

Nekr. W. Bernacki: Travaux de la Société des Naturalistes de l'Université de Varsovie: C.R. Sect. Physique et Chimie **10/11** (1899/1900) Nr. 2, S. 1–2 [UB Warszawa]. — Blaserna: Atti R. Accad. Lincei Rendiconti (5) **8** (1899) 367 [Ha 2]. — A. Föppl: Elektrotechn. Z. **20** (1899) 329–330 [15]. — B. B. Golicyn: Bull. Acad. Sci. St.-Pétersbourg (5) **10** (1899) XXXV–XXXVII [Ha 2]. — Eduard Hagenbach: Naturwiss. Rdsch. **14** (1899) 307–310 [Ha 2]. — Friedrich Kohlrauch: Verh. Dtsch. physik. Ges. **1** (1899) 155–167 [Ha 2]. — István Lengyel: Természettudományi Közlöny **32** (1900) 697 [UB Budapest]. — Mascart: C.R. Acad. Sci. Paris **128** (1899) 759–760 [3]. — Wilhelm Ostwald: Ber. Verh. Sächs. Ges. Wiss. Leipzig, math.-phys. Kl. **51** (1899) LXXVII–LXXXIII [Ha 2]; Abh. u. Vortr. allg. Inhalts (1887–1903) (Leipzig 1904) 395–403 [3]. — Amé Pictet: Mém. Soc. Phys. Hist. nat. Genève **33** (1898–1901), 2, XXXIII–XXXVI [Ha 2]. — Ph. van Tieghem: C.R. Acad. Sci. Paris **129** (1899) 1062–1063 [3]. — C. von Voit: S.-Ber. Bayer. Akad. Wiss. math.-phys. Kl. **30**, 1900 (1901) 353–359 [3; Ha 2]. — Wiedeburg: Z. Elektrochem. **5** (1898/99) 549–551 m. Bildn. [15]. — Biogr. Jahrb. u. Dtsch. Nekrol. **4** (1900) Totenliste 1899, Sp. 188* [3]. — Allg. Ztg., Beil. **1899**, 1 Nr. 71, S. 7 [3]. — Electrician **42** (1898/99) 799–800 [7]. — Elektrotechn. Z. **20** (1899) 254 [15]. — Illustr. Ztg., Leipzig **112** (1899) 398 m. Bildn. [14]. — Leopoldina **35** (1899) 79 [Ha 2]. — Mem. Proc. Manchester Lit. Philos. Soc. **43**, 1898–1899 (1900) Proc. XXXVI–XXXVII [Ha 2]. — Mutter Erde **2** (1899) 57–58 m. Bildn. [11]. — Physic. Rev. **9** (1899) 57–58 [7]. — Proc. Roy. Soc. London **75** (1905) Obit. Notices 41–43 [Ha 2].

Weitere Lit. Otto Wiener: Das neue Inst. Univ. Leipzig: Physik. Z. **7** (1906) 1–14 [15]. — Adolf Strümpell: Aus dem Leben eines deutschen Klinikers (Leipzig 1925) 149 [3]. — Otto Lehmann: Gesch. des physik. Inst. TH Karlsruhe (Karlsruhe 1892) 256–259 [3]. — Herm. von Helmholtz: G. Wiedemann beim Beginn des 50. Bandes seiner Annalen der Physik u. Chem. gewidmet: Ann. Physik u. Chem. N.F. **50** (1893) I–XI m. Bildn. u. Faks. [3]. — Familiengeschichtl. Blätter **10** (1912) 47, 178 [14]. — E. Goldstein: Aus vergangenen Tagen der Berliner Physik. Ges.: Naturwiss. **13** (1925) 41 [3]. — Markus Fierz: In: Prof. der Univ. Basel aus 5 Jahrhunderten (Basel 1960) 164 m. Bildn. [Ha 2].

II **WIEGLEB,** Johann Christian. Chem. — Apotheker, zugleich Senator u. zuletzt Oberkämmerer in Langensalza.

*1732, Dez. 21, Langensalza;
†1800, Jan. 16, Langensalza.

Bibliogr. Cat. scient. Papers **6** (1872) 360 (1 Nr.) [3]. — Brit. Mus. Gen. Cat. **257** (1965) Sp. 262–263 (18 Nr.) [3].

Briefe Briefe des Ober-Kämmerer Wiegleb an Fr. Nicolai. Mitgeteilt von L. F. G. von Göckingk (1. Langensalza, 8. Nov. 1790;

2. Langensalza, 21. März 1791): Berlinische Z. Wiss. Lit. 3 (1824) 351–355 [3].

Biogr. Friedrich August Weiz: Das gelehrte Sachsen (Leipzig 1780) 276–277 [3]. – Alexander Nicolaus Scherer: Vollst. Übersicht der literar. Verdienste Wieglebs: Allg. J. Chem. **4** (1800) 701–720 [3]. – Stoeller: ebda 684–700 [3]. – C. G. Salzmann: Denkwürdigkeiten aus dem Leben ausgezeichneter Teutschen des 18. Jahrhunderts (Schnepfenthal 1802) 237–239 [3]. – Picot: Biographie universelle, ancienne et moderne **50** (Paris 1827) 500–501 [3]. – Carl Oppenheimer: ADB **42** (1897) 390 [3]. – Otto Zekert: Deutsche Apotheker (Berlin 1942) 76 m. Bildn. [14]. – Rudolf Möller: Ein Apotheker u. Chemiker der Aufklärung. Beitr. zur Biogr. Joh. Christoph Wieglebs: Pharmazie **20** (1965) 230–239 m. 2 Bildn. u. 3 Faks. [3].

Weitere Lit. Allg. Dtsch. Bibliothek **42** (Berlin, Stettin 1780) 438–439 m. Titelbildn. [14]. – A. Philippe: Gesch. der Apotheker bei den wichtigsten Völkern der Erde. Aus dem Französ. übers. von Herm. Ludwig. 2. Aufl. (Jena 1858) siehe Reg. S. 1121 [39]. – Herm. Kopp: Die Alchemie in älterer u. neuerer Zeit **1** (Heidelberg 1886) 234; **2** (1886) 156, 297 [3]. – Fritz Ferchl: Von Libau bis Liebig. Chemikerköpfe u. Laboratorien (Mittenwald 1930) Taf. 50 [101]. – Fritz Ferchl u. A. Süßenguth: Kurzgeschichte der Chem. (Mittenwald 1936) 135, 139, 144, 146, 185 [3]. – George Urdang: Goethe and Pharmacy (Madison Wisc. 1949) 13, 15, 23, 26 m. Bildn. [38]. – W. Strube: Johann Christian Wieglebs „Histor.-krit. Untersuchung" ... der Alchem.: Wiss. u. Fortschr. **13** (1963) 437–439 m. 1 Bildn. u. 5 Abb. [3].

II **WIEGMANN,** Arend Joachim Friedrich. Pharmaz., Botan. — Dr. phil.; Apotheker, später Privatmann in Braunschweig.

*1771;

†1853, März 12, Braunschweig.

Bibliogr. Cat. scient. Papers **6** (1872) 360–361 (25 Nr.); **12** (1902) 782 [3].

Lit. Adolph Carl Peter Callisen: Medicinisches Schriftsteller-Lexicon **21** (1835) 140; **33** (1845) 290 [3]. – Bonplandia **1** (1853) 109 [3]. – Bruno Wehnelt: Die Pflanzenpathol. der dtsch. Romantik als Lehre vom kranken Leben u. Bilden der Pflanzen (Bonn 1943) passim; Bildn. S. 81 [3].

II–IV, VI **WIENER,** Ludwig Christian. Math. — Dr. phil. Univ. Gießen; 1848–1850 Lehrer höh. Gewerbeschule Darmstadt; 1851–1852 PDoz. Math., Mech. u. Ing. Wiss. Univ. Gießen; 1852 Prof. Darst. Geom. u. Geodäsie Polytechn. Karlsruhe.

*1826, Dez. 7, Darmstadt;

†1896, Juli 31, Karlsruhe.

Bibliogr. Cat. scient. Papers **6** (1872) 362 (4 Nr.); **8** (1879) 1236 (9 Nr.); **11** (1896) 804 (5 Nr.); **12** (1902) 782 (2 Nr.); **19** (1925) 603–604 (19 Nr. u. Biogr.) [3]. – Richard Kukula: Bibliogr. Jahrb. der dtsch. Hochschulen 2. Aufl. (Innsbruck 1892) 1008–1009; Erg.-H. 1 (1893) 263–264 [3].

Biogr. August Schleiermacher: In: Hess. Biogr. **2** (Darmstadt 1927) 321–324 m. Lit.-Verz. [3]. – Hermann Wiener: ADB **42** (1897) 790–792 [3]. – Badische Biogr. **5** (Heidelberg 1906) 814–817 [3].

Nekr. A. von Braunmühl: Biogr. Jahrb. u. Dtsch. Nekr. **1** (Berlin 1897) 207–209 [3]. – A. Brill u. L. Sohncke: Jber. Dtsch. Math. Ver. **6**, 1897 (1899) 46–69 [Ha 2]. – Zur Erinnerung an Dr. Christian Wiener (Karlsruhe 1896) 24 S. [16]. – Leopoldina **32** (1896) 155–159, 166–169 m. Schr.Verz. [Ha 2].

Zum 100. Geburtstag Otto Wiener: Naturwiss. **15** (1927) 81–84 [3].

Weitere Lit. Wilhelm Baur: Lebenserinnerungen (Darmstadt 1911) 156–157, 197–198 (Hess. Volksbücher 10, 11) [3]. – Friedrich Schulze: B. G. Teubner 1811–1911 (Leipzig 1911) 312 m. Bildn. [15].

II, III **WIGGERS,** Heinrich August Ludwig. Pharmaz. — 1816–1827 Apotheker; 1827 Ass. am chem. Labor. Göttingen, bis 1828 unter Stromeyer, bis 1849 unter Wöhler; 1835 Dr. phil., 1837 PDoz., 1848 ao. Prof. Pharmaz. Univ. Göttingen; überdies 1836–1850 Stellvertreter des General-Inspektors der Apotheken des Königreichs Hannover, seitdem General-Inspektor u. seit 1860 auch dasselbe im Fürstentum Lippe; 1864 Medizinalrat.

*1803, Juni 12, Altenhagen, Hannover;

†1880, Febr. 13, Göttingen.

Bibliogr. Cat. scient. Papers **6** (1872) 363–364 (16 Nr.); **12** (1902) 783 (1 Nr.) [3]. – Brit. Mus. Gen. Cat. **257** (1965) Sp. 399–400 (5 Nr.) [3].

Biogr. Adolph Carl Peter Callisen: Medicinisches Schriftsteller-Lexicon **21** (Copenhagen 1835) 148, **33** (Altona 1845) 293 [3]. – Th. Husemann: Arch. Pharmac. **216** (1880) 401–415 [3]. – Pagel: ADB **42** (1897) 465 [3]. – Biogr. Lexicon der hervorragenden

Ärzte aller Zeiten u. Völker 2. Aufl. **5** (Berlin, Wien 1934) 931–932 [3]. — Wolfgang Schneider: August Wiggers u. Ludw. von Uslar: Pharmaz. Ind. **6** (1953) 200–202 [101]. — W. Awe: Heinrich August Wiggers, ein vielfach vergessener deutscher Pharmakognost: Pharmaz. Ztg. **101** (1956) 332–333 [101].

Weitere Lit. Arne Holmberg: Ein bis jetzt unbekannter Brief von J. von Liebig an J. J. Berzelius aus dem Jahre 1836: Mitt. Gesch. Med. Naturwiss. u. Techn. **39** (1940) 237 [3].

II **WILCKE,** Johann Carl. Physik. — Stud. Uppsala, 1751–1757 im Ausland; 1757 Mag. phil. Univ. Rostock; hält ab 1759 physikal. Vorlesungen auf dem Ritterhause zu Stockholm; zugleich Mitgl. u. 1784 ständiger Sekretär Akad. Wiss. Stockholm.

*1732, Sept. 6, Wismar;
†1796, Apr. 18, Stockholm.

Bibliogr. Brit. Mus. Gen. Cat. **257** (1965) Sp. 540–541 (9 Nr.) [3].

Biogr. E. Drude: In: Handwörterb. der Naturwiss. 2. Aufl. **10** (Jena 1935) 658 [3]. — C. W. Oseen: Johan Carl Wilcke. Experimentalfysiker (Uppsala 1939) 397 S. [14].

II **WILD,** Franz Samuel. Geol. — 1771 Salzfactor in Aelen, 1779 in Bévieux (Waadtlandt); 1784 Berghauptmann in Bévieux, 1789 Oberberghauptmann im Canton Bern u. Waadtlandt.

get. 1743, Sept. 7, Bern;
†1802, Apr. 16.

Lit. Rudolf Wolf: Franz Samuel Wild von Bern (1743–1802). Ein Beitr. zur Kulturgesch. der Schweiz (Bern 1857) 45 S. [ZB Zürich]. — Joh. Georg Meusel: Das gelehrte Teutschland **8** (Lemgo 1800) 524–525; **10** (1803) 828 [15]. — Rudolf Wolf: Biogr. zur Kulturgesch. der Schweiz **2** (Zürich 1859) 269–298 [3]. — Edouard Payot: Souvenirs d'hommes utiles au pays: Rev. histor. vaudoise **21** (1913) Nr. 5, S. 143–153 [LB Bern].

II **WILHELM IV VON HESSEN.** Astron. — 1567–1592 Landgraf von Hessen-Kassel.

*1532, Juni 24, Kassel;
†1592, Aug. 25, Kassel.

Briefwechsel Peter Wallé: Lynars Briefwechsel m. dem Landgrafen Wilhelm von Hessen (1576–1592): Schr.Ver. Gesch. Berlin **29** (1892) 85–106 [3; 14].

Biogr. Christian Gottlieb Jöcher: Allg. Gelehrten-Lexicon **4** (Leipzig 1751) Sp. 1965 [3]. — Joh. Gottlieb Stegmann: Histor. Abh. von den großen Verdiensten Landgraf Wilhelms IV um die math. Wissenschaften (Cassel 1756) 28 S. [14]. — von Zach: Monatl. Correspondenz zur Beförderung der Erd- u. Himmels-Kunde **12** (1805) 267–302 m. Titelbildn. [3]. — Friedrich Wilhelm Strieder: Grundlage zu einer Hess. Gelehrten- u. Schriftsteller-Gesch. **17** (Marburg 1819) 69–82 m. Schr.Verz. [3]. — Hermann Friedrich Keßler: Landgraf Wilhelm IV von Hessen als Botaniker. In: Progr. Realsch. zu Cassel 1859 (Cassel 1859) 1–22 [34]. — Walther Ribbeck: ADB **43** (1898) 32–39 [3]. — Senta Schulz: Wilhelm IV von Hessen-Kassel (Borna–Leipzig 1941) XIII, 204 S. m. Lit.Verz. (Phil. Diss. Univ. München 1939) [3]. — Hellmuth Rößler u. Günther Franz: Biogr. Wörterbuch zur Deutschen Geschichte (München 1953) 912 [3]. — Bernhard Sticker: Landgraf Wilhelm IV u. die Anfänge der modernen astron. Meßkunst: Sudhoffs Arch. Gesch. Med. u. Naturwiss. **40** (1956) 15–25 [3]; Die wiss. Bestrebungen des Landgrafen Wilhelm IV: Z. Ver. hess. Gesch. u. Landeskunde Kassel **67** (1956) 130–137 [14]. — Julius Dick: Wenig bekannte Porträts: Sterne **40** (1964) 222–223 [101].

Wilhelm IV u. die Astron. Willibrord Snell: Coeli et siderum in eo errantium observationes Hassiacae Wilhelmi Hassiae et spicilegium ex observationibus Bohemicis Tychonis Brahe. Quibus accesserunt Joannis Regiomontani et Bernardi Walteri observationes Noribergicae (Lugduni Bat. 1618) 116, 68 S. [14]. — Rudolf Wolf: Gesch. der Astron. (München 1877) 266–269, 272–276, 381–383 u. öfter (Gesch. der Wiss. in Deutschl., Neuere Zeit, 16) [3]. — Rudolf Wolf: Handb. der Astron., ihrer Gesch. u. Lit. 1. Halbband (Zürich 1890) 21–23 [14]. — H. Metz: Wilhelm IV. der Weise, Landgraf von Hessen: Hessenland **7** (1893) 298–299, 310–312; **8** (1894) 3–4, 18–21, 58–60, 86–87 [3]. — Allhard von Drach: Die zu Marburg im Math.-Phys. Inst. befindliche Globus-Uhr Wilhelms IV von Hessen als Kunstwerk u. astron. Instrument (Marburg 1894) 24 S. m. 2 Taf. [4]. — Matteo Fiorini: Erd- u. Himmelsgloben, ihre Geschichte u. Konstruktion. Nach dem Italien. bearb. von Siegmund Günther (Leipzig 1895) 67 [3]. — Wilhelm Schur: Beitr. zur Gesch. der Astron. in Hannover. In: Festschr. zur Feier des 150jährigen Bestehens Gesellsch. Wiss. Göttingen (Berlin 1901) 94 m. Bildn. Taf. 3 [3]. — Joh. A. Repsold: Zur Geschichte der astron. Meßwerkzeuge von Purbach bis Reichenbach 1450–1830 (Leipzig 1908) 18–21 m. Abb. [15]. — R. Hallo: Die Sternwarten Kassels in hess. Zeit (Kassel 1929) 1–51 [7]. — Ernst Zinner: Die Gesch. der Sternkunde

(Berlin 1931) siehe Reg. S. 660 [14]; Entstehung u. Ausbreitung der Coppernicanischen Lehre: S.-Ber. physik.-med. Sozietät Erlangen **74** (1943) 273, 294, 306, 458, 514 [3]. — Paul Adolf Kirchvogel: Landgraf Wilhelm IV von Hessen u. sein astron. Automatenwerk: Index Gesch. Med. Naturwiss. u. Techn. **1** (München–Berlin 1953) 12–18 m. 2 Abb. [3]. — Ernst Zinner: Astron. Instrumente des 11. bis 18. Jahrhunderts (München 1956) 211–214, 221–223, 267–273, 585–589, 604–608 [Ha 2]. — Paul Adolf Kirchvogel: Die Uhren des astron. physikal. Kabinetts in Kassel: Schr. „Freunde alter Uhren" in der Dtsch. Ges. Chronometr. **1** (1960) 15, 16, 17, 18 (m. Abb.), 22, 24 [Math. Salon Dresden].

Nekr. Andrea Christian: Oratio de vita et morte ... Gulielmi, Landgravii Hassiae etc. (Herbornae 1592) 42 S. [14]. — Caspar Herrnschwager: Leychpredigt ... zu des ... Herrn Wilhelmen Landgraven zu Hessen ... lobseliger gedechtniss den 25. Aug. Anno 92 ... den 8. Sept. ... gehalten ... (Schmalkalden 1592) o. S. [14]. — Hans Wilhelm Kirchhoff: Epicedion, d. i. Lob- u. Klag-Schriften ober den ... Abschied ... des Herrn Wilhelmen Landgraven zu Hessen ... gestellt durch ... (Schmalkalden 1592) o. S. [14]. — Stephan Mantelius: ... Trost u. Leichpredigt ... bei dem Begängnuss ... Wilhelmi, Landgraven zu Hessen, ... gehalten durch ... (Marpurg 1593) 40 S. [14]; nicht dasselbe: (Marpurg 1593) 45 S. [14]. — Bartholomäus Meyer: Leychpredigt bei der Begrabnuss ... Herrn Wilhelms, Landgraven zu Hessen, ... gehalten ... (Schmalkalden 1593) o. S. [14]. — Johann Schmidt: Leich- u. Trostpredigt ober den ... Abschied ... Herrn Wilhelms, Landgraven zu Hessen ... gehalten ... durch ... (Marpurg 1592) 54 S. [14]. — Johann Strackius: Klagrede ober den ... Abschied ... H. Wilhelms, Landgrafen zu Hessen ... gehalten durch ... (Marpurg 1593) 46 S. [14]. — Caspar Sturm: Exequiae ... quibus ... principem ... Vilelmum, Hassiae Landgravium ... describente ... (Marpurgi 1592) 47 S. [14]. — Hieronymus Treutler: Oratio historica de vita et morte ... Wilhelmi Hassiae Landgravii (Marpurgi 1592) 119 S. [14]. — Johann Winckelman: Leichpredigt bey der ... Begängnuss Wilhelms Landgrafen zu Hessen ... geh. (Marpurg 1592) 54 S. [14].

Weitere Lit. Christoph von Rommel: Geschichte von Hessen **5**, 1 (Cassel 1835) 758–792 [3]. — Albert Duncker: Landgraf Wilhelm IV von Hessen, genannt der Weise, u. die Begründung der Bibl. zu Kassel im Jahre 1580 (Kassel 1881) VII, 38 S. [14]. — Wilhelm Hopf: Die Landesbibliothek Kassel in ihrer geschichtl. Entwicklung: Die LB Kassel 1580–1930 **1** (Marburg 1930) 1–5 m. Bildn. [14]. — Wilhelm IV u. Arnold Mercator: Duisburger Forsch. **6** (Duisburg 1962) 262–263 [15].

Bildn. Paul Freher: Theatri virorum eruditione clarorum **2** (Noribergae 1588) 754 [14]. — Friedrich Hortleder: Der k. k. Majestäten ... Handlungen u. Außschreiben **2** (Gota 1645) 1304 [14]. — K. Bernhardi: Landgraf Wilhelm IV von Hessen u. seine Räthe. Ein Wandgemälde erläutert: Z. Ver. Hess. Gesch. u. Landeskunde N.F. **3** (1871) 367–374 [3]. — C. Alhard von Drach: Der Hessische Willkomm, ein Prachtpokal von 1571 im Schloß zu Dessau. Beitr. zur Kunst- u. Sittengesch. des 16. Jahrhunderts (Marburg 1890) 32 S. [14]. — Hildamarie Schwindrazheim: Eine Portraitsammlung Wilhelms IV. von Hessen u. der „Güldene Saal": Marburger Jahrb. Kunstwiss. **10** (1937) 263–306 m. 12 Taf. [4]. — Carl Gustav Heraeus: Numismata recentiora depromta ex gaza ... Caroli VI. Taf. 35, Rhe 2, Mitte. o. O. u. o. J. [14].

II, III **WILL,** Heinrich. Chem. — 1839 Dr. phil., 1844 PDoz., 1845 ao. Prof., 1852–1882 o. Prof. Chem. Univ. Gießen.

*1812, Dez. 8, Weinheim;

†1890, Okt. 15, Gießen.

Bibliogr. Cat. scient. Papers **6** (1872) 370–371 (27 Nr.); **8** (1879) 1241 (1 Nr.); **11** (1896) 812 (1 Nr.); **19** (1925) 612–614 (102 Nr.) [3]. — Brit. Mus. Gen. Cat. **257** (1965) Sp. 904–905 (11 Nr.) [3].

Biogr. A. W. von Hofmann: Ber. Dtsch. chem. Ges. **23** (1890) Ref. 852–899 [3]. — J. chem. Soc. London, Transact. **59** (1891) 466–467 m. Schr.Verz. [Ha 2]. — O. Behaghel: Heinrich Will, der Nachfolger Liebigs auf dem Gießener Lehrstuhl: Z. angew. Chem. **44** (1931) 241 [15]. — Geist u. Gestalt. Biogr. Beitr. Gesch. Bayer. Akad. Wiss. **2** (München 1959) 153 [3].

WILM, Alfred. Angew. Chem. — 1886 Schüler der Gewerbeschule Breslau, dann Hospitant der chem. Abt. TH Berlin-Charlottenburg; nach einem Vierteljahr Montanstation in Kassel im chem. Labor. Univ. Göttingen; 1897 Labor.-Chef Chem. Fabrik Th. Goldschmidt AG Essen; 1906 Aushärtungsverfahren für Aluminium; 1909 Patent für Duraluminium; 1901 Metallurg an der Zentralstelle für wiss.-techn. Unters. Neu-Babelsberg bei Berlin; Dr.-Ing. e. h.

*1869, Juni 25, Nieder-Schellendorf, Krs. Haynau;

†1937, Aug. 6, Saalberg/Riesengebirge (auf seinem Berghof).

Erf. DRP 244554: Verfahren zum Veredeln von magnesiumhalt. Aluminium-Legierungen. Entdecker der Aushärtung. Erfinder des Duraluminiums (1909).

Autobiogr. Aluminium **18** (1936) 366 [101].

Lit. A. Wilm: Metallurgie **8** (1911) 223–227. – Max Hermann Haas: Aluminium **17** (1935) 502–508 m. Bildn. [101]; Z. Metallkunde **29** (1937) 323 [101]. – R. Glauner: Chem. Fabrik **10** (1937) 411–413. – A. Wilm u. die Duralumin-Erfindung: Aluminium **19** (1937) 511–522. – E. Kocherhans: Schweiz. Arch. angew. Wiss. u. Techn. **3** (1937) 251–253. – Metallwirtsch. **16** (1937) 861 [101]. – Louis W. Kempf: Wilm's pioneer investigation on Duralumin: Metal. Progr. (Cleveland, Ohio) **36** (1939) 256–258 [Neuhausen, Schweiz; Alumin. AG]. – G. Wilhelmi: Die Wanderer im Riesengebirge **59** (1939) 80–81 m. Bildn. [101]. – 30 J. Duralumin: Der dtsch. Sportflieger **6** (1939) 146 m. Bildn., 3 Abb. [101]. – Herbert Butze: Bezwinger der Weltmonopole. Die Begründer der dtsch. Rohstoff-Freiheit in Leben u. Werk (Leipzig 1940) 142 m. Bildn. [101]. – Friedrich Erdmann-Jesnitzer: A. Wilm u. die Entdeckung der Aushärtung: Neue Hütte **1** (1955/56) 586 m. Bildn. [3]; ferner in: Martin May: 50 Jahre Aushärtung in Praxis u. Theorie: Bergakademie [Freiberg] **8** (1956) 596–599 m. Bildn. u. Faks. [101]. – G. Wassermann: 50 Jahre Aushärtung in: Forsch. u. Praxis (Ilmenau 1956) 13–18 m. Bildn. u. Lit.Verz. [14]; auch: Z. Metallkunde **48** (1957) 223–231 m. Bildn. [101]. – Schles. Rdsch. **9** (1957) Nr. 22, S. 5.

II, III **WINKELBLECH,** Georg Carl (Pseudonym: Carl Marlo). Chem. – 1826–1829 Apothekerlehrling in Wörrstedt; stud. 1829–1832 Pharmazie Univ. Marburg; 1835 Dr. phil., 1835 hab. für Chemie Univ. Marburg; 1836–1839 ao. Prof. Univ. Marburg; 1839 Prof. Chem. Höh. Gewerbeschule Kassel (seit 1861 für techn. Chem.); 1848 Teilnehmer an der revolutionären Bewegung in Kurhessen; 1853 vom Lehramt suspendiert, dann wieder eingesetzt; 1860–1861 Heilanstalt Illenau.

*1810, Apr. 15, Ensheim b. Mainz;
†1865, Jan. 10, Kassel.

Bibliogr. Cat. scient. Papers **6** (1872) 395 (4 Nr.) [3]. – Brit. Mus. Gen. Cat. **259** (1965) Sp. 367–368 (5 Nr.) [3].

Biogr. Adolph Carl Peter Callisen: Medicinisches Schriftsteller-Lexicon der jetzt lebenden Verfasser **33** (1845) 314 [3]. – Illustr. Ztg., Leipzig **11** (1848) 317–318 m. Bildn. [14]. – Stanislaus Grabski: Karl Marlo als Sozialtheoretiker (Bern 1899) 116 S. (Berner Beitr. Gesch. Nationalökonomie, 12) [StB u. UB Bern]. – W. Ed. Biermann: Karl Georg Winkelblech (Karl Marlo). Sein Leben u. sein Werk **1** (Leipzig 1909) XV, 387 S., Titelbildn. u. Faks.; **2** (1909) VI, 511 S. m. Bildn. [3]. – K. Meitzel: In: Handwörterb. der Staatswiss. **3.** Aufl. **8** (Jena 1911) 824 m. Schr.Verz. u. Lit.Verz. [3]. – B. Jacob: Hessenland **29** (1915) 2–4 m. Bildn. – Franz Gundlach: Catalogus Professorum Academiae Marburgensis. Die akadem. Lehrer der Philipps-Univ. in Marburg von 1527 bis 1910 (Marburg 1927) 465–466 m. Lit.Verz. [3]. – A. Adlung u. G. Urdang: Grundriß der Gesch. der deutschen Pharmazie (Berlin 1935) 485 [3]. – Th. Griewank: Karl Winkelblech (Karl Marlo). Sozialtheoretiker u. Volkswirt. In: Lebensbilder aus Kurhessen u. Waldeck **2** (Marburg 1940) 422–428 m. Bildn. u. Faks., Schr.- u. Lit.Verz. [3]. – Heinrich Rheinboldt: Bunsens Vorlesung über allg. Experimentalchem.: Chymia (Philadelphia) **3** (1950) 224 [9].

III–V **WINKELMANN,** Adolph August. Physik. – Stud. Univ. Bonn, Heidelberg, Berlin; 1872 Dr. phil. Univ. Bonn; 1873 Ass. Polytechn. Aachen; 1877 o. Prof. Physik Land- u. Forstwirtsch. Inst. Hohenheim, 1886 Univ. Jena.

*1848, Okt. 17, Dorsten, Westf.;
†1910, Juli 24, Jena.

Bibliogr. Cat. scient. Papers **8** (1879) 1251 (3 Nr.); **11** (1896) 823–824 (21 Nr.); **19** (1925) 660–661 (31 Nr.) [3]. – Brit. Mus. Gen. Cat. **259** (1965) Sp. 371 (3 Nr.) [3].

Biogr. M. A. Bloch: Biogr. spraw. **2** (Leningrad 1931) 787 [15].

III–VI **WINKLER,** Clemens Alexander. Chem. – Stud. Freiberg; 1861 Hüttenmeister auf dem Blaufarbenwerk Pfannenstiel bei Aue; 1864 Dr. phil. Univ. Leipzig; 1873–1902 Prof. Chem. Bergakad. Freiberg.

*1838, Dez. 26, Freiberg;
†1904, Okt. 8, Dresden.

1886 Entdecker des Germanium.

Geneal. Wappler: Zum Gedächtn. des Freiberger Ehrenbürgers Geh. Rates Dr. Clemens Winkler u. seiner Ahnen: Mitt. Freiberg Altertumsver. **42** (1906) 73–122 m. Bildn. [3].

Bibliogr. Cat. scient. Papers **6** (1872) 396 (4 Nr.); 8 (1879) 1251–1252 (24 Nr.); **11** (1896

824–825 (28 Nr.); **19** (1925) 662 (35 Nr.) [3]. — Brit. Mus. Gen. Cat. **259** (1965) 379–380 (16 Nr.) [3].

Biogr. Richard Meyer: In: Victor Meyer (Leipzig 1917) 460 [3]. — Conrad Matschoß: Männer der Techn. (Berlin 1925) 296–297 [101]. — M. A. Bloch: Biogr. spraw. **2** (Leningrad 1931) 787–789 [15]. — F. Henrich in: Handwörterb. der Naturwiss. 2. Aufl. **10** (Jena 1935) 675–676 [3]. — C. Schiffner: Aus dem Leben alter Freiberger Bergstudenten **1** (Freiberg 1935) 48–54; **2** (1938) 48; **3** (1940) 153 [3]. — Robert Höltje: Clemens Winkler u. das period. Syst. der Elemente (Berlin 1940) 22 (Dtsch. Mus., Abh. u. Ber. 12, 1) [14]. — C. Schiffner: Männer des Metallhüttenhandwerks (Freiberg 1942) 167–169 m. Bildn. [101]. — O. Brunck in: Günter Bugge, Das Buch der großen Chemiker **2** (Weinheim 1955) 336–350, Lit.Verz. 511 m. Bildn. u. Faks. [3]. — A. A. Zvorykin: Biografičeskij slovar'dejatelej estestvoznanija i techniki (Biogr. Wörterb. der Naturforscher u. Techniker) **1** (Moskva 1958) 167–168 [Ha 2]. — Adolf Neuhäuser: Chem. in der Schule **5** (1958) 1–7 m. Bildn. [3]. — R. Sachtleben, A. Hermann: Große Chemiker. Von der Alchemie zur Großsynthese (Stuttgart 1960) 72 m. Bildn. [101].

Nekr. Ernst Beckmann: Ber. Verh. Sächs. Ges. Wiss. Leipzig, math.-phys. Kl. **56** (1904) 341–348 [Ha 2]. — Joachim Biehringer: Naturwiss. Rdsch. **20** (1905) 141–143, 153–155 [Ha 2]. — O. Brunck: Ber. Dtsch. chem. Ges. **39**, 1906 (1907) 4491–4548 m. Bildn., Faks., Schr.Verz. 4543–4548 [3]. — Th. Döring: Z. angew. Chem. **18** (1905) 1–7 m. Bildn. [Ha 2]. — E. Erdmann: Z. Naturwiss. **77** (1904) 365–371 [3]. — Erwin Papperitz: Jahrb. Berg- u. Hüttenwesen Sachsen **1904**, 1–12 m. Bildn. u. Faks. [15]. — N. Witt: Ber. 5. Kongr. Angew. Chem. (Berlin 1904) IV, 1154–1156 [7]. — Illustr. Ztg., Leipzig **123** (1904) 613 m. Bildn. [3]. — Chemiker-Ztg. **28** (1904) 995–996 [3]. — Z. anorg. Chem. **42** (1904) 1 [15].

Zum 100. Geburtstag Otto Fritzsche: Die Freiberger Tagung für Technikgeschichte des Vereins deutscher Ingenieure: Bl. Bergakad. Freiberg **20** (1939) 12–15 m. 2 Bildn., 2 Abb. [3]. — R. Höltje: Z. VDI **83** (1939) Nr. 19, S. 606 [101].

Zum 50. Todestag Wolfgang Büll: Funkschau **26** (1954) 376–377 m. 1 Bildn., 1 Abb. [101]. — Hermann Klamfoth: Techn. Gemeinsch. **2** (1954) 461–462 [3]. — A. Lißner: Chem. Techn. **7** (1955) 105–108 m. Bildn. [3]. — Willy Schreiter: Clemens Winkler u. die Metallurgie des von ihm entdeckten Germaniums: Metallurgie u. Gießereitechn. **4** (1954) 417–425 [101]. — Clemens Winkler. Gedenkschr. zur 50. Wiederkehr seines Todestages (Berlin 1954) 104 S. m. Titelbildn., Bildn. 27, 29, 43, Denkmal 49 (Freiberger Forsch.Hefte D 8) [3]; darin: Hanns C. A. Winkler: Clemens Winkler, 10–50 m. 7 Bildn., 5 Abb., 1 Faks.; Anton Lißner: Clemens Winkler, der bedeutende Chemiker 51–68 m. Schr.Verz.; Alfred Lange: Clemens Winkler u. das Hüttenwesen 69–86; Rudolf Prokop: Clemens Winkler als Direktor der Bergakad. 87–104, 1 Abb., 1 Faks.

Weitere Lit. A. Ledebur: Über die Bedeutung der Freiberger Bergakad. für die Wiss. des 18. u. 19. Jahrhunderts (Freiberg 1903) 28–29 m. Bildn. [3]. — Ernst von Meyer: Gesch. der Chem. von den ältesten Zeiten bis zur Gegenwart. 4. Aufl. (Leipzig 1914) 356, 359, 374, 376–379, 499, 535, 538–539 [3]. — Fred Gl. Corning: A student reverie (New York 1920) 30–31, Taf. 18 nach S. 26 [14]. — Das akad. Deutschland **1** (Berlin 1930) 604, 607 m. Bildn. 605 [3]. — Friedrich Kolbeck: Zur Gesch. der auf Freibergs Erzgängen gefundenen Minerale: Mitt. Naturwiss. Ver. Freiberg **3** (1938) 13–16 [14]. — E. Papperitz: Die Bergakad. bis zum Weltkrieg: Bl. Bergakad. Freiberg **18** (1938) 13–20 m. Bildn. [14]. — Mary Elvira Weeks: The discovery of the elements. 5. Aufl. (Easton 1948) 407–412 m. Bildn. S. 408 [14]. — Hans-Georg Schäfer: Chem. Lehre u. Forschung in Freiberg: Bergakademie [Freiberg] **7** (1955) 250–263 m. 14 Bildn., 6 Abb. [3]. — Milestones of modern chemistry. Original reports of the discoveries. Ed. by Eduard Farber (New York, London 1966) 48–52 [3].

Bildn., Denkmal Kurzer Sinnspruch m. faks. Unterschr. u. Bildn. in: Das Goldene Buch des Deutschen Volkes an der Jahrhundertwende (Leipzig 1899) S. Wiss. 71 [15]. — Denkmal-Enthüllung in Freiberg: Stahl u. Eisen **30** (1910) 1815 [15]. — Sächs. Köpfe im zeitgenöss. Bild (Dresden 1938) 95 m. biogr. Notiz [3; 14]. — Walter Freimut Langer: Führer durch das Naturkundl. Museum zu Freiberg in Sachsen (Freiberg 1957) 19 [14].

II **WINKLER,** Johann Heinrich. Philos., Physik. — 1728 Mag. phil. Leipzig; 1730 zweiter Schulcollege Thomasschule Leipzig; 1739 ao. Prof. Philosophie, 1742 o. Prof. griech. u. latein. Sprache, 1750 o. Prof. Physik Univ. Leipzig.

*1703, März 12, Wingendorf, Oberlausitz;

†1770, Mai 18, Leipzig.

Lit. E. G. Baldinger: Biogr. jetzt lebender Ärzte u. Naturforscher in u. außer Deutschland **1, 2** (Jena 1770) 137–166 m. Schr.Verz.; **1, 3** (Jena 1771) Zusatz vor S. 1 [3]. — C. G. Salzmann: Denkwürdigkeiten aus dem

Leben ausgezeichneter Teutschen des 18. Jahrhunderts (Schnepfenthal 1802) 207–208 [3]. — August Heller: Geschichte der Physik 2 (Stuttgart 1884) 473, 474, 482, 488, 489, 493, 495 [3]. — Otto Wiener: Das neue physikal. Inst. der Univ. Leipzig u. Geschichtliches: Physik. Z. 7 (1906) 2 [15]. — A. Kistner: Goethes physikal. Apparate: Zentral-Ztg. Opt. u. Mech. 37 (1916) 139 [101]. — Hans Schulz: Johann Ludewig, der gelehrte Bauer von Cossebaude: Mitt. Roland 21 (1936) H. 6, S. 82–83 (Attestat von Joh. Heinr. Winkler vom 1. März 1756) [101]. — Schola Thomana. 1212–1937. Aus der Gesch. der Thomasschule in alter u. neuer Zeit. Festschr. (Leipzig 1937) 60–63 [3]. — Brit. Mus. Gen. Cat. 259 (1965) Sp. 388–389 (10 Nr.) [3].

II–V **WINNEKE,** Friedrich August Theodor. Astron. — 1856 Dr. phil. Univ. Berlin; 1858–1868 Adjunct-Astron. an der Nicolaihauptsternwarte Pulkowo; 1868 Privatmann in Karlsruhe; 1872 o. Prof. Astron. u. Dir. Sternwarte in Straßburg; 1886 emer. (Vorlesungen nur bis 1883 gehalten).

*1835, Febr. 5, Groß-Heere, Hannover;
†1897, Dez. 3, Bonn.

Bibliogr. Cat. scient. Papers 6 (1872) 397–398 (57 Nr.); 8 (1879) 1252–1253 (15 Nr.); 11 (1896) 826–828 (51 Nr.); 12 (1902) 787 (1 Nr.); 19 (1925) 664–665 (4 Nr. u. Biogr.) [3]. — Brit. Mus. Gen. Cat. 259 (1965) 411–412 (11 Nr.) [3].

Biogr. Ernest Lebon: Histoire abrégée de l'Astronomie (Paris 1899) 154, 270 [11]. — Nature [London] 135 (1935) 176 [3]. — A. A. Zvorykin: Biografičeskij slovar' dejatelej estestvoznanija i techniki (Biogr. Wörterb. der Naturforscher u. Techniker) 1 (Moskva 1958) 168 [Ha 2].

Nekr. A. Auwers: Astron. Nachr. 145 (1898) Sp. 161–166 [3]. — Backlund: Bull. Acad. Imp. Sci. St. Pétersbourg (5) 8 (1898) I [3]. — Ernst Hartwig: Vjschr. astron. Ges. Leipzig 33 (1898) 5–13 [Ha 2]; Monthly Notices R. Astron. Soc. [London] 58 (1898) 155–159 [Ha 2]. — István Lengyel: Termeszettud. Közl. 30 (1898) 657 [F 1]. — Dtsch. Rdsch. Geogr. u. Statistik 20 (1898) 329 [3]. — Leopoldina 33 (1897) 167 [Ha 2]. — Observatory [London] 21 (1898) 63–64 [B 97]. — Publ. astron. Soc. Pacific. [San Francisco] 10 (1898) 43–44 [Eidgen. Sternw. Zürich]. — Rev. scient. (4) 9 (1898) 30 [15].

WIRSUNG, Christophorus. Pharmaz. — In seiner Jugend lebte er einige Jahre in Venedig; 1534 Verheiratung in Augsburg, wo er praktizierte u. auch als Geistlicher tätig gewesen sein soll; 1543 dort Ratsherr; später lebte er in Heidelberg; 1565–1568 entstand sein bedeutendstes Werk „Ein new Artzney Buch"; er hat mindestens 25 Jahre seines Lebens in Apotheken zugebracht.

*1500, Augsburg;
†1571, Heidelberg.

Bibliogr. Brit. Mus. Gen. Cat. 259 (1965) Sp. 633 (8 Nr.) [3].

Biogr. Melchior Adam: Vitae Germanorum philosophorum (Frankfurt 1663) 252–253 [3]. — Martin Crusius: Schwäbische Chronik 2 (Frankfurt 1733) 257 [3]. — Christian Gottlieb Jöcher: Allgem. Gelehrten-Lexicon 4 (Leipzig 1751) Sp. 2020 [3]. — Dictionnaire des sciences médicales. Biographie médicale 7 (Paris 1825) 512 [3]. — Biographie universelle, ancienne et moderne 51 (Paris 1828) 69 [3]. — H. A. Lier: ADB 43 (1898) 521 [3]. — Biogr. Lexikon der hervorragenden Ärzte aller Zeiten u. Völker 2. Aufl. 5 (Berlin, Wien 1934) 968 [3]. — Julius Wilde: Christophorus Wirsung, der bedeutendste Apotheker des 16. Jahrhunderts: Süddeutsche Apotheker-Ztg. 77 (1937) 737–739 m. 1 Abb. [101].

Weitere Lit. Max Radlkofer: Die humanistischen Bestrebungen der Augsburger Ärzte im 16. Jahrhundert: Z. histor. Ver. Schwaben u. Neuburg 20, 1892–93 (1893) 38–40 [3]. — Wilhelm Fehse: Christoph Wirsungs deutsche Celestina-Übersetzungen (Halle 1902) 5–20 (Phil. Diss. Halle) [14]. — Reinhard Froehner: Kulturgesch. der Tierheilkunde. Ein Handb. für Tierärzte u. Studierende 2 (Konstanz 1954) 65 [Ha 85].

II–IV **WISLICENUS,** Johannes. Chem. — 1848 Besuch der Realsch. der Franckeschen Stiftungen in Halle; 1853 stud. Univ. Halle; 1853–1856 in USA (dort Stellung am Mechanics Institute New York); 1856 in Zürich, 1857–1859 in Halle; dann wieder in Zürich; 1860 Dr. phil., 1860 Doz., 1865 Prof. Univ. u. 1870 auch am Polytechn. Zürich, zugl. seit 1861 Prof. Chem. Industrieschule Zürich; 1864 ao. Prof. u. Dir. chem. Labor. Univ. Zürich; 1867 o. Prof.; 1872 o. Prof. Chem. Univ. Würzburg u. Vorstand des chem. Labor., zugleich Gerichtschemiker; seit 1885 o. Prof. Univ. Leipzig.

*1835, Juni 24, Klein-Eichstedt bei Querfurt;
†1902, Dez. 5, Leipzig.

Geneal. A. Fick: Die Familie Wislicenus: Arch. Rassen- u. Ges.-Biol. **15** (1923/24) 156–172 [3].

Bibliogr. Cat. scient. Papers **6** (1872) 402 (16 Nr.); **8** (1879) 1255–1256 (25 Nr.); **11** (1896) 830–831 (13 Nr.); **19** (1925) 671–672 (38 Nr.) [3]. – Brit. Mus. Gen. Cat. **259** (1965) 735–736 (8 Nr.) [3].

Biogr. W. Roth: Biogr. Jahrb. Dtsch. Nekrolog 8 (Berlin 1905) 414–416 m. Lit.Verz., Totenliste **7**, Sp. 126 [3]. – Wilhelm Sonne: Erinnerungen an Joh. Wislicenus aus den Jahren 1876–1881. Mit Vorwort von Max Conrad (Leipzig 1907) 36 S. m. Titelbildn. [14]. – Richard Meyer: Victor Meyer (Leipzig 1917) 461–462 m. Bildn. S. 211 [3]. – Wilhelm Wislicenus in: Lebensläufe aus Franken **2** (Würzburg 1922) 500–512 (Veröff. Ges. Fränkische Gesch., R. 7) [3]. – F. Henrich in: Handwörterb. der Naturwiss. 2. Aufl. **10** (Jena 1935) 676 [3]. – A. A. Zworykin: Biografičeskij slovar' dejatelej estestvoznanija i techniki (Biogr. Wörterbuch der Naturforscher u. Techn.) **1** (Moskva 1958) 172–173 [Ha 2]. – Irene Strube in: Bedeutende Gelehrte in Leipzig ... Hrsg. von Gerhard Harig **2** (Leipzig 1965) 37–49 m. Bildn. [15].

Nekr. Ernst Beckmann: Ber. Dtsch. chem. Ges. **37**, 4 (1904) 4861–4946 m. Bildn. u. Faks., 1 Abb., Schr.Verz. [3]. – Joachim Biehringer: Naturwiss. Rdsch. **18** (1903) 192–194, 204–207 [Ha 2]. – E. Boedtker: Rev. gén. Chim. pure et appl. **1903**, 81–83 m. 1 Abb. [Le 1]. – Wilhelm Ostwald: Ber. Verh. Sächs. Ges. Wiss. Leipzig, math.-phys. Kl. **55** (1903) 409–420 [Ha 2]; auch in: W. O.: Abh. u. Vortr. allgem. Inhalts (Leipzig 1904) 444–455 [3]. – B. Rassow: Z. angew. Chem. **16** (1903) 1–4 [Ha 2]. – Ferdinand Rudio u. Carl Schröter: Notizen zur schweiz. Kulturgesch.: Vjschr. naturforsch. Ges. Zürich **47** (1902) 456–458 [Ha 2]. – Max Siegfried: Gedächtnisrede auf J. Wislicenus, geh. in der chem. Ges. in Leipzig (Leipzig 1903) 15 S., 1 Bildn. [L 35]. – C. von Voit: S.-Ber. Bayer. Akad. Wiss., math.-phys. Kl. **33**, 1903 (1904) 539–550 [Ha 2]. – Joh. Wislicenus zum Abschied. An seiner Bahre im Hörsaal des Chem. Labor. zu Leipzig am 7. Dez. 1902 gesprochene Worte (Dresden 1902) 26 S.; als Ms gedr. [15]. – Alldeutsche Bl. **12** (1902) 453–456 [14]. – Chemiker-Ztg. **26** (1902) 1189 [3]. – Daheim **39** (1903) Nr. 12, S. 3 m. Bildn. [14]. – Illustr. Ztg., Leipzig **119** (1902) 914–915 m. Bildn. [14]. – Schweizer Wschr. Chem. Pharmazie **1902**, 635–636 [M 52]. – Die Woche **4** (1902) 2290, Bildn. S. 2292 [14].

Weitere Lit. Jac. Moleschott: Für meine Freunde. Lebens-Erinnerungen (Gießen 1894) 296 [Ha 2]. – The Leipzig Chemical Laboratory: Nature [London] **54** (1901) 127–129 m. Bildn. [15]. – Georg Cohn: Ein Jubil. des Acetessigesters: Chemiker-Ztg **37** (1913) 1469 [3]. – W. Herz: Grundzüge der Gesch. der Chem. (Stuttgart 1916) 93 [3]. – Hugo Bauer: Gesch. der Chem. 3. Aufl. **2** (Berlin, Leipzig 1921) 85, 98, 121, 131, 132 (Slg. Göschen 265) [14]. – Emil Fischer: Aus meinem Leben (Berlin 1922) 111, 112, 113, 123, 143 [3]. – Benjamin Harrow: Eminent Chemists of our time 2. Aufl. (New York 1927) 79, 86, 87, 89, 181, 337, 340 [3]. – Ehrung ... (Gedenktafel am ehem. Inst.): Angew. Chem. **46** (1933) 357–358 m. 1 Abb. [101]. – Paul Duden u. Flury: Aus der Würzburger Chem. vergangener Tage: Angew. Chem. **46** (1933) 363 [101]. – Gertrud Woker: Der Anteil der Schweiz an der Entwicklung der chem. Wiss. In: Die Schweiz u. die Forschung **2** (1943) 12–14 [101]. – Ein Experiment zu Zweit (A. Fick 1829–1901): Ciba-Z. 8 (1958) 3029–3030 [3].

Bildn. Alma Julia. Illustr. Chronik ihrer 3. Säcularfeier 1882 (Würzburg 1882) 105–109 m. Bildn. u. Faks. [14]. – Leipziger Gerichtszeitg. **1893**, Nr. 61, S. 4 m. Bildn.; **1895**, Nr. 42, S. 10 m. Bildn. [14]. – Die Woche **1** (1899) 1045 [14]. – Das goldene Buch des dtsch. Volkes an der Jahrhundertwende (Leipzig 1899) o. S. [14]. – Ernst Cohen: Jacobus Henricus van't Hoff (Leipzig 1912) 115 [14]. – Richard Meyer: Victor Meyer (Leipzig 1917) 211 [14]. – Chemiker-Ztg. **84** (1960) 170 [Ha 2].

III–V **WITT,** Otto Nicolaus. Chem. – 1875 Dr. phil. Zürich; 1875–1879 erster Chemiker an den Anilinfarben-Fabriken von William Thomas u. Dower in Brentford bei London; dann Privatmann in Mülhausen/Elsaß, zugl. an der Chemieschule tätig; 1894 Prof. Chem. Technol. TH Berlin.

*1853, März 31 n. St., St. Petersburg; †1915, März 23, Berlin.

Bibliogr. Cat. scient. Papers **11** (1896) 832–833 (26 Nr.); **12** (1902) 788 (1 Nr.); **19** (1925) 676–677 (67 Nr.) [3]. – Brit. Mus. Gen. Cat. **259** (1965) Sp. 871–872 (10 Nr.) [3].

Zum 60. Geburtstag E. Noelting: Chemiker-Ztg. **37** (1913) 381–382 [3].

Nekr. A. Binz: Z. angew. Chem. **28** (1915) 193–196 [Ha 2]. – E. Noelting: Ber. Dtsch. chem. Ges. **49**, 1916 (1917) 1751–1832 m. Bildn. u. Faks., Schr.Verz. [3]; Chemiker-Ztg. **39** (1915) 441–449 m. Bildn. [3]. – R. Schltr.: Gartenflora **64** (1915) Beil. Orchis **9** (1915) 35–37 m. Bildn. u. Faks. – Tonindustrie-Ztg. **39** (1915) 258–259 m. Bildn. [101].

Zum 100. Geburtstag Jean D'Ans: Chemiker-Ztg. **77** (1953) 279–281 [3].

Bildn. G. Dahms: Das Litterar. Berlin (Berlin 1895) 214 [14].

Biogr. P. Eckert: Klepzigs Textil-Z. **42** (1939) 28–31 [15]. – M. Schofield: O. N. Witt, father of colour-chemistry: Discovery 14 (1953) 99–100 [7]. – A. A. Zvorykin: Biografičesky slovar' dejatelej estestvoznanija i techniki [Biogr. Wörterbuch der Naturforscher u. Techniker] **1** (Moskva 1958) 174 [Ha 2].

WITTE, Friedrich. Pharmaz. – 1845–1849 Apotheker-Lehre in Berlin (Freundschaft m. Theodor Fontane); stud. u. prom. Univ. Rostock; 1853 Übernahme der väterl. Hirsch-Apotheke Rostock; 1856 Eröffnung einer Fa. für Drogengroßhandel, die große Bedeutung erlangte (1893 auf der Weltausstellung Chicago); 1862 Verkauf der Apotheke; politisch tätig, 1884–1892 als Mitglied des Deutschen Reichstags.

*1829, Febr. 19, Rostock;
†1893, Juli 31, Rostock.

Biogr. Hermann Gittner: Theodor Fontane u. Friedrich Witte. Eine Apothekerfreundschaft: Süddtsch. Apotheker-Ztg. **86** (1946) 186–189 [101]. – Wolfgang Schneider: Pharmaz. Ind. **16** (1954) 69–71 m. Bildn. u. Lit.Verz. [101]. – Manfred Hamann: Dr. Friedrich Witte, ein Rostocker Apotheker u. Politiker: Pharmazie **1959**, H. 7, S. 5–25 m. 1 Bildn. u. 3 Abb. (Beitr. Gesch. Pharmazie, Nr. 3) [3]; Friedrich Witte. Eine biogr. Würdigung: Pharmaz. Ind. **22** (1960) 474–477, 555–557 m. Lit.Verz. [101].

75 Jahre Friedrich Witte, Rostock Z. angew. Chem. **44** (1931) 796 [101]. – F. C. Witte: Friedrich Witte Rostock 1856–1931. Zur Gesch. der Familie u. der Firma (Rostock 1931) 16 S. [14].

100 Jahre Fa. Friedrich Witte Wolfgang Schneider: Der Apotheker Friedrich Witte u. seine Zeit: Dtsch. Apotheker-Ztg. **96** (1956) 944–945 [101].

Weitere Lit. Theodor Fontane: Gesammelte Werke **4** (Berlin 1920) Briefe S. 11, 18–21, 64–65, 81–82, 84, 226–227, 393–394, 418, 430, 511–512; **5** (1920) Briefe S. 32, 43, 79, 93–94, 179, 181–182, 186, 200, 206, 219, 221, 226–227, 230, 258 [3]. – Johann Ohage: Fermente, Peptone u. Lecithine oder: Etwas aus der chem. Industr. in Mecklenburg: Mecklenburg. Mh. **7** (1931) 479–483 m. 2 Bildn., 2 Abb., [101]. – C. F. Witte: Lebenserinnerungen **1** (Rostock 1938) 173 S., Titelbildn., 9 Bildn.; **2** (1938) 352 S. m. 17 Bildn., 6 Abb. [3]. – Theodor Fontane u. Bernhard von Lepel. Ein Freundschaftsbriefwechsel hrsg. von Julius Petersen **1** (München 1940) 408, 424, 451, 454–456; **2** (1940) 5, 18 [3]. – Erich Gülzow: Theodor Fontanes zweite Heimat: Baltische Studien N.F. **43** (1955) 73 [101].

III–VI **WITTENBAUER,** Ferdinand. Mechanik, Kinematik. – 1872–1878 stud., 1879 Dr. phil., 1880 PDoz., 1887 ao. Prof., 1891 o. Prof. TH Graz.

*1857, Febr. 18, Marburg, Steiermark;
†1922, Febr. 16, Graz.

Bibliogr. Cat. scient. Papers **11** (1896) 833 (4 Nr.); **19** (1925) 677 (8 Nr.) [3].

Biogr. Th. Pöschl: Z. angew. Math. u. Mech. **2** (1922) 320–322 [15]. – K. Federhofer: Dem Schöpfer der graph. Dynamik: Maschinenbau/Betrieb **15** (1936) 465–467 m. Bildn. [101]; Zur 100. Wiederkehr seines Geburtstages: Universum, Natur u. Techn. (Wien) **12** (1957) 152–154 [101]. – Karl Federhofer: In: Österr. Naturforscher, Ärzte u. Techniker (Wien 1957) 172–174 m. Bildn. [101].

Weitere Lit. Die Kritik (Wien) **2** (1906) Nr. 1, S. 17–19: Der Privatdozent. Ein Stück aus dem akad. Leben in 4 Aufzügen von F. Wittenbauer [UB Wien]. – Emil Leimdörfer: Klassizistische Romantik: Heimgarten **28** (1904) 424–429 [15]. – Das akad. Deutschland **1** (1930) 532 m. Bildn. [14]. – Die dtsch. Techn. Hochschulen (München 1941) 184–186 m. Bildn. [14].

WITTER, Carl August Louis Wilhelm. Metallhüttenkunde, Gesch. der Metalltechn. – 1886–1888 Bergschule, 1889 Bergakad. Clausthal; 1890 Hüttenamt Lautenthal; 1891–1894 Chemiker Labor. Prof. Hampe, Clausthal; 1894–1905 Leiter Staatshüttenlabor. Hamburg; 1905 wegen CO-Vergiftung pensioniert; dann beratender Metallurg; 1922 Fa Kaempfer, Braunschweig; 1926–1931 techn. Dir. Hüttenwerk Trotha, Halle; seit 1931 i. R. in Halle.

*1866, Nov. 10, Altenau/Harz;
†1949, Okt. 16, Halle; ☐ Ohlsdorfer Friedhof bei Hamburg.

Autobiogr. Wie ich zum Erforscher vorgeschichtl. Metallgewinnung wurde: Jahresschr. mitteldtsch. Vorgesch. **33** (1949) 98–107 [14].

Bibliogr. Brit. Mus. Gen. Cat. **259** (1965) Sp. 911 (2 Nr.) [3].

Zum 75. Geburtstag Werner Hülle: Mannus **33** (1941) 589–592 m. Bildn. [3]. – Walther Schulz: Nachr.-Bl. Dtsch. Vorzeit 18 (1942) 36–38 m. Bildn. u. Faks., Schr.Verz. 30 Nr. [3; 14].

Nekr. Helmut Otto: Jahresschr. mitteldtsch. Vorgesch. 34 (1950) 188–190 m. Bildn. u. Faks. S. 232 [14]; Z. Erzbergbau u. Metallhüttenwesen 3 (1950) 63–64 m. Bildn. [3].

Biogr. F. K. Bicker: Mitteldtsch. Volkheit 5 (1938) 70–87 m. Bildn. — Carl Schiffner: Männer des Metallhüttenwesens (Freiberg 1942) 169–172 m. Bildn. [101]. — Germanen-Erbe 2 (1937) 317–319 m. Bildn. [101].

II, III **WITTSTEIN,** Georg Christian. Chem. — 1824–1829 Lehre beim Apotheker Riepenhausen in Minden; 1830 Gehilfe in Claußthal, 1832 in Güstrow; 1834 Rezeptar in der Ratsapotheke Hannover; 1835 stud., 1837–1850 Ass. pharmaz. Inst., 1840 Dr. phil. Univ. München; 1851 Lehrer Gewerbeschule Ansbach; begründete u. leitete 1853–1879 eine chem. Unterrichtsanst. in München.

*1810, Jan. 25, Hann. Minden;

†1887, Juni 1, München.

Bibliogr. Cat. scient. Papers 6 (1872) 406–407 (20 Nr.); 8 (1879) 1257–1258 (16 Nr.); 11 (1896) 834–835 (21 Nr.); 12 (1902) 789–790 (15 Nr.); 19 (1925) 680 [3]. — Brit. Mus. Gen. Cat. 259 (1965) Sp. 949–950 (17 Nr.) [3].

Nekr. Fricklinger: Arch. Pharmaz. 226 (1888) 1–29 m. Bildn. u. Faks. [3]. — István Lengyel: Természettud. Közl. 20 (1888) 474 [F 1]. — Amer. J. Pharmac. 59 (1887) 383–384 [UB Basel]. — Pharmaceut. J. Transact. (3) 17, 1886–1887 (1887) 1027 [Ha 2]. — Leopoldina 23 (1887) 114 [Ha 2]. — Humboldt 6 (1887) 365 [Ha 2]. — Annals Bot. 1 (1887/1888) 415 m. 14 Nr. Schr.Verz. — Tidsskr. Physik og Chem. 27 (1888) 287 [UB II Kopenhagen].

II–IV, VI **WÖHLER,** Friedrich. Chem. — 1823 Dr. med. Univ. Heidelberg; 1825 Lehrer Chem. an der städt. Gewerbeschule Berlin, 1831 an der höh. Gewerbeschule Kassel; seit 1836 o. Prof. Chem. Univ. Göttingen, sowie bis 1850 Generalinspektor der hannövrischen Apotheken.

*1800, Juli 31, Eschersheim bei Frankfurt/M.;

†1882, Sept. 23, Göttingen.

Geneal. Adolf Rosenbach: Genealogie der Familie Rosenbach. Stammbäume u. biogr. Skizzen (Göttingen 1908), darin S. 18–19: Friedrich Wöhler [30].

Bibliogr. Cat. scient. Papers 6 (1872) 410–419 (278 Nr.); 8 (1879) 1258–1259 (32 Nr.); 11 (1896) 836–837 (8 Nr., Biogr.); 12 (1902) 790 (2 Nr., Biogr.); 19 (1925) 682 (Biogr.) [3]. — Brit. Mus. Gen. Cat. 260 (1966) 3–5 (36 Nr.) [3].

Briefwechsel Aus Briefen von Justus von Liebig an F. Wöhler: Dtsch. Rev. 2, 3 (1878) 43–54, 173–186 [3]. — Edv. Hjelt: Bruchstücke aus den Briefen F. Wöhlers an J. J. Berzelius (Berlin 1884). — Aus Justus Liebigs u. F. Wöhlers Briefwechsel in den Jahren 1829–1873. Unter Mitwirkung von Emilie Wöhler hrsg. von A. W. Hofmann 1 (Braunschweig 1888) X, 385 S.; 2 (1888) 362 S. m. Titelbildn. von W. m. Faks. [3]. — [Johann Jacob Frhr. von] Berzelius u. [Justus von] Liebig. Ihre Briefe von 1835–1845 m. erläuternden Einschaltungen aus gleichzeitigen Briefen von Liebig u. Wöhler sowie wiss. Nachweisen hrsg. . . . von Justus Carrière (München, Leipzig 1893) VII, 279 S. [14]. — Friedrich Wöhler: Ein Jugendbildn. in Briefen an Hermann von Meyer. Hrsg. von Georg W. A. Kahlbaum (Leipzig 1900) 97 S. [3; 14]. — Briefwechsel zwischen J. Berzelius u. F. Wöhler. Hrsg. von O. Wallach 1 (Leipzig 1901) XXII, 717 S.; 2 (1901) 744 S. m. Titelbildn. [3]. — Adolf Kohut: Professoren-Freundschaften. Mit ungedruckten Briefen von J. von Liebig, Friedrich Wöhler, Hermann Kopp, Wilhelm Weber, A. W. von Hofmann: Umschau 10 (1906) 861–865 m. 4 Bildn. [15]. — H. G. Söderbaum: Zwei bis jetzt unbekannte Briefe von Wöhler an Berzelius: Mitt. Gesch. Med. u. Naturwiss. 12 (1913) 135–141 [3]. — Erich Ebstein: Aus dem Briefwechsel von Friedrich Wöhler m. K. E. Hasse: Ber. Dtsch. pharmaz. Ges. 29 (1919) 673–683 [101]. — Otto Behaghel: Aus unveröff. Briefen Friedrich Wöhlers (an Philipp Zöller): Nachr. Gießener Hochschulges. 7 (1929/30) 3–9 [3]. — Arne Holmberg: Ein bis jetzt unbekannter Brief von F. Wöhler an J. J. Berzelius aus dem Jahre 1847: Mitt. Gesch. Med. Naturwiss. u. Techn. 35 (1936) 26–27 [3]. — Un autographe inédit de Friedrich Woehler (Wiedergabe eines Briefes vom 8. Nov. 1869 an Henri Saint-Claire Deville, Paris): Rev. Aluminium 34 (1957) 202–203 [ETH Zürich]. — Aus Justus Liebigs u. Friedrich Wöhlers Briefwechsel in den Jahren 1829 bis 1873. Auf Grund der von A. W. Hofmann besorgten 2bändigen Ausg. gekürzt hrsg. von Robert Schwarz (Weinheim 1958) 406 S. m. 2 Bildn. [Ha 2]. — A. Holmberg: Ein bisher unbekannter Brief von F. Wöhler an J. J. Berzelius aus dem Jahre 1828 in Leningrad entdeckt: Mitt. Gesch. Med. u. Naturwiss. 41 (1961/64) 185–186 m. Faks. [Ha 2].

Nekr. J. H. Gilbert: J. Chem. Soc. London 43 (1883) Transact. 258–263 [Ha 2]. — A. W. Hofmann: Ber. Dtsch. chem. Ges. 15

(1882) 2285–2288 [Ha 2]; ebda 3127–3290 m. Bildn., Schr.Verz. 3276–3290, faks. Brief vom 26. Okt. 1836 aus Göttingen an Liebig [3]; auch separat: Zur Erinnerung an Friedrich Wöhler (Berlin 1883) 164 S. m. Titelbildn. [14]. – H. Hübner: Rede ... 9. Dez. 1882: Abh. Ges. Wiss. Göttingen **29** (1882) 11 S. [3]. – Victor Meyer: Die Gegenwart **22** (1882) 227–228 [3]. – Poleck: Jber. Schles. Ges. vaterländ. Cultur **60**, 1882 (1883) 160–161; Schimmelpfennig: ebda 430–431 [Ha 2]. – B. Tollens: J. Landwirtsch. **30** (1882) 495–496 [3]. – von Voit: S.-Ber. Bayer. Akad. Wiss., math.-physik. Kl. **13**, 1883 (1884) 231–242 [Ha 2]; Leopoldina **19** (1883) 145–149, 174–177, 189–192 m. Schr.Verz. [Ha 2]. – Ad. Wurtz: Notice sur la vie et les travaux de Frédéric Woehler: Rev. sci. (3) **6** (1883) 321–324 [15]. – Amer. Chem. J. **4** (1882/83) 289–292 [Ha 2]. – Amer. J. Pharmac. **54** (1882) 591–592 [12]; ebda **55** (1883) 220 [28]. – Chem. News **46** (1882) 183 [7]. – Chemiker-Ztg. **6** (1882) 1025 [3]. – Földtani Közlöny **13** (1883) 393 [14]. – Leopoldina **18** (1882) 145, 160 [Ha 2]. – Nature [London] **26** (1882) 578–579 [Ha 2]; **29** (1884) 489–494 [15]. – Pharmac. J. Transact. (3) **13** (1883) 311–312 [Ha 2]. – Proc. Amer. Acad. Arts and Sci. **18** (1883) 463–465 [Ha 2]. – Proc. R. Soc. London **35** (1883) XII–XX [Ha 2]. – August Wilhelm von Hofmann: Justus von Liebig. Friedrich Wöhler. Zwei Gedächtnisreden. Mit dem Bruchstück einer Autobiogr. Liebigs als Anhang, m. den Porträts von Liebig u. Wöhler, sowie den Abb. der Denkmäler in München, Gießen u. Göttingen (Leipzig 1891) 35–63 [12].

Biogr. F. Wöhler: Jugenderinnerungen eines Chemikers: Ber. Dtsch. chem. Ges. **8** (1875) 838–852 [3]. – Aus Friedr. Wöhlers Jugend: Frankfurter Nachr. **1877**, Nr. 76, S. 636–637 [30]. – Charles A. Joy: Biographical sketch of F. Wöhler: Popular Sci. monthly (New York) **17** (1880) 539–551 m. Bildn. [1a]. – A. W. Hofmann: Histoire de la vie et des travaux de Woehler: Moniteur scient. Sci. pures et appl. (Paris) **25** (1883) 707–793 [Le 1]. – A. Kötz: ADB **43** (1884) 711–717 [3]. – M. Carrière: J. Liebig u. F. Wöhler: Gegenwart **35** (1889) 198–200 [3]. – Klaus Groth: Bunte Erinnerungen (Hebbel-Liebig-Wöhler-Geibel): Gegenwart **55** (1899) 197–200 [3]. – Bechhold: Umschau **4** (1900) 601–608 m. Bildn. [14]. – Hermann Barth: Friedrich Wöhler (Prag 1901) 16 S. [3]. – Schiff: Über F. Wöhlers wiss. Werdegang: Schles. Ges. vaterländ. Cultur **80**, 1902 (1903) Abt. 2, S. 1–2 [Ha 2]. – Adolph Kohut: Justus von Liebig, sein Leben u. Wirken (Gießen 1904) siehe Reg. S. 394 [3]. – Hugo Schiff: Eine Reliquie aus Wöhlers Gymnasialzeit: Chemiker-Ztg. **35** (1911) 1 [3]. – Allg. Hannoversche Biogr. Bd. 2: Im alten Königreich Hannover 1814–1866 (Hannover 1914) 500–504 [15]. – Karl Silbert: Hanauer Biogr. aus 3 Jahrhunderten. Friedrich Wöhler: Hanauer Gesch.bl. N.F. **3/4** (1919) 207–212 m. Bildn. u. Lit.Verz. [3]. – Conrad Matschoß: Männer der Technik (Berlin 1925) 298–299 [101]. – Arthur Schuster: Biographical Byways: Nature [London] **115** (1925) 270 [27]. – F. Wöhler, der Entdecker des Aluminiums: Metallwirtschaft **6** (1927) 6 [101]. – VDI-Nachr. **7** (1927) Nr. 2, S. 13–14 [101]. – Gottfried Erckmann: Friedr. Wöhler, der Arbeitsgenosse u. Freund Justus Liebigs (Bingen/Rh. 1927) 38 S. (Progr. Gymn. u. Realsch. Bingen. Beil. Ber. Schuljahr 1926/27) [15]. – M. A. Bloch: Biogr. spraw. **2** (Leningrad 1931) 795–798 m. Bildn. [15]. – F. Henrich in: Handwörterb. der Naturwiss. 2. Aufl. **10** (Jena 1935) 677 m. 2 Lit.Ang. [3]. – Rudolf Winderlich in: Die Großen Deutschen. Neue Dtsch. Biogr. **3** (Berlin 1936) 499–516 m. 2 Bildn. [101]. – B. Jaffe: Uspechi Chimii **8** (1939) 467–477 m. Bildn. [1a]. – Ernst Cohen: Chemisch-Historische Aanterkeningen XXI. Het onstaan der Substituthietheorie: Chem. Weekbl. **39** (1942) 35–37 m. Bildn. [Le 1]. – Johannes Valentin: Friedrich Wöhler (Stuttgart **1949**) 178 S. m. 3 Bildn., 5 Abb., 1 Faks. (Große Naturforscher, 7) [Ha 2]. – Ernest Huntress: Proc. Amer. Acad. Arts Sci. **78** (1949/50) 25–26 [Ha 2]. – Ralph E. Oesper: J. chem. Educat. **27** (1950) 465 m. 2 Abb. [7]. – Fritz Bolle: Köpfe u. Begriffe: Orion **5** (1950) 707–708 m. Bildn. [14]. – Aluminium **28** (1952) 335 m. Abb. der Wöhler-Plakette [101]. – P. Mendelssohn-Bartholdy: Wöhlers work on Urea: Nature [London] **154** (1954) 150–151 [7; 15]. – Karl Leutner in: Leutner, Deutsche, auf die wir stolz sind. 1. Aufl. (Berlin 1955) F. 1, S. 210–213 m. Bildn.; 2. Aufl. (1960) [14]. – R. Winderlich in: Günther Bugge, Das Buch der großen Chemiker **2** (Weinheim 1955) 31–52 m. 2 Bildn., 1 Abb. [3]. – Friedr. Wöhler u. Kassel: Nachr. aus Chem. u. Techn. **4** (1956) 287–288 [101]; Chemiker-Ztg. **80** (1956) 47 [101]. – Georg Anders: Drogist **4** (1957) H. 12, S. 29 m. Bildn. [101]. – G. Buchheim: Techn. Gemeinsch. **5**(1957) 413 [3]. – Helmut Wolter: F. Wöhlers Schaffen in Berlin (1825–1831): Chemiker-Ztg. **82** (1958) 419–422 [Ha 2]. – Saarländisches Ärztebl. **11** (1958) 180–181 [101]. – A. A. Zvorykin: Biografičeskij slovar'dejatelej estestvoznanija i techniki (Biogr. Wörterb. der Naturforscher u. Techniker) 1 (Moskva **1958**) 152 [Ha 2]. – Eric N. Simons: Brit. Steel maker (London) **25** (1959) Nr. 7, S. 227–228 m. Bildn. [206]. – W. Gellendien: Chemiker-Ztg. **83** (1959) 160 [Ha 2]. – Richard Grüneberg: Chem. in der Schule **7** (1960) 610–612 m. Bildn. [3]. – K. Heinig: F. Wöhler, sein Leben u. Werk: Mitt.-Bl. chem. Ges. DDR **9** (1962) 131–135 m. Bildn. [1].

Zum 100. Geburtstag W. Ebstein: Dtsch. med. Wschr. **26** (1900) 491–492 [3]. – Robert Kahn: Frankfurter Ztg. **1900**, Nr. 209 vom 31. Juli, S. 1–3 [16].

Zum 125. Geburtstag Helmut Wolter: Z. med. Chem. **3** (1925) 55–56 [1]; **4** (1926) 87–88 [1].

100 Jahre Harnstoffsynthese Ernst Freund: Wiener klin. Wschr. **41** (1928) 1286–1288 [3]. – H. Harms: Therap. Ber. **5** (1928) 419–422 m. Bildn. [1]. – A. F. Holleman: Levenskracht en de ureumsynthese van Wöhler in 1828: Chem. Weekbl. **25** (1928) 570–574 [82]. – F. G. Hopkins: Biochem. J. (London) **22** (1928) 1341–1348 [Le 1]. – Fritz von Konek: Matem. es Természettudományi Ertesitö **45** (1928) 506–513 [Ha 2]. – Edmund O. von Lippmann: Chemiker-Ztg. **52** (1928) 292; **53** (1929) 44 [3]. – Walter Obst: ebda **52** (1928) 1006 [3]. – G. J. Östling: Till hundraårsminnet av Wöhlers Syntes: Årsbok Soc. Scient. Fennica **7b**, 1928–1929 (1929) Nr. 2, S. 1–10 [Ha 2]. – Otto Ohmann: Chemiker-Ztg. **52** (1928) 877–878 [3]. – Otto Raubenheimer: J. Amer. pharmac. Assoc. **17** (1928) 973–980 [15]. – H. G. Söderbaum: Svenska Vetenskaps akad. Stockholm. Årsbok **1928**, 413–418 [Ha 2]. – Paul Walden: Z. angew. Chem. **41** (1928) 1096-1097 [101]; Naturwiss. **16** (1928) 835–848 [3]. – W. H. Warren: J. chem. Educat. **5** (1928) 1539–1552 [Le 1]; Ber. Dtsch. chem. Ges. **61** (1928) A, S. 3–7 [3]. – A. Wohl: Z. angew. Chem. **41** (1928) 897–902 [101]. – H. Wolter: Naturwiss. Mh. **8** (1928) 35–37 [101]. – Editors outlook: J. chem. Educat. **5** (1928) 1537–1538 m. Bildn. S. 1536 [Le 1]. – Umschau **32** (1928) 158–159 m. Bildn. [3]. – Liebig-Wöhler-Feier in Darmstadt am 7. Juli 1928: Chemiker-Ztg. **52** (1928) 553 [3].

Zum 50. Todestag Rudolf Winderlich: Unterrichtsbl. Math. u. Naturwiss. **38** (1932) 225–227 [101]. – Hans Schimank: VDI-Nachr. **12** (1932) Nr. 38, S. 2 [101].

Zum 150. Geburtstag K. Feist: Über das Amygdalin: Dtsch. Apotheker-Ztg. **91** (1951) 262–263 [101]. – Georg Lockemann: Chemiker-Ztg. **74** (1950) 437–439 [3]. – A. J. J. van de Velde: J. B. A. Dumas en Fr. Wöhler. Twee beroemde chemici geboren in 1800: Meded. Kon. Vlaamse Acad. Wet. Belgie, Kl. Wetensch., Versl. Meded. **12** (1950) Nr. 12, S. 3–12 [UB Gent].

Zum 75. Todestag Sigmar Spauszus: Urania **20** (1957) 381–383 m. Bildn. [3]. – Helmut Wolter: Praxis Naturwiss. **7** (1958) 83–86 m. Bildn., 2 Abb. [101].

Weitere Lit. Hermann Kopp: Gesch. der Chem. **1–4** (Braunschweig 1843–1847) an vielen Stellen [3]. – H. Kopp: Die Entwicklung der Chem. in der neueren Zeit (München 1873) siehe Reg. S. 854 [3]. – A. Philippe: Gesch. der Apotheker bei den wichtigsten Völkern der Erde. Aus dem Französ. übers. von Herm. Ludwig. 2. Aufl. (Jena 1858) 720, 727, 764, 766, 769, 778, 800, 802, 875 [39]. – A. W. Hofmann: Ber. Dtsch. chem. Ges. **8** (1875) 989–990 [Ha 2.] – A. W. Hofmann: Zum 80. Geburtstag: Ber. Dtsch. chem. Ges. **13** (1880) 1153–1154 [Ha 2]. – Lepsius: Über die Bedeutung F. Wöhlers für die chem. Forschung: Jber. Physik. Verein Frankfurt/M. 1882–1883 (1884) 11–19 [Ha 2]. – E. Thorpe: The chemical work of Wöhler: Chem. News. **49** (1884) 91–93, 96–98 [7]; Notices Proc. Inst. Great-Britain (London) **10** (1884) 477–482 [BPU Genf]. – Katherine Windscheid: Incidents of the early life of Friedr. Wöhler: J. Sci. Annals Biol., Astron., Geol. (London) **21** (1884) 252–256 [1a]. – A. W. von Hofmann: Zur Erinnerung an vorangegangene Freunde **2** (Braunschweig 1888) 205 S. [3]. – Ders.: [Zum 90. Geburtstag] Ber. Dtsch. Chem. Ges. **23** (1890) 833–851 m. Titelbildn. [3]. – Hermann Barth: Friedrich Wöhler. Ein Gedenkblatt: Didaskalia **1900**, Nr. 177 vom 31. Juli, S. 706–708 u. Nr. 180 vom 3. Aug. S. 718–719 [30]. – Adolf Harnack: Gesch. Preuß. Akad. Wiss. **1** (Berlin 1900) 812–813, 968, 970 [3]. – Robert von Mohl: Lebens-Erinnerungen 1799–1875 **2** (Stuttgart, Leipzig 1902) 428 [3]. – Hermann Schelenz: Gesch. der Pharmazie (Berlin 1904) passim [3]. – A. Ladenburg: Vorträge über die Entwicklungsgeschichte der Chemie von Lavoisier bis zur Gegenwart (Braunschweig 1907) 99, 114, 121, 130, 131, 138, 147, 150, 174, 177, 221, 236, 299, 355 [3]. – H. J. Hannover: Materialprövningens udvikling (Kopenhagen 1908) 16 m. Bildn. [UB II Kopenhagen]. – Karl von Buchka: F. Wöhlers Bedeutung für die analyt. Chem.: Beitr. Gesch. Chem. (Leipzig, Wien 1909) 588–596 [15]. – Gertrud Woker: Die Katalyse. Die Rolle der Katalyse in der analyt. Chem. 1. Allg. Teil (Stuttgart 1910) siehe Reg. S. 644 [15]. – Edward Thorpe: Essays in historical chemistry (London 1911) 294–317 [210]. – Friedrich Dannemann: Die Naturwiss. in ihrer Entwicklg. u. ihrem Zusammenhange **4** (Leipzig 1913) 120–121, 125–128, 132 [15]. – O. Ohmann: Friedr. Wöhler u. K. F. Klöden in ihrem Verhältn. zu den chem. Schülerübungen: Z. physik. u. chem. Unterr. **26** (1913) 48–50 [3]. – Ernst von Meyer: Gesch. der Chem. von den ältesten Zeiten bis zur Gegenwart. Zugleich Einführg. in das Studium der Chem. 4. Aufl. (Leipzig 1914) siehe Reg. 599–600 [3]. – Wilhelm Rothert: Im alten Königreich Hannover 1814–1866 (Hannover 1914) 500–504 [3]. – W. Herz: Grundzüge der Gesch. der Chem. (Stuttgart 1916) 71, 73, 74, 75, 76 [3]. – Edv. Hjelt: Gesch. der org. Chem. von ältester Zeit bis zur Gegenwart (Braunschweig 1916) siehe Reg. S. 556 [3]. – Albert Neuburger: Aluminiumgeld: Reclams Universum 33 (1917) 342 [101]. – A. W. Hofmann: Chem. Erinnerungen aus der Berliner Vergangenheit. Zwei akad. Vortr. [1882]. (Berlin 1918) 28–30, 73 [3]. – Eduard Färber: Die geschichtl. Entwicklg. der Chem. (Berlin 1921) 137, 159, 164, 165, 168, 205, 209, 261 [101]. – William A. Tilden: Famous chemists. The men and their work (London, New York 1921) 148, 193 [1a]. – Richard Meyer: Vorlesungen über die Gesch. der Chem. (Leipzig 1922) siehe Reg. S. 448 [3]. – Charles M. van Deventer: Grepen uit de Historie der Chem. (Haarlem 1924) 323–342 [1a]. – Johannes Reinke: Mein Tagewerk (Freiburg/Br. 1925) 119, 131, 138, 160 [3]. – Niels Bjerrum: Die Entdeckung des Aluminiums: Z. angew. Chem. 39 (1926) 316–317 [101]. – Karl Goldschmidt: Nochmals die Entdeckung des Aluminiums: ebda 375–376 [101]. – P. Walden: Aus der Lebensgeschichte einiger org. Radikale: ebda 601–608 [101]. – Arthur von Weinberg: Tendenz im Weltgeschehen u. exakte Naturwiss. (Frankfurt/M. 1926) 22 (Senckenberg-Bücher, 1) [F 1]. – Benjamin Harrow: Eminent chemists of our time 2. Aufl. (New York 1927) XII, XIV, 185, 203, 204, 205, 219 [3]. – Loeser: 100 J. Aluminium: Umschau 31 (1927) 521–523 m. Bildn. S. 535 [3]. – B. Rassow: F. Wöhler: Z. Metallkunde 19 (1927) 1–2 m. Bildn. [101]. – Rheinboldt: 100 J. Aluminium: Metallwirtsch. 6 (1927) 2–6 m. Bildn. [89]. – Helmut Wolter: Zur Gesch. der Cannizzaroschen Reaktion: Z. med. Chem. 5 (1927) Nr. 10/12, S. 119–121 [101]. – Heinrich Wieland: Über den Einfluß der Wöhlerschen Harnstoff-Synthese auf die Entwicklg. der org. Chem.: E. Mercks Jber. 41 (1927) 5–8 m. 1 Abb. [3]. – Über Wöhlers Priorität der Entdeckung des Aluminiums: Metallwirtsch. 7 (1928) 1036–1037 [89]. – Max Arnim: Autorenverzeichn. zu den Veröffentl. der Ges. der Wiss. zu Göttingen 1751–1927 (Göttingen 1928) 337–342 [3]. – E. F. Smith: Some experiences of Edgar F. Smith as a student under Wöhler: J. chem. Educat. 5 (1928) 1554–1557 [Le 1]. – Th. Kunzmann: Die Bedeutung der wiss. Tätigk. von Liebig, Fr. Wöhler u. Chr. Fr. Schönbein für die Entwicklg. der dtsch. chem. Industrie (Berlin 1930) 90 S. [15]. – Lockemann: Wöhlers Einfluß auf die chem. Industrie: Z. angew. Chem. 43 (1930) 1268 [101]. – B. Lepsius: Zur Charakteristik von Liebig u. Wöhler: Ber. Dtsch. chem. Ges. A 65 (1932) 89–94 [3]. – Bernhard Lepsius: Das Haus Lepsius (Berlin 1933) 306 [Ha 1]. – Wf: Ehrung des Entdeckers des Aluminiums: RTA-Nachr. 14 (1934) Nr. 28, S. 1 [101]. – J. Gebbing: Die Wiederbeseelung der Welt (Leipzig 1934) 171 m. Bildn. S. 113 [101]. – Thimann: Der Anteil der chem. Industrielabor. an der dtsch. Forsch.: Pharmaz. Ind. 2 (1935) 341–346 [101]. – F. Wöhler. Founder of organic synthesis: Laboratory 8 (1936) 2–3 m. Bildn. [B 22]. – Fritz Ferchl u. A. Süßenguth: Kurzgeschichte der Chem. (Mittenwald 1936) 139, 178, 183, 194 [101]. – A. Binz: Altes u. neues über die techn. Verwendung des Harnes: Angew. Chem. 49 (1936) 355–360 [101]. – Gustav Adolf Gauß: Gesch. der pharmaz. Chem. an der Univ. Göttingen, dargestellt in ihrem Zusammenhang m. der allg. u. med. Chem. (Marburg 1937) 65–71 m. Abb. des Denkmals [Diss. Univ. Göttingen 1937] [3]. – F. A. Henglein: 75 Jahre Calciumcarbid: Chemiker-Ztg 61 (1937) 684–685 [3]. – M. Pflücke: Zur Frage der Sammlung histor. Dokumente auf dem Gebiete der Gesch. der Chem.: Angew. Chem. 50 (1937) 761 [101]; auch: Süddtsch. Apotheker-Ztg. 77 (1937) 616 [101]. – M. Haas: Hans Christian Oersted, ein Wegbereiter des Aluminiums: Aluminium 21 (1939) 681–687 m. 5 Abb. [88]. – Rudolf Winderlich: Wie lernt man Chem.? (Braunschweig 1939) 43 m. Bildn. u. Abb. [101]. – M. Böhling: Die Entdeckung des Aluminiums: Ingeniøren 49 (1940) A 129–A 132 [UB II Kopenhagen]. – Wilfried Stein: Erfindung u. Siegeszug der Leichtmetalle: Wille u. Macht 8 (1940) H. 5, S. 5–6 m. Bildn. [101]. – Hans de Greiff: Zur Gesch. des Harnstoffs: Chemiker-Ztg. 65 (1941) 204 [3]. – C. Volk: Vom Wöhlerversuch zum neuen Wöhlerbild: Glasers Ann. 66 (1942) H. 11, S. 113–116 [82]. – E. S. Liebmann: Aus der Gesch. des Berylliums: Chimija i industrija (Sofia) 21, 9 (1943) 265–266 [Nat. Bibl. Sofia]. – H. S. van Klooster: F. Wöhler and his american pupils: J. chem. Educat. 21 (1944) 158–170 [210]. – Douglas McKie: Wöhlers synthetic urea and the rejection of vitalism, a chemical legend: Nature [London] 153 (1944) 608–610 [15]; Wöhlers Arbeit über Harnstoff: ebda 154 (1944) 151 [7]. – Paul Walden: 3000 Jahre Chem. (Berlin 1944) 178, 257 m. Bildn. S. 180 [3]. – Mary Elvira Weeks: Discovery of the elements. 5. Aufl. (Easton/Pa. 1948) 160, 167, 263–264, 321–325, 365, 416–423, 454 m. 3 Bildn., 1 Abb. [3]. – Rudolph Zaunick: Albert Niemann, der Entdecker des Kokains: Pharmazie 4 (1949) 475–478 m. Lit. Verz. [3]. – W. Poetke: Die Entwickl. d. Chem. d. Arznei- u. Gewürzpflanzen: Die Pharmazie 6 (1951) 273–280 m. Bildn. [14]. – Techn. Ansporn 2 (1952) 207–208 [43]. – Henry M. Leicester and Herbert S. Klickstein: A source book in Chemistry 1400–1900 (New York–Toronto–London 1952) 309, 316 [3]. – Landgraeber: Bergfreiheit 18 (1953) 147–149 [101]. – Wolfgang Schneider: Wöhlers Harnstoffsynthese vor 125 Jahren: Pharmaz. Ind. 15 (1953) 301–303 m. Bildn. u. Lit. [101]. – Ernest Campaigne: Wöhler and the overthrow of vitalism: J. chem. Educat. 32 (1955) 403 [Le 1]. – Ellen Gleditsch: Fra fysikkens verden. Hans Christian Ørsteds kjemiske arbeider og forbindelsen med Wöhler: Norsk fysisk Tidskr. [Oslo] A 17, 1955 (1956) 111–129 m. 2

Bildn., 1 Abb. [UB II Kopenhagen]. – Helmut Wolter: F. Wöhler u. Kassel: Chemiker-Ztg. **80** (1956) 47 [3]. – Wilh. Prandtl: Dtsch. Chemiker in der 1. Hälfte des 19. Jahrhunderts (Weinheim 1956) 135–194 m. 3 Bildn., 3 Abb. [3; 14]. – Irene Strube: Wöhlers Harnstoffsynthese-Widerlegung der myst. Lebenskraft-Theorie: Wiss. u. Fortschr. **6** (1956) 130–133 m. 2 Bildn., 1 Abb. [101]. – L. Hartmann: Wöhler and the vital force: J. chem. Educat. **34** (1957) 141-142 [7]. – Helmut Wolter: Zur Harnstoffsynthese von F. Wöhler: Med. Mschr. **11** (1957) 173–177 [3]. – F. Koke: 130 Jahre Aluminium: Baukasten **10** (1958) Nr. 14, S. 6–8 m. Bildn. [101]. – Helmut Wolter: Fr. Wöhlers Schaffen in Berlin (1825–1831) : Berliner Med. **9** (1958) 312–313 [1]. – Rudolf Pummerer in: Geist u. Gestalt. Biogr. Beitr. Gesch. Bayer. Akad. Wiss. **2** (München 1959) 133, 134, 135, 146, 151, 198, 221 [3]. – R. Sachtleben, A. Hermann: Große Chemiker. Von der Alchem. zur Großsynthese (Stuttgart 1960) **34** m. Bildn. [101]. – Klaus Dalchow: F. Wöhler u. die philos. Bedeutung der Harnstoffsynthese: Chem. in der Schule (Berlin) **8** (1961) 93–96 [3]. – Fritz Koke: F. Wöhler entdeckt das Aluminium: Dtsch. Berufs- u. Fachschule **57** (1961) 148–149 [101]. – Walter Ruske: Berliner Chemiker aus 4 Jahrhunderten: Z. Chem. **1** (1961) 73–84 m. 28 Bildn. u. 7 Abb. [3]. – Robert Schwarz: Entwicklungsstufen der Chem. 2: Chem. Labor. u. Betrieb **12** (1961) 111 [Ha 2]. – Timothy O. Lipman: Wöhler's preparation of urea and the fate of vitalism: J. chem. Education **41** (1964) 452–458 m. Lit.Verz. [Le 1]. – Was nicht in den Annalen steht. Chemiker Anekdoten. Hrsg. Josef Hausen. 3. Aufl. (Weinheim 1964) 20, 101 [101]. – J. Erik Jorpes: Jac. Berzelius. His life and work (Stockholm 1966) 49–50, 68–69, 90–91, 95–96, 100–101, 108–109, 117–118 öfter [3].

Bildn. Sheridan Muspratt: Chemistry, theoretical, practical and analytical **2** (London, Glasgow, Edinburgh 1860) Taf. vor Titelbl. [3]. – Illustr. Ztg., Leipzig **36** (1861) 197 [14]. – F. Z.: Wöhlerdenkmal: Hessenland **1** (1887) 196 [14]. – Verzeichn. der Werke lebender Künstler auf der 62. Ausstellung der Akad. Künste Berlin (Berlin 1890) 246 [14]. – Paul Joseph u. Eduard Fellner: Die Münzen von Frankfurt/M. nebst münzgeschichtl. Einl. u. mehreren Anhängen (Frankfurt/M. 1896) 476, Nr. 1411 Denkmünze 1880 [14]. – Otto N. Witt in: Das 19. Jahrhundert in Bildn. Hrsg. von Karl Werckmeister **3** (Berlin 1899) 400–402 m. Bildn. Taf. 287 [3]. – Weltall **5** (1904) 306, 310–314 [14]. – H. G. Söderbaum: Jacob Berzelius **2** (Uppsala 1929) 312 [Ha 2]. – Medallic illustrations of the history of science Nr. 28, Fig. 39: Isis **12** (1929) 148 [15]. – Kunst in Leverkusen (Leverkusen 1933) 14 [101]. – Carl Duisberg: Meine Lebenserinnerungen (Leipzig 1933) 20 [14]. – Münchener med. Wschr., Beil. Lehrer der Heilkunde (München 1933) 36. – Wöhlers monument Göttingen: J. chem. Educat. **11** (1934) 20 [7]. – Buch der Natur. Hrsg. von Woldemar Klein (Berlin 1935) 352 [14]. – Die großen Deutschen im Bild. Hrsg. von Alfr. Hentzen u. Niels von Holst (Berlin 1936) 364 [3]. – Sachtleben: Enthüllung eines Wöhler-Bildn. im Ehrensaal des Dtsch. Museums: Der dtsch. Chemiker **2** (1936) Nr. 7, S. 29 [101]. – Wilhelm Bauer: Deutsche Kultur von 1830–1870 (Potsdam 1937) 77 [14]. – Max Voit: Bildn. Göttinger Professoren aus zwei Jahrhunderten (1737–1937) (Göttingen 1937) Nr. 108 [101]. – Wille u. Macht **8** (1940) H. 5, S. 20 [101]. – Hermann Schüller: Forscher zwischen Traum u. Tat (Berlin, Ulm 1943) 227 [14]. – Verh. Kkl. Vlaamse Acad. Wetensch., Letteren, Schone Kunsten van Belgie, Kl. Wetensch. Verh. **62** (1959) Fig. 7 [Ha 2]. – Annemarie Diehm in: Schätze im Dtsch. Museum. Hrsg. von Herm. Auer u. Friedr. Klemm (Düsseldorf 1968) 80–81 m. 1 Bildn. u. 1 Abb. [3].

II, III **WOEPCKE,** Franz. Mathematikhistoriker, Orientalist. — 1847 Dr. phil. Univ. Berlin; 1850 PDoz. Univ. Bonn; 1850–1855 Untersuchungen in Paris über Gesch. der Math. bei den Arabern; 1856–1858 Lehrer der Math. am französ. Gymnas. in Berlin; seit 1858 erst in Rom, dann in Paris lebend (1861 u. 1863 in England).

*1826, Mai 6, Dessau;
†1864, März 24, Paris.

Bibliogr. Cat. scient. Papers **6** (1872) 409–410 (24 Nr.); **8** (1879) 1258 (4 Nr.) [3]. – Brit. Mus. Gen. Cat. **260** (1966) Sp. 20–21 (15 Nr.) [3].

Biogr. Enrico Narducci: Intorno alla vita ed agli scrifti di Francesco Woepcke: Bull. bibliogr. e stor. scr. mat. e fis., Roma **2** (1869) 119–152 [11]. – M. Cantor: ADB **44** (1898) 209–210 [3]. – Theodor Arendt in: Mitteldtsche Lebensbilder **2** (Magdeburg 1927) 361–374 m. Lit.Verz. u. Bildn.-Taf. [14]. – Kurt-R. Biermann: Franz Woepckes Beziehungen zur Berliner Akademie: Monatsber. Dtsch. Akad. Wiss. Berlin **2** (1960) 240–249 [3; Ha 2].

Brief W. Hosäus: Mitt. aus der wiss. Korrespondenz H. S. Schwabes: Mitt. Ver. Anhalt. Gesch. u. Altertumskde **5** (1890) 706–712 (Brief Woepckes an Schwabe, Berlin 1846) [3].

Nekr. Grunert: Arch. Math. u. Physik **42** (1864) Liter. Ber. 165, S. 1–4 [3].

Weitere Lit. D. E. Smith: History of Mathematics 1 (Boston 1925) 117, 211, 284, 286, 287; 2 (1925) 10, 34, 74, 115, 118, 157, 160, 175, 320, 437, 467, 508, 626 [3]. – A. P. Juškevič: Omar Al Khayyami u. seine Algebra [russ.]: Trudy inst. istor. estestvoznan. 2 (1948) 508, 512, 513, 515, 520, 521, 523–529, 532–534 [3]. – Kurt-R. Biermann: Über die Förderung deutscher Mathematiker durch A. von Humboldt in: A. von Humboldt. Gedenkschr. zur 100. Wiederkehr seines Todestages (Berlin 1959) 102, 104–106, 113, 114, 279–280 [3].

III–V **WOHLWILL,** Emil. Elektrochem., Gesch. der Naturwiss. – 1855–1860 stud. Univ. Heidelberg, Berlin, Göttingen; 1859 Dr. phil. Univ. Göttingen; 1865–1877 Lehrer Gewerbeschule Hamburg; 1876 techn. Leiter der elektrochem. Fabrik der norddtsch. Affinerie, Hamburg.

*1835, Nov. 24, Hamburg;
†1912, Febr. 2, Hamburg.

Bibliogr. Cat. scient. Papers 6 (1872) 419 (1 Nr.); 8 (1879) 1259 (1 Nr.); 19 (1925) 684 (6 Nr.) [3]. – Brit. Mus. Gen. Cat. 260 (1966) Sp. 59 (7 Nr.) [3].

Nekr. Paul Diegart: Mitt. Gesch. Med. u. Naturwiss. 11 (1912) 541 [3]. – Antonio Favaro: Atti e memorie R. Acad. sci., lett. ed arti Padova N.S. 29 (1912/13) 43–55 [11]. – S. Günther: Mitt. Gesch. Med. u. Naturwiss. 11 (1912) 233–246 m. Bildn. u. Faks. [3]. – Josef Klug: Die nachgelassenen Schriften Dr. Emil Wohlwills: Arch. Gesch. Naturwiss. u. Techn. 6 (1913) 216–221 [3]. – Chemiker-Ztg. 36 (1912) 181 [3].

WOLF, Johann. Bot., Zool. – 1789 zur Ausbildung als Lehrer in Meiningen; seit 1790 wieder in Nürnberg u. zwar zunächst als Hauslehrer, 1792–1803 Lehrer an der Büchnerschen Lehr- u. Erziehungsanst., 1803 erster Lehrer der Knabenindustrieschule, 1808 Prof. Naturgesch. am physiko-techn. Realinst., 1809 Inspektor Schullehrerseminar.

*1765, Mai 26, Nürnberg;
†1824, Febr. 12, Nürnberg.

Bibliogr. Cat. scient. Papers 6 (1872) 421 (17 Nr.) [3].

Biogr. Neuer Nekrolog der Deutschen 2, 1824 (1826) 1072–1076 m. Schr.Verz. [3]. – W. Heß: ADB 43 (1898) 764–765 [3]. – Säcularfeier Naturhistor. Ges. Nürnberg 1801–1901 Festschr. (Nürnberg 1901) III–V [15].

II–IV **WOLF,** Johann Rudolf. Astron. – 1839–1855 Lehrer Math. u. Physik Realsch. Bern, daneben 1844 PDoz., 1847 besoldeter Doz., 1853 ao. Prof. (1852 Dr. phil.), 1847 auch Direktor Sternwarte Bern; seit 1855 Prof. Astron. Polytechn. u. Direktor Sternwarte Polytechn. Zürich; daneben 1855–1861 Prof. Math. am oberen Gymnas., weiter ao. Prof. Math. u. Astron. Univ. Zürich; 1864–1881 Dir. meteorol. Zentralanst.; seit 1862 auch Präsident der geodät. Kommission in der Schweiz zur europ. Gradmessung.

*1816, Juli 7, Fällanden bei Zürich;
†1893, Dez. 6, Zürich.

Brief Heinz Balmer: Ein Brief von Gauß (Göttingen, 16. Juli 1839) an Rudolf Wolf: Mitt. Gauß-Ges. Göttingen 3 (1966) 5–7 [7].

Bibliogr. Cat. scient. Papers 6 (1872) 422–425 (115 Nr.); 8 (1879) 1263 (19 Nr.); 11 (1896) 839 (8 Nr.); 19 (1925) 688–689 (Biogr., 18 Nr.) [3]. – Brit. Mus. Gen. Cat. 260 (1966) Sp. 138–139 (20 Nr.) [3].

Biogr. J. H. Graf: Prof. Dr. Rudolf Wolf 1816–1893. Der Bernischen Naturforsch. Ges. zum Andenken beim 50jähr. Jubil. ihrer „Mitt." gewidmet (Bern 1894) 41 S. m. Porträt aus Schweiz. Portrait-Gallerie 1892, H. 47 (aus: Mitt. Naturforsch. Ges. Bern 50 (1893) 191–231) [14]. – S. Günther: ADB 43 (1898) 785–788 [3]. – Alfred Wolfer: Auszüge aus einem Tagebuch von Prof. Rudolf Wolf aus seinen Studienjahren 1836–1839: Vjschr. naturforsch. Ges. Zürich 70 (1925) 302–318 [Ha 2]. – J. Dublanc: Prof. Rudolf Wolf, Sein Leben u. Wirken: Mitt. naturforsch. Ges. Bern 1937 (1938) XXXIII–XXXIV [Ha 2]. – William Brunner: Rudolf Wolf aus Zürich 1816–1893 in: Große Schweizer Forscher. Hrsg. von Eduard Fueter (Zürich 1939) 231–232 m. Bildn. [3]. – G. von Büren: Zum 100. Band 1843–1943: Mitt. Naturforsch. Ges. Bern 1942 (1943) I–II m. Bildn. von Wolf (redigierte 1843–1855 die Mitt.) [Ha 2]. – A. A. Zvorykin: Biografičeskij slovar' dejatelej estestvoznanija i techniki [Biogr. Wörterbuch der Naturforscher u. Techniker] 1 (Moskva 1958) 184 [Ha 2].

Nekr. R. Billwiller: Verh. Schweiz. naturforsch. Ges. Schaffhausen 1893–1894 (1894) 237–249 [Ha 2]. – W. Bion: Schweizer. Protestantenbl. (Basel) 16 (1893) 399–401 [UB Basel]. – D'Espine: Mém. Soc. Phys. Hist. nat. Genève 32 (1894–1895) XXV–XXVII [Ha 2]. – J. H. Graf: Mitt. naturforsch. Ges. Bern 1893 (1894) 193–231 m. Bildn. [Ha 2]. – Adolphe Hirsch: Bull. Soc. sci. nat. Neuchâtel 22, 1893/94, (1894) 265–272 [Ha 2]. –

Messerschmitt: Jber. naturforsch. Ges. Graubünden N.F. **37**, 1893/94 (1894) 280–282 [Ha 2]. — Albert Riggenbach: Allg. Schweizer Ztg. **1893**, Nr. 291 vom 12. Dez., 2. Beil. [UB Basel]. — F. Rudio in: Festschr. zur Feier des 25jähr. Bestehens der Ges. ehem. Studierender der Eidgen. polytechn. Schule Zürich **1894**, 26–27 [ETH Zürich]. — A. Weilenmann: Vjschr. naturforsch. Ges. Zürich **39** (1894) 1–34, Schr.Verz. 34–64 m. Titelbildn. [Ha 2]. — A. Wolfer: Astron. Nachr. **134** (1894) 183 [Ha 2]; Vjschr. Astron. Ges. Leipzig **29** (1894) 2–15 m. Titelbildn. [Ha 2]. — Nature [London] **49** (1894) 163, 266–267 [15]. — Astron. J. (Boston) **13** (1894) 181–182 [Eidg. Sternw. Zürich]. — Monthly Notices R. Astron. Soc. London **54** (1894) 206–207 [Ha 2]. — Mem. Soc. Spettroscopisti Italiani **22**, 1893 (1894) 205 m. Bildn. [Ha 2]. — Leopoldina **29** (1893) 211 [Ha 2]. — Dtsch. Rdsch. Geogr. u. Statistik **16** (1894) 279–280 m. Bildn. [3]. — Geogr. Jahrb. **19** (1896) 394–395 [3]. — Reden, gehalten bei der Trauerfeierlichk. für . . . Joh. Rudolf Wolf . . . zu Zürich am 9. Dez. 1893 (Zürich 1894) 15 S. m. Bildn. [LB Bern].

Weitere Lit. Ernest Lebon: Histoire abrégée de l'Astronomie (Paris 1899) 111, 127–128, 270 [11]. — J. H. Graf: Zur Gesch. der math. Wiss. aus der ehemal. Akad. u. der Hochschule Bern: Mitt. naturforsch. Ges. Bern **1906** (1907) 75–78 [Ha 2]. — Max Waldmeier: Die Eidgenöss. Sternwarte 1863–1963 (Zürich 1963) 14–18 (Astron. Mitt. Eidgen. Sternw. Zürich, Nr. 250) [Bibl. Eidg. Sternw. Zürich].

WOLFES, Otto. Chem. (org.). — Stud. Jura Univ. Tübingen; stud. Chem., 1899 Dr. phil. Univ. Berlin bei Emil Fischer, 1899–1902 dessen Ass.; 1903–1942 Chemiker Fa E. Merck, Darmstadt.

*1877, März 31, Dargun, Meckl.;
†1942, Okt. 10, Darmstadt.

Nekr. Chemiker-Ztg. **66** (1942) 482 [101].

II–V **WÜLLNER,** Friedrich Hugo Anton Adolph. Physik. — 1853–1858 stud. in Bonn, München, Berlin; 1856 Dr. phil. Univ. München; 1858 PDoz. Univ. Marburg; 1863 Dir. Provinzial-Gewerbeschule Aachen; 1865 Lehrer Physik Landwirtsch. Akad. Poppelsdorf; 1867 Prof. Univ. Bonn; 1869 Prof. Physik TH Aachen; 1905 Dr.-Ing. h. c. TH Danzig.

*1835, Juni 13, Düsseldorf;
†1908, Okt. 6, Aachen.

Bibliogr. Cat. scient. Papers **6** (1872) 447–448 [11 Nr.]; **8** (1879) 1280–1281 (28 Nr.); **11** (1896) 859–860 (20 Nr.); **19** (1925) 727 (11 Nr.) [3]. — Richard Kukula: Bibliogr. Jahrb. der deutschen Hochschulen 2. Aufl. (Innsbruck 1892) 1039–1040, Erg.-H. 1 (1893) 269 [3]. — Brit. Mus. Gen. Cat. **261** (1965) Sp. 609 (5 Nr.) [3].

Biogr. Ernst Raßmann: Nachr. von dem Leben u. den Schriften Münsterländischer Schriftsteller des 18. u. 19. Jahrhunderts (Münster 1866) 384–385 m. Schr.Verz. [3]. — Franz Gundlach: Catalogus professorum academiae Marburgensis. Die akad. Lehrer der Philipps-Univ. in Marburg von 1527 bis 1910 (Marburg 1927) 396 m. Lit.Verz. [3]. — E. Drude in: Handwörterb. Naturwiss. 2. Aufl. **10** (Jena 1935) 641 [15].

Nekr. Z. VDI **52** (1908) 1741–1742 m. Bildn. [3]. — Biogr. Jahrb. u. Dtsch. Nekrolog 8 (Berlin 1910) Totenliste Sp. 100*–101* m. Lit.Ang. [3].

Bildn. B. G. Teubners Verlag auf dem Gebiete der Math., Naturwiss., Techn. nebst Grenzwiss. 101. Ausg. (Leipzig 1908) 384 [14]. — Friedrich Schulze: B. G. Teubner 1811–1911 (Leipzig 1911) 328 [3].

II **WURZER,** Ferdinand. Chem., Med. — 1788 Dr. med. Univ. Bonn; 1789–1794 prakt. Arzt in Bonn; 1794–1797 Prof. Chem. Univ. Bonn; 1798–1804 Prof. Chem. u. Materia medica Zentralschule Bonn; seit 1804 Prof. Chem. u. Med. Univ. Marburg.

*1765, Juni 22, Brüel bei Köln;
†1844, Juli 30, Marburg.

Bibliogr. Cat. scient. Papers **6** (1872) 456–457 (58 Nr.); **12** (1902) 795 (1 Nr.) [3]. — Brit. Mus. Gen. Cat. **261** (1965) Sp. 751 (5 Nr.) [3].

Nekr. Neuer Nekr. der Deutschen **22**, 1, 1844 (1846) 1019–1020 m. Schr.- u. Lit.Verz. [3].

Biogr. Johann Kaspar Philipp Elwert: Nachr. von dem Leben u. den Schriften jetztlebender teutscher Ärzte, Apotheker u. Naturforscher **1** (Hildesheim 1799) 676–680 m. Schr. Verz. [14]. — Johann Georg Meusel: Das gelehrte Teutschland **8** (1800) 642–643; **10** (1803) 846; **16** (1812) 287–288; **21** (1827) 726–731 [3]. — Friedrich Wilhelm Strieder: Grundlage zu einer Hess. Gelehrten- u. Schriftsteller-Geschichte **17** (Marburg 1819) 311–321 m. Schr. Verz. [3]. — Karl Wilhelm Justi: Grundlage zu einer Hess. Gelehrten-, Schriftsteller- u. Künstler-Geschichte (Marburg 1831) 816–820

m. Schr.Verz. [3]. – Adolph Carl Peter Callisen: Medicinisches Schriftsteller-Lexicon **21** (Copenhagen 1835) 393–405 m. Schr.- u. Lit.Verz.; **33** (Altona 1845) 352 [3]. – Carl Friedrich Hermann: Jussu et auctoritate ... senatus academici ... Ferdinando Wurznero ... summorum in medicina honorum vite acceptorum memoriam semisaecularem d. 22. m. Sept. 1838 panegyrico carmine gratulatur (Marburgi 1838) 5 S. [15]. – Carl Oppenheimer: ADB **44** (1898) 367 [3]. – Franz Gundlach: Catalogus professorum academiae Marburgensis. Die akadem. Lehrer der Philipps-Univ. in Marburg von 1527 bis 1910 (Marburg 1927) 462–463 m. Lit.Verz. [3].

Weitere Lit. Wilhelm Engelmann: Bibliotheca medicochirurgica et anatomico-physiologica 6. Aufl. (Leipzig 1848) 647 [15]. – W. Ed. Biermann: Karl Georg Winkelblech (Karl Marlo). Sein Leben u. sein Werk **1** (Leipzig 1909) 14–15 [3]. – P. Diegart: Begründung der Bonner Chem. durch Ferdinand Wurzer um 1790: Angew. Chem. **47** (1934) 417 [15]; Sudhoffs Arch. Gesch. Med. u. Naturwiss. **29** (1936) 113–122 m. Bildn. u. Schr.Verz. [3].

Y

II **YELIN**, Julius Conrad von. Physik. — 1794 Dr. phil. Univ. Erlangen; 1797 Kammerassessor in Ansbach, 1803 dort Prof. Physik am Gymnas. u. Kriegs- u. Domänenrat; 1808 erster Finanzrat, 1810 Finanzdirektionsrat, 1811 Schulden-Liquidations-Kommissar in Augsburg u. 1813 Oberfinanzrat in München.

*1771, Okt. 22, Wassertrüdingen, Bayern;

†1826, Apr. 20, Edinburgh (auf einer Reise).

Bibliogr. Cat. scient. Papers **6** (1872) 466 (12 Nr.) [3]. – Brit. Mus. Gen. Cat. **262** (1966) Sp. 175 (3 Nr.) [3].

Nekr. Neuer Nekr. der Deutschen **4** (1828) 857–858 m. Schr.Verz. [3].

Biogr. Johann Georg Meusel: Das gelehrte Teutschland im 19. Jahrhundert **21** (1827) 741–742 [3]. – Freiherr Carl Erenbert von Moll: Mittheilungen aus seinem Briefwechsel. Prodromus seiner Selbstbiogr. **4** (1835) 1012–1071 [3]. – Franz Josef Müller: Julius Konrad Yelin, Oberfinanzrat u. Physiker 1771–1826. In: Lebensläufe aus Franken **2** (1922) 512–514 (Veröff. Ges. Fränk. Gesch. Reihe 7) [3].

Zum 100. Todestag Graf Carl von Klinkkowstroem: Mitt. Gesch. Med. u. Naturwiss. **25** (1926) 67–69 [3]; Geschichtsbl. Techn. Ind. Gewerbe **11** (1927) 157–158 [15].

Weitere Lit. K. C. von Leonhard: Aus unserer Zeit in meinem Leben **1** (Stuttgart 1854) 524, 527 [3]. – Briefwechsel des Herzogs-Großherzogs Carl August m. Goethe. Hrsg. von Hans Wahl: **3** (Berlin 1918) 105, 352 [3]. – Graf Carl von Klinckowstroem: Julius Konrad von Yelin u. seine technol. Reise nach England im Jahre 1825: Geschichtsbl. Techn. Ind. Gewerbe **6** (1919) 41–57 [15].

Z

II **ZACH,** Anton Freiherr von. Trigonometrie, Astron. — Seit 1769 in der österreichischen Armee; 1783 Hauptmann, 1792 Major, 1798 Generalquartiermeister, 1805 Feldmarschall-Leutnant, 1806 Gouverneur von Triest, 1813 Kommandant von Olmütz, 1825 als Feldzeugmeister pensioniert. Als Oberleutn. u. als Major auch Prof. Math. Militärakad. Wiener Neustadt.

*1747, Juni 14, Pest;

†1826, Nov. 22, Graz.

Bruder des Franz Xaver von Zach (1754–1832).

Geneal. Iván Nagy: Magyarország családai czimerekkel és nemzékrendi táblákkal (Ungarns Adelsfamilien m. Wappen u. Stammtafel) **12** (Pesth 1865) 289 [UB Budapest].

Bibliogr. Cat. scient. Papers **6** (1872) 475 (4 Nr.) [3]. – Brit. Mus. Gen. Cat. **262** (1966) Sp. 805 (3 Nr.) [3].

Biogr. Constant von Wurzbach: Biogr. Lexikon des Kaiserthums Oesterreich **59** (Wien 1890) 69–70 m. Lit.Verz. [3]. – Christe: ADB **55** (1910) 400–401 [3].

Nekr. Joh. Bapt. Schels: Nekr. des kaiserl.-österr. Feldzugmeisters Anton Freiherrn von Zach: Österr. militär. Z. (Wien) **2** (1829) 192–206 [UB Wien].

Weitere Lit. Quellen zur Gesch. des Zeitalters der franz. Revolution, hrsg. von Herm. Hüffer **2**, 1 (Innsbruck 1907) 152, **153**, 487 [14]. – Jaromir Hirtenfeld: Der Militär-Maria-Theresien-Orden **2** (Wien 1792–1802) 553–555 [UB Wien]. – Carl Gottlob Küttner: Reise durch Deutschland, Dänemark, Schweden, Norwegen u. einen Theil von Italien in den Jahren 1797, 1798, 1799 Th. **1** (Leipzig 1801) 353 [3]. – F. C. Schlosser: Gesch. des 18. Jahrhunderts u. des 19. bis zum Sturz des französ. Kaiserreichs **6** (Heidelberg 1846) **293**, **295–296** [3]. – Johann Graf Mailáth: Gesch. des österreich. Kaiserstaates **5** (Hamburg 1850) 238–239 (Gesch. der europ. Staaten) [3].

Bildn. Oskar Regele u. Jos. Hellrigl: Überlieferungspflege im Bundesheer (Wien 1931) **114** [300].

II **ZACH,** Franz Xaver Freiherr von. Astron. – Nach Erziehung in einem Jesuiten-Konvent Vermessungsingenieur in Österreich; 1783 Lehrer beim sächs. Gesandten Grafen Brühl in London; Dr. phil. u. Dr. iur. Univ. Oxford; 1786 Oberst-Wachtmeister, später Oberst im Dienste von Herzog Ernst II. von Sachsen–Gotha–Altenburg; 1787–1806 Direktor der von ihm gegründeten Sternwarte auf dem Seeberge bei Gotha; lebte dann als Oberhofmeister im Gefolge der Herzogin-Witwe u. a. in Frankreich, Genua, Neapel u. zuletzt in Paris.

*1754, Juni 4, Preßburg;

†1832, Sept. 2, Paris (an der Cholera).

Bruder des Anton von Zach (1747–1826).

Bibliogr. Cat. scient. Papers **6** (1872) 475–480 (150 Nr.) [3]. – Brit. Mus. Gen. Cat. **262** (1966) Sp. 807 (13 Nr.) [3].

Briefwechsel Vjschr. naturforsch. Ges. Zürich **15** (1870), **16** (1871), **17** (1872), **18** (1873). – Briefe Franz Xaver Freiherrn von Zach, Dir. der Herzogl. Sternwarte am Gotha-Seeberg u. seines Nachfolgers, Bernhards von Lindenau von 1791–1818 an P. Martin Alois David, Adjunkt u. Dir. der Königl. Bayer. Sternwarte. Mit Unterstützg. des Masarykfonds ... aus dem Arch. der Prager Sternwarte hrsg. von Otto Seydl (Prag 1938) 207 S. [UB Prag]. – Brief an Elisabeth Freifrau von Matt, 24. Dez. 1806, Eisenberg: Goethes Autographen-Sammlung (Weimar 1961) 253, Nr. 1844 [3].

Nekr. Neuer Nekrolog der Deutschen **10**, 1, 1832 (1834) 643–653 m. Schr.Verz. [3]. – Ann. Chim. Physique **52** (1833) 215–217 [3]. – Francis Xavier Baron von Zach: Philos. Mag. (3) **9** (1836) m. Bildn. [1a].

Biogr. Biographie nouvelle des contemporains ou dictionnaire historique et raisonné **20** (Paris 1825) 315 [15]. – Biographie universelle et portative des contemporains **5** (Paris 1834) 912–913 [11]. – Oesterr. National-Encyklopädie ... **6** (Wien 1837) 212–213 m. Schr.Verz. [15]. – Vjschr. naturforsch. Ges. Zürich **18** (1873) 335–391. – Nouvelle Biogr. gén. **46** (Paris 1877) Sp. 923–925 m. Schr.- u. Lit.Verz. [3]. – Constant von Wurzbach: Biogr. Lexikon des Kaiserthums Oesterreich **59** (Wien 1890) 70–72 m. Schr.- u. Lit.Verz. u. Stammtaf. [3]. – S. Günther: ADB **44** (1898) 613–615 [3]. – Dieter B. Herrmann: Sterne **45** (1969) 69–76 [101].

Weitere Lit. Morgenbl. gebildete Stände (Stuttgart) **1819**, Nr. 293 vom 8. Dez., S. 1171 [21]. – Rumy: Berichtigung der Angabe des Lpz. Conversations-Lexicons, der Spenerschen Berliner Ztg. u. der Preßburger Ährenlese 1832, Nr. 92, den Geburtsort des ... Franz von Zach betr., nebst biogr. Notizen von ihm: Österr. Arch. f. Gesch., Erdbeschreibg., Staatenkunde ... **3** (1833) 518–520 [14]. – August Beck: Ernst II, Herzog zu Sachsen-Gotha u. Altenburg als Pfleger u. Beschützer der Wiss. u. Kunst (Gotha 1854) 49, 50, 52, 54, 80, 82, 104, 151, 156, 370, 400 [3]. – Rudolf Wolf: Gesch. der Astron. (München 1877) siehe Reg. S. 815 (Gesch. der Wiss. in Dtschl., Neuere Zeit, 16) [3]. – Wilhelm Förster: Sammlung von Vorträgen u. Abh. (2. Folge) (Berlin 1887) 156–168 [3]. – Hermann A. Schumacher: Die Lilienthaler Sternwarte ...: Abh. naturwiss. Ver. Bremen **11** (1890) 168 [Ha 2]. – Ernest Lebon: Histoire abregée de l'Astronomie (Paris 1899) 70, 85, 259, 271 [11]. – Briefwechsel des Herzogs-Großherzogs Carl August m. Goethe. Hrsg. von Hans Wahl **1** (Berlin 1915) 182, 311, 316–317, 332, 419, 462, 467; **2** (1916) 182, 406, 409; **3** (1918) 130, 182, 226, 401 [3]. – Wilhelm Foerster: Goethes Makarie in Wilhelm Meisters Lehrjahren u. die Herzogin Marie Charlotte Amalie von Sachsen–Gotha–Altenburg: (Münchener) Allg. Ztg. **120** (1917) Nr. 7 u. 8, S. 61–62, 67–68 [101]. – Cl. Perroud: L'astronome de Zach et les

Rolands: Révolution Française **70** (1917) 416–440 [15]. – G. Stracke: Der Anteil der deutschen Astronomen an der Bearbeitung der kleinen Planeten: Naturwiss. **13** (1925) 294 [3]. – Kurt Lips: Die mitteleuropäischen Dreiecksvermessungen vor dem Jahre 1861: Mitt. Reichsamt Landesaufnahme **1937**, Nr. 4, S. 248 m. Bildn. [101].

Nachlaß Gelehrten- u. Schriftstellernachlässe in den Bibliotheken der DDR **1** (Berlin 1959) Nr. 699, S. 96 [3].

Bildn. Neue allg. dtsch. Bibliothek, Th. 49 (Kiel 1800) Titelbildn. [14].

ZEGER, Thomas. Med. – Dr. med. Basel; 1527 Prof. Math. Univ. Marburg; 1528 wahrscheinlich Arzt in Goslar; 1531–1537(?) Physicus in Hamburg; 1539 Prof. (?) Univ. Rostock; dann Prof. Math. Kopenhagen.

*Kleve;

†1544, Kopenhagen.

Ehefrau Magdalena Zeger in Pogg. II Sp. 1400.

Lit. Friedrich Wilhelm Strieder: Grundlage zu einer Hess. Gelehrten- u. Schriftsteller-Geschichte **17** (Marburg 1819) 342 [3]. – Franz Gundlach: Catalogus professorum academiae Marburgensis. Die akad. Lehrer der Philipps-Univ. in Marburg von 1527 bis 1910 (Marburg 1927) 364 [3].

III, IV, VI **ZEISS,** Carl. Mech., Opt. – 1834–1838 Lehrzeit beim Hofmechanikus Dr. Friedrich Körner in Jena; es folgen bis 1845 Wanderjahre in Werkstätten Stuttgarts, Darmstadts, Wiens u. Berlins; gründete 1846 eine Werkstatt für feinmechan. u. opt. Geräte in Jena, stellte vor allem Mikroskope her; 1860 Universitätsmechanikus; 1866 wird Ernst Abbe Mitarbeiter, 1875 Mitinhaber der Fa Carl Zeiß; 1881 Dr. phil. hon. Univ. Jena.

*1816, Sept. 11, Weimar;

†1888, Dez. 3, Jena.

Genealog. Dtsch. Geschlechterbuch **87** (1935) 624–626 m. Titelbildn. [14]. – Friedrich Zeis: Die Familien Zeiß, Zeyß, Zeise in Thüringen: Thüring. Sippe **4** (1938) 15–16 (Thür. Fähnlein **7** (1938)). – Herbert Frieß: Ahnengemeinsch. Hufeland–Christiane Vulpius–Carl Zeiß: Familie u. Volk **5** (1956) 439–440 [101]; Magister Nikolaus Mende, Ahnherr von Carl Zeiß, Jena: Arch. Sippenforsch. **31** (1965) 37–45 m. 1 Abb. [15]. – Neues zur Ahnentafel von Carl Zeiß: ebda **33** (1967) 54 [15].

Bibliogr. Cat. scient. Papers **6** (1872) 496 (1 Nr.); **11** (1896) 879 (2 Nr.); **19** (1925) 772 (2 Nr.) [15]. – Brit. Mus. Gen. Cat. **263** (1966) 170 (2 Nr.) [15].

Biogr. Lotholz: ADB **45** (1900) 5–7 [3]. – Friedrich Müller: Aus dem Leben von Carl Zeiß: Altes u. Neues aus der Heimat **1913**, Nr. 27, S. 2–3 [101]. – Felix Auerbach: Ernst Abbe. Sein Leben, sein Wirken, seine Persönlichkeit (Leipzig 1918) 172–220 m. Bildn. [14]. – Edward Richter: Erinnerungen an Carl Zeiß: Zeiß-Werk-Ztg. **3** (1922) H. 4/6, S. 47–48 [27]. – Carl Matschoß: Männer der Techn. (Berlin 1925) 304 m. Bildn. [101]. – C. A. Sonnefeld: Thüringer Jahrb. **1926**, 140–147 m. 2 Bildn., 5 Abb. [3]. – Bernhard Schildbach: Optik zu dreien. Eine Arbeitsgemeinsch. für Wiss. u. Volkswohl: Türmer **38** (1935/36) 425–432 m. 3 Bildn., 8 Abb. [3]. – Th. Bohner: Der ehrbare Kaufmann (Berlin 1937) 195–198 m. Bildn. [101]. – Paul Karlson: Fraunhofer, Zeiß u. Abbe. In: Die Großen Deutschen. Neue Dtsch. Biogr. **5** (Berlin 1937) 232–247 m. 3 Bildn. [3]. – Fritz Scheffel: Gläserne Wunder. 3 Männer schaffen ein Werk. Zeiß, Abbe, Schott (München **1938**) 332 S. m. Titelbildn. [14]. – Condor **2** (1939) Nr. 6, S. 17–18 [101]. – Dtsch. Techn. **7** (1939) 451* m. Bildn. [101]. – Ernst Quadt: Dtsche Industrie-Pioniere. Der Anbruch des techn. Zeitalters (Berlin 1940) 339–344 m. Bildn. [14]; 2. Aufl. (1942) [101]. – Deutsche Warte **9** (1944) 148–149 [101]. – Fritz Zeiß [Enkel von C. Z.]: Lehrzeit u. erste Jahre der Werkstätte von Carl Zeiß: Süddtsch. Optiker-Ztg. **8** (1953) 106–107 [101]. – Karl Leutner: In: Leutner, Deutsche, auf die wir stolz sind. 1. Aufl. (Berlin 1955) 238–241 m. Bildn. [14]; 2. Aufl. (1960) 246–249 m. Bildn. [14]. – Jenaer Rdsch. Okt. **1956**, S. 7 m. Bildn. [Ha 2]. – Georg Anders: Bild u. Ton **16** (1963) 381–382 [3]. – G. I. T.: Glas-Instrum. Techn. **9** (1965) Nr. 5, S. 306. – Harald Volkmann: Carl Zeiß u. Ernst Abbe; ihr Leben u. ihr Werk (München 1966) 1–40 m. 2 Bildn., 13 Abb. (Abh. u. Ber. Dtsch. Mus. **34,** 2) [3]. – Paul Gerhard Esche: Carl Zeiß. Leben u. Werk (Jena 1966) 91 S. m. Titelbildn., Abb. (Schr. Stadtmuseum Jena, 4) [27]. – Fritz Kühnlenz u. Paul G. Esche: Jenaer Porträts (Rudolstadt 1969) 237–246 [101].

Nekr. Ernst Abbe: Nachruf auf Carl Zeiß am Sarge in der Garnisonkirche in Jena am 5. Dez. 1888. In: Ernst Abbe, Gesammelte Abh. **2** (Jena **1906**) 339–341 [3]; auch: Altes u. Neues aus der Heimat **1913**, Nr. 27, S. 1–2 [101]; Zeiß-Mitt. **3** (1963) 125–128 [101]. – Otto Zacharias: Illustr. Ztg., Leipzig **91**

(1888) 674 m. Bildn. [14]. – Zentral-Ztg. Opt. Mech. 10 (1889) Nr. 8, S. 85–87 m. Bildn. [89]. – Természettudományi Közlöny 21 (1889) 609–610 [Nat. Bibl. Budapest].

Zum 100. Geburtstag Waldemar Gröhn: Chir.-techn. Korresp. Bl.-Chir. Mechaniker 37 (1916) 279–281 [101]. – H. Ling: Preuß. Lehrer-Ztg. 42 (1916) vom 9. Sept., Beil. Nr. 36, S. 281–282 [101]. – Ernst Piltz: Aus Nr. 213 des Jenaer Volksblatts vom 10. Sept. 1916: Forsch. Gesch. Optik 1 (1930) Anl. IV, S. 9–10 [3]; Illustr. Ztg., Leipzig 147 (1916) 360, 364 m. Bildn. [14]. – M. von Rohr: Naturwiss. 4 (1916) 541–547 [3]. – Carl Weihe: Z. VDI 60 (1916) 820–821 [3]. – Gesch.Bl. Technik, Industrie u. Gewerbe 3 (1916) 254–255 [15].

Zum 50. Todestag Herbert Koch: Volk Welt 12 (1938) Dez., S. 8, 10 [101]. – Moritz von Rohr: Opt. Rdsch. 29 (1938) 747–753 [101]. – M. Rüster: Z. Berufsbildg. u. prakt. Unterrichtsgestaltg. 12 (1938/39) 200–204 [101]. – Fr. Zeis: Münchener med. Wschr. 86 (1939) 583–585 m. Bildn. [3]. – DRB: Unsere Heimat [Neustadt/Orla] 14 (1938) 189 [101].

50 Jahre Carl-Zeiß-Stiftung S. W. Lünnefeld: Dtsch. Optiker-Ztg. 15 (1939) 158 [101]. – August Kühl u. Helmuth Kulenkampff (Vortr. am 16. Juni 1939) (Jena 1939) 44 S., 46 Abb. (Jenaer Akad. Reden, 27) [27].

Zum 125. Geburtstag Friedrich Bubendey: Uhrmacher-Woche 48 (1941) 256 m. Bildn. [101]; Mittelschule 55 (1941) 166 [101]. – W. Hillers: Z. math. naturwiss. Unterricht 72 (1941) 177–179 [3]. – Hans-Otto Karl: Weltruhm aus Wiss. u. Handwerksfleiß: Graph. Betrieb 16 (1941) 440–441 [101]. – Friedrich Koepp: Dtsch. Akademiker-Ztg. 33 (1941) Nr. 15, S. 2 [101]. – Werner Lenz: Diamant 63 (1941) 195 [101]. – Friedrich Schomerus: Glashütte 71 (1941) 509–510 m. Bildn. [101]; Zeiß-Werkztg N.F. 16 (1941) 71–74 m. 3 Bildn., 1 Abb. [27]. – W. N.: Daheim 77 (1940/41) Nr. 50/51, S. 8 [101].

75 Jahre Zeißwerk Chir.-techn. Korresp. Bl.-Chir. Mechaniker 42 (1921) 607–610 m. 2 Bildn. [101].

100 Jahre Zeißwerk Angew. Chem. 19 (1947) 31 [Ha 15].

Zum 75. Todestag Horst Alexander William: Klin. Mbl. Augenheilkunde 144 (1964) 128–130 m. Bildn. [3]. – Ingenieur-Studium, -Praxis 9 (1963) 195–196 m. Bildn. [292].

Zum 150. Geburtstag P. G. Esche: Feingeräte-Techn. 15 (1966) H. 9, 385–386 [101]. – Hans Gause: Jenaer Rdsch. 11 (1966) Nr. 4, Beil. S. 2–12 m. 23 Abb. [101]. – Hans Jebsen-Marwedel: Utzschneider, Reichenbach, Fraunhofer – Zeiß, Abbe, Schott. Zwei Triumvirate: Glastechn. Ber. 39 (1966) 334–339 [101]. – R. Jobst: Bild u. Ton 19 (1966) 336–339 m. 5 Abb. [101]; Glass Technol. 7 (1966) 211. – Karl-Heinz Ludwig: VDI-Z. 108 (1966) 1644 m. 4 Abb. [101]. – Wilhelm Schneider: Die Sonderausstellung im Dtsch. Museum (München 1966) 41–46 m. 5 Abb. (Abh. u. Ber., Dtsch. Mus. 34, 2) [3]. – Harald Volkmann: Universum (Wien) 21 (1966) 469–471 [300]; Techn. Opt. in ihrer Entwicklung: Süddtsch. Ztg., Der Mensch u. die Techn. 8 (1966) Nr. 110 vom 9. Sept. [12]. – Friedrich Zeis: Christ u. Welt (Stuttgart) 19 (1966) Nr. 36, S. 23 [101]. – Chemiker-Ztg 90 (1966) 673 m. Bildn. [Ha 2]. – Who is Carl Zeiß? Nature [London] 213 (1967) 860 [15]. – Der Augenoptiker (Düsseldorf) 21 (1966) H. 9, 23. – Z. wiss. Photogr., Photophysik u. Photochem. (Leipzig) 60 (1967) 220–221 [101].

Zeißwerk u. Zeißstiftung Arthur Haese: Die Zeißschen Doppelfernrohre: Die Natur N.F. 22 (1896) 319–323 [Ha 2]. – Julius Pierstorff: Die Carl-Zeiß-Stiftung, ein Versuch zur Fortbildung des großindustriellen Arbeitsrechts: Jahrb. Gesetzgebg., Verwaltg. u. Volkswirtsch. 21 (1897) H. 2, S. 267–328 [3]. – Th. Hirschberg: Zwei großindustrielle Stiftungen für Volkswohlfahrt: Arbeiterfreund 35 (1897) 98–110 [3]. – H. Ortloff: Die Carl-Zeiß-Stiftung in Jena: Z. ges. Staatswiss. 53 (1897) 181–207 [3]. – Duncker: Die Carl-Zeiß-Stiftung in Jena: Z. Zentralstelle Arbeiter-Wohlfahrtseinrichtungen 4 1897) 123-126, 141–143, 153–155 [15]. – L. Katscher: Die Zeißstiftung in Jena: Arbeiterwohl (Köln) 19 (1899) 139–146 [38]. – Die Arbeitsordnung der Carl-Zeiß-Stiftung zu Jena: Gewerbegericht 5 (1900) Sp. 149–152 [29]. – J. Pierstorff: Die Carl-Zeiß-Stiftung. Eine Berichtigung: Jahrb. Nationalökon. u. Statistik (3) 19 (1900) 540–542 [3]. – Leopold Katscher: Ein interessanter Versuch: Christl. Welt 15 (1901) Sp. 775–780 [3]. – von Beaulieu-Marconnay: Das Zeißwerk in Jena: Westermanns Mh. 92 (1902) 756–775 m. 22 Abb. [3]. – A. Elster: Jenaer Arbeiterwohlfahrt: Soz. Praxis 13 (1904) Sp. 656–659, 682–685 [15]. – Felix Auerbach: Das Zeißwerk u. die Carl-Zeiß-Stiftung in Jena 2. Aufl. (Jena 1904) VIII, 148 S., 1 Taf., Bildn. S. 13 [14]; 5. Aufl. (1925) 258 S. [14]. – Leopold Katscher: Arbeiterrechtl. Radikalismus: Ernstes Wollen 6 (1904) 216–222 [14]. – Wilhelm Meyer: Das Zeißwerk u. die Glashütte in Jena: Velhagen u. Klasings Mh. 19 (1904/05) 557–572 m. 2 Bildn., 27 Abb., 1 Taf. [3]. – l. k.: Gewinnbeteiligung bei der Carl-Zeiß-Stiftung: Volkswohl 29 (1905) Nr. 13, S. 65–67 [1a]. – Pierstorff: Das Zeißwerk u. seine Bedeutung: Evangelisch-Sozial. Mitt. des evang.-sozialen Kongr. 15. Folge 1906, 69–84 [16]. – Leopold Katscher: 8-Stundentag u. Gewinnbeteiligung in den Jenaer Zeißwerken: Gewerbl.-techn. Ratgeber **5** (1906) H. 24, S. 429–432 [89]. – Friedrich Schomerus: Die Gewinnbeteiligung u. die Arbeitsverhältn. bei der Fa Carl Zeiß, Jena: Arbeiterfreund **45** (1907) 383–395 [15]. – Das Arbeitsverhältn. in der Opt. Werkstätte von Carl Zeiß, Jena: Z. Gewerbehygiene **14** (1907) 99–101, 123–125, 147–150 [84]. – Eduard Rosenbaum: Die Carl-Zeiß-Stiftung in Jena: Ztg. Lit. Kunst u. Wiss., Beil. Hamburger Correspondent **31** (1908) Nr. 13, S. 49, 50 [Staatsarch. Hamburg]. – Leopold Katscher: Die Bedeutung der Zeiß-Stiftung: Z. Handelswiss. u. Handelspraxis **2** (1909) 186–187 [1]. – Paul Hübschmann: Das Zeißwerk u. die Carl-Zeißstiftung in Jena: Math.-naturwiss. Bl. **6** (1909) 138-141, 163–165 [11]. – Fr. Schomerus: Die Gewinnbeteiligung u. sonstige Arbeitsverhältn. bei der Fa Carl Zeiß, Jena: Arbeiterfreund **48** (1910) 37–56 [3]. – Leopold Katscher: Zwei Neuerungen in einem Großbetriebe: Z. Handelswiss. u. Handelspraxis **3** (1910/11) 367–370 [3]. – S. Markus: Die Carl-Zeiß-Stiftung in Jena: Schweizer Bl. Wirtschafts- u. Sozial-Politik **18** (1910/11) H. 17, S. 513–526 [LB Bern]. – Schomerus: Einiges aus dem Zeißwerk, Jena: Arbeiterfreund **50** (1912) 453–458 [3]. – Thrändorf: Die Carl-Zeiß-Stiftung: Jahrb. Ver. wiss. Pädagogik **44** (1912) 203–219 [3]. – S. von Jezewski: Das Zeißwerk in Jena: Prometheus **25** (1914) 470–473 m. 2 Bildn., 2 Abb.; 693–696 m. 2 Abb.; **26** (1915) 248–252 m. 6 Abb. [3]. – Friedr. Schomerus: Das Arbeitsverhältn. im Jenaer Zeißwerk. 6. Aufl. (Jena 1916) 35 S.; 8. Aufl. (1936) 50 S. m. Titelbildn. [101]. – Ders.: Die neuere Entwicklg. des Carl-Zeiß-Werkes. Ein Beitr. zur Sozialisierung u. Betriebsrätefrage: Schmollers Jahrb. Gesetzgebg. Verwaltg. u. Volkswirtsch. **43**, 4 (1919) 265–281 [3]. – Ders.: Die Carl-Zeiß-Werke im Lichte der Sozialisierung: Weltwirtschafts-Ztg. **4** (1919) 577–579 [101]. – Der Sinn der Carl-Zeiß-Stiftung. Ernst Abbes sozialpolit. Gedanken, aus seinen Vorträgen u. Schriften von Heinr. Weinel (Langensalza 1925) 28 S. [14]. – Friedr. Schomerus: Die Entwicklung der sozialen Einrichtungen des Jenaer Zeißwerkes: Dtsch. Z. Wohlfahrtspflege **1** (1925/26) 65–71, 111–114 [101]. – Fritz Dölitzsch: Die Carl-Zeiß-Werke in Jena als Organisationsform u. Organisationsprobl.: Praxis Berufsschule **8** (1928) 505–516 [101]. – Hugo Doebling: Urkunden zur Gründungsgesch. des Zeißwerkes: Zeiß-Werkzeitg., N.F. **4** (1929) 8 S. [14]. – Franz Fieseler: The Carl Zeiß foundation: Amer. Monthly (New York) **23** (1930) Nr. 9, S. 15–16 m. 1 Abb. [Inst. Weltwirtsch. Kiel]. – Ernst Wuttig: Die Carl-Zeiß-Stiftung in Jena u. ihre Bedeutung für die Forschung. In: Forschungsinstitute. Ihre Geschichte, Organisation u. Ziele **1** (Hamburg 1930) 441–449 [15]. – Moritz von Rohr: Zur Gesch. der Zeißischen Werkstätte bis zum Tode Ernst Abbes (Berlin 1936) VII, 120, 10 S. (Forsch. Gesch. Opt. 2) [101]. – Friedrich Schomerus: Werden u. Wesen der Carl-Zeiß-Stiftung, an Hand von Briefen u. Dokumenten aus der Gründungszeit (1886–1896) (Jena 1940) XIV, 279 S. [14]; 2. Aufl. (Stuttgart 1955) XIII, 253 S. [14]. – Theodor Heuß: Der Weg zur Carl-Zeiß-Stiftung: Hilfe **46** (1940) 89–92 [101]. – De optische industrie in Thuringen: Stemmen uit Duitschland **2** (1942) Nr. 45, S. 12–16 m. 2 Bildn., 7 Abb. [101]. – Das Ende der Carl-Zeiß-Stiftung in Jena: Arbeitgeber **1951**, Nr. 24, S. 21–22 [101]. – Die Zeiß-Ikon-AG u. die Carl-Zeiß-Stiftung: Leistung (Hamburg) **2** (1952) Nr. 7, S. 57–59 [24]. – Friedrich Schomerus: Geschichte des Jenaer Zeißwerkes 1846–1946 (Stuttgart 1952) XVI, 348 S., 30 Abb. [3]. – Die soziale Tat: Leistung (Hamburg) **2** (1952) Nr. 7, S. 55–56 m. 2 Bildn. [18]. – H. Schrade: Jena-Zentrum der Optik: Wissen u. Leben **3** (1958) 336–342 [14]. – Mit klarer Sicht. Das Ende der Zeiß-Legende (Pößneck 1958) 63 S. [14]. – W. David: Die Carl-Zeiß-Stiftung: Offene Welt (Köln) **1961**, 193–197 [292]. – Carl Zeiß Jena. Einst u. jetzt (Berlin 1962) 17–31, 37–39, 41–44, 47–49 u. öfter, m. Bildn. S. 14 [101]. – Paul Gerhard Esche u. Herbert E. Keßler: Der VEB Carl Zeiß Jena – seine äußere Entwicklung von der Gründung bis zur Gegenwart (Jena 1967) 76 S. m. 48 Abb. (Schriften Stadtmuseum Jena, 3) [27].

Weitere Lit. Weber: Das Jenaer Stadtmuseum 1914 bis Anfang 1924. Schenkungen u. Ankäufe: Altes u. Neues aus der Heimat, Beil. Jenaer Volksblatt **1924**, Nr. 4, S. 3 [101]. – Moritz von Rohr u. Walter Villiger: Neue Kenntnis über Dr. Friedrich Körner, den Lehrherrn von Carl Zeiß: Zeiß-Werkztg. N.F. **3** (1928) 25–27 m. 1 Bildn., 2 Abb. [101]. – F. Pahl: Ernst Abbe u. Carl Zeiß: Zentr.-Ztg. Optik Mech. **50** (1929) 178, 194 [101]. – C. A. Chant: The story of the Zeiß Planetarium: J. R. astron. Soc. Canada **29** (1936/37) 143–156 [B 4]. – Moritz von Rohr: Über die Arbeitsgemeinschaft von Carl Zeiß u. Ernst Abbe bis zum Ende der siebziger Jahre (Berlin 1937) 160–176; (1938) 253–292 (Forsch. Gesch. Optik 2, 1; 2, 2) [3]. – Herbert Kühnert: Otto Schott. Eine Studie über seine Wittener Zeit bis zur Gründung des Jenaer Glaswerkes (Witten 1940) siehe Reg. S. 281 [3]. – Herbert Pönicke: Carl Zeiß u. Ernst Abbe: Fortbildung **51** (1943) 248–249 [101]. – Norbert Günther: Ernst Abbe, Schöpfer der Zeiß-Stiftung (Stuttgart 1946) 38, 111–114 (Große Naturforscher, 2) [14]; 2. Aufl. (1951) 105–109 m. Bildn. [14]. – Der Briefwechsel zwischen Otto Schott u. Ernst Abbe über das opt. Glas 1878–1881. Bearb. von Herbert Kühnert (Jena 1946) XIII, XV, 4, 10, 11, 66, 141, 275, 283, 301, 305, 310, 331, 334, 336 [3]. – Carl

Zeiß Jena an der Arbeit: Fotografie 4 (1950) 1–2 [3]. — Ernst Abbe, Carl Zeiß, Otto Schott: Bl. vom Hause, Mschr. Werksgemeinsch. Henkel Düsseldorf 35 (1957) Nr. 4, S. 18–20 m. 9 Abb. [61]. — Egon Möller u. Wolfg. Leber: Jena (Dresden 1958) 41–49 m. Bildn. [14]. — Wolfg. Baier: Quellendarst. zur Gesch. der Fotogr. (Leipzig 1965) 310 m. Bildn. S. 627 [3].

Bildn. Umschau 40 (1936) 709 [14]. — Zeiß-Werkztg. N.F. 13 (1938) H. 5, Titelbildn., Bildn. S. 7, Grabstein S. 14; 14 (1939) 2 (Büste), 66 (Büste); 15 (1940) (Bildn.) [14]. — VEB Carl Zeiß-Nachr., Sonderbd 1, Dez. 1959, S. 4 [14].

II **ZELLER,** Johann. Med. — 1684 Dr. med., 1686 Prof. Med. Univ. Tübingen; auch prakt. Arzt.

*1656, Jan. 5, Lienzingen, Württ.;
†1734, Apr. 7, Tübingen.

Geburtsjahr nicht 1686 (wie Pogg. II angegeben).

Genealog. F. Zeller: Stammbaum u. Chronik der Familie Zeller (Prag 1904) 168. — M. Cramer: Zellerbuch (Stuttgart 1927) 139 [101].

Bibliogr. Brit. Mus. Gen. Cat. 263 (1966) Sp. 236–237 (16 Nr.) [15]. — Wilhelm Heyd: Bibliogr. der Württemberg. Geschichte 2 (Stuttgart 1896) 709; 4 (1907) 486–487 [3].

Biogr. Christian Gottlieb Jöcher: Allg. Gelehrten-Lexicon 4 (Leipzig 1751) Sp. 2175–2176 [3]. — Dictionnaire des sciences médicales. Biographie médicale 7 (Paris 1825) 524–525 m. Schr.Verz. [3]. — Renauldin et Weiss: Biographie universelle, ancienne et moderne 52 (Paris 1828) 204–205 m. Schr.Verz. [3]. — Eberhard von Georgii-Georgenau: Biogr.-geneal. Blätter aus u. über Schwaben (Stuttgart 1879) 1121–1125 [3]. — Pagel: ADB 45 (1900) 26–27 [3]. — Gurlt in: Biogr. Lexikon der hervorragenden Ärzte aller Zeiten u. Völker 2. Aufl. 5 (Berlin, Wien 1934) 1032 [3].

Weitere Lit. Andreas Christoph Zeller: Ausführl. Merckwürdigkeiten der Univ. u. Stadt Tübingen (Tübingen 1743) 468 [3]. — August Friedrich Bök: Gesch. der herzogl. Württ. Eberhard-Carl Univ. zu Tübingen im Grundrisse (Tübingen 1774) 159 [3]. — K. Klüpfel: Geschichte u. Beschreibung der Univ. Tübingen (Tübingen 1849) 163–164 [3]. — Theodor Schön: Dr. Johann Zeller, ein Württemberger, als Geburtshelfer bei der Geburt des letzten Prinzen des Hauses Habsburg: Mediz. Korresp.bl. Württ. ärztl. Ver. 71 (1901) 532–535 [21]. — Walter Dick: Gesch. der Tübinger Chirurgie: Tübinger Bl. 47 (1960) 38–39 m. Bildn. [14].

Bildn. Hanns Wolfgang Rath: Regina, die schwäb. Geistesmutter (Ludwigsburg 1927) 61–62 m. Bildn. S. 57 (Ölgemälde J. Stamburg) [3]. — Reinhold Scholl: Bildnissammlung Univ. Tübingen (Stuttgart 1927) Nr. 226 [101].

II, III **ZERRENNER,** Carl Michael. Geol. — 1842–1848 Dir. der Gold-, Platin- u. Diamantengruben wie auch Eisenhüttenwerke am Ural; 1853–1857 Vorst. einer geognost.-bergmänn. Kommission; seit 1858 Bergrat u. vortragender Rat im Staatsministerium in Gotha.

*1818, Juli 3, Pössneck, Sachsen-Meiningen;
†1878, Okt. 17, München.

Bibliogr. Cat. scient. Papers 6 (1872) 503 (9 Nr.); 8 (1879) 1298 (7 Nr.); 11 (1896) 883 (3 Nr.) [3]. — Brit. Mus. Gen. Cat. 263 (1966) 342 (10 Nr.) [3].

Geneal. Paul Zerener: Chronik der Familie Zerrenner (Liegnitz 1912) 153 m. Bildn. [101].

Biogr. von Zittel: ADB 45 (1900) 99–100 [3]. — W. Serlo: Männer des Bergbaus (Berlin 1937) 160 [3].

II–V **ZEUNER,** Gustav Anton. Ing.-Wes. — 1848–1851 stud. Freiberg; 1853 Dr. phil. Univ. Leipzig; 1854–1857 Herausgeber der Zeitschr. „Der Civil-Ingenieur"; 1855 Prof. angew. Math. Polytechn. Zürich; 1873–1897 o. Prof. u. 1873–1890 Dir. Polytechn. Dresden; 1895 Grashof-Denkmünze.

*1828, Nov. 30, Chemnitz;
†1907, Okt. 17, Dresden.

Bibliogr. Cat. scient. Papers 6 (1872) 504 (23 Nr.); 8 (1879) 1299–1300 (7 Nr.); 11 (1896) 883–884 (6 Nr.); 19 (1925) 781 (1 Nr.) [3]. — Brit. Mus. Gen. Cat. 263 (1966) Sp. 370–371 (13 Nr.) [15].

Nekr. Helm: Naturwiss. Rdsch. 23 (1908) 61–63 [3; 15]. — Martin Krause: Ber. Verh. Sächs. Ges. Wiss. Leipzig, math.-phys. Kl. 60 (1908) VIII, 339–351 [Ha 2]. — R. Mollier: Z. VDI 52 (1908) 1221–1224 [3]. — Biogr. Jahrb. u. Dtsch. Nekrolog 12 (1909) 252–255 m. Schr.- u. Lit.Ang. [3]. — Z. VDI 51 (1907) 2049–2051 m. Bildn. [3]. — Volkswohl, Allg. Ausg. Sozialkorresp. 31 (1907) Nr. 44, S. 223–224 [1a].

Biogr. Dresdener Rundschau 6 (1897) Nr. 31, S. 1–2 m. Bildn. [14]. — Ferdinand Rudio u. Karl Schröter: Notizen zur schweizer. Kulturgesch.: Vjschr. naturforsch.

Ges. Zürich **52** (1907) 553–558 [Ha 2]. – Conrad Matschoß: Männer der Techn. (Berlin 1925) 305 m. Bildn. [14]. – Carl Schiffner: Aus dem Leben alter Freiberger Bergstudenten **1** (Freiberg 1935) 87–90 m. Bildn. [14]. – E. Drude in: Handwörterb. der Naturwiss. **10** (Jena 1935) 929 [3]. – 125 Jahre TH Dresden. Festschr. . . . (Berlin 1953) 140–141 m. Bildn. [14]. – F. Leuschner in: Deutsche Techniker aus 6 Jahrhunderten. Hrsg. von Alfons Kauffeldt (Leipzig 1963) 86–90, 104 m. Bildn. S. 96 (Taschenbuch, 28) [14].

Zum 100. Geburtstag VDI-Nachr. **8** (1928) Nr. 48, S. 2 m. Bildn.; Nr. 49, S. 2 [101]. – Gustav Zeuner, sein Leben u. Wirken. Aus Anlaß seines 100. Geburtstages i. A. der Sächs. TH Dresden hrsg. vom Verein Dtsch. Ingenieure (Berlin 1928) 14 S. m. Titelbildn. [14].

Zum 50. Todestag F. Leuschner: Techn. Gemeinsch. **5** (1957) 463 [3]. – Hans Baumgärtel: G. Zeuner u. die Reorganisation der Bergakad. 1872–1875: Bergakademie [Freiberg] **9** (1957) 534–537 m. Bildn. [3]. – G. Zeuner-Schnorf: Röntgens Doktorvater in Zürich: Techn. Rdsch. **50** (1958) 39 [89].

Weitere Lit. Volkswohl (Dresden) **22** (1898) 243–244 [3]. – Böhmert: Arbeiterfreund **36** (1898) 377–382 [3]. – A. Ledebur: Die Bedeutung der Freiberger Bergakad. für die Wiss. des 18. u. 19. Jahrhunderts (Freiberg 1904) 36 m. Bildn. [14]. – Festschr. zur Feier des 50jähr. Bestehens des Eidg. Polytechn. **1** (Frauenfeld 1905) 180–181 m. Bildn. u. Faks. S. 136 [15]. – Conrad Matschoß: Die Entwicklung der Dampfmaschinen **2** (Berlin 1908) 169, 712–713 m. Bildn. [14]. – Reuleaux u. Zeuner als Dozenten: VDI-Nachr. **5** (1925) Nr. 43, Beibl. m. 1 Abb. [101]. – Edwin Meister: Die mechan. Abt. In: Ein Jahrhundert Sächs. Techn. Hochsch. 1828–1928. Festschrift . . . (Dresden 1928) 89–91 m. Bildn. S. 95, S. 160–161 [3]. – F. Merkel: G. A. Zeuner u. die techn. Wärmelehre: Z. VDI **73** (1929) 45–48 m. Bildn. u. Faks. [3]. – Das akad. Deutschland **1** (Berlin 1930) 435, 443, 522, 525 m. Bildn., 548, 604; **3** (1930) 297 [3]. – Die deutschen Techn. Hochschulen. Ihre Gründung u. geschichtl. Entwicklung (München 1941) 144, 145, 147, 148, 163, 166 m. Bildn. [14].

Bildn. Das goldene Buch des deutschen Volkes an der Jahrhundertwende (Leipzig 1899) o. S. [14]. – Wilhelm Scheffler: Sachsens TH zu Dresden 2. Ausg. (Dresden 1899) 38, Gruppenbildn. S. 52 [14]. – Illustr. Ztg., Leipzig **129** (1907) 732 m. Bildn. [14]. – Friedrich Schulze: B. G. Teubner 1811–1911 (Leipzig 1911) 328 [3]. – Frederik Gleason Corning: A student reverie (New York 1920) 24 [14].

II **ZIEGLER,** Johann Heinrich. – 1769 Dr. med.; prakt. Arzt u. seit 1781 Ratsmitglied u. Säckelmeister in Winterthur, wo er mehrere industrielle Unternehmungen gründete.

*1738, März 23, Winterthur;

†1818, Nov. 15, Winterthur.

Lit. Emanuel Dejung u. Max Ruoff: Spinnerei, Weberei, . . . (Winterthur 1936) 3–4 m. Bildn. (Neujahrsblatt der Stadtbibliothek Winterthur 270, 1937) [3]. – M. von Wyß: Die Ärzte der Zürcher Familie Ziegler im Rahmen ihrer Zeit: Neujahrsblatt zum Besten Waisenhaus Zürich **89** (1926) 33 S. [101].

II **ZIMMERMANN,** Johann Christian. Bergbau. – 1807 Dr. phil. Univ. Heidelberg; 1809 PDoz. Univ. Marburg; seit 1814 in der Bergverwaltung tätig, 1839 Bergrat u. 1853 Oberbergrat (u. a. Kassel, Clausthal).

*1786, Apr. 25, Marburg;

†1853, Sept. 29, Clausthal.

Bibliogr. Cat. scient. Papers **6** (1872) 509 (4 Nr.) [3]. – Brit. Mus. Gen. Cat. **263** (1966) Sp. 591 (3 Nr.) [3].

Biogr. Adolph Carl Peter Callisen: Medicinisches Schriftsteller-Lexicon **21** (1835) 498 [3]. – K. C. von Leonhard: Aus unserer Zeit in meinem Leben **2** (Stuttgart 1856) 223 [3]. – Franz Gundlach: Catalogus professorum academiae Marburgensis. Die akadem. Lehrer der Philipps-Univ. in Marburg von 1527 bis 1910 (Marburg 1927) 382 [3]. – W. Serlo: Männer des Bergbaus (Berlin 1937) 161–162 [3].

II **ZIMMERMANN,** Johann Jacob. Astron. – **1664** Mag. phil. Univ. Tübingen; 1671–1684 Diaconus in Bietigheim in Württemberg; 1685 in Amsterdam, 1686 in Frankfurt/M.; dann kurze Zeit Prof. Math. Univ. Heidelberg; 1689 Korrektor in einer Druckerei in Hamburg; wollte nach Pennsylvanien auswandern, starb auf dem Wege dahin in Rotterdam.

*1644, Vaihingen, Württemberg;

†1693, Rotterdam.

Bibliogr. Cat. scient. Papers **6** (1872) 509 (1 Nr.) [3]. – Brit. Mus. Gen. Cat. **263** (1966) Sp. 596 (10 Nr.) [3].

Biogr. Gerhard Croesus: Historia Quakeriana **3** (Amsterdam 1696) 563–566 [3]. – Ludwig Melchior Fischlein: Memoria theologorum Wirttembergensium resuscitata (Ulm 1709/10) Suppl. 230–238 [21]. — Johannes Faber: Das alte u. neue geistl. Ministerium in dem gantzen Herzogthum Württemberg (Tübingen 1721) 121 [21]. — Johannes Moller: Cimbria literata 2 (Havniae 1744) 1035–1038 m. Schr.Verz. [3]. — Johann Heinrich Zedler: Großes vollständiges Universal-Lexicon 62 (Leipzig, Halle 1749) Sp. 744–749 m. Schr.- u. Lit.Verz. [3]. — Picot: Biographie universelle, ancienne et moderne 52 (Paris 1828) 348–349 [3]. — Günther: ADB 45 (1900) 270–271 [3].

Weitere Lit. Jacob Brücker: Bilder-sal heutiges Tages lebender ... Schrifftsteller (Augsburg 1755) o. S. [14]. — Ernst Zinner: Astron. Instrumente des 11. bis 18. Jahrhunderts (München 1956) 177, 513, 596 [Ha 2].

III–VI **ZINCKE,** Ernst Carl Theodor. Chem. — 1867–1869 stud., 1869 Dr. phil. Univ. Göttingen; 1873 ao. Prof. Univ. Bonn; 1875–1913 o. Prof. Univ. Marburg.
*1843, Mai 19, Uelzen;
†1928, März 17, Marburg.

Bibliogr. Cat. scient. Papers **8** (1879) 1302–1304 (39 Nr.); **11** (1896) 888–889 (25 Nr.); **12** (1902) 804 (1 Nr.); **19** (1925) 790–792 (86 Nr.) [3]. — Richard Kukula: Bibliogr. Jahrb. der dtsch. Hochschulen 2. Aufl. (Innsbruck 1892) 1054, Erg.H. 1 (1893) 271 [3].

Nekr. K. Fries: Ber. Dtsch. chem. Ges. **62 A** (1929) 17–45 m. Bildn. u. Faks. [3]. — Otto Hahn: ebda **61** A (1928) 68–70 [3]. — F. Krollpfeiffer: Z. angew. Chem. **41** (1928) 367–368 [101]. — H. W.: Liebigs Ann. Chem. **461** (1928) 109 [3].

Zum 80. Geburtstag K. Fries: Ber. Dtsch. chem. Ges. **57** A (1924) 39–41 [3]. — Karl Schaum: Z. angew. Chem. **36** (1923) 261–262 [Ha 2].

Weitere Lit. Ernst von Meyer: Gesch. der Chem. von den ältesten Zeiten bis zur Gegenwart 4. Aufl. (Leipzig 1914) 404, 408, 422, 447, 464, 580 [3]. — Franz Gundlach: Catalogus professorum academiae Marburgensis. Die akad. Lehrer der Philipps-Univ. in Marburg von 1527 bis 1910 (Marburg 1927) 465 [3]. — Friedrich von Müller: Lebenserinnerungen (München 1953) 99, 105, 149 [Ha 2].

II **ZINCKEN,** Johann Karl Ludwig. Bergbau. — 1810–1813 Hüttenbeamter in Königshütte, Clausthal, Wiede u. Rothehütte; bis 1820 Hüttenrevisor in Blankenburg; dann Dir. der Anhalt-Bernburgschen Bergwerke, später auch Bergrat u. Oberbergrat; 1848 Ministerialrat in Bernburg, dann wegen Erblindung i.R.
*1790, Juni 13, Seesen, Braunschweig;
†1862, März 19, Bernburg.

Bibliogr. Cat. scient. Papers **6** (1872) 511 (25 Nr.); 8 (1879) **1304** (5 Nr.) [3]. — Brit. Mus. Gen. Cat. **263** (1966) Sp. 631 (2 Nr.) [15].

Nekr. Rammelsberg: Z. Dtsch. geol. Ges. **14** (1862) 251–252 [15].

Biogr. von Zittel: ADB **45** (1900) 315–316 [3]. — W. Serlo: Männer des Bergbaus (Berlin 1937) 162 [3].

II **ZINN,** Johann Gottfried. Med. — 1749 Dr. med., 1753 ao. Prof., 1755 o. Prof. Med. Univ. Göttingen.
*1727, Dez. 4, Schwabach;
†1759, Apr. 6, Göttingen.

Bibliogr. Brit. Mus. Gen. Cat. **263** (1966) Sp. 650–651 (9 Nr.) [15].

Biogr. Friedrich Börner: Nachr. von den vornehmsten Lebensumständen u. Schriften jetztlebender berühmter Ärzte u. Naturforscher **3**, 4 (1756) 578–581; **3**, 5 (1764) 805–806 [3]. — Dictionnaire des sciences médicales. Biographie médicale **7** (Paris 1825) 530 m. Schr.Verz. [3]. — Dezeimeris: Dict. hist. méd. **4** (1839) 435–436 [3]. — W. R. Bett: Medical Press **241** (1959) 319 [1].

Weitere Lit. Emil F. Rößler: Die Gründung der Univ. Göttingen. Entwürfe, Berichte u. Briefe der Zeitgenossen (Göttingen 1855) 341, 346, 348, 359 [3]. — Albert Peter: Gesch. der Gründung u. Entwicklg. des botan. Gartens zu Göttingen. In: Festschr. ... 150jähr. Bestehen Ges. Wiss. Göttingen (Berlin 1901) 370–371 [3]. — F. Frensdorff: Ein Bericht über Göttingen, Stadt u. Univ. aus dem Jahre 1754: Jahrb. Gesch.-Ver. Göttingen **1**, 1908 (1909) 92, 107 [15]. — Julius Hirschberg: Gesch. der Augenheilkunde **3**, 2 in: Gräfe-Sämisch, Handb. der ges. Augenheilkunde 2. Aufl. **14** (1911) 470–477 [3]. — Heinrich Schmidt: Geschichte der Entwicklungslehre (Leipzig 1918) 272 [3]. — Thomas Stettner: Von Blumen, Bäumen, Botanikern (Ansbach 1937) 59–66 m. Bildn. [101]. — Kurt Wein: Die Erforschung des Florenkleides von Nordhausen in ihrer geschichtl. Entwicklung bis zum Ende des 18. Jahrhunderts in: Festschr. 39. Hauptvers. Dtsch. Ver. Förderung math. u. naturwiss. Unterr. (Nordhausen 1937) 102–104, 106 [3]. — Claus Nissen: Die botan. Buchillustr. **1** (Stuttgart 1951) 209 [3]. — Ernst G. Deuerlein: Wenn im Sommer die Zinnien blühen: Erlanger Heimatbl. **39** (1956) Nr. 7, S. 2 [29].

II, III **ZIPPE,** Franz Xaver Maximilian. Mineral. — Dr. phil. u. Med. Univ. Prag; 1819–1823 Adjunkt der Chem. am ständ. Techn. Inst. Prag, dann Kustos am Vaterländ. Mus., 1835–1849 Prof. Naturgesch. u. Warenkunde am ständ. Techn. Inst. Prag; 1850 o. Prof. Mineral. Univ. Wien.

*1791, Jan. 15, Falkenau/Böhmen;

†1863, Febr. 22, Wien.

Bibliogr. Cat. scient. Papers **6** (1872) 513–514 (24 Nr.) [3]. — Brit. Mus. Gen. Cat. **263** (1966) Sp. 683 (9 Nr.) [3].

Nekr. W. Haidinger: Jahrb. geol. Reichsanst. **13** (1863) 143–146 [Ha 2].

Biogr. C. Fr. Ph. von Martius: Akad. Denkreden (Leipzig 1866) 507–508 [3]. — Fr. Wurm: Mitt. Nordböhm. Excursions-Club **15** (1892) 158–164 [Ha 2]. — von Zittel: ADB **45** (1900) 358–359 [3].

Zum 100. Todestag V. V. Tichomirov u. N. A. Voskresenskaja: Iz istorii geologičeskich nauk. Obszor 37 [Aus der Gesch. der geol. Wiss., 37]: Sovetsk. Geol. **1963**, Nr. 1, S. 148–149 m. Bildn.

Bildn. Robert Lahmer: Ehrenhalle von Nordböhmen **1** (Rumburg 1893) 48–49 m. Bildn. Taf. 9 [UB Prag]. — Friedr. Katzer: Geol. von Böhmen. 2. Ausg. (Prag 1902) XXII, 1606 S. m. Titelbildn. [14].

III–V **ZIRKEL,** Ferdinand. Petrogr. — 1856 stud. Univ. Bonn, dann Univ. Wien; 1861 Dr. phil. Univ. Bonn; 1863 ao. Prof., 1865 o. Prof. Univ. Lemberg; 1868 o. Prof. Univ. Kiel, 1870–1909 Univ. Leipzig.

*1838, Mai 20, Bonn;

†1912, Juni 10, Bonn.

Bibliogr. Cat. scient. Papers **6** (1872) 515 (7 Nr.); **8** (1879) 1305 (19 Nr.); **11** (1896) 891 (11 Nr.); **12** (1902) 804 (3 Nr.); **19** (1925) 794 (3 Nr.) [3]. — Richard Kukula: Bibliogr. Jahrb. der Dtsch. Hochschulen (Innsbruck 1892) 1055; Erg.-H. 1 (1893) 271 [3]. — Brit. Mus. Gen. Cat. **263** (1966) Sp. 689 (11 Nr. [3].

Nekr. R. Brauns: Zentr.bl. Mineral., Geol. u. Paläont. **1912,** 513–521 m. Schr.Verz., Bildn. m. Faks. [15]. — von Groth: Jahrb. Bayer. Akad. Wiss. **1913** (1914) 81–86 [Ha 2]. — M. Henglein: Z. prakt. Geol. **20** (1912) 383 [15]. — Kurt Pietzsch: Math.-naturwiss. Bl. **9** (1912) 145–146 [101]. — Oswald Redlich: Alm. Akad. Wiss. Wien **63,** 1913 (1914) 392–394 [Ha 2]. — Friedrich Rinne: Ber. Verh. Sächs. Akad. Wiss., math.-phys. Kl. **64** (1912) 499–508 m. Schr.Verz. [Ha 2]; Mitt. Ges. Erdkunde Leipzig **1912** (1913) 51–59 m. Bildn. u. Porträt-Plakette von C. Seffner [Ha 2]. — F. Rinne: Biogr. Jahrb. u. Dtsch. Nekrol. **17** (1915) 158; Totenliste **18** (1917) 74* [3]. — Bruno Sander: Verh. Geol. Reichsanst. **1912,** 235–237 [Ha 2]. — H. Steinmetz: Naturwiss. Rdsch. **27** (1912) 467 [3]. — Viola: Atti R. Accad. Lincei Rend., Cl. sci. fis. mat. (5) **22** (1913) 393–399 [Ha 2]. — Wahnschaffe: Z. Dtsch. geol. Ges., Mber. **1912,** 353–363 m. Bildn. u. Faks. [15]. — Börsenbl. Dtsch. Buchhandel **79** (1912) 7264 [3]. — Dtsch. Rdsch. Geogr. **34** (1912) 581 [Ha 2]. — Leopoldina **48** (1912) 71–72 [Ha 2].

Biogr. Arthur Wichmann: Geologe **9** (1913) 159–166 [15]. — Geographen-Kalender **11** (1913) 69 [101]. — K. Spangenberg in: Handwörterb. der Naturwiss. 2. Aufl. **10** (Jena 1935) 947 [3]. — Walter Serlo: Bergmannsfamilien in Rheinland u. Westfalen. In: Westfälische Lebensbilder, Sonderreihe Rhein.-Westfäl. Wirtschaftsbiogr. **3** (Münster 1936) 94–95 [3]. — W. Serlo: Männer des Bergbaus (Berlin 1937) 162 [3]. — Theodor Ernst in: Geist u. Gestalt. Biogr. Beitr. Gesch. Bayer. Akad. Wiss. **2** (München 1959) 280 [3].

Zum 50. Todestag V. V. Tichomirov u. N. A. Voskresenskaja: Iz istorii geologičeskich nauk. Obzor 34 [Aus der Gesch. der geol. Wiss., 34]: Sovetskaja Geologija **1962,** Nr. 4, S. 135–136 [15].

Weitere Lit. Sir Archibald Geikie: The founders of geology (London 1897) 280 [3]. — Heinrich Schmidt: Gesch. der Entwicklungslehre (Leipzig 1918) 224, 227 [7]. — Sir Archibald Geikie: A long lifes work (London 1924) 120–121 [15]. — Festschr. zum 275jähr. Bestehen der . . . Univ. Kiel (Leipzig 1940) 352 [101]. — F. Kolbeck: Aus dem Fremdenbuche des Werner-Museums der Bergakad. Freiberg: Bl. Bergakademie Freiberg **25** (1942) 13–14 [3]. — Carrol Lane and Mildred Adams Fenton: Giants of geology (New York 1952) 240 [7]. — Helmut Hölder: Geologie u. Palaeontol. in Texten u. ihrer Geschichte (Freiburg–München 1960) VIII, XI, 46, 289 [101].

Bildn. Die Versammlung deutscher Naturforscher u. Ärzte in Leipzig: Illustr. Ztg., Leipzig **59** (1872) 113–114 m. Bildn. [14]. — Das goldene Buch des dtsch. Volkes an der Jahrhundertwende (Leipzig 1899) Bildn. m. Faks.: Wiss. 84 [14]. — Kosmos **5** (1908) 97, 99 [14]. — Umschau **12** (1908) 481; **13** (1909) 309 [14]. — Universum-Jahrb. **1909,** 504; **1911,** 124 [14]. — Illustr. Neueste Wochenchronik der Dresdner Neuesten Nachr. **1912,** Nr. 27, S. 2 [14].

III, IV, VI **ZITTEL,** Karl Alfred von. Paläontol. — Stud. Univ. Heidelberg u. Paris; 1860 Dr. phil. Univ. Heidelberg;

1863 PDoz. Univ. Wien, 1863 Prof. Mineral. Polytechn. Karlsruhe; seit 1866 o. Prof. Geol. u. Paläontol. Univ. München.

*1839, Sept. 25, Bahlingen bei Freiburg;

†1904, Jan. 5, München.

Bibliogr. Cat. scient. Papers **6** (1872) 515 (5 Nr.); **8** (1879) 1305 (23 Nr.); **11** (1896) 891 (17 Nr.); **19** (1925) 794 (16 Nr.) [3]. — Brit. Mus. Gen. Cat. **263** (1966) Sp. 701–702 (19 Nr.) [3].

Nekr. W. Branco: Z. Dtsch. geol. Ges. **56** (1904) 3. Anh., S. 1–7 [15]. — Sir Archibald Geikie: Quart. J. geol. Soc. London **60** (1904) Proc. LV–LIX [Ha 2]. — S. Günther u. J. F. Pompeckj: Die Bedeutung Zittels für die Wiss.: Mitt. geogr. Ges. München **1** 1904/06 (1906) 305–307 [Ha 2]. — K. Th. von Heigel: Allg. Ztg. **1904**, Beil. vom 17. März, Nr. 64, S. 505–508 [3]. — Otto Jaekel: Naturwiss. Wschr. **19** (1904) 359–361 [Ha 2]. — A. Klautzsch: Naturwiss. Rdsch. **19** (1904) 65–66 [Ha 2]. — Imre Lörenthey: Földtani Közlöny **36** (1906) 435–439 [14]. — E. Moisisovics von Mojsvár: Alm. Akad. Wiss. Wien **54** (1904) 341–344 [Ha 2]. — J. F. Pompeckj: Palaeontographica (Stuttgart) **50** (1903/04) 1*–28* [7]. — A. Rothpletz: Allg. Ztg. **1904**, Beil., Nr. 10 vom 14. Jan. S. 73–76 [3]. — Ders.: Mitt. Dtsch. u. Österr. Alpen-Ver. **30** (1904) 2–3 [14; Ha 2]. — M. Vacek: Verh. geol. Reichsanst. **1904**, 45–47 [Ha 2]. — Charles Barrois: Bull. Soc. géol. France (4) (1904) 488–493 [UB Basel]. — Gaea **40** (1904) 444–445 [Ha 2]. — Geol. Mag. (5) **1** (1904) 90–96 m. Bildn. u. Faks., Schr.Verz. [3]. — Geogr. Z. **10** (1904) 110–111 [3]. — Globus **85** (1904) 98 [3].

Biogr. Alm. Bayer. Akad. Wiss. **1884** (München 1884) 360–364; **1890**, 142 Schr.Verz. [3]. — Fr. Umlauft: Dtsch. Rdsch. Geogr. Statist. **16** (1894) 180–181 m. Bildn. [Ha 2]. — W. von Seidlitz in: Handwörterb. der Naturwiss. 2. Aufl. **10** (Jena 1935) 968–969 m. Lit.Verz. [3].

Zum 100. Geburtstag Helene Raff: Dtsch. Rdsch. **65** (1939) Sept. S. 172–174 [3]. — Aus den Briefen K. A. von Zittels: ebda S. 175–176 [3]. — Edgar C. Smith: Nature London **143** (1939) 11 [3].

Weitere Lit. Festschr. zum 90. Geburtstage, Prinzregent Luitpold von Bayern gewidmet von der Münchener Anthropol. Ges. (München 1911) I, II, III, IV, VI, XI, XIX m. Bildn. nach dem Titelbl. [12]. — William A. Locy: Die Biol. u. ihre Schöpfer. Übers. der 2. amerik. Aufl. (Jena 1915) 284–285 m. Bildn., 377 [3]. — F. Birkner: Die Höhlenforsch. in Bayern: Sammler, Beil. München–Augsburger Abendztg. **1917**, Nr. 32, S. 5–6; Nr. 33, S. 5–7 [12]. — Heinrich Schmidt: Gesch. der Entwicklungslehre (Leipzig 1918) 340–341 [3]. — R. Braun-Artaria: Von berühmten Zeitgenossen. Lebenserinnerungen einer Siebzigerin (München 1920) 182–184 [3]. — Claus Nissen: Die botan. Buchillustration **1** (Stuttgart 1951) 251 [3]. — Carl Christoph Beringer: Gesch. der Geol. u. des geol. Weltbildes (Stuttgart 1954) 22, 31, 43, 91, 113, 115, 125, 126, 138, 140 [3]. — Bruno von Freyberg: Joh. Gottlob Lehmann (1719–1767). Ein Arzt, Chemiker, Metallurg, Bergmann, Mineraloge u. grundlegender Geologe (Erlangen 1955) 11, 103, 156 [101]. — Helmut Hölder: Geol. u. Palaeontol. in Texten u. ihrer Geschichte (Freiburg–München 1960) 202, 485 [101].

Bildn. Siegmund Günther: Gesch. der anorg. Naturwiss. im 19. Jahrhundert (Berlin 1901) 816 [14]. — Max Wallberg: Illustr. Ztg., Leipzig **122** (1904) 62 [14]. — Albert Maucher in: Geist u. Gestalt. Biogr. Beitr. Gesch. Bayer. Akad. Wiss. **2** (München 1959) 270, 271–272, 273, 283, 288; **3** (1959) Bildn. von A. von Amira [3]. — Jahrb. Bayer. Akad. Wiss. **1961**, nach S. 112 [Ha 2].

II, III **ZÖLLNER,** Johann Carl Friedrich. Astrophysik. — 1859 Dr. phil. Univ. Basel; dann als Privatmann in Berlin, Basel u. Schöneweide bei Berlin lebend; 1862 Gehilfe an der Sternwarte in Leipzig; 1865 PDoz., 1866 ao. Prof., 1872 o. Prof. Astrophysik Univ. Leipzig.

*1834, Nov. 8, Berlin.

†1882, Apr. 25, Leipzig.

Bibliogr. Cat. scient. Papers **6** (1872) 518 (10 Nr); **8** (1879) 1307 (23 Nr.); **11** (1896) 892 (13 Nr.); **12** (1902) 805 (1 Nr.) [3]. — Brit. Mus. Gen. Cat. **263** (1966) Sp. 758–759 (24 Nr.) [15].

Briefe Fr. Dörr: Briefe von Friedrich Zöllner an Gabriel Max: Übersinnl. Welt 8 (1900) 220–225 [1a].

Nekr. K. H. Whistling: Illustr. Ztg., Leipzig **78** (1882) 374 m. Bildn. [14]. — Moritz Wirth: Friedrich Zöllner (Leipzig 1882) 32 S. m. Titelbildn. u. Faks. [15]. — Sirius **15** (1882) 125–127 [12]. — Psychische Studien **9** (1882) 240 [15].

Biogr. Felix Koerber: Karl Friedrich Zöllner. Ein dtsch. Gelehrtenleben (Berlin 1899) VI, 123 S. m. Schr.Verz. 106–107, Reg. 108–123 [14]. — Robert Knott: ADB **45** (1900) 427–428 [3]. — E. Drude in: Handwörterb. der Naturwiss. 2. Aufl. **10** (Jena 1935) 969 [3].

Zum 100. Geburtstag Günther von Stempell: Dtsch. opt. Wschr. **55** (1934) 699–700 [101].

F. Zöllner u. der Spiritismus Moritz Wirth: Herrn Prof. Zöllners Experimente u. seine Hypothese intelligenter vierdimensionaler Wesen 3. Aufl. (Leipzig 1882) XVI, 122 S. [15]. – Gr. C. Wittig: Prof. Zöllner war kein Spiritist um jeden Preis: Psychische Studien **10** (1883) 387–391 [15]. – Alfred Dove: Ausgewählte Schriftchen vornehml. histor. Inhalts (Leipzig 1898) X, 554 S.; darin: S. 452–467: Der Spiritismus in Leipzig [3]. – Fritz Giese: Untersuchungen über die Zöllnersche Täuschung: Psychol. Studien **9** (1914) 405–435 [14]. – Albert Moll: Der Spiritismus. 3. Aufl. (Stuttgart 1924) 47 (Bildn.) [14]. – Hermann Simchowitz: Über die Zöllnerschen anorthoskop. Zerrbilder: Arch. ges. Psychol. **56** (1926) 1–54 [3]. – Ernst Ludwig Wenzel: Neue Unters. über die Zöllnerschen anorthoskop. Zerrbilder: Z. Psychol. u. Physiol. Abt. 1, Z. Psychol. **100** (1926) 289–324 [3]. – Joh. Adolf Repsold: Erinnerungen an Friedr. Zöllner: Z. Parapsychol. **55** (1928) 661–670 [15]. – Daniel Walter: Das Lebensende Zöllners: Z. Parapsychol. **56** (1929) 404–407 [15]. – Fanny Moser: Der Okkultismus (München 1935) 479, VI S.; darin: 92–105 Kap. 7: Zöllner u. seine Freunde: Prof. Weber, Prof. Fechner u. Prof. Scheibner (m. 2 Bildn., 5 Abb.) [ZB Zürich].

Weitere Lit. Paul Lindau: Eine literarische Kritik über Zöllner: Psychische Studien **9** (1882) 472–475 [15]. – Fr. Hofmann: Die Zöllner-Weihe im Rosental zu Leipzig: Illustr. Ztg., Leipzig **50** (1868) 395–398 [14]. – Ernest Lebon: Histoire abrégée de l'Astronomie (Paris 1899) 128, 152, 156, 219, 271 [11]. – Wolfgang Baier: Quellendarstellungen zur Gesch. der Fotografie (Leipzig 1965) 359 [3].

IV–VI **ZSIGMONDY,** Richard Adolf. Chem. – 1883–1887 stud. Univ. Wien, 1887–1889 Univ. München; 1889 Dr. phil. Univ. Erlangen; 1893–1897 PDoz. TH Graz, 1897–1900 wiss. Mitarb. Glaswerk Schott u. Gen. in Jena; 1900–1907 Privatgelehrter; 1908–29 Prof. Univ. Göttingen; 1926 Nobelpreis für Chem. (für 1925).

*1865, Apr. 1, Wien;

†1929, Sept. 24, Göttingen.

Autobiogr. Les Prix Nobel en **1926** (1927) 73–76 m. Bildn. u. Faks. [Ha 2].

Bibliogr. Cat. scient. Papers **19** (1925) 803 (13 Nr.) [15]. – Brit. Mus. Gen. Cat. **263** (1966) Sp. 904 (3 Nr.) [15].

Zum 60. Geburtstag Lottermoser: Z. angew. Chem. **38** (1925) 289 [3]. – Zsigmondy-Festschr.: Kolloid-Z., Erg.Bd. zu **36** (1925) 390 S. m. Titelbildn. u. Faks. [101].

Nekr. A. Chwala: Österr. Chemiker-Ztg. N. F. **32** (1929) 198–199 [Le 1]. – Alfred Coehn: Z. Elektrochem. **35** (1929) 876 [101]. – H. Freundlich: Ber. Dtsch. chem. Ges. **63** A (1930) 171–175 m. Bildn. u. Faks. [3]. – Lottermoser: Z. angew. Chem. **42** (1929) 1069–1070 [101]. – Gustav Tammann: Nachr. Ges. Wiss. Göttingen, Gesch. Mitt. **1929/30** (1930) 54–59 [Ha 2]. – P. A. Thiessen: Chemiker-Ztg. **53** (1929) 849–850 [3]. – R. Wegscheider: Alm. Akad. Wiss. Wien **80** (1930) 262–268 [3]. – A. Westgren: Metallwirtsch. **8** (1929) 1059–1060 m. Bildn. [89]. – Nature [London] **124** (1929) 845–846 [3].

Zum 100. Geburtstag J. Reitstötter: Kolloid-Z. **211** (1966) 6–7 [101]. – Richard-Zsigmondy-Symposion. Vorträge, geh. aus Anlaß des 100. Geburtstages von Richard Zsigmondy am 1. 4. 1965 in Göttingen. Hrsg. von Otto Glemser (Göttingen 1966) 69–201, m. 4 Bl. Abb. (Nachr. Akad. Wiss. Göttingen, Math.-physik. Kl. 1966, Nr. 6) [15].

Zsigmondy als Nobelpreisträger Bechhold: Umschau **30** (1926) 978–979 [14]. – Dtsch. Akad. Rdsch. **8** (1926), Sem.-Folge 16, Nr. 5, S. 1–2 m. Bildn. [15]. – P. A. Thiessen: Mikrochemie (Wien) **5** (1927) 1–7 m. Bildn. [300]. – Viktor Junk: Die Nobelpreisträger. 30 Jahre Nobelstiftung (Wien, Leipzig 1930) 128–129 m. Bildn. u. Faks. [3]. – The Nobel-Prize-Winners and the Nobel foundation 1901–1937 (Zürich 1938) 146 m. Bildn. S. 460 [ETH Zürich]. – Rudolf Erckmann in: Via Regia. Nobelpreisträger im Atomzeitalter (München–Wien 1955) 58–72 m. Bildn. [3]. – Eduard Farber: Nobel Prize Winners in Chemistry 1901–1961. 2. Aufl. (London, New York, Toronto 1963) 95–98, 328 m. Bildn. [21]. – H. Schück. R. Sohlman u. a.: Nobel, the man and his prizes (Amsterdam, London, New York 1962) 394–396 [3].

Biogr. W. Herz: Grundzüge der Gesch. der Chem. (Stuttgart 1916) 127 [3]. – Aus dem Leben R. Zsigmondys: Techn. u. Industrie, Schweizer Chemiker-Ztg. **1927**, Nr. 3/4, S. 28–29 [LB Bern]. – Alfred Lottermoser: Dtsch. Biogr. Jahrb. **11**, 1929 (1932) 335–338; Totenliste 373 [3]. – Josef Gicklhorn: R. Zsigmondy. Pionierarbeiten über den Feinbau der Materie. In: Österr. Naturforscher u. Techniker (Wien 1951) 119–121 m. Bildn. [3].

Bildn. La Science. Ses progrès, ses applications **2** (1934) 64 [1a]. – Ludwig Nékám: Die kulturellen Bestrebungen Ungarns von 896 bis 1935 (Budapest 1935) 211 [101]. – Max Voit: Bildn. Göttinger Professoren aus zwei Jahrhunderten (1737–1937) (Göttingen 1937) Nr. 223 [101].

ZUNTZ, Nathan. Physiol. — Stud. Med., 1868 Dr. phil. Univ. Bonn; dann in Berlin; 1870 Ass. bei Pflüger, 1871 PDoz. Physiol., 1874 ao. Prof., bis 1881 als Prosektor Univ. Bonn; seit 1881 o. Prof. u. Dir. Tierphysiol. Inst. Landwirtsch. Hochsch. Berlin.

*1847, Okt. 6, Bonn;

†1920, März 25, Berlin.

Bibliogr. Cat. scient. Papers 8 (1879) 1309 (5 Nr.); **11** (1896) 897 (9 Nr.); **12** (1902) 807 (4 Nr.); **19** (1925) 810–812 (71 Nr.) [3]. — Brit. Mus. Gen. Cat. **263** (1966) 993–994 (5 Nr.) [15].

Nekr. A. Durig: Wiener klin. Wschr. **33** (1920) 344–345 [3]. — Kraus: Münchener med. Wschr. **67** (1920) 438 [3]. — A. Loewy: Berliner klin. Wschr. **57** (1920) 433–435 [3]; Dtsch. med. Wschr. **46** (1920) 439 [3]; Pflügers Arch. ges. Physiol. **194** (1922) 1–19 m. Bildn., Faks. u. Schr.Verz. [3]. — Adolf Loewy: Dtsch. Biogr. Jahrb. Überleitungsbd. **2** (1917–1920) 636–639 m. Lit.Verz.; Totenliste S. 766 [3]. — Carl Neuberg: Chemiker-Ztg. **44** (1920) 281–286 [3]; Biochem. Z. **105** (1920) 169 [3]. — Rud. W. Seuffert: Med. Klinik **16** (1920) 487–488 [3].

Biogr. L. Zuntz: Bl. Volksgesundheitspfl. **26** (1926) 201–202 m. Bildn. [Ha 2]. — R. M. Forbes: J. Nutrit. **57** (1955) 3–15 m. Bildn. [1].

Zum 70. Geburtstag W. Caspari: Naturwiss. **5** (1917) 617–620 [3]. — R. von der Heide: Landwirtschaftl. Jahrb. **51** (1917) 329–362 m. Bildn. u. Schr.Verz. 346–362 [3]. — A. Loewy: Dtsch. med. Wschr. **43** (1917) 1270–1272 m. Bildn. [15]. — Maria Pauly: Fischerei-Ztg. **20** (1917) 349–351 [101].

Weitere Lit. Wilhelm Trendelenburg: Das Zuntzsche Atmungsverfahren in den physiol. Übungen: Z. biol. Techn. u. Methode **3** (1915) 133 [1]. — Zum goldenen Doktorjubil. 31. Juli 1918: Dtsch. tierärztl. Wschr. **26** (1918) 245–247 m. Bildn. [101].

Bildn. Neueste Illustrierte. Wochenchronik der Dredner Neuesten Nachrichten **10** (1917) Nr. 42, S. 4 [14]. — Umschau **21** (1917) 760 [Ha 2]. — Illustr. Ztg., Leipzig **154** (1920) 462 [3]. — Dtsch. med. Wschr. **56,** 1 (1930) 239 m. Bildn., Brief u. Autogr. Faks. [14]. — Wilhelm Haase-Lampe u. Karl Thiel: Pulmotor (Lübeck 1946) 100 [14].

ZWINGER, Johann Rudolf. Med. — 1712–1721 Prof. Logik, 1721–1724 Prof. Anatomie u. Botan., 1724–1777 Prof. prakt. Med. Univ. Basel; 1751 Gründer der Societas physico-medica Helvetica, der Vorläuferin der Schweizerischen Naturforschenden Gesellschaft; 1723 Mitgl. der Leopoldina.

*1692, Mai 3, Basel;

†1777, Aug. 30, Basel.

Sohn von Theodor Zwinger III (1658–1724).

Bibliogr. Brit. Mus. Gen. Cat. **263** (1966) Sp. 1111 (3 Nr.) [3].

Biogr. Hieronymus Burckhardt: Oratio panegyrica in obitum viri venerandi D. Joh. Rudolf Zvingeri, ecclesiae Basiliensis antistitis accedunt epicedia (Basileae 1709) 96 S. [UB Basel]. — Johann Rudolf Buxtorf(us): Vita Joh. Rudolphi Zwingeri (Basileae 1778) 30 S. [UB Basel]. — Weiss: Biographie universelle, ancienne et moderne **52** (Paris 1828) 525–526 [3]. — Dezeimeris: Dict. hist. méd. **4** (Paris 1839) 442–443 [3].

Weitere Lit. August Binz: Die Erforschung unserer Flora seit Bauhins Zeiten bis zur Gegenwart: Verh. naturforsch. Ges. Basel **13** (1902) 362 [Ha 2]. — Albrecht Burckhardt: Gesch. der med. Fakultät zu Basel 1460–1900 (Basel 1917) 207, 221–224 u. öfter [3]. — Edgar Bonjour: Die Univ. Basel von den Anfängen bis zur Gegenwart 1460–1960 (Basel 1960) 318 [3]. — Heinrich Buess in: Andreas Staehelin: Prof. der Univ. Basel aus 5 Jahrhunderten (Basel 1960) 98 m. Bildn. S. 99 [Ha 2].

ZWINGER, Theodor (I). Theoret. Med. — Besuchte die Schule des Prof. für prakt. Med. Thomas Plater; dann Schüler des Historikers Konrad Lycostenes in Basel; 1548 stud. Univ. Basel; zwei Jahre in Buchdruckerei in Lyon; stud. Philologie u. Philos. in Paris; 1553 stud. Med. u. Dr. med. in Padua; 1559 wieder in Basel; 1565 Prof. griech. Sprache, 1571 Prof. Ethik, 1580 Prof. theoret. Med. Univ. Basel.

*1533, Aug. 2, Basel;

†1588, März 10, Basel.

Geneal. Charles Rudolf Paravicini: Der Adelsbrief der Familie Zwinger in Basel in: Schweiz. Arch. Heraldik **1897,** 49–52 m. 1 Abb. [Stadt- u. UB Bern].

Bibliogr. Brit. Mus. Gen. Cat. **263** (1966) Sp. 1111–1112 (18 Nr.) [15].

Nekr. Joh. Jak. Grynaeus: Ein christliche Leichpredig, die gehalten worden bey der Begrebnus des Herren Doctoris Theodori Zuinggeri (Basel 1588) 1–12 [UB Basel].

Biogr. Paul Freher: Theatrum virorum eruditorum **2** (Noribergae 1688) 1289–1290 m. Bildn. S. 1284 [14]. — Joh. Conr. Zeltner:

Theatrum virorum eruditorum (Nürnberg 1720) 573–598 [3]. — Weiss: Biographie universelle, ancienne et moderne **52** (Paris 1828) 518–520 [3]. — Dezeimeris: Dict. hist. méd. **4** (Paris 1839) 440–441 [3]. — Rudolf Wolf: Biogr. zur Kulturgesch. der Schweiz **3** (Zürich 1860) 119–132 [3]. — R. Thommen: ADB **45** (1900) 543–544 [3]. — Biogr. Lexikon der hervorragenden Ärzte aller Zeiten u. Völker 2. Aufl. **5** (Berlin, Wien 1934) 1056 [3]. — Carl Henschen in: Große Schweizer Forscher hrsg. von Eduard Fueter (Zürich 1939) 53–54 m. Bildn. u. Lit. [3]. — K. F. Hoffmann: Der philologische Arzt, Th. Zwinger der Ältere: Ärztl. Praxis **15** (1963) 820 [292].

Weitere Lit. Johann Rudolf Wettstein: Memoria benedicta . . . Theodori Zwingeri antistitis Ecclesiae Basiliensis (Basileae 1655) 80 S. [UB Basel]. — [Joh. Werner Herzog]: Athenae rauricae sive catalogus professorum academiae Basiliensis (Basel 1778) 208–211, 361, 425 [3]. — Rudolf Thommen: Gesch. der Univ. Basel 1532–1632 (Basel 1889) 241–246 [3]. — T. Schieß: Briefe aus der Fremde von einem Zürcher Studenten der Med. (Dr. Georg Keller) 1550–1558: Neujahrsblatt Stadtbibl. Zürich 1906, Nr. 262, S. 21, 22, 32 [15]. — Albrecht Burckhardt: Gesch. der med. Fakultät zu Basel 1460–1900 (Basel 1917) 89–95 u. öfter [3]. — Gerhard Wolf-Heidegger: Die Mediz. Fakultät Basel 1460–1959: Ciba Symposium **6** (1959) 242–261 m. 11 Bildn., 1 Abb. [101]. — Ders. in: Prof. der Univ. Basel aus 5 Jahrhunderten (Basel 1960) 48 m. Bildn. S. 49 [Ha 2]. — Edgar Bonjour: Die Univ. Basel von den Anfängen bis zur Gegenwart 1460–1960 (Basel 1960) 168, 181–183, 226–229 u. öfter, m. Bildn. [3].

Bildn. Nicolaus Reusner: Icones sive imagines virorum literis illustrium (Straßburg 1950) o. S. [3].

ZWINGER, Theodor (III). Med. — Stud., Dr. med. Univ. Basel; dann zwei Jahre in Frankreich; nach seiner Rückkehr Prof. Rhetorik, drei Jahre später Prof. Physik Univ. Basel; 1703 Prof. Anat. u. Botan.; 1711 Prof. theor. u. prakt. Med. Univ. Basel.

*1658, Aug. 26, Basel;

†1724, Apr. 22, Basel.

Bibliogr. Brit. Mus. Gen. Cat. **263** (1966) Sp. 1112–1113 (26 Nr.) [15].

Briefe Conrad Brunner u. Wilhelm von Muralt: Aus den Briefen hervorragender Schweizer Ärzte des 17. Jahrhunderts (Basel 1919) 304–362 m. Bildn. (Nr. 14) [101].

Nekr. Hieronymus Burckhardt: Christl. Leich-Predigt von der Arztney-Kunst u. Aerzten gehalten den 25. Apr. 1724, als zur Erden bestattet worden Herr Theodor Zwingerus, accedunt epicedia (Basel 1724). — Joh. Rudolphus Mieg: Oratio panegyrica in obitum Theodori Zuingeri (Basileae 1726) 52 S. [3].

Biogr. Weiss: Biographie universelle, ancienne et moderne **52** (Paris 1828) 523–524 m. Schr.Verz. [3]. — Dezeimeris: Dict. hist. méd. **4** (Paris 1839) 441–442 [3]. — Rudolf Wolf: Biogr. zur Kulturgesch. der Schweiz **3** (Zürich 1860) 119–132 [3]. — Pagel: ADB **45** (1900) 547 [3]. — Biogr. Lexikon der hervorragenden Ärzte aller Zeiten u. Völker 2. Aufl. **5** (Berlin–Wien 1934) 1057 [3]. — Heinrich Buess, M. L. Portmann u. Peter Molling: Theodor Zwinger (1658–1724). Ein Basler Arzt u. Kinderarzt der Barockzeit (Basel 1962) 246 S. (Studien Gesch. Wiss. Basel, 4) [1].

Weitere Lit. [Joh. Werner Herzog]: Athenae rauricae sive catalogus professorum academiae Basiliensis (Basel 1778) 196–201, 223, 237, 323, 409 [3]. — Der sichere u. geschwinde Artzt: Werde gesund! Z. Volksgesundheitspfl. (Erlangen) **1906**, H. 2, S. 29–33 [29]. — Albrecht Burckhardt: Gesch. der med. Fakultät zu Basel 1460–1900 (Basel 1917) 195–204 u. öfter [3]. — Doll: Allerhand aus einem alten med. Schmöker (Theodor Zwingers Sicherer u. Geschwinder Artzt, Basel 1703): Münchener med. Wschr. **72** (1925) 1890–1891 [3]. — Werner Kolb: Gesch. des anatom. Unterrichts an der Univ. Basel 1460–1900 (Basel 1951) 61–63, 167, 169 [3]. — Johannes Karcher: Theodor Zwinger u. seine Zeitgenossen (Basel 1956) 75 S. m. 2 Abb. (Studien Gesch. Wiss. Basel, 3) [3]. — F. Rintelen: Die Ophtalmologie in Basel zur Zeit des Barocks: Gesnerus **14** (1957) 29–39 m Bildn. u. Abb. [Ha 2]. — Edgar Bonjour: Die Univ. Basel von den Anfängen bis zur Gegenwart 1460–1960 (Basel 1960) 182, 198 [3]. — Heinrich Buess in: Prof. der Univ. Basel aus 5 Jahrhunderten (Basel 1960) 88 m. Bildn. S. 89 [Ha 2]. — Susi Joos-Renfer: Pathologisch-anatom. Beobachtungen bedeutender Schweizer Ärzte 1670–1720 (Diss. med. dent. Univ. Bern) (Basel 1961) 21–22 [3].

Berichtigung

Auf Seite 353, 2. Spalte, 8. Zeile von oben, muß es 1699 statt 1669 heißen.

FSC
www.fsc.org
MIX
Papier | Fördert
gute Waldnutzung
FSC® C083411

Kolibri 360 GmbH
Ferdinand-Jühlke-Straße 7
99095 Erfurt, Deutschland
produktsicherheit@kolibri360.de